全国计算机等级考试三级教程

数据库技术

教育部教育考试院

何玉洁　刘乃嘉　编

中国教育出版传媒集团
高等教育出版社·北京

内容提要

本书根据教育部教育考试院制订的《全国计算机等级考试三级数据库技术考试大纲》的要求编写，是全国计算机等级考试系列教程之一。

本书共分14章，包括数据库应用系统开发方法、需求分析、数据库结构设计、数据库应用系统功能设计与实施、UML与数据库应用系统、高级数据查询、数据库及数据对象、数据库后台编程技术、数据库安全管理、数据库运行维护与优化、数据库故障管理、数据库的备份与恢复、数据仓库与数据挖掘等相关知识。

本书是应试人员考前必备的教材，也可作为一般院校相应课程的教材或自学参考书。

图书在版编目（CIP）数据

全国计算机等级考试三级教程. 数据库技术 / 教育部教育考试院编. --北京：高等教育出版社，2025.6.

ISBN 978-7-04-065011-2

Ⅰ. TP3

中国国家版本馆 CIP 数据核字第 20252T0M28 号

策划编辑 何新权　　责任编辑 何新权　　封面设计 李树龙　　版式设计 马　云

责任校对 王　雨　　责任印制 刘弘远

Quanguo Jisuanji Dengji Kaoshi Sanji Jiaocheng　Shujuku Jishu

出版发行	高等教育出版社	网　　址	http://www.hep.edu.cn
社　　址	北京市西城区德外大街4号		http://www.hep.com.cn
邮政编码	100120	网上订购	http://www.hepmall.com.cn
印　　刷	北京七色印务有限公司		http://www.hepmall.com
开　　本	787mm×1092mm　1/16		http://www.hepmall.cn
印　　张	21.75		
字　　数	530千字	版　　次	2025年6月第1版
购书热线	010-58581118	印　　次	2025年6月第1次印刷
咨询电话	400-810-0598	定　　价	56.00元

物 料 号　65011-00

积极发展全国计算机等级考试
为培养计算机应用专门人才、促进信息产业发展作出贡献

（序）

第六届全国计算机等级考试委员会主任委员
赵沁平

当今，人类正在步入一个以智力资源的占有和配置，知识生产、分配和使用为最重要因素的知识经济时代，也就是邓小平同志提出的“科学技术是第一生产力”的时代。世界各国的竞争已成为以经济为基础、以科技（特别是高科技）为先导的综合国力的竞争。在高科技中，信息科学技术是知识高度密集、学科高度综合、具有科学与技术融合特征的学科。它直接渗透到经济、文化和社会的各个领域，迅速改变着人们的工作、生活和社会的结构，是当代发展知识经济的支柱之一。

在信息科学技术中，计算机硬件及通信设施是载体，计算机软件是核心。软件是人类知识的固化，是知识经济的基本表征，软件已成为信息时代的新型“物理设施”。人类抽象的经验、知识正逐步由软件予以精确的体现。在信息时代，软件是信息化的核心，国民经济和国防建设、社会发展、人民生活都离不开软件，软件无处不在。软件产业是增长快速的朝阳产业，是具有高附加值、高投入高产出、无污染、低能耗的绿色产业。软件产业的发展将推动知识经济的进程，从注重量的增长向注重质的提高方向发展。软件产业是关系到国家经济安全和文化安全，体现国家综合实力，决定21世纪国际竞争地位的战略性产业。

为了适应知识经济发展的需要，大力促进信息产业的发展，需要在全民中普及计算机的基本知识，培养一批又一批能熟练运用计算机和软件技术的各行各业的应用型人才。

1994年，国家教委（现教育部）推出了全国计算机等级考试，这是一种专门评价应试人员对计算机软硬件实际掌握能力的考试。它不限制报考人员的学历和年龄，从而为培养各行业计算机应用人才开辟了一条广阔的道路。

1994年是推出全国计算机等级考试的第一年，当年参加考试的有1万余人，2024年报考人数达530万人。截至2024年年底，全国计算机等级考试共开考74次，考生人数累计达1.1亿人，超过3 900万人获得了各级计算机等级证书。

事实说明，鼓励社会各阶层人士通过各种途径掌握计算机应用技术，并通过等级考试对他们的能力予以科学、公正、权威性的认证，是一种比较好的、有效的计算机应用人才培养途径，符合我国的具体国情。等级考试同时也为用人部门录用和考核人员提供了一种测评手段。从有关公司对等级考试所作的社会抽样调查结果看，不论是管理人员还是应试人员，对该项考试的内容和形式都给予了充分肯定。

计算机技术日新月异。全国计算机等级考试大纲顺应技术发展和社会需求的变化,从2010年开始对新版考试大纲进行调研和修订,在考试体系、考试内容、考试形式等方面都做了较大调整,希望等级考试更能反映当前计算机技术的应用实际,使培养计算机应用人才的工作更健康地向前发展。

全国计算机等级考试取得了良好的效果,这有赖于各有关单位专家在等级考试的大纲编写、试题设计、阅卷评分及效果分析等多项工作中付出的大量心血和辛勤劳动,他们为这项工作的开展作出了重要的贡献。我们在此向他们表示衷心的感谢!

我们相信,在21世纪知识经济和加快发展信息产业的形势下,在教育部教育考试院的精心组织领导下,在全国各有关专家的大力配合下,全国计算机等级考试一定会以"激励引导成才,科学评价用才,服务社会选材"为目标,服务考生和社会,为我国培养计算机应用型人才的事业作出更大的贡献。

前　言

本书根据教育部教育考试院制订的《全国计算机等级考试三级数据库技术考试大纲》的要求编写。全书共分14章，主要包括数据库应用系统的需求分析与设计（包括结构化设计方法和面向对象设计方法）、后台数据库编程、数据库的运行维护与优化、故障管理、数据仓库技术等几个方面。具体内容如下：

第1章　数据库应用系统开发方法。全面介绍了数据库应用系统开发的全过程，包括系统规划分析、需求分析、系统设计、部署、运维，以及各阶段的实现方法。本章最后给出了本书所用的商场经营管理系统案例的业务需求及非功能需求。

第2章　需求分析。介绍需求分析的概念、获取需求的方法，重点介绍功能建模方法数据流图（Data Flow Diagram，DFD），同时简要介绍IDEF0建模方法，并结合第1章提出的商场经营管理系统应用案例给出了用DFD方法建模的过程与结果。

第3章　数据库结构设计。介绍了数据库的概念结构设计、逻辑结构设计和物理结构设计的任务、过程和步骤。在概念设计部分，详细介绍ER建模方法，同时简要介绍了IDEF1X建模方法，并给出了商场经营管理系统应用案例的概念设计结果。逻辑设计部分简单介绍了逻辑设计的概念，并给出了商场经验管理系统案例的逻辑设计结果。物理设计部分主要介绍了数据库的物理结构、索引等的基本概念同时介绍了数据库物理设计包含的内容。

第4章　数据库应用系统功能设计与实施。本章按照DBAS生命周期模型，依次描述DBAS总体设计、DBAS功能概要设计、DBAS功能详细设计的步骤与内容以及应用系统安全架构设计及DBAS实施的过程及内容。

第5章　UML与数据库应用系统。本章结合第1章给出的商场经营管理系统案例，以数据库应用系统生命周期模型中的应用软件设计为主线，介绍了UML的建模方法和过程，给出了案例的UML建模结果。

第6章　高级数据查询。主要介绍了扩展的一些数据查询功能，包括TOP、CASE、查询结果的并、交、差运算、各种形式的子查询、开窗函数、公用表表达式等。有些查询功能是SQL Server 2008新增加的。

第7章　数据库及数据库对象。主要介绍了SQL Server 2008中数据库的创建及维护方法，同时介绍了架构、分区表、索引、索引视图等数据库对象的定义方法。

第8章　数据库后台编程技术。本章以SQL Server 2008为基础，介绍了存储过程、函数、触发器、游标的作用及定义方法。

第9章　安全管理。介绍了数据库安全控制概念、如何在SQL Server 2008中实现安全控制，包括用户身份的确认和用户操作权限的管理等，同时简单介绍Oracle的安全控制实现方法。

第10章　数据库运行维护与优化。本章结合数据库运维的日常工作，简要介绍包括监控分析、空间管理、参数调整、系统性能优化以及查询优化涉及的一些方法和技术。

第11章　故障管理。本章针对数据库故障管理的问题，给出了常见的故障管理的种类，简要介绍了数据库恢复技术，包括数据转储、登记日志文件、具有检查点的恢复技术、数据库镜像和RAID 技术。

第 12 章　备份与恢复数据库。主要介绍了 SQL Server 2008 提供的备份和恢复机制，并简要介绍 Oracle 提供的备份和恢复机制。

第 13 章　大规模数据库架构。本章简单介绍了分布式数据库、并行数据库、云计算数据库架构以及 XML 数据库。

第 14 章　数据仓库与数据挖掘。本章首先介绍数据仓库的基本概念、如何设计和建造数据仓库、数据仓库的运行与维护，然后介绍联机分析处理与多维数据模型，最后简要概述数据挖掘技术，包括数据挖掘的步骤，数据挖掘中的关联规则挖掘、分类挖掘、聚类挖掘和时间序列分析。

本书主要由何玉洁和刘乃嘉老师负责编写与修订，何玉洁老师负责的内容有第 1 章 ~ 第 9 章、第 12 章、附录 2、附录 3、附录 4；刘乃嘉老师负责的内容有第 10 章、第 11 章、第 13 章、第 14 章、9.6 节、12.3 节、附录 1。限于水平与时间有限，书中难免有欠妥或错误，望读者提出宝贵意见。

编　者

目　　录

第 1 章　数据库应用系统开发方法 ………… 1

1.1　数据库应用系统生命周期 ………… 1

1.1.1　软件工程与软件开发方法 ………… 1

1.1.2　数据库应用系统生命周期模型 ……… 3

1.2　规划与分析 ………… 4

1.2.1　系统规划与定义 ………… 5

1.2.2　可行性分析 ………… 6

1.2.3　项目规划 ………… 6

1.3　需求分析 ………… 7

1.3.1　数据需求分析 ………… 7

1.3.2　功能需求分析 ………… 8

1.3.3　性能需求分析 ………… 9

1.3.4　其他需求分析 ………… 9

1.4　系统设计 ………… 10

1.4.1　概念设计 ………… 10

1.4.2　逻辑设计 ………… 11

1.4.3　物理设计 ………… 11

1.5　实现与部署 ………… 12

1.6　运行管理与维护 ………… 12

1.7　应用案例需求 ………… 13

1.7.1　案例概述 ………… 13

1.7.2　案例业务功能需求 ………… 14

1.7.3　非功能性需求概述 ………… 15

小结 ………… 15

习题 ………… 16

第 2 章　需求分析 ………… 17

2.1　需求分析 ………… 17

2.1.1　需求分析的概念与意义 ………… 17

2.1.2　需求获取的方法 ………… 19

2.1.3　需求分析过程 ………… 19

2.2　需求分析方法 ………… 22

2.2.1　需求分析方法概述 ………… 22

2.2.2　DFD 需求建模方法 ………… 22

2.2.3　其他需求建模方法 ………… 25

2.2.4　DFD 与 IDEF0 比较 ………… 27

2.3　需求分析实例 ………… 27

小结 ………… 32

习题 ………… 32

第 3 章　数据库结构设计 ………… 34

3.1　数据库概念设计 ………… 34

3.1.1　概念设计的任务 ………… 34

3.1.2　概念设计的依据及过程 ………… 35

3.1.3　数据建模方法 ………… 37

3.1.4　概念设计实例 ………… 41

3.2　数据库逻辑设计 ………… 44

3.2.1　概述 ………… 44

3.2.2　逻辑设计实例 ………… 44

3.3　数据库物理设计 ………… 46

3.3.1　物理设计概述 ………… 46

3.3.2　数据库的物理结构 ………… 47

3.3.3　索引 ………… 47

3.3.4　数据库物理设计 ………… 53

3.3.5　其他物理设计环节 ………… 59

小结 ………… 60

习题 ………… 61

第 4 章　数据库应用系统功能设计与实施 ………… 62

4.1　软件体系结构与设计过程 ………… 62

4.1.1　软件体系结构 ………… 62

4.1.2　软件设计过程 ………… 63

4.2　DBAS 总体设计 ………… 64

4.2.1　DBAS 体系结构设计 ………… 65

4.2.2　DBAS 软件总体设计 ………… 67

4.2.3　软硬件选型与配置设计 ………… 67

4.2.4　业务规则初步设计 ………… 68

4.3　DBAS 功能概要设计 ………… 69

4.3.1　表示层概要设计 ………… 70

4.3.2　业务逻辑层概要设计 ………… 71

4.3.3　数据访问层概要设计 ………… 71

4.4　DBAS 功能详细设计 ………… 73

4.4.1 表示层详细设计 …… 73
4.4.2 业务逻辑层详细设计 …… 74
4.5 应用系统安全架构设计 …… 75
4.5.1 数据安全设计 …… 75
4.5.2 环境安全设计 …… 77
4.5.3 制度安全设计 …… 78
4.6 DBAS 实施 …… 79
4.6.1 创建数据库 …… 79
4.6.2 数据装载 …… 80
4.6.3 编写与调试应用程序 …… 80
4.6.4 数据库系统试运行 …… 80
小结 …… 82
习题 …… 82
第 5 章 UML 与数据库应用系统 …… 84
5.1 DBAS 建模 …… 84
5.2 DBAS 业务流程与需求表达 …… 85
5.2.1 业务流程与活动图 …… 85
5.2.2 系统需求与用例图 …… 87
5.3 DBAS 系统内部结构的表达 …… 91
5.3.1 系统结构与类图 …… 91
5.3.2 系统结构与顺序图 …… 94
5.3.3 系统结构与通信图 …… 97
5.4 DBAS 系统微观设计的表达 …… 98
5.4.1 微观设计与对象图 …… 98
5.4.2 微观设计与状态机图 …… 98
5.4.3 微观设计与时间图 …… 99
5.5 DBAS 系统宏观设计的表达 …… 100
5.5.1 宏观设计与包图 …… 100
5.5.2 宏观设计与交互概述图 …… 102
5.5.3 宏观设计与复合结构图 …… 103
5.6 DBAS 系统实现与部署的表达 …… 103
5.6.1 系统实现与组件图 …… 104
5.6.2 系统实现与部署图 …… 104
小结 …… 105
习题 …… 106
第 6 章 高级数据查询 …… 108
6.1 一般数据查询功能扩展 …… 108
6.1.1 使用 TOP 限制结果集 …… 108
6.1.2 使用 CASE 函数 …… 109
6.1.3 将查询结果保存到新表中 …… 110
6.2 查询结果的并、交、差运算 …… 111
6.2.1 并运算 …… 111
6.2.2 交运算 …… 112
6.2.3 差运算 …… 113
6.3 相关子查询 …… 113
6.4 其他形式的子查询 …… 116
6.5 其他一些查询功能 …… 117
6.5.1 开窗函数 …… 117
6.5.2 公用表表达式 …… 122
小结 …… 124
习题 …… 125
第 7 章 数据库及数据库对象 …… 128
7.1 创建及维护数据库 …… 128
7.1.1 SQL Server 数据库概述 …… 128
7.1.2 SQL Server 数据库的组成 …… 129
7.1.3 数据库文件组 …… 130
7.1.4 数据库文件的属性 …… 131
7.1.5 用 T-SQL 语句创建数据库 …… 131
7.1.6 修改数据库 …… 135
7.1.7 分离和附加数据库 …… 139
7.2 架构 …… 140
7.3 分区表 …… 142
7.3.1 基本概念 …… 142
7.3.2 创建分区表 …… 142
7.4 索引 …… 146
7.5 索引视图 …… 148
小结 …… 150
习题 …… 150
第 8 章 数据库后台编程技术 …… 152
8.1 存储过程 …… 152
8.1.1 基本概念 …… 152
8.1.2 创建、执行和删除存储过程 …… 153
8.2 用户定义函数 …… 157
8.2.1 创建和调用标量函数 …… 157
8.2.2 创建和调用内联表值函数 …… 159
8.2.3 创建和调用多语句表值函数 …… 160
8.2.4 删除用户自定义函数 …… 162
8.3 触发器 …… 162
8.3.1 基本概念 …… 162
8.3.2 创建触发器 …… 163

8.3.3　删除触发器 …… 166
8.4　游标 …… 166
8.4.1　游标的组成 …… 166
8.4.2　使用游标 …… 167
8.4.3　游标示例 …… 169
小结 …… 171
习题 …… 171
第 9 章　安全管理 …… 174
9.1　安全控制概述 …… 174
9.2　存取控制 …… 176
9.2.1　自主存取控制 …… 176
9.2.2　强制存取控制 …… 177
9.3　审计跟踪 …… 179
9.4　统计数据库的安全性 …… 179
9.5　SQL Server 的安全控制 …… 180
9.5.1　身份验证模式 …… 180
9.5.2　登录账户 …… 181
9.5.3　数据库用户 …… 183
9.5.4　权限管理 …… 185
9.5.5　角色 …… 188
9.6　Oracle 的安全管理 …… 192
9.6.1　用户与资源管理 …… 193
9.6.2　权限管理 …… 194
9.6.3　审计功能 …… 196
小结 …… 196
习题 …… 196
第 10 章　数据库运行维护与优化 …… 198
10.1　数据库运行维护基本工作 …… 198
10.2　运行状态监控与分析 …… 199
10.3　数据库存储空间管理 …… 200
10.4　数据库性能优化 …… 201
10.4.1　数据库运行环境与参数调整 …… 202
10.4.2　模式调整与优化 …… 203
10.4.3　存储优化 …… 205
10.4.4　查询优化 …… 205
10.4.5　SQL Server 性能工具 …… 208
小结 …… 209
习题 …… 209
第 11 章　故障管理 …… 210
11.1　故障管理概述 …… 210
11.1.1　故障类型及其解决方法 …… 210
11.1.2　数据库恢复技术概述 …… 212
11.2　数据转储 …… 212
11.3　日志文件 …… 214
11.3.1　日志文件的概念 …… 214
11.3.2　日志文件的格式与内容 …… 215
11.3.3　登记日志文件的原则 …… 216
11.3.4　检查点 …… 217
11.4　硬件容错方案 …… 218
11.4.1　概述 …… 218
11.4.2　磁盘保护技术 …… 219
11.4.3　服务器容错技术 …… 221
11.4.4　数据库镜像与数据库容灾 …… 222
小结 …… 226
习题 …… 226
第 12 章　备份与恢复数据库 …… 227
12.1　备份与恢复的概念 …… 227
12.1.1　备份数据库 …… 227
12.1.2　恢复数据库 …… 228
12.2　SQL Server 的备份与恢复机制 …… 228
12.2.1　恢复模式 …… 228
12.2.2　备份内容及时间 …… 231
12.2.3　SQL Server 的备份机制 …… 231
12.2.4　SQL Server 的恢复机制 …… 239
12.3　Oracle 的备份与恢复机制 …… 243
12.3.1　Oracle 数据库逻辑备份与恢复 …… 243
12.3.2　Oracle 数据库物理备份与恢复 …… 244
小结 …… 248
习题 …… 248
第 13 章　大规模数据库架构 …… 250
13.1　分布式数据库 …… 250
13.1.1　分布式数据库系统概述 …… 250
13.1.2　分布式数据库目标与数据分布策略 …… 250
13.1.3　分布式数据库系统的体系结构 …… 252
13.1.4　分布式数据库的相关技术 …… 253
13.2　并行数据库 …… 254
13.2.1　并行数据库概述 …… 254
13.2.2　并行数据库系统结构 …… 254

13.2.3 数据划分与并行算法 …… 256
13.3 云计算数据库架构 …… 258
13.3.1 云计算概述 …… 258
13.3.2 云数据库体系结构 …… 259
13.3.3 云数据库与传统数据库比较 …… 263
13.3.4 云数据库展望 …… 263
13.4 XML 数据库 …… 263
13.4.1 XML 数据库概述 …… 263
13.4.2 SQL Server 2008 与 XML …… 265
小结 …… 268
习题 …… 268
第 14 章 数据仓库与数据挖掘 …… 270
14.1 决策支持系统的发展 …… 270
14.1.1 决策支持系统及其演化 …… 271
14.1.2 基于数据仓库的决策支持系统 …… 272
14.2 数据仓库技术概述 …… 273
14.2.1 数据仓库的概念与特性 …… 273
14.2.2 数据仓库的体系结构与环境 …… 275
14.2.3 数据仓库的数据组织 …… 275
14.2.4 元数据 …… 278
14.2.5 操作型数据存储 …… 278
14.3 设计与建造数据仓库 …… 280
14.3.1 数据仓库设计的需求与方法 …… 280
14.3.2 数据仓库的数据模型 …… 281
14.3.3 数据仓库设计步骤 …… 282
14.4 数据仓库的运行与维护 …… 284
14.4.1 数据仓库数据的更新维护 …… 285
14.4.2 数据仓库监控与元数据管理 …… 286
14.5 联机分析处理与多维数据模型 …… 287
14.5.1 OLAP 简介 …… 287
14.5.2 多维分析的基本概念 …… 288
14.5.3 多维分析的基本操作 …… 288
14.5.4 OLAP 的实现方式 …… 289
14.6 数据挖掘技术 …… 290
14.6.1 数据挖掘步骤 …… 290
14.6.2 关联规则挖掘 …… 292
14.6.3 分类挖掘 …… 292
14.6.4 聚类挖掘 …… 293
14.6.5 时间序列分析 …… 294
小结 …… 295
习题 …… 295
附录 1 全国计算机等级考试三级数据库技术考试样题及参考答案 …… 297
附录 2 商场经营管理系统数据库模式 …… 307
附录 3 系统提供的常用函数 …… 312
附录 4 SQL Server 2008 的安装与配置 …… 319
附录 5 习题参考答案 …… 331

第 1 章 数据库应用系统开发方法

数据库系统(Data Base System,DBS)主要提供应用数据的组织、存储、维护、访问等数据管理功能,而数据库应用系统(DataBase Application System,DBAS)不仅为用户提供数据管理功能,还根据具体应用领域业务规则,通过数据库应用程序,实现了更为复杂的数据处理功能。

数据库应用系统设计与开发是指根据具体应用领域数据管理和处理需求,设计应用数据在数据库中的组织和存储方式,即设计数据库模式或结构,并根据应用领域业务规则设计数据库应用软件。依据这些设计结果,在数据库中正确组织和存储应用数据,开发数据库应用程序,选定合适的硬件平台和操作系统、DBMS 等系统软件,按照一定的体系结构将各部分有机组合起来,构成实际可运行的数据库应用系统。

作为面向数据处理的复杂软件系统,数据库应用系统的设计与开发过程具有自身的特点。数据库应用系统的设计开发既要遵循数据库系统三级模式结构所规定的数据库设计范型,也要符合软件工程所定义的复杂软件系统开发基本原则。本章重点围绕数据库应用系统生命周期模型简要介绍数据库应用系统设计、开发和运行维护各阶段的主要目标、工作内容、输出结果和采用的关键技术。

本章最后给出了一个商场经营管理系统实例,作为本教程后续各章节讨论的各种 DBAS 设计与开发技术的应用案例。

1.1 数据库应用系统生命周期

1.1.1 软件工程与软件开发方法

20 世纪 60 年代末至 70 年代初,大型复杂软件系统开发过程中的软件危机问题日益明显,严重影响到软件开发的质量、进度和成本。为了提高软件质量,加快软件开发进度,降低开发费用,人们提出了“软件工程”的思想,即用工程的概念、原理、技术和方法对软件生产、开发的全过程进行跟踪和管理,由此诞生了“软件工程”这一计算机科学技术的新分支。

用现代工程的概念管理软件生产与开发全过程的典型方法有:瀑布模型(也称为软件生命周期模型)、快速原型模型、螺旋模型等。

1. 瀑布模型

瀑布模型(软件过程模型)是20世纪70年代初期由Winston Royce提出来的,这个模型把软件开发的全过程定义为6个阶段:阶段1是项目规划,这个阶段定义开发项目的背景、目标、实现功能、性能指标以及系统需要解决的问题,包括制订合理的项目开发计划;阶段2是系统分析,通过调研分析全面理解系统需求,并利用需求说明文档叙述项目目标、功能、适用范围、可接受的吞吐率、响应时间,以及数据的安全性、正确性、有效性等要求;阶段3是总体设计,这个阶段将需求分析阶段定义的关于目标系统做什么的描述变换成如何做,即通过这一阶段的设计活动将前一阶段的需求转换成能够实现的软件框架及系统结构,使得系统组成结构中各子系统、模块及其接口能够最佳地支持目标系统的功能需求和性能需求;阶段4是详细设计,这个阶段将细化总体设计的结果,包括确定每个模块的算法、结合具体的开发环境设计输入/输出的界面等;阶段5是编码调试与集成测试,这个阶段将用程序设计语言描述每个模块的求解步骤,通过单元测试以后,将它们组装或集成到软件框架中进行集成测试,通过集成测试发现和纠正软件模块中可能存在的问题和缺陷,在保证应用系统已经达到既定目标,功能和性能等指标满足使用要求后,即进入最后一个阶段——阶段6是运行维护阶段。

瀑布模型要求必须按照模型定义的顺序,从阶段1到阶段6进行软件项目的开发工作,且每个阶段工作结束后必须提交阶段工作文档,并经过严格的评审确认后才能开始下一阶段的活动。由于各阶段活动形成一个线性顺序,便于大型复杂系统中多学科开发小组成员之间对于一些共性问题的协调,保证阶段工作的有效性、一致性和完备性。

然而,瀑布模型的这种文档驱动、强调阶段工作完备性的指导思想,在实际项目开发中往往难以完全保证。由于多种因素,用户对系统需求尤其是潜在需求并不能在项目的前期阶段完整清晰地描述出来,而常常是随着项目的深入,需求不断清晰。

2. 快速原型模型

快速原型模型是20世纪80年代中期随第四代语言及可视化开发工具产生的一种快速开发方法,其指导思想是不必把前期各阶段的活动做得尽善尽美后才启动下阶段的活动。可根据基本需求着手构建目标系统的一个可运行的早期版本,它反映了目标系统的基本功能特征。原型(雏形)系统在用户的参与下经过不断改进和完善,最终得到满意的目标系统。快速原型模型将软件开发过程划分为以下几个阶段:

(1) 快速分析。其工作目标是调研分析,在获取基本需求的基础上,确定目标系统的功能、界面特点和性能需求,以此编写基本需求说明书。

(2) 设计构造原型。依据需求说明规范,利用可视化集成开发工具快速构建一个可运行的初始系统。

(3) 运行原型。由用户和相关人员对原型系统进行操作,通过实际操作理解系统,并发现问题。

(4) 评价原型。通过审核和评价原型,确认系统存在的问题,提出改进意见,并补充缺失需求和因环境变化、需求变动引发的新的需求。

(5) 改进原型。根据修改意见和修改方案,重构及修改原型系统。重复阶段3到阶段5,直到系统满足需求,修改迭代结束。

3. 螺旋模型

螺旋模型是1988年由Barry Boehm提出的，这个模型把软件开发的全过程划分为4个阶段，也称为4个象限：

象限1是项目规划，其任务是确定系统功能和性能目标，选择可行的实施方案；象限2是风险评估，其目标是识别和评估风险；象限3是工程实现，这个阶段的目标是通过实施活动将软件需求转化为软件产品；象限4是用户评估，这个阶段的目标是评价实现结果。

首先，模型周期从项目规划开始；然后，对可选方案，包括实现的复杂性、难度、代价进行分析评估，如果风险可以消除或承受，即进入实现阶段；最后，评价实现结果，并规划下一个开发阶段。其开发过程每经过一个迭代周期，螺旋线就增加一圈，系统又生成一个新版本，迭代活动一直持续到用户对软件产品完全满意为止。

螺旋模型将瀑布模型的系统化与快速原型模型的可修改性结合起来，引入了风险评估活动，采用“演化”的概念开发系统，使得开发者和使用者对每个演化层可能的风险有所了解，有效降低了大型项目实施过程中因成本、进度、质量等因素的不确定性带来的风险。然而，模型对开发人员评估风险的经验要求较高。

软件工程的目标是在给定成本、进度的前提下，开发出满足用户需求并具有下述特征的软件产品：可修改性、有效性、可靠性、可理解性、可维护性、可重用性、可适应性、可移植性、可追踪性和可互操作性。这些软件特征有助于提高软件产品的质量和开发效率，降低维护代价。

1.1.2 数据库应用系统生命周期模型

数据库应用系统（DBAS）是一类典型的面向数据管理和数据处理的复杂软件系统，其设计开发应当在满足实际应用需求的前提下，遵循数据库系统三级模式结构所规定的数据库设计范型，按照软件工程所定义的复杂软件系统开发原则，采取工程化方法，按计划、分步骤地进行，以便保证系统开发质量，降低开发成本，加快开发进度。因此，数据库应用系统的设计开发必须有软件过程模型作为指导。

图1.1给出了数据库应用系统常用的生命周期模型。该模型定义了数据库应用系统设计、开发和运行维护的整体框架，规定了设计、开发和运行维护各阶段的主要目标、工作内容和所采用的关键技术。该模型的基本思想如下：

（1）参照软件开发瀑布模型的原理，DBAS的生命周期由项目规划、需求分析、系统设计、实现与部署、运行与维护5个基本活动组成。

（2）将快速原型模型和螺旋模型的开发思路引入DBAS生命周期模型，允许渐进、迭代地开发DBAS。在一次迭代开发过程中，通过项目规划、需求分析、系统设计、原型构建等基本开发活动，开发出一个满足用户部分需求的原型系统。然后从该原型出发，在下一次迭代开发过程中构造一个功能更为完善的DBAS原型。通过多次迭代，逐步扩展各个原型系统的功能，使之最终满足全部用户需求，形成最终DBAS产品。

（3）根据DBAS的总体目标和实现功能，在模型中引入了数据库设计与实现的内容，即按照数据组织与存储设计、数据访问与处理设计、应用设计三条设计主线，分别设计与实现DBAS中的数据库、数据库事务和应用程序。其中，数据库事务设计和应用软件设计属于数据库应用系统功能设计范畴。

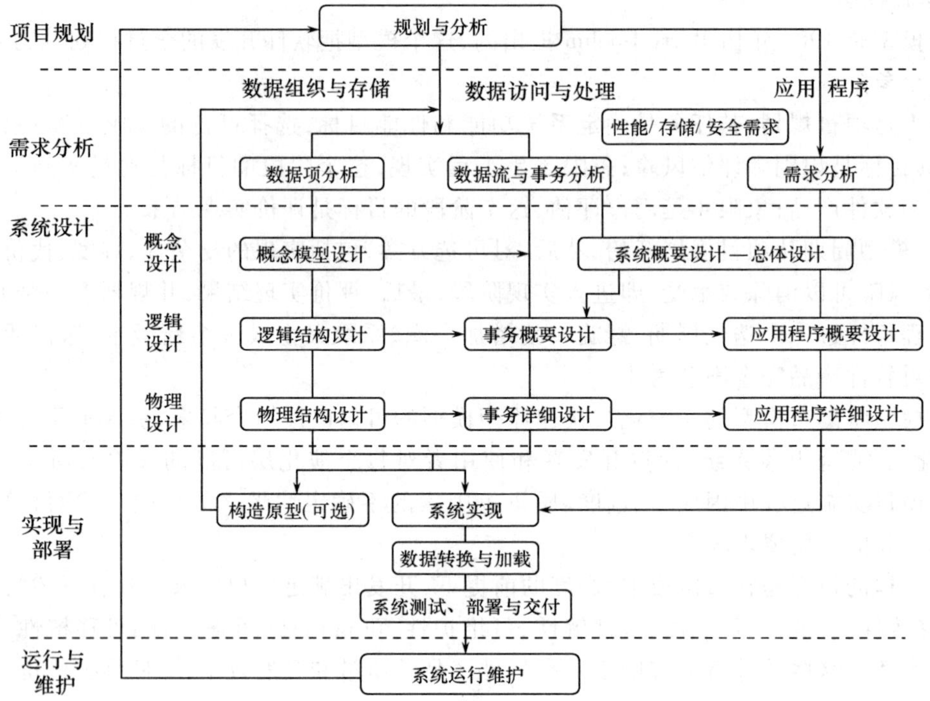

图 1.1 数据库应用系统生命周期模型

(4) 将 DBAS 设计阶段细分为概念设计、逻辑设计、物理设计 3 个步骤,每一步骤的设计内容又涵盖了 3 条设计主线。

在许多数据库应用系统中,对数据库数据的访问和处理只是全部系统功能的一部分,还有其他一些系统功能与数据库并无直接关系,或者数据管理只是这些功能中的一部分。对这类系统功能的设计需要按照应用设计主线,根据具体应用领域的业务规则来进行。

应用设计主线将数据库应用程序的设计活动细化为应用需求分析、概要设计、详细设计等步骤。整个应用系统/程序的设计活动可以与数据库设计、数据库事务设计并行进行。应用设计主线的具体设计目标和内容根据具体应用需求而定。事务概要设计和详细设计的结果可用于应用程序中与 DB 访问有关的功能模块的概要设计和详细设计。

1.2 规划与分析

作为 DBAS 生命周期中的第一步,规划与分析的目标是将数据库应用系统作为由计算机硬件、计算机软件和用户组成的复杂人机系统,从项目管理的角度,面向实际应用和用户需求,确定整个数据库应用系统的目标和任务,从技术、操作和经济三方面进行可行性分析,并制订合理的项目开发计划。

规划与分析是数据库应用系统生命周期的起点,规划与分析的对象既包括作为产品的 DBAS

本身，也包括开发这一产品的项目。图1.2给出了规划与分析的主要工作内容。

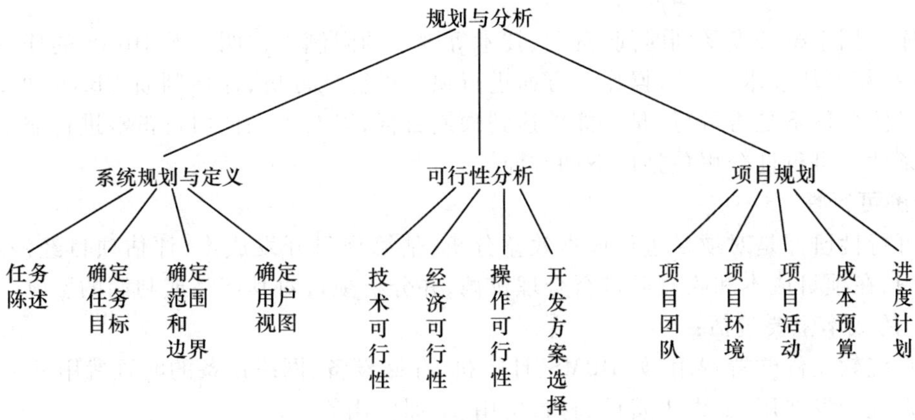

图1.2 规划与分析的主要工作内容

1.2.1 系统规划与定义

系统规划与定义面向将要开发的DBAS，通过了解用户实际需求，明确该系统需要实现的目标和任务，并从数据管理和数据处理的角度，确定系统中数据库软件的功能、性能范围。

系统规划与定义的具体内容包括：

（1）任务陈述。描述所要开发的DBAS的总体目标。

（2）确定任务目标。明确为了实现任务陈述所规定的系统总体目标，DBAS应该支持的一系列数据管理和数据处理任务与活动。

（3）确定系统范围和边界。系统范围和边界定义了DBAS做什么、不做什么、做到什么程度，是DBAS需求分析和系统设计等后续开发步骤的设计依据。

对于任务目标所规定的各项任务与活动，明确哪些由DBAS中的软件子系统、硬件子系统完成，哪些由DBAS用户或其他（信息）系统完成；进一步地，对于分派给软件子系统执行的任务和活动，明确如何在DB、DBMS、应用程序、操作系统等系统软件之间进行任务划分和分布，明确定义这几类软件的各自范围。这里，软件范围是指一个软件应该实现的功能、性能边界。

（4）确定用户视图。根据DBAS中用户对数据库的存取需求，对用户进行分类，明确每类用户需要访问数据库中的哪些数据以及如何使用这些数据，组成用户所对应的用户视图。这些用户视图表示了不同DBAS用户的数据访问/处理需求。

例如，对商场经营管理系统而言，该系统的不同用户，如经理、信息主管、售货员、顾客等，对各种商品及其销售信息的关注点和数据访问的要求是不同的，具体如下：

（1）经理：查看月/季度销售统计数据、成本和利润数据。

（2）售货员：维护（录入、更新、删除）单件商品销售信息。

（3）信息主管：进行商品销售信息的统计分析，提供各种统计报表。

（4）顾客：查看商品品种、商品数量、价格信息。

1.2.2 可行性分析

数据库应用系统开发受到时间、资源、技术等因素的限制。在明确了 DBAS 的任务目标和系统范围之后，需要从技术、经济、操作等方面进行项目可行性分析，评估判断 DBAS 开发项目在现有技术和经济条件下是否可行，是否能够达到预期目标，以及为保证项目正常进行需要的各种资源和支撑条件。可行性分析包括以下四方面。

1. 经济可行性

经济可行性研究是对项目进行成本效益分析，估算项目开发成本，评估项目经济效益、社会效益和利润，在项目成本和收益间进行合理权衡，并分析项目对其产品或利润的影响。

DBAS 的成本主要包括：

（1）系统软硬件购置费用，如 DBMS、计算机、存储设备、网络设备的购置费用。

（2）系统开发费用，如人工费用、材料费用、培训费用等。

（3）系统安装、运行、维护费用等。

2. 技术可行性

技术可行性研究是根据用户提出的系统功能、性能及实现系统的各项约束条件，对系统软硬件和技术方案作出评估和选择建议。

硬件可行性研究是分析 DBAS 的硬件平台环境和设备，如数据库服务器和应用服务器的体系结构及处理能力、存储设备的容量和数据访问速度、网络环境等，提出硬件选型建议。

软件可行性研究包括对可用的 DBMS 和操作系统的选型评估和建议、对中间件和开发环境的选型建议、对数据库应用程序开发模式和编程语言的建议等。

技术方案的选择是根据系统技术需求，提出 DBAS 可能采用的合理技术方案或关键技术。例如，考虑 DBAS 体系结构时，可以根据需要，从集中式、分布式、客户/服务器结构、并行结构、Web 结构等几种方案中选择。

3. 操作可行性

操作可行性研究是论证是否具备 DBAS 开发所需的各类人员资源（项目管理人员、数据库系统分析员、应用编程人员等）、软件资源、硬件资源和工作环境等，以及为支持 DBAS 开发如何去改进加强这几方面资源。

4. 开发方案选择

开发方案选择的目标是提出并评价实现系统的各种开发方案，从中选出一种适用于 DBAS 软件的开发方案。

例如，考虑 DBAS 软件开发模型时，可以选择瀑布模型、快速原型模型、螺旋模型，也可以采用图 1.1所示的 DBAS 生命周期模型；再如，如果 DBAS 中的某个数据库应用模块的委托开发费用比自行开发费用更低，并且软件质量和开发进度也能得到保证，那么该模块可以采用委托开发。

完成上述四方面的可行性分析后，应形成相应的数据库应用系统开发可行性研究报告，并提交给项目管理部门对可行性研究报告进行评审，作为下阶段项目立项和规划的重要依据。

1.2.3 项目规划

一个 DBAS 开发项目经过系统规划与定义和可行性分析两个步骤并确定立项后，可以开始项目规划步骤。项目规划是项目管理者对资源、成本和进度做出合理估算,并在此基础上制订切实可行的 DBAS 项目开发计划的过程。一般来说,项目规划包括以下工作内容:

(1) 确定项目的目标和范围,根据系统规划与定义的工作内容,具体说明项目的最终产品以及期望的时间、成本和质量目标。

(2) 根据 DBAS 软件开发模型,分解和定义整个项目包括的工作活动和任务。

(3) 估算完成该项目的规模及所需各种资源。

(4) 制订合理的 DBAS 项目计划,包括进度、成本、质量等方面的预测和控制方案。

另外,项目规划的结果应形成数据库应用系统项目计划文档,也就是项目计划书。

1.3 需求分析

数据库应用系统需求是指用户对 DBAS 在功能、性能、行为、设计约束等方面的期望和要求,也就是希望 DBAS 做什么、做到什么程度等具体要求。DBAS 需求分析是在已经明确的 DBAS 系统范围基础上,通过对应用问题的理解和分析,采用合适的工具和符号,系统地描述 DBAS 的功能特征、性能特征和约束,并形成需求规范说明文档。该文档称为 DBAS 需求分析规范说明书,是 DBAS 设计和测试阶段的重要依据。需求分析过程由需求获取、需求分析、需求描述与规范说明、需求验证等步骤组成。

对于一般的软件系统,系统的需求一般被分成功能和非功能需求,非功能性需求一般也可以划分成性能需求与其他需求。然而,对于以处理数据为核心的数据库应用系统来说,经常需要将数据需求或信息需求独立出来进行分析。因此,在图 1.1 所给出的生命周期模型中,有数据需求分析任务,分析用户需要组织在数据库中的信息内容和性质。

对于 DBAS 来说,在功能层面可以将需求分成与数据处理密切相关的功能需求和业务规则需求,当然这两类需求在有些场合也很难分清,在许多情况下也是密切相关的。

与普通软件系统的需求分析一样,对 DBAS 系统的需求同样需要对系统的性能需求进行分析,也需要对系统的存储、安全、备份与恢复等其他方面的需求进行分析。

需求获取是 DBAS 系统分析人员的职责。分析人员可以采用软件工程中的需求获取技术,通过与用户的充分交流,调查清楚用户的实际要求,分析和整理所获取的各类需求信息,与用户和开发人员达成共识,形成文档化的需求描述,在此基础上才能进行进一步的需求分析。本书第 2 章将对 DBAS 的需求分析与功能建模方法做进一步的介绍。本节下面将简要介绍各种需求的主要工作内容。

1.3.1 数据需求分析

数据需求分析是从对数据进行组织与存储的角度,从用户视图出发,分析与辨识应用领域所管理的各类数据项(Data Items)和数据结构,形成数据字典的主要内容。

数据字典包括数据项、数据结构、数据流、数据存储和处理过程 5 部分。数据项是数据的最小组成单位,若干个数据项可以组成一个数据结构。数据字典通过对数据项和数据结构的定义来描述数据流和数据存储的逻辑内容。

1.3.2 功能需求分析

功能需求分析主要针对DBAS应具有的功能进行分析，是DBAS需求分析的核心环节。功能需求分析总体上可以分成数据处理需求分析与业务规则需求分析。

1. 数据处理需求分析

数据处理需求分析从数据访问和处理的角度，明确对各类数据项所需进行的数据访问操作，分析结果可表示为数据流图（Data Flow Diagram，DFD）或DBAS应支持的各种数据处理事务规范。

数据流图是一种形式化的数据需求分析技术，利用数据项、数据存储、数据加工和数据流等概念描述对数据的处理。本书将在第2章做进一步的介绍。

数据处理需求分析结果也可以表示为事务规范。事务规范包括以下几方面的事务描述信息：

（1）事务名称。

（2）事务描述。指对事务功能、性能、完整性约束等方面的描述。

（3）事务所访问的数据项。

（4）事务用户。指启动该事务执行的事件/用户。

在系统规划与分析阶段，DBAS开发者已经明确了各类用户的用户视图。因此可从这些用户视图出发，针对每个用户视图进行数据及数据处理需求分析，然后汇总各个视图的分析结果得到对系统的完整分析结果。这种方法可以看作是一种多视点、多角度的数据及数据处理分析技术。

在某些特殊应用领域开发数据库应用系统时，开发方法和步骤既要遵循图1.1中的DBAS生命周期模型，也要遵守这些应用领域提出的特殊开发准则，采用一些面向领域的特殊开发技术。

数据需求分析与数据处理需求分析的结果组织在一起，可以构成数据字典文档，该文档也常被称为“数据规范说明书”，作为下一步开展系统设计的主要输入文档。

2. 业务规则需求分析

一个数据库应用系统既包括与数据存储、管理和处理有关的功能，也包括许多与数据库和数据访问无直接关系的其他功能，系统中一些软件模块与数据库访问无直接关系。因此，在功能方面仅有数据处理需求分析是不够的。

应用领域业务规则（又称为业务处理逻辑、业务逻辑）描述了应用领域中的业务功能、处理流程和步骤。业务规则需求分析是从DBAS高层目标和整体功能出发，分析系统或系统中一些大粒度子系统应具有的业务类型和功能，明确用户或外部系统与DBAS的交互模式。业务规则需求分析主要涉及系统的外部行为，也包括某些系统内部关键特性，如系统某些关键技术的原理及选择。分析对象既可以是与数据管理有关的业务规则，也可以是与数据库完全无关的系统业务（如系统采用的人机交互模式）。业务规则需求反映了应用程序的功能、性能需求，为后续系统设计阶段的应用程序设计提供了重要依据。

业务规则需求分析主要面向系统开发者，分析结果可采用多种方式表述：可以用自然语言来描述系统业务的规则、流程和算法原理等，也可以用第5章描述的UML进行描述，或者采用某种特定的领域相关的形式化、半形式化描述机制。

1.3.3 性能需求分析

功能需求描述了一个系统应当做什么,性能需求则描述了系统应当做到什么程度。DBAS需求分析阶段的另外一项重要工作是分析 DBAS 应具有的性能指标,主要包括:

(1) 数据操作响应时间,或数据访问响应时间。指用户向数据库系统提交数据操作请求到操作结果返回给用户的时间。

(2) 系统吞吐量。指系统在单位时间内可以完成的数据库事务或数据查询的数量。根据事务处理性能委员会(Transaction Processing Performance Council, TPC)定义的数据库系统基准程序标准,系统吞吐量可表示为每秒事务数 TPS。

(3) 允许并发访问的最大用户数。指在保证单个用户查询响应时间的前提下,系统最多允许多少用户同时访问数据库。

(4) 每 TPS 代价值(Price per TPS)。用于衡量系统性价比的指标。对商业数据库应用系统,既要有好的系统性能,又要有合理的使用成本。

DBAS 的性能指标是系统软、硬件设计开发的重要依据。影响 DBAS 性能的主要因素有:

(1) 系统硬件资源。如 CPU 数量与速度、I/O 系统容量与速度、内存大小、内存缓冲区大小等。

(2) 网络通信设备性能。如网络带宽、连接速度、数据传输速度等。

(3) 操作系统环境。如对并发进程/线程的支持程度、文件子系统和 I/O 子系统的性能等。

(4) 数据库的逻辑设计和物理设计质量。如关系数据库中好的关系模式结构、合理的数据库存取组织和存取路径,数据库配置参数(如数据库存储空间大小)等。

(5) DBMS 的配置和性能。如 DBMS 采用的查询优化策略、索引优化策略、数据库管理配置参数(内存配置选项、I/O 配置选项、数据库缓冲区配置选项)。

(6) 数据库应用程序自身。如程序中的事务机制、并发控制机制的使用方法、故障恢复机制的使用、数据访问模式、存储过程的使用、程序质量等。

1.3.4 其他需求分析

除了需要对数据库应用系统从功能和性能两方面进行需求分析外,还需要考虑 DBAS 的其他需求,包括存储需求、安全性需求、备份和恢复需求。

1. 存储需求分析

存储需求分析是指估计 DBAS 系统需要的数据存储量,如 DB 所存储的数据总量。包括:

(1) 初始数据库大小,指 DBAS 刚投入运行时的数据存储总量。

(2) 数据库增长速度,指运行过程中 DB 内数据量的变化情况(增加、减小)。

数据存储总量估算的基本方法是根据数据字典中每个数据项的结构描述信息,估计每个数据项所需空间(以 byte 为单位),进而估计一组数据项或一个元组需要的总数据项,同时还需要估算出的数据项或元组的变化速度。根据估算出的数据项或元组的变化速度计算一段时间(如数据的保存期)内的数据项总数或元组总和。将所有数据项或元组所需的估算空间相加,即得到一段时间内所需的数据存储总量。当然,该总量仅是纯粹的数据存储空间。计算实际存储空间估算值还需要考虑其他的存储空间开销，如操作系统空间、DBMS所需空间、数据备份空间、预留空间等。

2. 安全性需求分析

安全性需求分析考虑以下几个问题：

(1) DBAS系统应达到的安全控制级别。根据DBAS应用场所的实际数据安全性要求，按照可信(Trusted)计算机系统评测标准，确定DBAS应达到的安全控制级别。如果DBAS用于数据安全性要求不高的一般场合，可将级别定位在C级，如C2级；如果应用于军队、政府部门等高保密场合，可将级别定位在B级，如B1、B2级。

DBAS的整体安全级别取决于DBMS、操作系统和其他系统软件的安全级别。这些软件的安全级别必须相互匹配，才能保证整个DBAS的安全级别。

(2) 各类用户的数据视图和视图访问权限。在实际应用中，DBAS的不同用户对数据的访问需求是不一样的。可以根据系统数据安全性需求，规定各类用户允许访问的数据库数据(即用户的数据视图)以及对这些数据的访问权限(如查询、插入、删除、修改等)。

(3) DBAS应有的口令保护机制或其他安全认证机制。用以控制用户登录数据库系统。

3. 备份和恢复需求分析

这是从数据库系统可靠性和系统故障恢复角度提出的系统需求，包括：

(1) DBAS运行过程中备份数据库的时间和备份周期。

(2) 所需备份的数据是全部数据库数据(包括应用数据、索引、日志等)，还是其中的一部分。

(3) 备份方式是采用完全备份还是采用差异备份。

针对DBAS的需求及相关问题，本书将在第2章进一步描述需求分析及功能建模方法。

1.4 系统设计

根据DBAS生命周期模型，数据库应用系统设计包括概念设计、逻辑设计、物理设计3个步骤。

1.4.1 概念设计

数据库应用系统的概念设计包括数据库概念模型设计和系统总体设计。

1. 数据库概念模型设计

概念模型设计是依据数据需求分析阶段得到的需求规范说明文档，分析辨识需要组织存储在数据库中的各类应用领域数据对象的特征及其相互间关联关系，并采用概念数据模型表示出来，得到独立于具体DBMS的数据库概念模型。数据库概念模型可能采用多种方法表示，如最常见的ER方法。本书第3章将针对数据库概念设计方法进行详细介绍。

2. 系统总体设计

一个大型数据库应用系统是由硬件和软件组成的复杂系统，在设计上应依据自上而下、由简到繁、逐步求精的原则。作为DBAS应用设计主线的第一步，系统总体设计从系统规划与分析结果(特别是其中的技术可行性分析内容)和系统需求分析内容出发,确定 DBAS 软硬件总体框架,作为系统后续设计活动的基础。系统总体设计的内容有:

(1) DBAS 体系结构设计。

(2) DBAS 系统硬件平台的选型和配置。操作系统、数据库管理系统等系统软件的选型和配置。

(3) 应用软件结构设计。将应用软件划分为一系列软件子系统,定义子系统间的信息交互方式;进一步划分各软件子系统的模块结构。这些工作可看作是应用软件概要设计工作的第一部分内容,即图 1.1 中的系统概要设计。

(4) 对需求分析阶段识别出的业务规则进行初步设计,细化业务规则流程,分析所处理的业务数据和处理方式,明确采用的关键技术和算法等。

(5) 对系统采用的关键技术进行方案选型和初步设计。

第 4 章将对 DBAS 的总体设计做进一步的叙述。

1.4.2 逻辑设计

数据库应用系统的逻辑设计包括以下 3 个方面内容。

1. 数据库逻辑结构设计

数据库逻辑结构设计是指从数据库的概念模型出发,设计表示为逻辑模式的数据库逻辑结构。

逻辑结构设计与 DBMS 采用的数据模型密切相关,如关系模型、层次模型、网状模型,但与具体的 DBMS 系统实现无关。由于在现阶段,ER 图是数据库概念模型的主要表示方法,绝大多数 DBMS 都是基于关系数据模型的,因此数据库逻辑结构设计的主要内容是在 ER 图的基础上设计数据库关系模式。相关内容将在第 3 章详细介绍。

2. 应用程序概要设计

在应用程序概要设计(I),即应用软件结构设计基础上,将 DBAS 中的应用软件模块按照逐步求精、信息隐藏和功能细化原则,进一步划分为子模块,组成应用软件的系统-子系统-模块-子模块层次结构,其中,将直接访问数据库的模块/子模块抽象为数据库事务;确定各模块的功能和输入/输出数据,设计模块使用的数据结构,定义模块交互的接口关系和交互流程。

3. 数据库事务概要设计

事务概要设计的任务是根据需求分析阶段识别出的各种 DBAS 事务,设计与具体 DBMS 和实现方法无关的事务数据处理流程,明确事务所访问的各关系表。把事务中对数据库数据的查询、插入、删除、修改操作用与具体 DBMS 平台无关的两个元操作 read、write 来抽象表示。

数据库事务和应用程序的概要设计的具体内容参见第 4 章。

1.4.3 物理设计

数据库应用系统的物理设计由以下设计活动组成。

1. 数据库物理结构设计

数据库中的数据以文件形式存放在外存物理设备上,数据库物理结构主要指数据文件在外存上的存储结构和存取方法,它依赖于系统具体的硬件环境、操作系统和 DBMS。

在具体的硬件环境、操作系统和 DBMS 约束下，为数据库的逻辑结构设计符合应用要求的物理结构的过程，就是数据库物理结构设计。其目标是设计一个占用存储空间少、具有较高的数据访问效率和较低的维护代价的数据库存储模式。数据库物理结构设计包括数据库逻辑模式调整、文件组织与存取设计、数据分布设计、安全模式设计、确定系统配置、物理模式评估等环节。具体内容参见第 3 章。

2. 数据库事务详细设计

根据事务概要设计得到的与平台无关的事务流程，利用 SQL 语句、数据库访问接口（如 JDBC、ODBC 或其他 DBMS 的特定 API），采用高级程序设计语言或 DBMS 提供的事务实现机制，在具体 DBMS 平台和开发环境下，设计数据库事务。事务详细设计需要将事务概要设计中的 read 和 write 元操作替换为 DBMS 支持的查询、插入、删除、修改等具体数据库访问操作或数据库访问 API 调用。具体内容参见第 4 章。

3. 应用程序详细设计

根据应用程序概要设计中定义的各模块功能和输入/输出数据需求，结合具体的程序设计环境和机制，设计各模块的内部处理流程和算法、数据结构、对外详细接口等。具体内容参见第 4 章。

1.5 实现与部署

DBAS 的实现与部署也称为 DBAS 的实施。在这个阶段，数据库应用系统开发人员需要根据 DBAS 设计结果，建立数据库，编写应用程序，集成 DBAS 软硬件，组成完整的 DBAS。系统经测试和试运行，经过验证，在功能、性能等方面达到设计要求后，可以交付用户使用。这个过程称为数据库应用系统的实现与部署。

DBAS 实现与部署包括以下工作内容：

（1）建立数据库结构。

（2）数据加载。

（3）事务和应用程序的编码及测试。

（4）系统集成、测试与试运行。

（5）系统部署。

具体内容参见第 4 章。

1.6 运行管理与维护

数据库应用系统投入运行标志着系统开发任务的基本完成和系统运行维护工作的开始。系统的运行和维护工作包括数据库应用系统的运行管理以及对数据库本身的运行管理。如图 1.3 所示主要为数据库运行管理所包含的主要工作。数据库运行管理与维护的主要工作内容包括日常维护、系统监控与分析、系统性能优化调整、系统进化（升级）等工作。这些工作主要由数据库管理员 DBA 负责,有时也需要其他设计及开发人员参与。

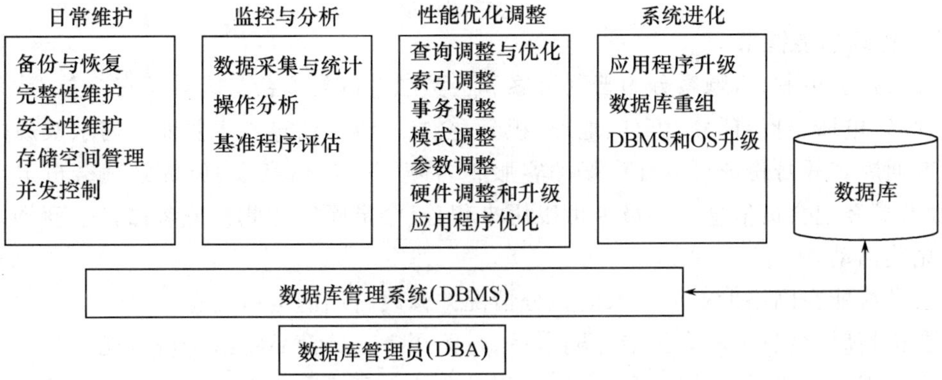

图 1.3 DBAS 运行管理与维护

在 DBAS 运行过程中,应用环境可能发生改变,用户和系统需求也可能不断变化,同时数据库物理存储在运行过程中也会发生调整。因此,为了保证数据库系统的正常运行,对 DBAS 的评估、调整、修改、改进等管理和维护工作贯穿在 DBAS 运行过程中,DBAS 的运行管理和维护是其生命周期过程中的一个重要组成部分。本书第 10 章将详细介绍 DBAS 运行维护的相关内容。

1.7 应用案例需求

本节描述一个简化的某大型商场经营管理系统的需求,作为本教材后续各章节所讨论的各种 DBAS 设计与开发技术的应用案例。

1.7.1 案例概述

商业零售企业需要对日常经营活动中涉及的商品、顾客、供应商、员工等各类数据进行有效管理,以实现商场主要业务的自动化,提高商场运行效率,降低人力成本。以数据库技术为基础的商场经营管理系统是一类典型的面向商业零售企业日常经营管理的数据库应用系统。

为了便于管理,假设本案例中的商场内部具有采购部、财务部、销售部、人力资源部。各部门都设有部门经理负责各部门的业务,由总经理负责整个商场的管理。此外,采购部有若干采购人员,财务部有若干财务人员,销售部有收银台销售员、客户服务人员等,人力资源部有人事秘书。与商场有关的外部人员主要包括顾客和供应商,顾客分成普通客户与会员客户。

本案例要求针对该商场建立一个数据库应用系统,即商场经营管理系统。该系统应实现顾客管理、商品采购入库、商品销售、财务管理、人力资源管理和查询统计等几类功能。整个系统主要工作在商场的局域网环境下,通过适当的安全途径,通过互联网为顾客提供部分服务。整个系统应具有较高的效率和安全性。由于本系统为一个简化的商场业务系统模型,系统案例尽量与实际贴近,但出于篇幅与教学需要,不考虑过于复杂的实际业务流程,并忽略一些商场必备业务环节,如复杂的财务核算、退货、发票等功能。

1.7.2 案例业务功能需求

1. 顾客管理功能需求

该商场支持会员制,将顾客分为普通顾客和会员顾客两类。会员顾客持有会员卡,系统将记录会员的姓名、电话、身份证号、生日、地址、积分、会员等级等信息。主要业务需求及规则如下:

(1) 普通顾客凭身份证可以在商场的客服柜台填写会员信息表,免费办理会员卡后成为会员,由客服人员登记会员信息。会员卡可以用来积分,会员顾客凭此积分参加日后商场举行的各种优惠或兑奖活动。

(2) 会员应能在网络上查询本人的积分情况并修改自己的会员信息。

(3) 在销售时,会员出示会员卡并刷卡后,每购买1元的商品将给会员卡充1分。

(4) 会员卡分为普通卡、银卡和金卡,总积分小于等于2万分的为普通卡,超过2万分但小于等于5万分的为银卡,5万分以上的为金卡。商场可以在各种时机针对不同级别的会员推出一些优惠或积分兑奖活动。

(5) 系统应在会员生日当天给会员发送生日祝福短信,并在当天为过生日的会员提供5%的优惠。

2. 商品采购管理功能需求

该系统应登记各个供应商及供应商所能供应商品的信息。商品采购完成以后,将进行商品上架工作,并通过商品入库管理系统记录相关进货信息,记录每次入库单信息,包括入库单号、日期和经手人,并保存商品名称、数量、进价、供应商等信息。此外,还记录所有商品的现有库存信息。

3. 商品销售业务功能需求

新商品在销售前必须由销售经理在适当的时机制定销售价格。同时,销售经理还需要根据销售情况与市场情况对在售商品进行价格调整。系统应能支持各种定价业务。

在商场营业时间(每天9:00—21:00)内,顾客在商场进行采购活动,采购交易最终通过销售人员在销售终端(POS)上完成。会员顾客要求先刷卡表明身份,销售管理系统应能记录每一笔销售业务,并通过条码枪扫描商品条码或以人工录入商品的方式记录每笔销售的明细。同时进行增加会员顾客的会员卡积分以及减少库存量的操作。系统应能支持顾客以现金支付或银行卡刷卡的方式进行支付。

每个销售人员在每次上岗前需要准备一定量的零钱,换班时将暂停销售,并结算当班人员的销售情况,包括当班人员总销售金额,总销售业务笔数等,并在核对无误后将当前销售所得现金交与财务人员入账。

4. 人力资源管理功能需求

系统应能记录商场所有各类员工信息,在招入新员工及老员工离职后更新员工信息,并对各类员工根据业务情况进行绩效考核,核定和管理员工工资。

5. 财务管理功能需求

系统应能进行各类账户管理,以支持商场的财务活动,如支付采购费用、支付人员工资、结存销售人员上交的现金收入、银行业务来往、生成各类财务报告等。

6. 各类查询统计功能需求

系统应针对各类管理、业务人员特点,通过 C/S 或 B/S 的方式,以固定报表或用户主动查询的方式为各类人员提供商场业务情况数据查询服务。系统也应为会员与普通客户在网上提供各类信息服务。

设该系统至少应为各类人员提供如表 1.1 所示的各类信息服务。

表 1.1　系统对各类人员提供的信息服务举例

人员类别	信息服务需求
总经理	商场各类业务,如周、月、季、年的各类信息查询
销售部经理	商场每日、每周、每月、每季的销售信息查询
销售人员	每天、每周、每月本人销售业绩,相关业务详单查询
客服人员	会员客户各方面情况,相关业务详单查询
采购部经理	商场每周、每月、每季商品销售情况与采购入库信息查询
采购人员	本人所负责各类商品的供应商、商品销售与库存情况,相关业务详单查询
人力资源部经理	各个月份人力资源变化及成本信息查询
人力资源人员	各业务人员每周每月绩效信息查询
财务部经理	商场每时段总体财务收支信息查询
财务人员	每天、每周、每月本人负责业务的财务信息查询
普通顾客	通过网站获知商场的热销商品、商品明细等宣传信息查询
会员顾客	个人积分,及针对不同类别会员的特殊信息服务查询

1.7.3　非功能性需求概述

根据商场经营管理的特点,本系统应满足以下几项性能要求:

(1) 实时性。要求整个系统对基本销售业务实现秒级响应;

(2) 并发性。满足多个终端同时操作数据库的要求;

(3) 交互性。丰富友好的人机交互界面;

(4) 安全性。保证数据存储和传输的安全,及时进行数据库备份;

(5) 稳定性。保证整个软硬件系统的长期稳定运行。

(6) 数据处理。商场每天平均销售业务量约为 1 万笔/天,每笔平均具有 3 条销售细节,系统应能在线保存至少 1 年的销售数据。

小结

数据库应用系统是面向数据管理和处理领域的复杂软件系统。根据软件工程基本原理和数据库系统三级模式结构,本章提出了 DBAS 生命周期模型,将 DBAS 生命周期划分为规划与分析、需求分析、系统设计、系统实现和部署、运行维护 5 个阶段,并规定了各阶段的主要目标、工作内容和采用的关键技术。该模型针对 DBAS 需求分析和设计,引入数据组织与存储设计、数据访问与处理设计和应用设计 3 条设计主线,并将 DBAS 设计阶段细分为概念设计、逻辑设计、物理设计 3 个步骤,定义了 DBAS 开发过程整体框架和开发活动各阶段间的关系。DBAS 生命周期模型是 DBAS 项目管理的理论指导准则。

本章所描述的商场经营管理系统可作为本教程后续各章节所讨论的各种 DBAS 设计与开发技术的应用案例。

习题

一、选择题

1. 下列不属于 DBAS 实施与部属工作的是

A. 数据加载 B. 系统部属 C. 建立数据库 D. 规范化表结构

2. 下列不属于数据库运行维护工作的是

A. 系统监控 B. 系统性能优化 C. 应用系统重写 D. 系统升级

3. DBAS 需求分析阶段的性能分析是分析 DBAS 应具有的性能指标。下列不属于 DBAS 性能指标的是

A. 数据库空间占用情况 B. 数据查询响应时间

C. 单位时间内可以完成的查询数量 D. 单位时间内可以完成的事务数量

4. 下列属于数据库设计内容的是

A. 需求分析和维护 B. 概念结构设计和逻辑结构设计

C. 功能设计和测试用例设计 D. 结构设计和行为设计

二、填空题

1. DBAS 可行性分析主要包括________、________、________和________4 个方面。

2. DBAS 中的功能需求分析总体上可分为________与________。

3. DBAS 的概念设计包括________和________。

4. DBAS 的逻辑设计包括________和________。

5. DBAS 的物理设计包括________和________。

第2章 需求分析

20世纪60年代经历的软件危机和大量关于软件项目失败的报道,例如经费超出预算、进度不能保证、解决方案有问题及可靠性差等,使得许多大型软件项目失败。这些问题促使软件工程师们开始寻求和探索软件产品的特点、软件开发的本质及其规律。随后,陆续推出了一批关于软件开发方法的成果,如结构化分析设计方法、瀑布模型、增量模型、螺旋模型,以及为提高软件的生产率、解决软件模块的复用问题提出的面向对象开发技术和开发方法等。

软件开发方法和工具的引入,对软件产业的生产方式产生了深刻的变革,在提高软件生产率、降低开发成本、提高软件质量和可靠性方面产生了积极的影响。同时,大量的实践和研究也表明,需求分析是软件开发阶段的前提和基础,软件需求与目标产品之间存在着一定的依赖关系,且这种依赖关系和软件的规模以及软件的复杂性成正比,这个阶段的工作做得越深入、详尽,目标系统的满意度越高。

本章首先讨论需求及需求分析的概念和意义、获取需求的过程,然后详细介绍功能建模方法数据流图(Data Flow Diagram,DFD),同时简要介绍IDEF0(IDEF是ICAM DEFinition Method的缩写)建模方法,最后结合第1章提出的商场经营管理系统应用案例给出用DFD方法建模的过程与结果。

2.1 需求分析

2.1.1 需求分析的概念与意义

所谓需求分析,就是对待开发的系统要做什么,完成什么功能的全面描述。需求分析工作是通过对需求的调查、了解、观察和分析,采用已证实是有效的技术、方法或工具,对原始资料进行加工整理,得到有关目标系统需要实现的功能及其相互关系等一系列活动的集合。

Kotonya和Sommerville(1998)把需求定义为"系统服务或约束的描述"。需求是软件项目的投资方和使用者对一个待开发的系统在实现目标、完成功能、应达到的性能、安全性、可靠性等诸方面指标的一个期望和要求的集合。通常应以一种清晰、简洁、准确、一致且无二义性的方式表述和描述。需求描述中提供的各类信息将作为应用信息系统开发及软件项目其他阶段的工作基础。

需求分析的目标是以使用者和开发人员都容易理解的文档形式提供一个关于目标系统所完成的全部功能及性能等需求的完整描述，以保证目标系统后续阶段，如系统设计、编码、测试等阶段工作的顺利完成，为最终开发出一个满意度高的系统打下基础。

然而，由于软件产品的下列特性常常使得需求的获取困难重重：

（1）软件功能复杂。软件是一种逻辑产品，它比一般的实物产品不论是功能方面还是其他方面都要复杂得多。以第1章提出的商场经营管理系统为例，要开发和实现这个系统，首先要描述清楚这个系统需要完成什么功能，例如会员管理、商品管理、采购与库存管理、销售管理和查询统计等。由于软件产品完成的功能多种多样，用户难以清楚、准确和全面地描述其需要，尤其是复杂、大型的开发项目，各组成部分相互交叉，甚至是错综复杂，用户难以在项目初期就全面、一致、详细地表述清楚目标系统究竟需要做什么。

（2）需求的可变性。由于多方面的原因，如在收集、分析和描述需求阶段，用户对系统潜在的需求认识往往不够深入，或者环境改变以及机构调整、变革等都会使需求在系统实施过程中发生变化。

（3）软件产品的不可见性。软件产品在功能和性能方面的指标是在一定的硬件环境中通过对软件的操作来展示和体现的，软件的这种不可见性使得软件产品的功能只能在运行阶段通过在实际环境中的运行才得以体现，而用户又常常是在软件产品的使用过程中才会进一步发现还需要实现某种功能。

软件固有的复杂性、可变性及不可见性不可避免地增加了软件管理和开发的难度。在一些大型的计算机集成应用系统及复杂的软件项目中，常常由多个学科小组人员并行工作。因此，在项目的初期阶段准确地获取用户需求，让项目组的每个成员了解需求、正确理解需求是各类人员协同工作、高质量完成任务的关键。

需求分析阶段的主要任务是分析清楚当前系统的业务流程，包括系统的体系结构，各职能部门完成的主要任务，各职能部门之间的关系及其交流的信息。在需求分析的过程中还要分析清楚现行系统存在的问题，包括亟待解决的问题。在对现行系统充分分析的基础上确定待开发系统的目标、实现的功能及接口、待开发系统对性能和安全性等方面的要求。

需求分析的结果通常以模型形式展示，如用 DFD 图、IDEF0 图等建模工具和方法描述系统的信息流、功能结构及完成各功能需要的数据，通常把描述系统功能的这类模型称为功能模型。在模型描述的基础上，通常还有需求规格说明书对待开发系统的目标、功能、约束、开发技术和数据库管理系统的选型等给出全面详尽的说明。

由于功能模型和软件需求规格说明书是软件开发的依据，将指导后续的开发工作。因此要求需求描述要准确、清楚、一致，不存在任何不完全、含混或者二义性的描述。这个阶段的任何不一致或不准确的描述都有可能使开发人员对用户需求产生误解，使得最终开发出的应用系统不能满足用户的需求，或者开发的结果被否定，被迫局部返工或重做系统，不论哪种情况都将额外耗费大量的人力和物力。

通常，一个计算机应用信息系统的需求分析工作是在系统分析人员与用户不断交互的过程中完成的。

2.1.2 需求获取的方法

目前在数据库应用系统的开发及需求分析中，通常采用下列几种方法来获取需求。

1. 面谈

面谈是获取需求最基本的方法。系统分析员深入到业务部门，找专家和相关的业务人员面谈，由用户方的专家和业务人员介绍其业务流程和各流程之间的关系，包括期望信息系统解决的问题。面谈之前，建模人员可以精心准备若干问题，通过业务人员对问题的陈述和回答来获取有关的细节，逐步理解用户环境、流程及用户对目标系统的要求。

2. 实地观察

除面谈和小组讨论之外，实际观察用户的操作过程也是一种行之有效的获取需求的方法。在实际观察过程中，分析人员要注意分析和考察原有业务流程和操作过程的合理性，因为待开发的系统不只是现行系统的模拟，还需考虑其效率，即采用什么样的业务流程能够较好地解决现行系统的问题，能够快速、准确地处理数据。

3. 问卷调查

问卷调查也是获取需求的一种较好的方法。建模人员可以把需要了解和调查的内容编制成表格交给用户填写，从用户返回的结果中获取对提出的问题较为准确且详细的回答。问卷形式由于缺乏交互性，为了避免用户在回答问题时产生理解上的偏差，要求调查表的设计应简洁、问题容易理解、表格易填写等。

4. 查阅资料

在需求分析的过程中建模人员还要注意收集和查阅相关的文献资料，如组织机构图、规章制度、各职能部门之间交流的文档、图表和报告以及工作方法等有关的内容。

2.1.3 需求分析过程

需求分析是建立和开发应用信息系统或软件产品的基础。需求分析的任务在于把用户对应用系统的非形式化需求不断揭示和挖掘出来，明确目标、功能、性能、数据范围和相关约束，为最终获得用户满意的目标系统打下良好的基础。

用户需求是通过面谈和观察等方式获取到的。获取到需求以后，需要对用户需求进行全面的理解和分析，在对需求理解的基础上采用一系列行之有效的技术、方法和工具，表示和描述拟开发应用系统的目标、功能、性能、数据范围和相关约束，定义其内外部特征，最后形成需求模型和需求规格说明书。下面详细介绍需求获取的过程及需求分析阶段的工作内容。

1. 标识问题

标识问题是需求分析的第一步，通过对问题的识别和标识获得对所求解问题及其运行环境的理解。虽然在可行性分析阶段已经做过问题定义工作，但只是初步的和概括性的。在需求分析阶段，需要对应用领域的各类问题进行全面细致的分析。从需求分析、系统初步设计、系统详细设计到系统实现漫长的软件开发过程中，任何一个问题在前期定义不准确、不一致，在后续的开发工作中就会变形、走样，甚至面目全非。据统计，在软件开发周期中一个错误发现得越晚，修复错误的费用和代价就越高。如果一个错误在需求分析阶段修复的相对费用是 0.1，那么在设计阶段修复这个错误的相对费用是 0.5，在编码阶段修复这个错误的费用是 1，在单元测试及集成测试阶段的相对费用是 2 ~ 5，到了运行维护阶段的相对费用可能达到 20。

标识问题从现行系统的业务流程做起，理解现行系统的业务流程，包括现行流程存在的问题及需要改进的方面。

在标识理解需求的同时，还要注意确定系统的人机界面。所谓人机界面，即手工处理和计算机处理相衔接的部分。在需求分析的过程中，系统分析员要清楚地界定计算机不能承担的工作。对于计算机不能承担的工作，要向用户说明理由且描述清楚计算机不能承担部分的人机接口的实现方法。例如，商场经营管理系统中，会员顾客身份识别的工作需要会员配合完成，在收银台付款之前需要会员首先出示会员卡，由读卡机读入会员顾客的基本数据及积分，然后根据会员的积分信息系统自动计算本次购买的优惠额度及新的积分值。

为了更好地理解问题，在问题识别过程中应对原始数据建立模型，通过模型更清晰地记录用户需求和梳理问题，同时建模过程也可以帮助系统分析员发现需求中的不一致性，排除不合理的部分。

2. 建立需求模型

需求分析是一项艰巨而困难的工作，尤其是大型信息系统通常十分复杂。为了帮助系统分析员及建模人员理解需求，梳理描述清楚需求，人们常借助模型来理解系统所涉及的各种业务活动，利用模型识别和考察系统所要解决的问题和系统中各部件相互作用的关系及约束。

模型是对现实原型所作的一种抽象，其本质是只关心与研究内容有关的因素而忽略无关的因素。其目的是借助模型或者抽象的方法把复杂的事物变得相对简单，便于认识和分析复杂的事物。

有关建立系统功能模型的过程与步骤参见本章 2.2 节。

3. 描述需求

在对应用领域全面、细致和准确分析获取理解的基础上，就可以着手进行需求的描述和表示工作了。需求描述包括对应用信息系统或软件项目功能性需求和非功能性需求的描述。功能性需求通常指需要计算机系统实际解决的问题或实现的具体功能，即常说的数据处理要求，侧重描述系统在一定条件下的活动，例如，给定输入数据，相应的功能模块如何对输入作出反应。通常，应用信息系统或软件所有功能模块描述的集合就是系统的功能需求，这个集合将详细地描述系统必须做什么、完成和实现什么功能以及输入输出等。另一部分是应用信息系统或软件项目非功能性需求的描述。通常指信息系统或软件项目对实际运行环境的要求。例如，对性能要求、安全性和可靠性等方面的限制和要求。由于非功能性需求关心的是系统的整体特性，不仅与软件开发周期各阶段的工作有关，还与系统软硬件环境、软件系统的容错性、软件的质量和分布式应用环境下系统之间的互操作性等因素有关。

需求描述是对待开发系统从宏观和整体上的一个完整描述。它精确地定义和说明了系统做什么以及交付的目标产品的约束条件，为软件生命周期中后续的活动提供了工作的依据和蓝图，是项目开发方和使用者或用户方的一个约定，也是项目后期审核和验收的依据。需求描述主要由需求模型（系统功能模型）和软件需求说明书组成。系统功能模型采用一些流行的建模方法如 DFD 等构建，软件需求说明书侧重文字说明，重点叙述和说明以下内容：

（1）需求概述。概要描述软件项目的研发背景及意义，包括现行系统的运行、管理及经营的方式、特点及状况、存在的问题和亟待解决的问题；本项目的指导思想及研究目标，包括总目标、阶段目标及长期目标，它是对目标系统的总体描述。

（2）功能需求。详细描述系统的总体结构及功能，系统覆盖的功能范围，即目标系统覆盖了问题域中的哪些功能活动、各功能子系统的划分、功能描述及子系统之间的关系。

（3）信息需求。完整描述系统涉及的信息范围、数据的属性特征、数据之间的关系及约束。

（4）性能需求。对系统的性能要求，包括响应时间、存储容量、系统的适应性、数据的安全性、一致性和可靠性，等等。

（5）环境要求。对系统运行环境的要求，如操作系统、数据库管理系统、开发工具、通信接口等方面的要求等。

（6）其他需求。需求描述中还应该包含对目标系统检测或验收方面的要求，包括目标系统的可用性、可操作性、可维护性、可移植性等方面的要求。

需求分析是在对问题不断深化和反复验证的过程中完成的，在对需求进行分析、梳理和描述的过程中，系统分析员要经常思考下列问题：

（1）这个系统的主要功能是什么？

（2）描述的需求是完全的吗？是否把问题域中所有的环节、每个环节可能的状态及其变化都包括在需求中了，没有任何遗漏吗？

（3）需求描述是正确的和一致的吗？其内容是否没有任何冲突或含糊？例如，对某数据项的操作需求，在工程设计子系统中对这个数据项的操作约束是允许修改，而在工艺设计子系统中对这个数据项的操作约束是不允许修改，这两个操作需求有冲突吗？这个系统能够同时满足这两种操作需求吗？

（4）描述的这些需求是可行的、实际可操作的吗？

（5）描述中的每一条需求都是客户需要的吗？

通过对这些问题的思考和检查，保证所做的需求描述是完整的和正确的，没有遗漏掉任何潜在的、对使用者来说是重要的需求。系统分析员在对用户需求进行分析、梳理和描述的过程中还要注意消除重复或不完整甚至是模糊的需求，因为需求中的任何错误或不一致性都会使最后交付的目标产品存在缺陷，不能满足用户的需要。

需求文档是需求分析工作完成的标志，其成果是软件生命周期后续阶段工作的依据，要力求做到论述全面、结构清晰、内容准确、描述清楚。

4. 确认需求

需求说明书已经对待开发系统的目标、功能、性能、操作流程、操作环境、系统的可操作性和可维护性等内容给出了清晰的、一致的、准确的描述和说明。需求确认或评审的目的是进一步检查确信需求说明书中不包含任何不一致和含糊的内容，进一步证实需求说明书描述的内容是客户所期望和需要的。

需求的确认和评审工作由评审组或评审委员会完成。评审委员会的成员由项目负责人聘请的专家、分析人员、相关人员及用户组成。他们对需求分析所得的结果的合理性、正确性和有效性进行检查，以确保需求分析的结果是全面的、准确的和一致的。评审过程也将使得用户和设计人员对需求有进一步的理解、沟通且达成一致。在评审中，如果发现有小的遗漏或不一致，需要进行更正后才可以开始下一阶段的工作。如果有大的遗漏或不一致，则不能通过评审，需重新进行相关的需求分析工作。评审的依据主要是系统的功能模型和需求说明书中描述的内容。评审委员会将逐项审核下列内容：

(1) 功能需求。审查 DFD 图或 IDEF0 图或其他需求模型所描述的内容是否与需求说明书中说明的相关内容一致，需求说明中描述的对待开发系统的功能要求，例如输入数据、加工处理、输出是否满足使用要求，处理功能之间的关系及交换信息的方式是否合理。

(2) 数据需求。审查数据需求，包括目标系统覆盖的信息范围、存储和管理的数据、数据之间的关系及约束是否满足需求。

(3) 性能。通过对数据的检索时间、加工处理和数据转换、传送时间、更新操作等时间特性的考察，审查系统的性能是否满足需求。

(4) 数据管理。根据系统存储和管理的关系表、记录规模和可预见的增长量，审查需求分析及相关描述是否合理，是否满足数据存储和管理的要求。

(5) 其他需求 。其他专门要求，例如安全性、可操作性、可维护性、可扩充性，以及运行环境等方面的分析、设想及软硬件方面的选型是否合理且满足需求。

2.2 需求分析方法

2.2.1 需求分析方法概述

目前在信息系统的需求分析中广为使用的结构化分析与功能建模方法主要有 DFD、IDEF0 等。

结构化分析方法产生于 20 世纪 70 年代，以后由 DeMacro 正式将结构化分析方法作为一种需求分析方法提出，且在实际应用中被证实是需求分析阶段较为有效的需求分析和建模方法。结构化分析方法的基本特征是抽象和分解。

抽象是一种手段，用抽象方法把一个个具体事物或问题的非主要方面剔除，从而把握住事物的内部规律或本质。抓住了事物的本质和问题的主要方面，形成较高层次的抽象也就得到了解决问题的方法。然后，采用自顶向下逐步求精的方法对复杂的事物和问题进行分解，即把一个大问题分解成几个小问题，把每个小问题分解成更小的问题，对这一个个的简单问题进行分析和求解，这些解的集合就是我们的解空间。

结构化分析及建模方法的主要优点是：

(1) 不过早陷入具体的细节。

(2) 从整体或宏观入手分析问题，如业务系统的总体结构、系统及子系统的关系。

(3) 通过图形化的模型对象直观地表示系统要做什么，完成什么功能。

(4) 图形化建模方法方便系统分析员理解和描述系统。

(5) 模型对象不涉及太多技术术语，便于用户理解模型。

2.2.2 DFD 需求建模方法

DFD 建模方法，也被称为过程建模和功能建模方法，它产生于 20 世纪 70 年代，在 20 世纪 80 年代广泛地应用于各类软件及应用项目的开发中。DFD 建模方法的核心是数据流，从应用系统的数据流着手以图形方式刻画和表示一个具体业务系统中的数据处理过程和数据流。DFD 建模方法首先抽象出具体应用的主要业务流程,然后分析其输入,如其初始的数据有哪些,这些数据从哪里来,将流向何处,又经过了什么加工,加工后又变为什么数据,这些数据流最终将得到什么结果。通过对系统业务流程的层层追踪和分析把要解决的问题清晰地展现及描述出来,为后续的设计、编码及实现系统的各项功能打下基础。

1. DFD 方法的基本元素

DFD 方法由 4 种基本元素(模型对象)组成:数据流、处理、数据存储和外部项。

(1) 数据流(Data Flow)。数据流用一个箭头描述数据的流向,箭头上标注的内容可以是信息说明或数据项。

(2) 处理(Process)。表示对数据进行的加工和变换,在图中用矩形框表示。指向处理的数据流为该处理的输入数据,离开处理的数据流为该处理的输出数据。

(3) 数据存储。表示用数据库形式(或文件形式)存储的数据,对其进行的存取分别以指向或离开数据存储的箭头表示。

(4) 外部项(也称数据源或数据终点)。描述系统数据的提供者或数据的使用者,如教师、学生、采购员、某个组织或部门或其他系统,在图中用圆角框或平行四边形框表示。

DFD 建模方法使用的基本元素和符号如图 2.1 所示。

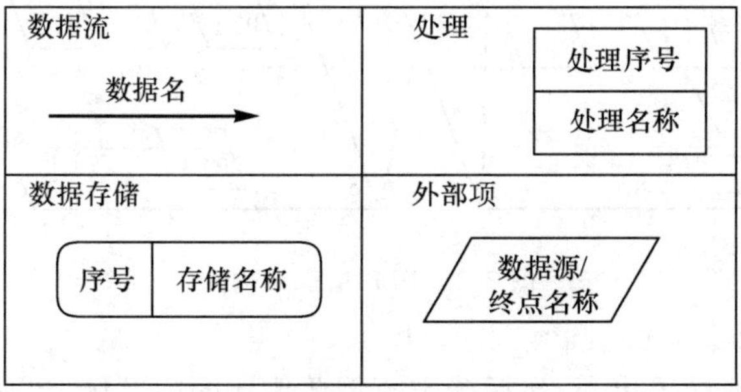

图 2.1 DFD 方法的基本元素和符号

2. DFD 图

DFD 图采用自顶向下逐步细化的结构化分析方法表示目标系统,其层次结构如图 2.2 所示。

DFD 方法以应用信息系统或软件项目的功能为中心进行抽象和分解,以数据流的变换来分析和考察数据对企业及组织中各类业务活动的影响。图 2.2 的顶层数据流图是对企业主要业务功能的抽象,也表示企业的使命。由顶层图分解出来的下一层图,描述为了实现顶层的使命必须要完成的功能和活动。然后,再对每个功能活动进行分解,直到每项功能活动都是具体的、可操作的、用一个程序模块可以实现其功能为止。

3. DFD 建模过程

建立 DFD 图的目的是描述系统的功能需求。DFD 方法利用应用问题域中数据及信息的提供者与使用者、信息的流向、处理、存储四种元素描述系统需求,建立应用系统的功能模型。具体建模过程及步骤如下:

(1) 明确目标,确定系统范围。首先要明确目标系统的功能需求,并将用户对目标系统的功

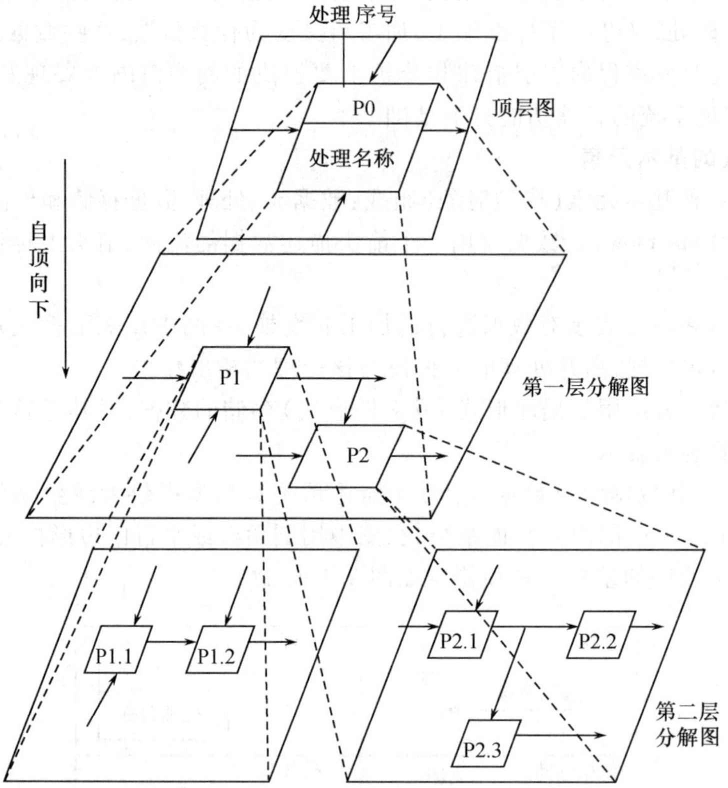

图 2.2　DFD 层次结构图

能需求完整、准确、一致地描述出来,然后确定模型要描述的问题域,包括模型将要讨论的问题和不讨论的问题,与外部接口、环境的关系,等等。虽然在建模过程中这些内容是逐步细化的,但必须自始至终保持一致、清晰和准确。

(2) 建立顶层 DFD 图。根据系统目标抽象出目标系统将要实现的主要功能,根据抽象出的主要功能,命名顶层 DFD 图中的处理,然后画出完成这些功能需求的输入数据、产生的结果以及数据的提供者和使用者。顶层 DFD 图表达和描述了目标系统将要实现的主要功能,同时也确定了整个模型的内外关系,表达了系统的边界及范围,也构成了进一步分解的基础。

(3) 构建第一层 DFD 分解图。根据应用系统的逻辑功能,把顶层 DFD 图中的处理分解成多个更细化的处理。第一层 DFD 分解图和顶层 DFD 图表达了同样的信息范围。所不同的是随着层层分解,一方面形成了基本的图形层次结构,同时从结构上反映了模型的观点。

(4) 开发 DFD 层次结构图。对第一层 DFD 分解图中的每个处理框(矩形或圆角框)进行进一步分解,在分解图中要列出所有的处理及其相关的信息,并要注意分解图中的处理与信息必须包括父图中的全部内容。分解可采用以下原则:

① 保持均匀的模型深度。

如给定父图 P1,则应工作在 P1.1、P1.2、P1.3、P1.4 上,而不是在 P1.1、P1.1.1、P 1.1.1.1

上。这样可避免较高层次的变化影响较低层次,造成可能的重复工作。同时可较早查出错误及遗漏。

有时为了更好地理解一个图,常常要了解较深的几层(如 P1.1、P1.1.1、P 1.1.1.1)。重要的是要把这种特殊处理作为草图直到水平层次都已确定为止。如果 P 1.1.1.1 与其父图 P1.1.1 及父图的父图 P1.1 有矛盾,则需要重画相关的图形。

② 按困难程度进行选择。

有时分解到某个模型深度后,不知道下一步先选择哪一个处理进行分解?可考虑以下两个因素:

其一,从其中最不熟悉及最不清楚的处理开始分解。

其二,选择某一处理框分解,该处理框的分解将产生更多的关于其他处理框的信息。

以上两个原则的实质是较简单或较容易理解的处理框较晚分解,先处理较复杂的问题,可以减少错误、遗漏和重复。总之,在构造图形时要反复研究,借助对较详细图形的分析及深入思考来搞清楚相关问题。

③ 如果一个处理难以确切命名,可以考虑对它重新进行分解。

(5) 检查确认 DFD 图。按照以下规则检查和确认 DFD 图,以保证构建的 DFD 模型(图)是正确的、一致的,且满足要求。

① 父图中描述过的数据流必须要在相应的子图中出现。

② 一个处理至少有一个输入流和一个输出流。

③ 一个存储必定有流入的数据流和流出的数据流。

④ 一个数据流至少有一端是处理框。

⑤ 模型图中表达和描述的信息是全面的、完整的、正确的和一致的。

经过以上过程与步骤后,顶层图被逐层细化,同时也把面向问题的术语逐渐转化为面向实现的解法,并得到了最终的 DFD 层次结构图。层次结构图中的上一层是下一层的抽象,下一层是上一层的求精和细化,而最后一层中的每个处理都是具体的面向一个具体实现的描述,即一个处理模块仅描述和解决一个问题。

2.2.3 其他需求建模方法

除了上面介绍的 DFD 方法以外,还可以用 IDEF0、UML 的用例模型等建立系统的功能模型。本节简要介绍 IDEF0 方法和 UML 的用例模型。

1. IDEF0 方法简介

IDEF 是 ICAM DEFinition Method 的缩写,因 1981 年在美国空军公布的 ICAM(Integrated Computer Aided Manufacturing)工程中被命名为"IDEF"而得名。此方法最初由 IDEF0、IDEF1 和 IDEF2 三部分组成,IDEF0 描述系统功能及相互关系,IDEF1 描述系统信息及其数据之间的联系,IDEF2 用于系统模拟,建立动态模型。该方法已被发展成为一个系列,有 IDEF3 过程描述及获取方法、IDEF4 面向对象设计方法、IDEF5 本体论获取方法、IDEF6 设计原理获取方法、IDEF7 信息系统审定方法、IDEF8 用户接口建模方法等。

组成 IDEF0 图的基本元素是矩形框和箭头,如图 2.3 所示。矩形框代表功能活动,写在矩形框内的动词短语描述功能活动的名称,活动的编号按照要求写在矩形框右下角指定的位置。

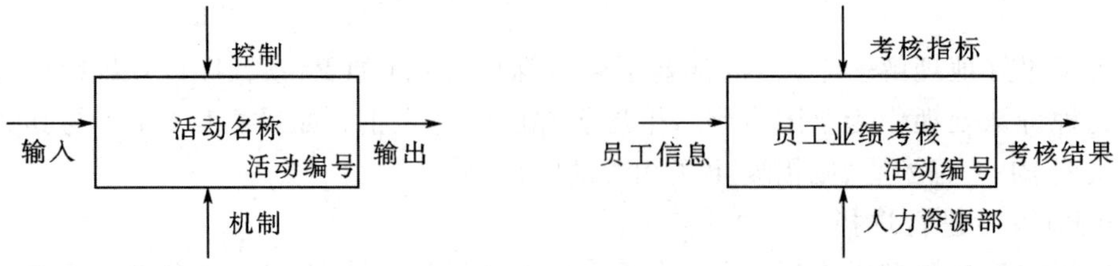

(a) 矩形框与箭头语法　　(b) 功能活动实例

图 2.3　矩形框与箭头语法和实例

左边的输入箭头表示完成活动需要的数据;矩形框上方的控制箭头描述了影响这个活动执行的事件或约束条件;右边的输出箭头说明由活动产生的结果及信息,下方进入的机制箭头表示实施该活动的物理手段或完成活动需要的资源(计算机系统、人或组织)。输入与控制二者的作用是有区别的,输入强调被活动消耗或变换的内容,而控制强调对活动的约束条件。每个箭头所表示的数据用一个名词短语描述,数据可以是信息或对象。

IDEF0 模型由一组图形组成,这些图形组成了一个由父到子的层次结构图,如图 2.4 所示。这组图形把一个复杂事物按自顶向下逐步细化的方式分解成一个个简单的事物或多个组成部分。顶层图的编号是 A-0,它用一个矩形框描述了系统的主要功能活动及内外关系。这个矩形框经过分解再用一个图形来显示它的细节。图 2.4 中编号为 A0 的图就是由父图 A-0 分解得到的;A0 图中的第 3 个模块又被分解成编号为 A3 的图(第三层分解图);编号为 A3 图中的每个矩形还能分解成更多的图形,直到系统描述得足够详细为止。

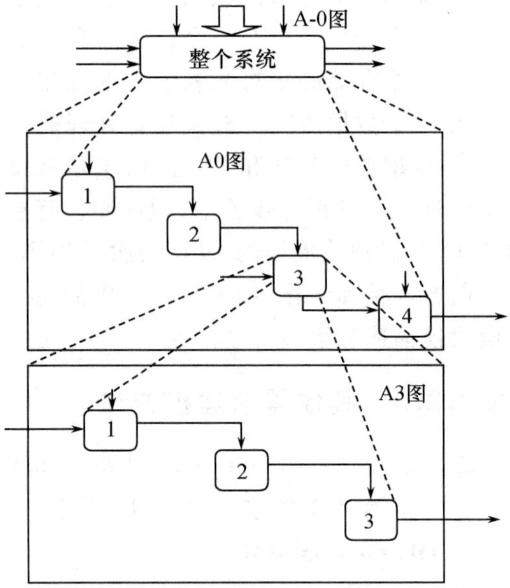

图 2.4　IDEF0 层次结构图

当一个功能活动被分解成几个子功能活动时,用箭头表示各子功能活动之间的接口。每个子功能活动的名字加上带标记的接口确定了一个范围,规定了子功能活动细节的内容。

通常,子功能活动必须忠实地描述父功能活动的细节,以既不增加也不减少的方式反映各自父功能活动所包含的信息。

IDEF0 的基本思想也是结构化分析,强调自顶向下有控制地逐步地展开细节,精确、准确、全面地描述系统,通过建模过程与模型来理解一个系统。模型由图形、文字说明、词汇表及相互的交叉引用表组成,图形是其主要成分。

由于 IDEF 方法更加规范,具有模型元素单一、语义丰富、容易理解、更易于从全局角度分析考察问题等特点,使得 IDEF 方法被广泛地应用于一些大型复杂系统的分析设计中。在我国,1989 年首次被用于国家 863 计划项目计算机集成制造系统 CIMS 实验工程中,从 20 世纪 90 年代以后被推广在国内 CIMS 重点应用工厂使用,取得了良好的效果。

2. UML 用例模型简介

目前广泛被用于数据库应用系统需求分析阶段功能建模的方法还有 UML(统一建模语言)中的用例模型。

UML 方法采用面向对象思想建模,其中的用例模型用于描述系统功能需求。

UML 的用例模型由用例图组成,用例图由系统、角色和用例三种模型元素及其之间的关系构成。有关用 UML 的用例模型描述系统功能的内容参见第 5 章。

2.2.4 DFD 与 IDEF0 比较

DFD 与 IDEF0 方法的基础都是结构化分析思想,强调用自顶向下逐步求精的方法对现实世界建模,先抓住主要的问题或方面,形成较高层次的抽象,然后再由粗到细,由表及里地逐步细化,逐步涉及问题的具体细节。把一个大问题分解成几个小问题,把每个小问题分解成更小的问题,然后对这一个个的简单问题进行分析和求解,这些解的集合就是我们的解空间。然而,这两种方法在下列方面有一些差别:

(1) DFD 图用箭头也叫作数据流来描述数据移动的方向、数据处理及处理之间的数据依赖关系。IDEF0 图也用箭头代表数据流,但在 IDEF0 图中不是强调流或顺序,而是强调数据约束。如果一个矩形上的输出连到另一矩形的输入或控制表示一种约束,表示接收数据的矩形执行的条件,即接收数据的矩形利用了前一个矩形的输出数据产生了新的输出数据。连在矩形上的这些箭头描述它们是如何影响这个矩形所描述的活动的。

(2) 从表达形式上看,DFD 图和 IDEF0 图都是用箭头和处理来表达一个企业或组织的业务流程,但 IDEF0 图中的箭头有更加丰富的语义,不仅能够表示出数据流,还可以表示出控制流和说明处理或活动实施方式的一些约束。

(3) 从模型元素的组成上来看,DFD 模型由四种元素组成:外部项(数据源及终点)、数据流、数据存储和处理,而 IDEF0 模型元素的组成更加简单,只有两种元素组成:箭头和活动。通过这两种元素可以清楚地描述出一个目标系统将要做什么,完成什么功能及处理之间的约束,而进出 IDEF0 图的箭头究竟从哪儿来、到哪儿去,可在专门的文档中说明,不必表示在 IDEF0 图中。这使得 IDEF0 模型结构清楚,容易理解,更适合于大型复杂系统的需求建模。

2.3 需求分析实例

本节根据第 1 章 1.7 节商场经营管理系统应用案例中给出的功能需求和非功能需求,讨论用 DFD 方法对商场业务活动建模的过程与步骤。

从 1.7 节中的需求描述可知,商场的业务活动主要由下列五部分组成:

(1) 顾客管理。主要是识别会员顾客和非会员顾客并对会员顾客进行跟踪管理。顾客可以根据个人信息申请成为商场会员,会员顾客可以查询个人的积分,修改个人信息,接受商场为其发送的生日祝福。会员顾客的消费及总积分决定会员可获得会员卡的级别:普通卡、银卡或金卡,持卡会员可根据会员卡级别享受商场针对不同级别的会员推出的商品优惠或积分兑奖活动。

（2）采购与库存管理。主要涉及商品采购，如根据各类商品的最小库存量生成采购单，将采购来的商品入库上架、出库以及相关信息的管理。

（3）销售管理。主要涉及价格管理、收款活动以及销售统计等相关信息的管理。由销售经理根据新商品的销路制定价格，并对在售商品进行必要的价格调整；普通顾客根据售货单付款，会员顾客在付款时提供会员卡可享受会员积分和生日折扣。

（4）人力资源管理。主要涉及对员工聘用合同的管理和业绩考核及相关信息的管理。新员工根据人事经理提供的招聘条件签订聘用合同，全体员工业绩考核的依据是人事部门提供的考核指标。商场将根据年度考核结果以及上年度的销售额，核定每个员工的工资及奖金数目。

（5）财务管理。主要涉及各类资金收支项目的管理，如记录各收银台交纳的日销售收入、记录各类收支项目，以及按照核定工资等级、月奖金额为员工发放工资和奖金，并将各类财务报告报送商场总经理。

在对商场各业务活动和业务流程进行详细分析的基础上，构造商场经营管理系统的功能模型用 DFD 图描述如下。

1. 抽象顶层数据流图

商场经营管理系统的顶层数据流图用功能活动“商场经营管理”来描述，如图 2.5 所示。

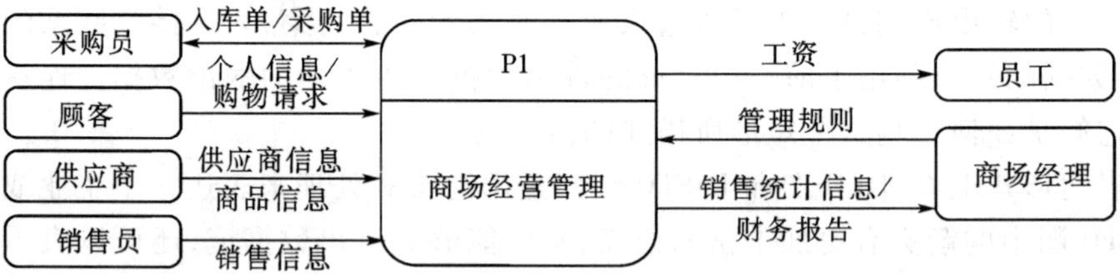

图 2.5 商场经营管理系统顶层 DFD

图中的输入箭头描述了实现商场业务活动将涉及的数据及信息，如入库单/采购单、个人信息/购物请求、供应商信息、商品信息及销售信息等，其中采购信息由采购员提供，商品信息及供应商信息由供应商提供，购物请求等由顾客提供，销售信息由售货员提供，还有由商场经理提供的管理规则。图 2.5 中的输出箭头描述了目标系统的输出信息，如发给员工的工资以及报送商场经理的各类销售统计信息和财务报告。由这些信息可知顶层图不涉及任何具体的业务活动，仅抽象出了目标系统实现的主要功能、实现其功能涉及的信息及信息范围以及目标系统与外部的数据交换关系。

2. 分解和细化顶层 DFD 图

对顶层 DFD 图进行分解即得到图 2.6 所示的第一层 DFD 图。这个 DFD 图较详细地描述了实现商场业务活动需要的基本功能：顾客管理、采购与库存管理、销售管理、人力资源管理、财务管理，完成各项功能活动需要的输入数据、输出信息，经过功能活动处理后存储的信息以及各功能活动之间相互传递的数据与信息。由于图 2.6 描述的功能活动还不够具体，继续对此图中的功能活动进行分解即得到第二层 DFD 图，如图 2.7 至图 2.11 所示。

图 2.7 是由图 2.6 中的 P1.1 活动分解出的更详细的顾客管理业务功能活动图，由图 2.7 可知，顾客管理功能是由“申请成为会员”“查询积分”“更新个人信息”“生日祝福”以及“会员卡管理”这些功能活动组成的。

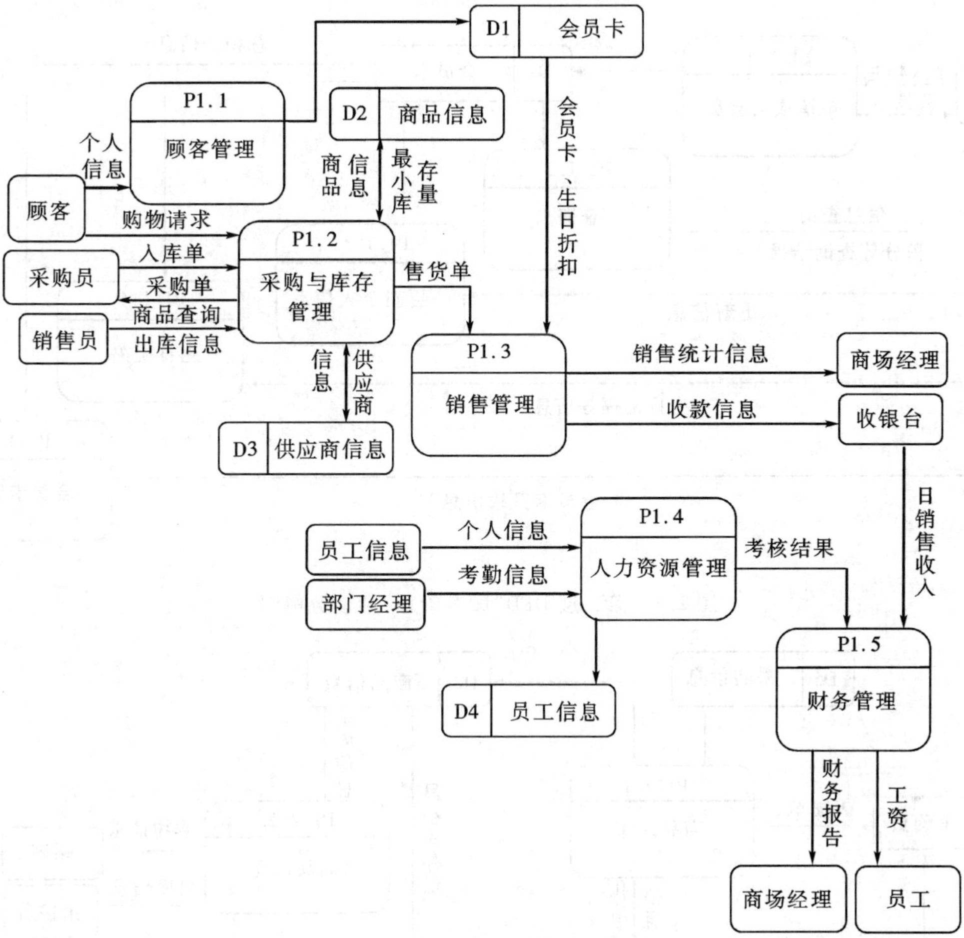

图 2.6 商场经营管理系统第一层 DFD

图 2.8 是由图 2.6 中的 P1.2 活动分解出的更详细的采购与库存管理业务功能活动图。图中描述了采购与库存管理具体的业务活动。由采购员提供的入库单进行商品入库及上架活动，根据顾客的购物请求由销售员提出商品出库请求，商品正确完成出库以后，系统生成售货单进入销售管理活动。当随出库活动使得商品数量达到最小库存量时，由生成采购单功能活动自动生成采购单送交采购员进行商品采购。

图 2.9 是由图 2.6 中的 P1.3 活动分解出的更详细的销售管理业务功能活动图。销售管理业务由价格管理、收款、销售统计 3 个功能活动支持。由销售经理根据新商品的销售渠道制定价格，并根据库存商品的销售情况进行必要的价格调整，由顾客根据售货单，会员客户出示会员卡到收银台付款，销售统计活动生成各类销售统计信息送商场经理。

图 2.10 是由图 2.6 中的 P1.4 活动分解出的更具体的人力资源管理业务功能活动图。由图 2.10 可知，人力资源管理由员工合同管理和业绩考核活动组成。新员工按照人事经理提供的聘任条件招聘并签订招聘合同后上岗，员工业绩考核的依据是客户投诉/表扬、考核指标、上年销售额、上月销售额。

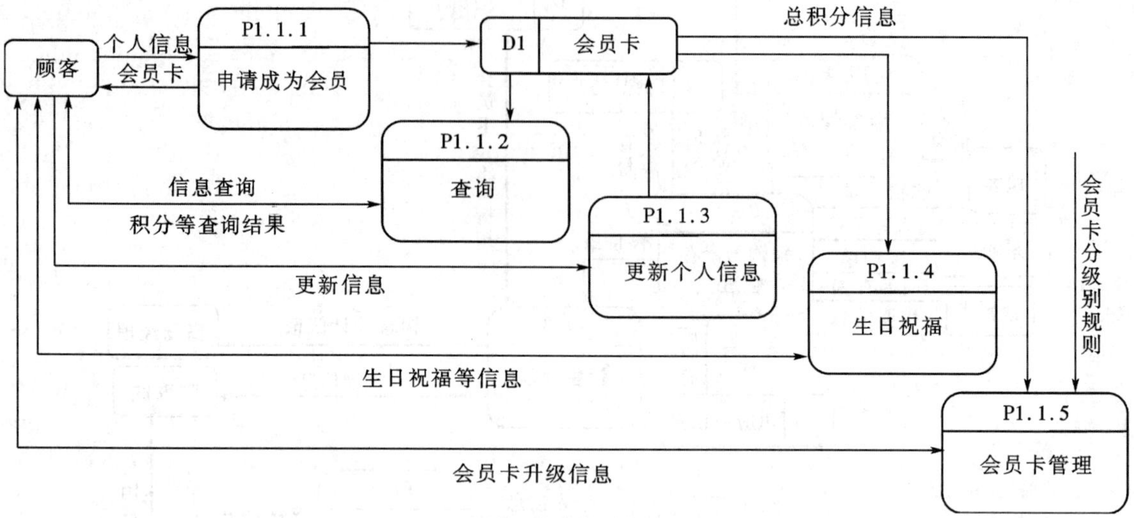

图 2.7　第二层 DFD“顾客管理”活动分解图

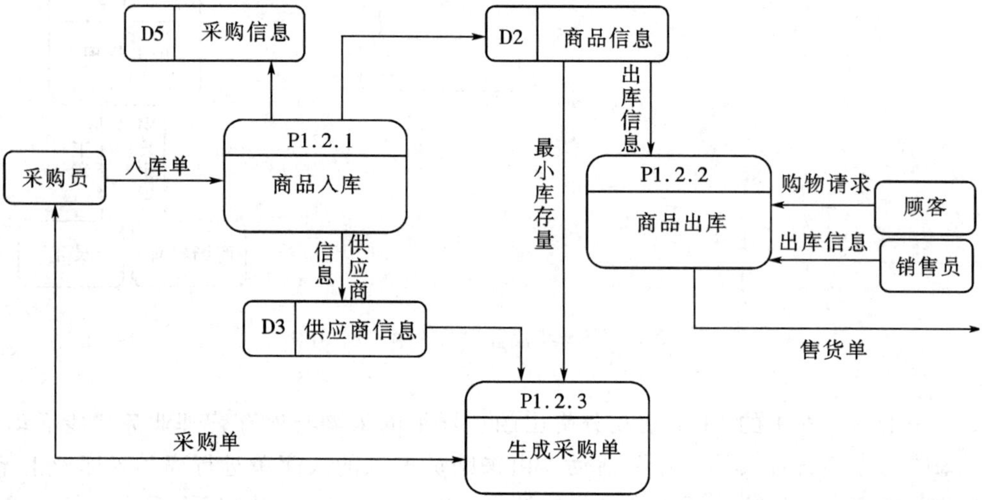

图 2.8　第二层 DFD“采购与库存管理”活动分解图

图 2.11 是由图 2.6 中的 P1.5 活动分解出的更具体的财务管理业务功能活动图。由图 2.11 可知第一层 DFD 图中的财务管理被分解为资金收支管理和工资管理。资金收支管理功能活动负责目标系统各类收支项目的管理，工资管理活动根据“业绩考核”模块输出的核定工资额和月奖金额以及由部门经理提供的员工考勤信息为员工发放工资。

由以上内容可知，DFD 建模方法的关键是正确地抽象出顶层图，然后对顶层图进行分解，分解的原则是自顶向下，由粗到细地逐步细化，直至每个功能活动都是具体的，一个模块解决一个问题为止。本例中的有些功能模块还可以继续分解，限于篇幅不再继续分解。

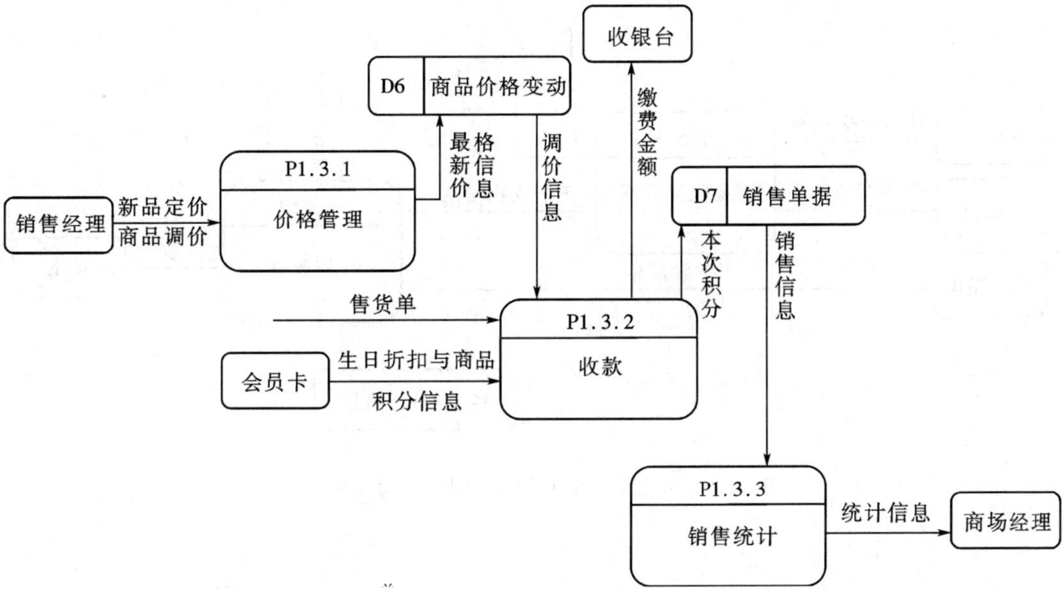

图 2.9 第二层 DFD“销售管理”活动分解图

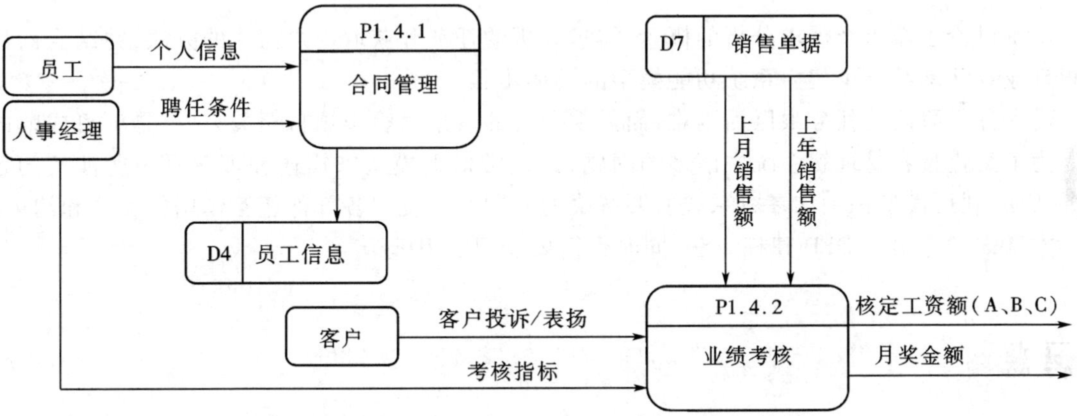

图 2.10 第二层 DFD“人力资源管理”活动分解图

3. 检查确认数据流图

首先要保证 DFD 图中的每一个元素都标有名字,且语义清楚,易于理解;然后检查数据流,要求在较高层次上出现的信息流(图中箭头表示的信息),在分解后的较低层次中必须出现,如商场经营管理系统中顶层的数据流“管理规则”在子图中被分解为“员工聘任条件”和“考核指标”。为了清楚地描述层次结构中信息流的对应关系也可以为信息流进行编号,如顶层父图中的管理规则为 I1,在子图中被分解为 I1.1 员工聘任条件、I1.2 考核指标等;最后检查处理,保证每个处理至少有一个输入数据流和一个输出数据流,每个存储有流入的数据流和流出的数据流。

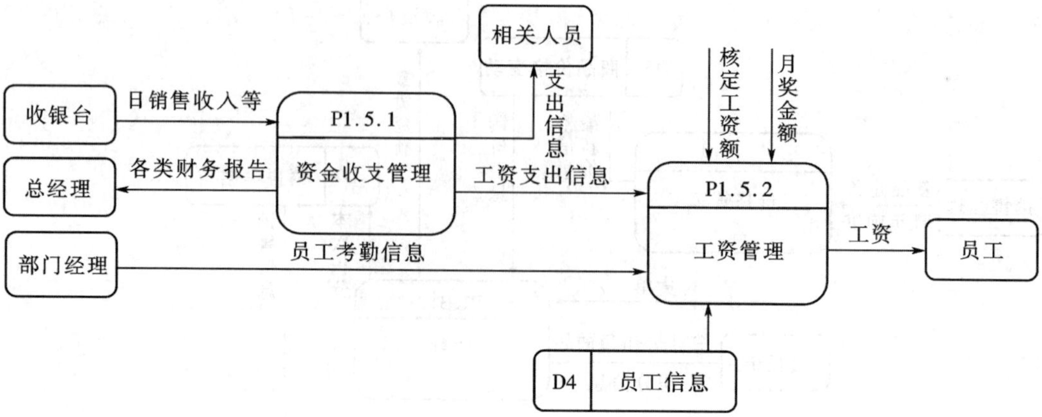

图 2.11 第二层 DFD“财务管理”活动分解图

小结

本章讨论了需求及需求分析的概念、需求分析的任务和获取用户需求的方法,并结合商场经营管理业务活动给出了建立系统功能模型的具体步骤。

需求分析阶段的任务艰巨而困难,而需求分析的成果对整个项目至关重要,是项目成败的关键。为了简化且容易理解系统中诸多的问题,人们常借助模型来描述和理解系统所涉及的各种业务活动,利用模型识别和考察系统所要解决的问题及系统中各部件相互作用的关系和约束。

本章详细介绍了 DFD 建模方法,同时也简要介绍了 IDEF0。

习题

一、选择题

1. 下列不属于 DFD 方法基本元素的是

A. 数据流 B. 数据处理 C. 数据存储 D. 数据结构

2. 下列不属于信息系统需求分析常用建模方法的是

A. ER B. IDEF0 C. DFD D. UML

3. 下列不属于需求建模内容的是

A. 分析与描述目标系统需要完成的功能

B. 分析与描述每项功能活动需要的输入数据、业务规则和输出数据

C. 分析与描述目标系统涉及的数据范围、数据属性及数据之间的联系

D. 分析与描述目标系统的总体结构、功能活动及各活动间的联系

二、填空题

1. 获取需求的主要方法包括________、________、________和________。

2. 信息系统需求分析常用的建模方法有________、________和________。

3. DFD 中的________用一个箭头描述数据的流向，并可在箭头上标注信息说明或数据项。

4. IDEF0 图的基本元素是________和________，其中________代表功能活动。

5. 顶层 DFD 中包含的处理有________个。

第3章 数据库结构设计

需求分析工作完成后，就可以着手做应用系统的设计工作了。需求分析阶段确定目标系统做什么，完成什么功能；系统设计阶段将关注如何做，用什么技术、方法和手段做能比较理想地实现需求阶段提出的各项功能指标。

本章将重点介绍数据库结构设计阶段的工作内容，主要针对第1章给出的商场经营管理系统，介绍对该系统进行的概念结构设计、逻辑结构设计及物理结构设计。

3.1 数据库概念设计

数据库概念设计主要解决数据需求，即如何准确地理解数据需求，真实地把应用领域中要处理的数据组织、定义描述清楚，以支持数据库设计后续阶段的工作。本节将讨论数据库概念设计的任务及数据库概念设计的过程和步骤。

3.1.1 概念设计的任务

数据库概念设计是面向现实世界的，其主要任务是理解和获取应用领域中的数据需求，分析、抽取、描述和表示清楚目标系统需要存储和管理什么数据，这些数据具有什么样的属性特征及组成格式，数据之间存在什么样的依赖关系。数据库概念设计阶段的目标是：

（1）定义和描述应用领域涉及的数据范围。

（2）获取应用领域或问题域的信息模型。

（3）描述清楚数据的属性特征。

（4）描述清楚数据之间的关系。

（5）定义和描述数据的约束。

（6）说明数据的安全性要求。

（7）支持用户的各种数据处理需求。

（8）保证信息模型方便地转换成数据库的逻辑结构（数据库模式），同时也便于为用户理解。

3.1.2 概念设计的依据及过程

1. 概念设计的依据

数据库概念设计的依据是需求分析阶段的文档,包括需求说明书、功能模型(数据流程图或IDEF0图)以及在需求分析阶段收集到的应用领域或问题域中的各类报表等。通过对这些文档的分析和理解,从中抽象出数据的结构、语义、数据之间的相互联系及数据满足的约束条件,从而构造信息模型,编写数据库概念设计说明书。

信息模型和数据库概念设计说明书是数据库逻辑设计的依据,也是数据库用户确认数据需求的依据。

2. 概念设计的过程

数据库概念设计一般包括下列过程与步骤:

(1) 明确建模目标。明确建模目标,确定模型覆盖的问题范围,这有助于建模人员标识所关心的数据。范围可能和用户的类型、业务功能以及处理的数据类型有关,要把范围说明和目标说明两者结合起来定义建模目标。

(2) 定义实体集。这个阶段的目标是标识和定义应用领域中的实体集,其工作的基础是需求分析阶段得到的功能模型DFD图、需求说明书以及需求分析阶段收集到的原始单据、统计报表、表格等。因需求分析阶段的工作是采用自顶向下、逐步求精方法,逐步对目标系统进行分解、细化完成的,因此数据库概念设计阶段通常采用自底向上的方式,从一个局部或子系统入手,标识和定义实体集。如从顾客管理子系统入手,标识和定义实体集,直到实现目标系统全部功能需要的数据及信息都包括在数据模型中为止。对于复杂的数据库应用系统可分别画出子系统的ER图,然后将各局部ER图集成整合成应用系统总体的信息模型。

定义实体集简单的方法是分类标识、概括命名。首先将应用域收集到的原始数据进行分类,即按照具有相同属性特征原则归类,如顾客信息类、商品信息类、销售单据类、供应商类,在此基础上对分类进行概括命名,然后依次列出每个实体集的名称,如顾客,包含的属性有:顾客编号、姓名、性别、出生日期等。

对于一些复杂问题或应用域,也可以通过分类标识原材料中所有名词的方法标识和定义实体集,需要注意的是有些名词可作为实体集名词,有些则不能作为实体集名词。区别实体集名词和非实体名词的简单方法是考察实体集名词是否具有下列特征:

① 它能够被描述或说明吗?

② 有多个同类的实例吗?

③ 每个实例可以被标识和区分吗?

利用实体集名词能够被描述和说明,具有多个同类的实例,且每个实例可以被标识和区分的特征,标识、整理出应用域中全部的实体集,并列出实体集清单。表3.1显示了商场经营管理系统的实体集部分清单。

(3) 定义联系。联系用于描述实体集之间的关联关系,而联系的实例表示一个联系中的两个实例之间有意义的关联或连接。例如,实体集“收银台”和实体集“销售单据”之间存在一种关系,即收费关系,从实体集“收银台”中任取一个实例,如“收银台1”,它收取了“销售单据1”“销售单据2”“销售单据5”等多个单据的付款总金额,而从这个联系关联的另一端实体集“销售单据”中任取一个实例,例如“销售单据 1”,其中的付款仅由一个“收银台”如收银台 1 收取,满足这种连接关系的联系被称为是 1 : n 的连接关系。

表 3.1 商场经营管理系统实体集部分清单

实体集名称	原材料
顾客	顾客管理子系统
商品	采购子系统…
供应商	采购子系统
采购单	采购子系统
销售单据	销售子系统
……	……

标识实体集之间关系的简单方法是建立联系矩阵,联系矩阵由一个二维数组表示。把前阶段定义的实体集沿水平轴和垂直轴两个方向列出,依次分析两个实体集之间可能的联系。如果两个实体集之间存在联系,则在它们的交叉点上写×,不存在联系则用空格标注。表 3.2 列出了一个联系矩阵示例。

表 3.2 实体集/联系矩阵示例

	顾客	会员卡	员工	销售单据	收银台	供应商	商品	采购入库单据
顾客		×		×				
会员卡				×				
员工				×				
销售单据			×		×			
收银台				×				
供应商							×	×
商品						×		×
采购入库单据						×	×	

需要注意的是联系只标注两个实体集之间的直接联系,不标注间接联系。例如,顾客与商品之间是通过销售单据关联的,顾客与商品之间没有直接联系。

在标识联系的基础上就可以定义联系了。定义联系的工作主要包括:表示依赖、命名联系及关于联系的说明。

根据联系矩阵,从两个方向进一步检验实体集之间存在的依赖关系,以确定实体集之间联系的基数。通常,确定联系基数的工作是在联系的两端进行的。先看联系一端的实体集,假设这个实体集的一个实例存在,分析相对于这个实体集来说,联系另一端即第 2 个实体集存在多少个确定的实例,然后调换进行,重复这一分析工作。

例如,当定义“供应商”“商品”“采购入库单据”之间联系的基数时,可根据联系矩阵和业务规则先从联系的一端“供应商”开始分析,一个供应商可以为多个采购入库单据供应多种商品,然后从另一个方向分析,一种商品可以由多个供应商供应用于多次采购入库,对于一个采购单据(一次)可以从多个供应商处采购多种商品,即在联系的每一端都有基数 1 : n : n,这说明“供应商”“商品”“采购入库单据”之间联系的基数是多对多对多,用 m : n : p 表示。这是一个不确定的联系，因为没有确定的基数 1 存在于联系的任何一端。

当确定了实体集之间的联系之后，就可以命名联系了。通常，联系的名字可以用动词或动词短语来表示，在为联系命名时要注意联系名要反映两个实体集之间的依赖关系或联系所表达的语义。联系名的命名规则一般是从父到子（自顶向下）或从左到右说明，具体要视联系两端的实体集在概念模型中的相对位置而定。总之，要求定义的联系名必须是具体的、简明的和有意义的。

（4）建立信息模型。根据前阶段标识定义的实体集、联系及实体集之间联系的基数，选择一种建模方法，如 ER 方法，构造 ER 模型。通常从局部或子系统入手，先建立局部信息模型，然后再综合成为总体信息模型。

（5）确定实体集属性。属性被用来描述一个实体集的特征或性质。如果模型中实体集很多，且大部分实体集的属性也较多，为了使模型更简明，实体集的属性可以不画在模型图中，可通过实体集-属性列表的形式逐一列出模型中每个实体集的名字以及这个实体集所包含的属性名、类型与长度，并将它们附在模型后面。当然，实体集中属性的数据类型与存储位数（长度）也可以在数据库的逻辑设计阶段给出。

（6）对信息模型进行集成与优化。在局部数据建模的基础上，进行模型的集成、汇总与优化，包括检查和消除命名不一致、结构不一致等，保证构造的概念数据模型是正确的、一致的和满足数据需求的。

3.1.3 数据建模方法

数据库概念设计是面向企业或组织中的数据处理需求的，从企业各部门收集来的数据常常纵横交错、错综复杂，仅靠人工分析、整理和规范化这些数据，耗时费力，效率低下。20 世纪 70 年代中，受图形化功能建模方法的影响，Peter Chen 在 1976 年提出了数据建模方法，即实体联系（ER）模型。这种模型用简单的图形直观地抽象出现实世界中客观对象的属性特征及其关系，这使得面向现实世界概念设计阶段的工作变得相对容易。由于这种模型不涉及任何技术问题，建模结果又能够清楚地表达应用领域中的数据结构及其联系，因而备受欢迎。概念模型不仅被广泛地用来分析数据，建立数据建模，也被广泛地用于项目评审阶段，作为确认和评审数据需求的依据。

数据建模工具的出现使得建模人员表示数据结构的方式产生了变革。自 Peter Chen 之后人们又陆续推出了其他的数据建模方法，例如 IDEF1X、UML 中的类图等。这些数据建模方法的共同特点是：

（1）能够真实客观地描述现实世界中的数据及数据之间的关系。

（2）组成模型的概念少，语义清楚，容易理解。

（3）不同概念的语义不重叠，概念无多义性。

（4）用图形方式描述数据，数据直观易懂，有利于数据库设计者和用户交流。

（5）这种数据模型容易转换成数据库逻辑设计阶段需要的数据结构。

1. ER 建模方法

实体联系（Entity Relationship，ER）方法面向数据存储需求建模，将现实世界中需要处理的数据抽象组织成某种信息结构。这种结构不依赖于具体的计算机系统，仅从存储需求描述数据的属性特征及数据之间的关系。

下面先介绍与 ER 模型有关的几个概念。

(1) 实体或实例(Instance)。实体指客观存在并可相互区分的事物(也称为实体集实例或实例)。实体可以是一个具体的人或物，如张三、一辆汽车等,也可以是抽象的事件或概念,如学生的一次选课、一场演出等。

(2) 实体集。实体集表示一个现实的和抽象事物的集合,这些事物必须具有相同的属性或特征。例如,学生实体集指全部学生的集合。这个集合中的一个元素就是这个实体集的一个实例(Instance)。

(3) 属性。属性用于描述一个实体集的性质和特征。例如,学生 Student 实体集的属性有学号(Sno)、姓名(Sname)、性别(Sex)、出生年月(Birth)等,人们用一组属性来描述一个实体集的属性特征。

每个属性的取值范围称为域。例如,学号域为 6 位整数,姓名域为 8 位字符,性别域为 2 位字符。属性的具体取值称为属性值。例如,学号域的某个取值为“99001”,姓名域的某个取值为“王明”,性别域的一个取值为“男”,出生年月域的一个取值为“1982 年 3 月 5 日”。学生属性的这些取值描述了现实世界中的一个学生王明同学的个人基本信息。

(4) 码。实体集中能唯一标识每一个实例的属性或属性组称为该实体集的码。

例如,在学生实体集中,学号就是码,它可以用来标识学生集合中的每一个对象,而姓名就不是码,因为学生可能有重名。

(5) 联系。联系描述现实世界中实物之间的关系。例如,一个学生选了一门课程,一个供应商供应多种零件等。

现实世界事物之间的联系可归纳为三类:

① 一对一联系(1∶1)。若对于实体集 $\boldsymbol{A}$ 中的每一个实例,实体集 $\boldsymbol{B}$ 中至多有一个实例与之联系,反之亦然,则称实体集 $\boldsymbol{A}$ 和实体集 $\boldsymbol{B}$ 具有 1∶1 联系。

例如,系和系主任两个实体集就存在 1∶1 的联系,因为一个系只有一个系主任,而一个系主任只负责管理一个系。

② 一对多联系(1∶n)。若对于实体集 $\boldsymbol{A}$ 中的每一个实例,实体集 $\boldsymbol{B}$ 中有 n 个实例($n \geqslant 0$)与之联系,而对于实体集 $\boldsymbol{B}$ 中的每个实例,实体集 $\boldsymbol{A}$ 中至多有一个实例与之联系,则称实体集 $\boldsymbol{A}$ 与实体集 $\boldsymbol{B}$ 存在 1∶n 的联系。

例如,系、学生两个实体集之间就存在着 1∶n 的联系,因为一个系招收若干名学生,而每一个学生只属于一个系。

③ 多对多联系(m∶n)。若对于实体集 $\boldsymbol{A}$ 中的每一个实例,实体集 $\boldsymbol{B}$ 中有 n 个实例($n \geqslant 0$)与之联系,而对于实体集 $\boldsymbol{B}$ 中的每个实例,实体集 $\boldsymbol{A}$ 中有 m 个实例($m \geqslant 0$)与之联系,则称实体集 $\boldsymbol{A}$ 与实体集 $\boldsymbol{B}$ 存在 m∶n 的联系。

例如,学生和课程两个实体集之间就存在着 m∶n 的联系,因为一名学生可以选修多门课程,而每门课程可以被多个学生选修。

ER 方法中用矩形框表示实体集,矩形框内写上实体集的名称,如图 3.1 所示。图 3.1(a)描述实体集语法及图形表示,图 3.1(b)描述会员卡实体集,图 3.1(c)描述销售单据实体集。

ER 模型用菱形框表示联系,联系名写在菱形框内,如图 3.2 所示。图 3.2(a)描述联系语

(a) 实体集语法　(b) 会员卡实体集　(c) 销售单据实体集

图 3.1　实体集语法和实体集实例

法,图 3.2(b)描述联系实例。

在 ER 模型中,实体集的属性用椭圆或圆角矩形框表示,属性的名字写在椭圆或圆角矩形框中,如图 3.3 所示。图 3.3(a)描述属性语法,图 3.3(b)描述客户实体集中的一个属性姓名。

(a) 联系语法　(b) 联系实例

图 3.2　联系语法和实例

(a) 属性语法　(b) 属性实例

图 3.3　属性语法和实例

按照给出的建模过程及 ER 模型规范,描述目标系统的数据需求。通常模型描述了一个企业或组织全部数据的存储需求,即数据库中将要存储的数据范围、数据的属性特征与数据之间的关系。

2. IDEF1X 建模方法

IDEF1X 与第 2 章中介绍的 IDEF0 是一个系列的建模工具。IDEF0 侧重描述系统功能需求,被称为功能建模方法。IDEF1X 侧重分析、抽象和概括应用领域中的数据需求,被称为数据建模方法。IDEF1X 模型有如下建模元素:

(1) 实体集。如果一个实体集的每个实例都能被唯一地标识而不决定于它与其他实体集的联系,那么该实体集就是独立标识符实体集或简称为独立实体集;如果实体集的一个实例的唯一标识依赖于该实体集与其他实体集的联系,那么它就是从属标识符实体集或简称为从属实体集。

IDEF1X 用矩形框来表示独立实体集,用加了圆角的矩形框来表示从属实体集。独立实体集与从属实体集语法如图 3.4 所示。

图 3.4　IDEF1X 实体集语法

在 IDEF1X 中,每一个实体集定义有一个唯一的名字和编码,名字和编码之间用斜杠(/)分开,写在矩形框的上方,编码应该是正整数。实体集的名字用名词或名词短语命名,这个名词或名词短语描述了实体集所表示的一类事物的集合。一个实体集中的属性要有唯一的名字,属性名一般用名词或名词短语来表示。通常,主码属性名后加“(PK)”标注,被列在属性列表的顶端,其他属性列在下面,并且用水平线把主码与其他属性分开。一个实体集可以有任意多个属性,一个属性只能归属于一个实体集。

（2）联系。一个"确定型连接联系"（Specific Connection Relationship）或简称"连接联系"（Connection Relationship，还可称为"父子联系"或"依存联系"），是实体集之间的一种连接或关系。在这种连接联系中，被称为双亲实体集的每一个实例与子女实体集的0个、1个或多个实例相连接。子女实体集中的每个实例精确地同双亲实体集的1个实例相联系。

① 标定型联系。在"确定型连接联系"中，如果子女实体集中的每个实例都是由它与双亲的联系而确定的，那么这个联系就被称为是"标定型联系"（Identifying Relationship），如图3.5（a）所示。

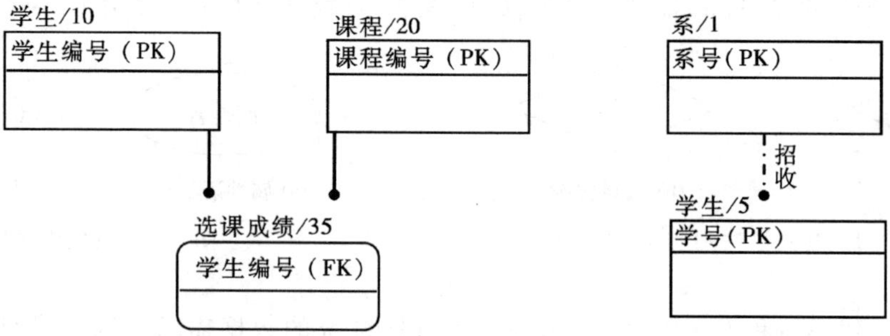

(a) 标定型联系示例　(b) 非标定型联系示例

图3.5　标定型/非标定型联系示例

"选课成绩"实体集中每一个实例需要通过与之联系的双亲实例才能唯一识别，这种联系就是标定型联系。在标定型联系中子女实体集总是从属实体集，标定型联系用一条实线或线段把它们连接起来，1（父）端是线段的原点，n（子女）端是线段的终点，并用一个实心圆点表示其联系的基数是n。

② 非标定型联系。在"确定型连接联系"中，如果子女实体集中的每一个实例都能被唯一地确认而无须了解与之相联系的双亲实体集的实例，则该联系就被称为"非标定型联系"（Non-Identifying Relationship），如图3.5（b）所示。非标定型联系用一条虚线把它们连接起来，1（父）端是线段的原点，n（子女）端是线段的终点，用一个实心圆点表示联系的基数是n。

③ 分类联系。在现实世界中，有些事物是其他事物的类。例如，要获取"职工"的信息，有些职工是拿月薪的，有些职工是计时付薪的。两类职工有共同的属性，如姓名、年龄、性别、出生日期、联系方式、住址等，但对于拿月薪的职工，通常会有不同于计时职工的额外信息。因此，月薪职工实体集和计时职工实体集就是职工实体集的分类。在IDEF1X模型中，可以通过一个分类联系（Categorization Relationship）来表达这类事物，如图3.6所示。

"分类联系"是两个或多个实体集之间的联系，且在这些实体集中存在一个一般实体集（Generic Entity），它的每一个实例都恰好与一个且仅一个分类实体集（Category Entity）的一个实例相联系。一般实体集的每一个实例和与之相关的一个分类实体集实例描述的是现实世界的同一事物，因此它们具有相同的唯一标识符。

④ 非确定联系。一个非确定联系又称为"多对多关系"（Many to Many Relationship）或$m:n$联系。在这种联系关联的两个实体集之间，任一实体集的一个实例都将对应另一实体集的0个、

1 个或多个实例,如图 3.7 所示。

在最终的 IDEF1X 模型中,所有实体集之间的联系都必须用确定联系来描述。但在建模的初始阶段,标识两个实体集之间的一些“非确定联系”(Not-Specific Relationships)常常对开发模型是有帮助的。在最终的模型中不允许出现非确定联系,任何一个非确定联系必须被转化成为确定的连接联系。图 3.7 所示的“选课”这个非确定联系在建模后期可通过引入第 3 个实体集“成绩”,把这个 $m:n$ 的非确定联系转化成为两个 $1:n$ 的确定联系。

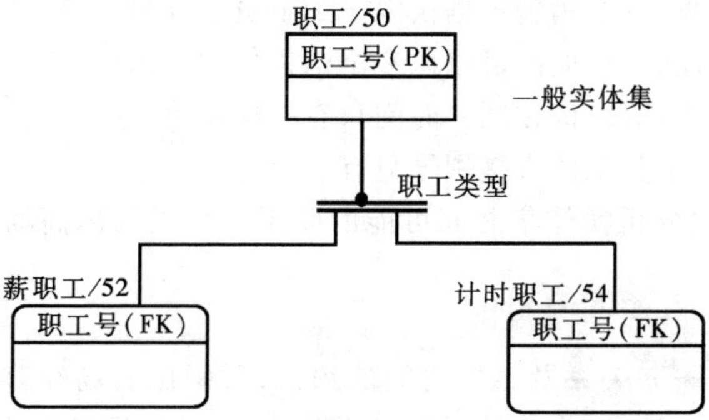

图 3.6 分类联系示例

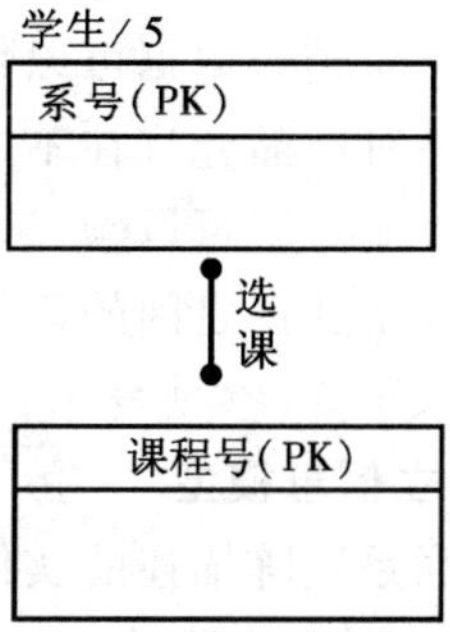

图 3.7 非确定联系示例

3.1.4 概念设计实例

本节介绍商场经营管理系统建立 ER 模型的过程与步骤。

1. 建模目标

根据商场经营管理系统的总目标可知,该待建模型将支持商场经营管理中包括顾客管理、采购与库存管理、销售管理、人力资源管理、财务管理多项业务活动。顾客管理部分存储与管理的数据要能支持顾客申请成为会员、个人积分信息查询、个人信息更新、自动生成生日邮件祝福需要的信息,以及会员卡的升级管理需要的信息;采购与库存管理部分存储与管理的数据要能支持商品入库上架及库存管理,当某商品达到最小库存时自动生成采购单引发采购活动需要的信息;销售管理部分存储和管理的数据要能支持商品的价格管理,如根据销售渠道制定合理的销售价格,根据库存和销售情况为一些在售商品调价,以及支持各类销售统计信息的生成;人力资源管理部分存储和管理的数据要能支持员工招聘、合同管理及员工业绩考核需要的信息;财务管理部分存储与管理的数据要能支持商场各项资金的收支管理、员工工资发放,以及生成各类财务统计报表需要的信息。

2. 定义实体集

根据以上建模目标和数据模型涉及的信息范围定义实体集。首先从标识实体集开始,从需求分析阶段产生的 DFD 图中的输入数据流、输出数据流、数据存储,以及需求分析阶段收集到的单据、统计报表等材料中发现事实,捕捉需要的信息,忽略无关的数据。在标识实体集的基础上分类抽象,将具有相同属性特征的同类对象抽象为实体集,然后归纳整理,用一个有意义的名词或名词短语为每一个实体集命名。

3. 定义联系

定义联系的工作从标识联系开始。分析商场经营管理系统业务活动与管理规范可知,其数据之间存在如下约束：

(1) 一个顾客可以申请 0 或一张会员卡，一张会员卡属一个顾客拥有；

(2) 一张会员卡可用于多个销售单据，一个销售单据只能使用一张会员卡；

(3) 一个收银台可以收取多个销售单据的缴费额，一个销售单据仅限于在一个收银台缴费；

(4) 一个供应商可提供多种商品，一种商品可以由多个供应商提供，一个采购单据可以购进多个供应商提供的多种商品；

(5) 一个员工可以开出多个销售单据，一个销售单据仅限于一个员工开出；

(6) 一个销售单据可以售出多种商品，一种商品可以由多个销售单据售出；

(7) 一种商品允许在不同时间有多次调价，但在同一时间只有一次调价；

(8) 一个员工可以领导多个员工，每个员工的直接领导只有一个。

根据以上数据之间的语义约束，依次分析实体集之间可能的联系。可以画出商场经营管理系统的联系矩阵，参见表 3.2。

4. 建立信息模型

根据联系矩阵描述的实体集之间的关联关系及数据之间的约束，可画出商场经营管理系统的 ER 图，如图 3.8 所示（注：图中省略了“员工”实体的属性）。图 3.9 所示为员工及员工领导与被领导之间的关系。

5. 确认实体集属性

在 ER 模型中画出每个实体集的属性，并逐一检查确认每个属性的正确性，如每个属性的所有者关系是否正确，每个实体集需要的属性是否都已经包含在模型中了。并在此基础上标出 ER 图中每个实体集的主码属性（用下画线标注）。

如果 ER 模型所含的实体集很多，每个实体集的属性可以不画在 ER 图中，在 ER 图中仅给出每个联系的属性，实体集所含的全部属性通过实体集-属性列表给出。实体集-属性列表按照实体集在 ER 图中的位置，由上到下、从左到右依次列出。

实体集-属性列表示范如下：

实体集名：顾客

属性列表：顾客编号、姓名、性别、出生日期、身份证号、地址、邮编、电话、电子邮箱、顾客密码

实体集名：会员卡

属性列表：会员卡号、有效起始日期、有效截止日期、积分、状态

6. 对信息模型进行集成与优化

这一步需要做的工作是进一步检查确认模型中是否存在重复命名的联系和信息，以保证其中不存在有歧义的名字。通常实体集名、属性名用一个有意义的名词或名词短语命名，联系名用一个有意义的动词或动词短语命名，父实体集通常安排在子女实体集的上面或左边，联系名由父到子命名，如顾客“拥有”会员卡、员工“开出”销售单据等。

对于大型复杂的数据库应用系统可能需要划分为多个子系统，并由不同的人员先对各子系统建模，然后汇总集成为系统的数据模型。在进行模型的汇总集成时要注意，如果模型涉及的实体集在一页内放不下，可以安排多页描述，除了用于表示各子系统相交或页面相交的实体集可以重复以外，在一个模型中不允许出现重复的实体集，在模型汇总集成的过程中还需要检查模型的各组成部分之间是否存在命名冲突、结构不一致等方面的问题。由于本示例比较简单，没有划分

子系统建模。

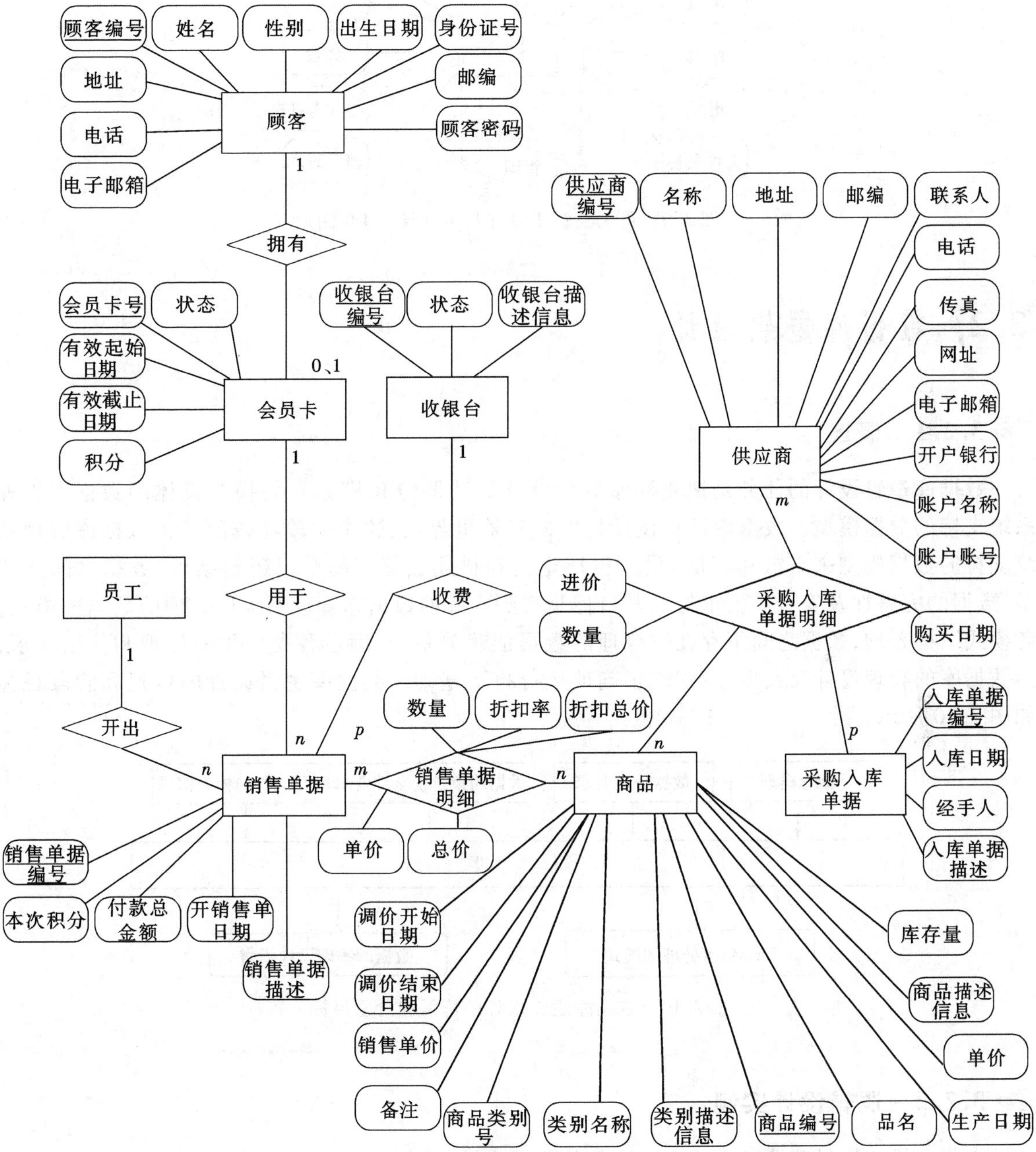

图 3.8 商场经营管理系统 ER 图

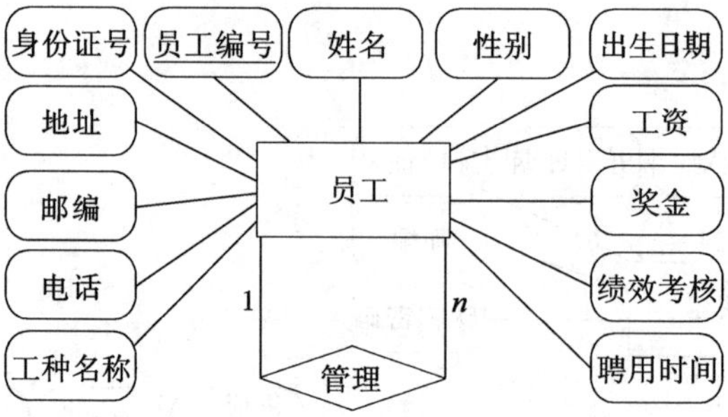

图 3.9　员工及员工领导与被领导的 ER 图

3.2 数据库逻辑设计

3.2.1 概述

数据库逻辑设计的任务是把数据库概念设计的结果（ER 模型），转换为具体的数据库管理系统支持的数据模型。数据库逻辑设计是面向机器世界的，这个阶段将按照具体数据库管理系统支持的数据模型来组织和存储数据，包括定义和描述数据库的全局逻辑结构、数据之间的关系、数据的完整性及安全性要求等。其目标是得到实际的数据库管理系统可处理的数据库模式，各模式结构合理，数据之间不存在不合理的数据依赖关系，且满足各类应用的处理和使用要求，为数据库的物理设计及数据库高效、正确地运行打下基础。数据库逻辑设计的依据和阶段目标如图 3.10 所示。

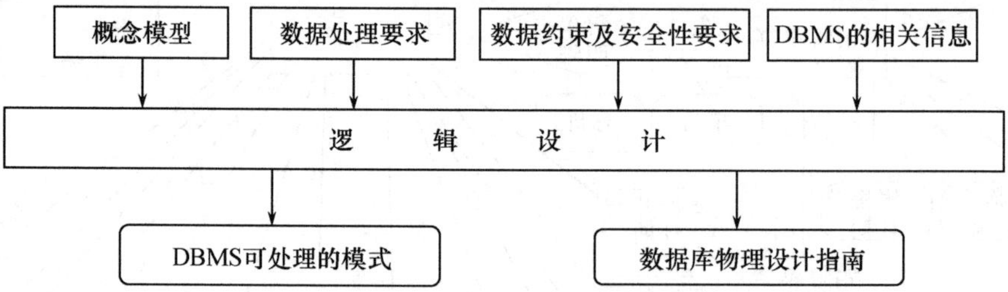

图 3.10　数据库逻辑设计的依据和阶段目标

3.2.2 逻辑设计实例

本节介绍商场经营管理系统应用案例的逻辑设计。

1. 商场经营管理系统初始模式设计

将 ER 图转换成关系模式，一般包含两个步骤：第一个步骤是标识 ER 模型中的联系；第二个步骤是依次转换与每个联系相关联的实体集及联系。

图 3.8 所示商场经营管理系统的 ER 模型中共涉及 6 个联系：拥有、开出、用于、收费、销售单据明细、采购入库单据明细。

联系“拥有”的转换过程如下：

由于“拥有”联系关联了两个实体集，“顾客”实体集和“会员卡”实体集，且联系的基数是 1：n，因此根据转换规则得到如下 3 个关系模式：

关系 1：顾客（顾客编号，会员卡号，姓名，性别，出生日期，身份证号，地址，邮编，电话，电子邮箱，顾客密码）

关系 2：会员卡（会员卡号，有效起始日期，有效截止日期，积分，状态）

关系 3：拥有（顾客编号，会员卡号）

通过分析可知，“开出”“用于”“收费”联系的基数也是 1：n，按照 1：n 联系的转换规则，可得到如下 3 个关系模式：

关系 1：员工（员工编号，姓名，性别，出生日期，身份证号，地址，邮编，电话，工种名称，工资，奖金，绩效考核，聘用时间）

关系 2：收银台（收银台编号，状态，收银台描述信息）

关系 3：销售单据（销售单编号，会员卡号，销售员编号，本次积分，付款总金额，销售日期，收银台编号，销售单据描述）

由图 3.8 可知，“销售单据明细”是 m：n 的联系，按照 m：n 联系转换规则可得到如下 3 个关系模式：

关系 1：销售单据（已经存在）

关系 2：商品（商品编号，品名，生产日期，单价，库存数量，商品描述信息，商品类别编号，类别名称，类别描述信息，价格生效日期，价格失效日期，销售单价，备注）

关系 3：销售单据明细（销售单据编号，商品编号，单价，数量，总价，折扣率，折扣总价）

由图 3.5 可知，“采购入库单据明细”联系是 m：n：p 的联系，按照 m：n 联系转换规则可得到如下 4 个关系模式：

关系 1：供应商（供应商编号，名称，地址，邮编，联系人，电话，传真，网址，电子邮箱，开户银行，账户名称，账户账号）

关系 2：商品（已经存在）

关系 3：采购入库单据（入库单据编号，入库日期，经手人，入库单据描述）

关系 4：采购入库单据明细（入库单据编号，商品编号，供应商编号，进价，数量，购买日期）

由图 3.9 可知，员工实体集中还有一个 1：n 的联系“管理”，用于描述员工之间领导与被领导的关系。将联系“管理”也转换为一个关系模式：

管理（员工号，直接领导员工号）

将员工关系和管理关系合并，得到最终的员工关系模式：

员工（员工编号，姓名，性别，出生日期，身份证号，地址，邮编，电话，工种名称，工资，奖金，绩效考核，聘用时间，领导员工号）

经整理后得到商场经营管理系统初始关系模式如下：

① 顾客（顾客编号，会员卡号，姓名，性别，出生日期，身份证号，地址，邮编，电话，电子邮箱，顾客密码）；

② 会员卡（会员卡号，有效起始日期，有效截止日期，积分，状态）；

③ 收银台（收银台编号，状态，收银台描述信息）；

④ 员工(员工编号,姓名,性别,出生日期,身份证号,地址,邮编,电话,工种名称,工资,奖金,绩效考核,聘用时间, 领导员工号);

⑤ 销售单据(销售单编号,会员卡号,销售员编号,本次积分,付款总金额,销售日期,收银台编号,销售单据描述);

⑥ 商品(商品编号,品名,生产日期,单价,库存数量,商品描述信息,商品类别编号,类别名称,类别描述信息,价格生效日期,价格失效日期,销售单价,备注);

⑦ 销售单据明细(销售单据编号,商品编号,单价,数量,总价,折扣率,折扣总价);

⑧ 供应商(供应商编号,名称,地址,邮编,联系人,电话,传真,网址,电子邮箱,开户银行,账户名称,账户账号);

⑨ 采购入库单据(入库单据编号,入库日期,经手人,入库单据描述);

⑩ 采购入库单据明细(入库单据编号,商品编号,供应商编号,进价,数量,购买日期)。

2. 命名确认

根据项目选定的数据库管理系统支持的命名规则,检查确认关系名和属性名是否符合统一命名规则。

3. 优化关系模式

应用规范化理论逐一检查每一个关系模式,使之满足 3NF。

关于商场经营管理系统逻辑设计的最终结果,参见附录 2 商场经营管理系统数据库模式。

3.3 数据库物理设计

数据库物理结构是影响数据库系统功能和性能的重要因素,DBMS 所采用的数据操作算法、查询优化处理方法等都与数据库物理结构密切相关。本节介绍 DBAS 物理设计的内容和步骤。

3.3.1 物理设计概述

通过数据库概念设计和逻辑设计已经得到了规范化的关系模式。尽管关系数据库模式是按照关系数据库管理系统支持的结构进行数据的描述和组织的,然而,这些符号表示并不能解释如何处理和存储数据。数据库物理设计的目的是将数据的逻辑描述转换为实现技术规范,其目标是设计数据存储方案,以便提供足够好的性能并确保数据库数据的完整性、安全性和可恢复性。

通常,数据库物理设计并不包括文件和数据库的具体实现细节(例如如何创建文件、建立数据库以及如何加载数据)。在这个阶段,将根据数据库中存储的数据量、用户对数据库的使用要求和使用方式,选择数据存储方案以加快数据检索速度。因此,在物理设计时需要了解不同文件组织方式、索引技术及其使用方法。

数据库逻辑设计只是规定了数据库中存放的应用数据的逻辑结构,这种逻辑结构与数据库的具体物理实现无关。因此,在数据库物理设计阶段,需要进一步考虑应用数据在实际数据库管理系统和操作系统平台下的具体存储结构和数据存取方式,即数据库的物理结构。

本节讲述数据库物理结构需要考虑的内容,以及数据库系统采用的主要文件组织形式。

3.3.2 数据库的物理结构

数据库中的应用数据是以文件形式存储在外设存储介质(如磁盘)上的,文件在逻辑上被组织成记录的序列,也就是说,每个 DB 文件可以看作是逻辑记录的集合。

一个文件在磁盘上占有一定的物理存储空间,文件中的每个逻辑记录被映射存储到某个特定的磁盘块上。一个文件在物理上可以看作是由存放文件记录的一系列磁盘块组成的,称之为物理文件。

文件的逻辑记录与磁盘块间的映射关系是由操作系统或 DBMS 来管理的。当需要对一个文件逻辑记录查询、插入、删除、修改时,首先要根据这种映射关系找到该逻辑记录所在的磁盘块,然后再进行相应的操作。

从数据库物理结构角度需要解决如下几个问题:

(1) 文件的组织。如何将数据库映射到操作系统文件中,也即如何将关系数据库中的关系表映射为数据库文件,以及将关系表中的元组映射到文件的逻辑记录,如何管理这些数据库文件;数据库文件中逻辑记录采用何种格式。

(2) 文件的结构。也称为文件中记录的组织。如何在外设磁盘上安排、存放数据库文件的逻辑记录,也即如何将 DB 文件的逻辑记录映射到物理文件中的磁盘块。

(3) 文件的存取。对具有某种结构的 DB 文件,如何去查找、插入、删除和修改其中的逻辑记录。文件的存取与文件的结构密切相关,每种文件结构都有与之对应的文件存取方法。

(4) 索引技术。当数据库中关系表的数目及关系表中的元组数目非常多时,可以利用索引技术提高 DB 文件的存取速度。

3.3.3 索引

1. 索引技术

索引的概念类似于图书中使用的"术语索引"。图书中的术语索引可以帮助读者很快找到该术语在书中的具体解释信息。图书术语索引表的每项一般包括:术语和该术语所在页号。当查阅一个术语时,先查阅术语索引,找到该术语所在的页号,然后到相应的页查阅术语的详细介绍。

索引技术(Indexing)是一种快速数据访问技术,它将一个文件的每条记录在某个或某些域(或称为属性)上的取值与该记录的物理地址直接联系起来,提供了一种根据记录域的取值快速访问文件记录的机制。索引技术在功能上类似于图书术语索引,记录域的取值相当于图书术语索引表中的术语,记录的物理地址对应于术语所在图书页号。

索引技术的关键是建立记录域取值到记录的物理地址间的映射关系,这种映射关系称为索引(Index)。例如,假设在顾客表的 CustomerID 列上建立了一个索引,则在索引部分就有指向每个顾客所对应的存储位置的信息,如图 3.11 所示。

当数据库管理系统执行一个在 Table_Customer 表上根据指定的 CustomerID 值查找该顾客的信息的语句时,它能够识别 CustomerID 列的索引,并首先在索引部分查找该顾客编号,然后根据找到的顾客编号指向的数据的存储位置,再到 Table_Customer 表中直接检索需要的信息。如果没有索引,则数据库管理系统需要从 Table_Customer 表的第一行开始,逐行检索指定的

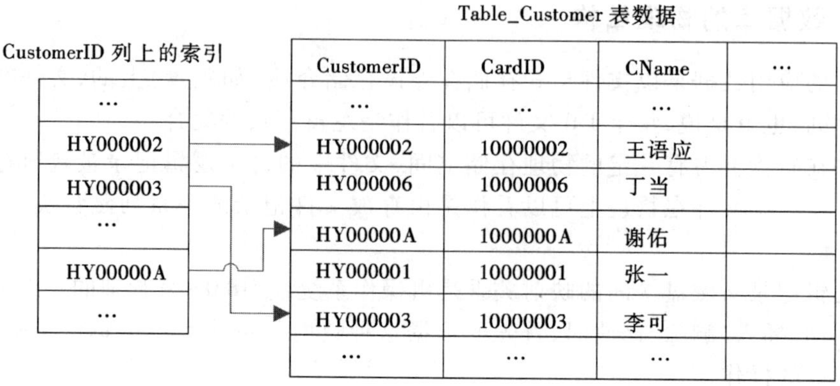

图 3.11　索引示意图

CustomerID 的值。

索引为性能所带来的好处是有代价的,因为索引在数据库中会占用一定的存储空间。另外,在对数据进行插入、更改和删除操作时,为了使索引与数据保持一致,还需要对索引进行维护,对索引的维护是需要花费时间的。因此,在设计和创建索引时,应确保对性能的提高程度大于在存储空间和处理资源方面的代价。

2. 索引技术分类

根据索引的实现方式,索引技术被分成两大类:有序索引技术和散列索引技术。

(1) 有序索引(Ordered Index)技术,也称为索引文件机制。有序索引技术利用索引文件(Index File)实现记录域取值到记录物理地址间的映射关系。这里的记录域就是查找码。索引文件由索引记录(Index Record)组成,每个记录中记载着一个索引项(Index Entry),索引项记录了某个特定的查找码值和具有该值的数据文件记录的物理地址。查找码也称为排序域。

当需要访问数据文件中某个数据记录时,先根据记录域取值查阅索引文件,找到对应的索引项;从索引项中找出数据记录在数据文件中的物理地址,然后根据这个地址存取数据记录。

在图 3.12 所示索引技术中,数据文件中存储了关系模式为 $\boldsymbol{R}(\boldsymbol{A}, \boldsymbol{B}, \boldsymbol{S}, \cdots, \boldsymbol{D})$ 的关系表的元组数据。其中:$\boldsymbol{A}$ 为 $\boldsymbol{R}$ 的主码,因此也是数据文件的主码;$\boldsymbol{B}$ 为 $\boldsymbol{R}$ 的非主属性,$\boldsymbol{S}$ 作为查找码。当用户需要访问查找码取值为 s_i 的特定数据记录时,需要到索引文件中寻找 s_i 对应的索引项,再根据索引项中的地址指针(记录所在的磁盘块号)去访问记录。查找码可以是数据文件的主码或主属性,也可以是非主属性。

(2) 散列索引技术,也称为哈希(Hash)索引机制。散列索引技术利用一个散列函数(Hash Function)实现记录域取值到记录物理地址间的直接映射关系。这里的记录域就是查找码,也称为散列函数的散列域或排序域。

当需要访问数据文件中查找码值为 s_i 的某个或某些目标记录时,将 s_i 作为散列函数 h 的输入,计算得出的散列函数输出值 $h(s_i)$ 就是目标记录在数据文件中的物理地址。

在一个文件中查找某个或某些特定文件记录时,需要给出记录应满足的查询条件。一般而言,这种查询条件形如“文件记录在它的某个或某些记录域/属性上的取值满足……条件”。这些用于在数据文件中查找记录的属性或属性集合就是文件查找码。

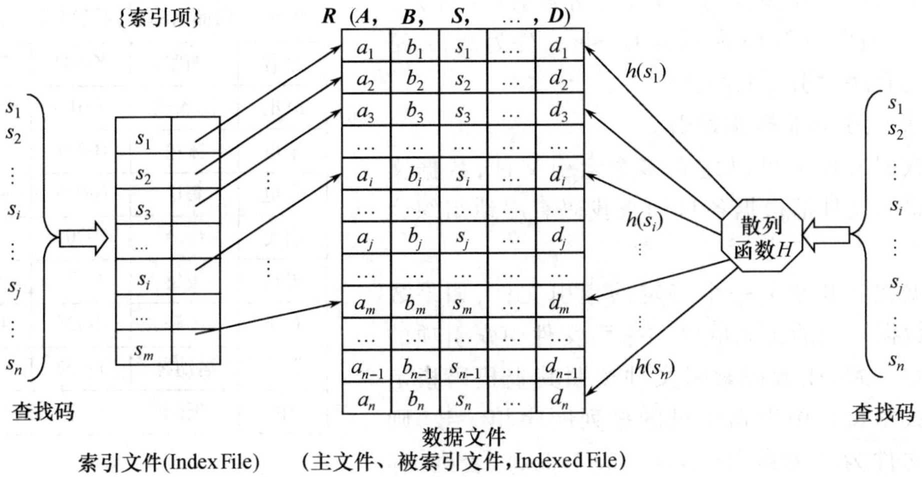

图 3.12 索引技术

对于存储有关系表数据的数据库文件,该文件的查找码可以是关系表的主码或候选码,也可以是关系表的其他非主属性。

3. 有序索引

数据库中的数据文件经常采用顺序文件结构,文件的数据记录按照某个特定的查找码值的升序或降序顺序地存储在文件中。后续讨论的数据文件均假设采用了顺序文件结构。

数据文件和索引文件是有序索引技术中的两个主体,数据文件也称为被索引文件(Indexed File)或主文件。

有序索引作为基于索引文件的索引技术,需要考虑的两个关键问题是:

(1) 如何组织索引文件中的索引记录;

(2) 如何从索引文件出发,访问数据文件中的数据记录。

当需要采用有序索引机制快速访问一个数据文件时,首先要为该数据文件建立一个索引文件,索引文件是索引记录或索引项的集合。

索引文件建立方法如下:首先选定数据文件中的某个或某些记录域作为查找码,然后建立起数据记录在查找码上的取值与该记录的物理地址间的映射关系,组成索引项。所有索引项作为索引记录存储在索引文件中。索引文件根据某个特定的查找码值的升序或降序存储索引记录,并且也组织为顺序文件。

索引建立在查找码上。如果对一个数据文件需要从几个方面去查询文件记录,可以定义多个查找码,针对每个查找码建立相应的索引文件。因此,一个数据文件可以有多个查找码和多个索引文件。

对第 1 章应用案例中的关系模式"商品(商品编号,商品类别编号,商品名称,生产日期,销售单价,商品描述信息)"进行简化,选取部分属性,构造出关系模式为 Goods(类别,商品名称,商品编号,单价)的关系表 Goods,如图 3.13 所示。该关系表包括 9 个元组,按顺序文件方式存储,查找码为"商品类别",主码为商品编号。记录按照"商品类别"的汉语拼音的升序排列,例如"家电"(jiadian)排在"酒类"(jiulei)前面。各商品的"商品名称"中忽略了商品的具体品牌。

有序索引有多种多样的形式，根据索引（文件）本身的性质，下面以图 3.13 所示的 Goods 文件为例，介绍几类主要的有序索引及其特点。

① 聚集索引和非聚集索引。

一个数据文件上可以建立多个索引文件，数据文件和每个索引文件都根据各自的查找码有序地组织为顺序文件。

对数据文件和它的一个特定的索引文件，如果数据文件中数据记录的排列顺序与索引文件中索引项的排列顺序相一致，或者说索引文件按照其查找码指定的顺序与数据文件中数据记录的排列顺序相一致，则称该索引文件为聚集索引（Clustering Index）；否则，称该索引文件为非聚集索引（Non-clustering Index）。

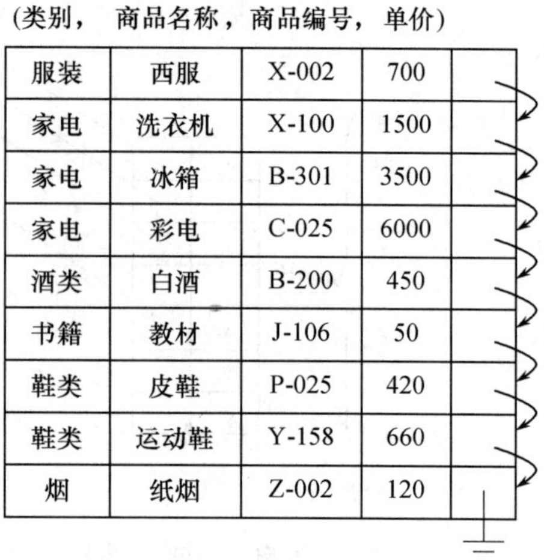

图 3.13 Goods 顺序文件

例如在图 3.14 中，数据文件 Goods 的查找码为“类别”，索引文件同样按照查找码“类别”组织索引项，因此属于聚集索引。

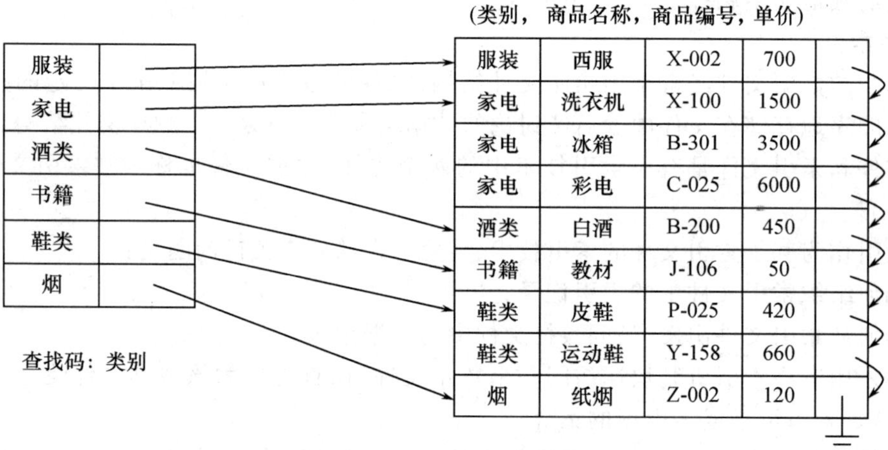

图 3.14 聚集、稠密、辅索引

在一个数据文件上除了可以建立一个聚集索引外，还可以建立多个非聚集索引。

图 3.15 中，索引文件中索引项按照“商品编号”排序，数据文件中的数据记录则按照“商品类别”排序，索引文件的排列顺序与数据文件的排列顺序不一致，因此该索引文件属于非聚集索引。

如果一个数据文件按照某个查找码组织为顺序文件，同时在该数据文件上又建有聚集索引，则该数据文件称为索引顺序文件（Index-Sequential File）。对索引顺序文件而言，既可以对数据记录进行顺序访问（Sequential Access），又可以根据数据文件上的聚集索引对数据记录进行直接访问（Direct Access）。图 3.14 和图 3.16 中的数据文件 Goods 就是索引顺序文件。

② 稠密索引和稀疏索引。

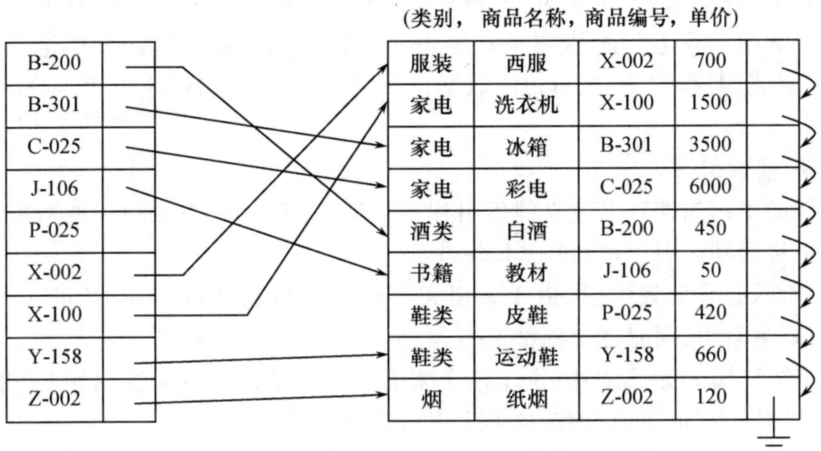

图 3.15 非聚集、稠密、主索引

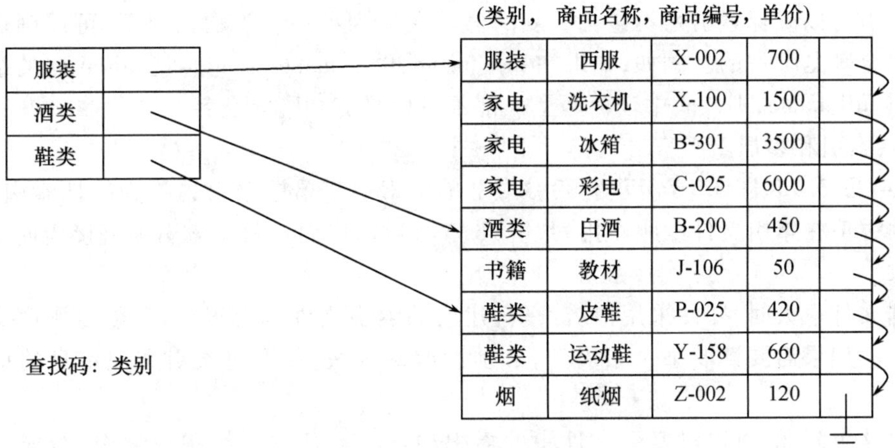

图 3.16 聚集、稀疏、辅索引

如果数据文件中的每个查找码值在索引文件中都对应一个索引记录，则该索引称为稠密索引(Dense Index)。如果只是一部分查找码的值有对应的索引记录，则该索引称为稀疏索引(Sparse Index)。

对图 3.14 中的聚集索引，数据文件中查找码“类别”的 6 个取值为“服装，家电，酒类，书籍，鞋类，烟”，索引文件中恰好有 6 个索引项与之对应。因此，该索引文件也是稠密索引。

在带稠密索引的数据文件中，查找速度较快。例如查找“家电”记录时，首先在索引中查找“家电”的索引记录。如能找到，则沿着索引记录中的指针到达“家电”的第 1 个数据记录，然后再沿着数据记录中的地址指针顺序访问后续 2 个“家电”记录。

如果索引文件只包含了数据文件中的部分查找码，则该索引称为稀疏索引。例如在图 3.16 中，索引文件只对数据文件中查找码“类别”的 3 个取值“服装，酒类，鞋类”建立了索引项，因此该索引属于稀疏索引。

根据稀疏索引查找“家电”记录时，先在索引中查找“家电”数据记录所在的范围。根据类别名称汉语拼音的顺序，“家电”在“服装”和“酒类”之间，因此沿着“服装”索引记录中的指针到达数据文件中的“服装”数据记录，然后再沿数据记录的指针链，后向顺序查找，依次找到“家电”的 3 个数据记录。

③ 主索引和辅索引。

在数据文件的主码属性集上建立的索引称为主索引（Primary Index）。在数据文件的非主属性上建立的索引称为辅索引（Secondary Index）。

对图 3.15 所示的非聚集索引，由于索引文件建立在数据文件“Goods”的主码“商品编号”上，因此该索引是主索引，同时也是稠密索引。

在图 3.14、图 3.16 所示索引中，由于两个索引文件均是建立在非主属性“类别”上，“类别”并不是数据文件“Goods”的主码，因此这两个索引都是辅索引。

在实际的关系数据库系统中，数据库管理系统通常按照主码值的顺序将元组有序存储在数据文件中，并且以主码作为查找码建立索引文件。该索引文件既是主索引，也是聚集索引。

④ 唯一索引。

唯一索引可以确保索引列不包含重复的值。在多列唯一索引的情况下，可以确保索引列中每个值的组合都是唯一的。例如，如果在 last_name、first_name 和 middle_initial 列的组合上创建了唯一索引 full_name，则该表中任何两个人都不可以具有相同的全名。

⑤ 单层索引和多层索引。

图 3.14、图 3.15、图 3.16 所示的索引均是单层索引。单层索引也称为线性索引，其特点是索引项根据键值在索引文件中顺序排列，组织成一维线性结构，每个索引项直接指向数据文件中的数据记录。

当数据文件很大时，即使采用稀疏索引，建成的索引文件也会很大，只能以顺序文件形式存放在磁盘上。如果需要读取某个索引项，必须读取磁盘块，导致对索引文件本身的访问效率非常低。

为解决这个问题，可以对索引文件中的索引项本身再建立一级稀疏索引，组成二层索引结构，用于快速查找索引项，如图 3.17 所示。根据查找码查询文件记录时，如果有二层索引，则首先在外层索引中找到一个外层索引项，然后沿着外层索引项中的指针到达内层索引块；在内层索引块可用顺序查找或二分查找找到相应的内层索引项，这个索引项中的指针指向了需要访问的数据记录。

进一步地，可以建立多层树型索引结构来快速定位大数据量文件中的数据记录。多层索引的典型例子是数据库系统中广泛应用的 B 树和 B^+树索引。

在设计、建立和使用数据库索引时需要根据数据库管理系统的特性及用户日常提交的查询语句综合考虑。尤其要注意的是，在现代关系型数据库系统中，很多数据库管理系统采用了基于成本的 SQL 优化器，这些优化器会根据数据的分布情况、数据块的多少等统计数据来判定查询中是否使用索引。所以，可能会出现建立索引后并未真正被使用的情况，一般需要数据库管理员使用数据库管理系统自带的工具查看执行计划，以确认索引是否被使用。

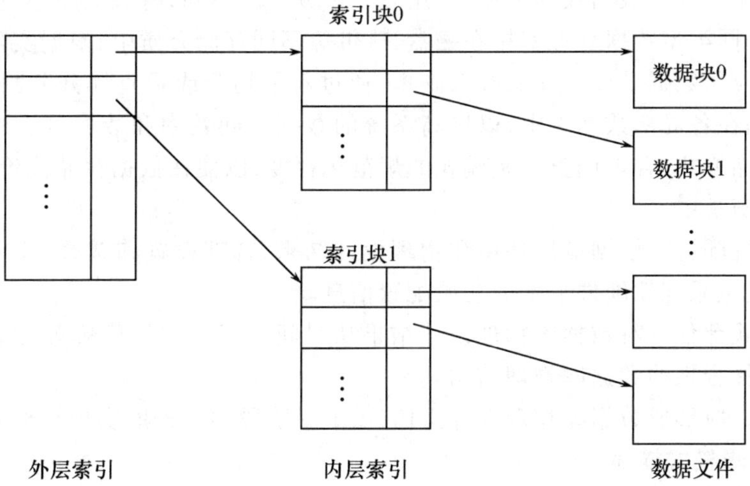

图 3.17 二层稀疏索引

3.3.4 数据库物理设计

1. 物理设计内容

数据库物理结构设计是在具体的硬件环境、操作系统和 DBMS 约束下,根据数据库逻辑设计结果设计合适的数据库物理结构。其目标是得到存储空间占用少、数据访问效率高和维护代价低的数据库物理模式。

数据库物理设计着眼于数据库底层的物理存储与存取,与 DBS 所依赖的硬件环境、操作系统和 DBMS 密切相关。开发一个实际 DBAS 时,硬件平台、操作系统和 DBMS 必须根据需要事先选定。一旦选定硬件平台、操作系统和 DBMS,数据库的数据存储和存取方式等可用的物理模式也就随之确定了。例如,硬件平台采用何种 RAID 存储设备,操作系统提供了什么样的文件管理机制,DBMS 可以支持哪几类索引机制等。数据库物理设计所要做的是从这些可用物理模式中,根据实际情况为应用数据库选择、配置相应的物理数据组织机制。实际上,选定的硬件平台、操作系统和 DBMS 可以看作物理模型的具体实现。

鉴于目前绝大部分 DBS 都是关系数据库系统,下面所讲述的数据库物理设计内容将面向关系型 DBS。此外,由于数据库物理设计高度依赖于具体的 DBMS 和操作系统,因此本节从一般原理性角度讲述数据库物理设计的主要内容。不同的 DBMS 和操作系统的具体数据组织机制各有不同,因此设计一个实际数据库时,需参考具体的 DBMS 和操作系统的相关技术资料。

数据库物理设计主要包括以下环节,每个环节包含若干设计内容。

(1) 数据库逻辑模式描述。将与平台无关的描述数据库逻辑结构的关系模式及其视图转换为所选定的具体 DBMS 平台可支持的基本表和视图,并利用 DBMS 提供的完整性机制(如触发器)设计定义在基本表上的面向应用的业务规则。

(2) 文件组织与存取设计。选择或配置基本表的文件组织形式,如堆文件、顺序文件、索引文件、散列文件等;根据实际情况,为基本关系表设计合适的存取方法和存取路径,如设计索引字段和索引,以提高数据查询速度。

(3) 数据分布设计。根据数据类型、作用和使用频率的不同,将数据库中应用数据、索引、日志、备份数据等不同类型数据合理安排在磁盘、磁带等不同存储介质中;根据实际需要,对分布式数据库系统中的应用数据设计合理的数据副本,通过水平划分或垂直划分分割成不同的数据片段,然后分布存储在各局部数据库中,以提高系统的数据访问效率和数据可靠性;考虑关系模式中派生属性的存储方式,合理调整关系模式的规范化程度,以便在数据存储代价和数据访问效率之间作合理的权衡折中。

(4) 确定系统配置。根据应用环境和物理设计结果,合理设置和调整 DBMS 和操作系统的存储分配参数,提供系统软硬件平台的初始配置信息。

(5) 物理模式评估。对数据库物理设计结果从时间、空间、维护代价等方面进行评估,从多种可行方案中选择合理的数据库物理结构。

上述设计结果应形成数据库物理设计文档,供下一阶段的数据库实现与部署使用。

2. 数据库逻辑模式描述

数据库逻辑设计产生了数据库的逻辑结构,其中有数据库的关系模式、关系模式上的完整性约束和面向具体应用的业务规则。这些内容都是独立于 DBAS 所采用的具体目标 DBMS 平台的。

数据库物理设计需要根据数据库逻辑结构信息设计目标 DBMS 平台可支持的关系表(这里称为基本表)的模式信息,这些模式信息代表了所要开发的具体目标数据库的结构。这个过程称为数据库逻辑模式描述,主要包括以下设计内容。

(1) 面向目标数据库描述基本表和视图。采用目标 DBMS 所支持的建表语法,描述基本表及满足应用要求的完整性约束。

不同的关系 DBMS 提供的建立数据库及其数据库对象的语言各不相同。例如,SQL Server 采用 T-SQL 语言、Oracle 采用 SQL Plus 与 PL/SQL 语言,它们在语法结构、所支持的数据类型等方面与标准 SQL 语言有所差别。因此,在 SQL Server 平台下使用 CREAT TABLE 语句定义基本表时必须遵循 T-SQL 语法规则。

如果目标 DBMS 不完全符合 SQL 标准,不直接支持关系模式定义的某些数据特征时,则必须采取某种折中处理,以保证关系模式的各种特征能正确映射到基本表中。例如,Microsoft Access 97 不完全符合 SQL 92 标准,建表语句中没有明确的 FOREIGN KEY 子句,无法直接实现参照完整性约束。但是 Access 提供了创建两个表间关系的方法,利用这种方法可以间接地定义基本表的外码。

对于在数据库逻辑设计阶段定义的面向各类 DBS 用户的用户视图,此时可以利用目标 DBMS 提供的视图定义机制,如 CREAT VIEW 语句,在目标数据库中创建用户视图。

(2) 设计基本表业务规则。使用 CREAT TABLE 语句可以定义主码、外码、值域、空值等较为简单的、面向模型的完整性约束。在数据库逻辑设计阶段,已经面向各关系模式设计了面向应用的完整性约束,也就是关系表业务规则。进一步地,在数据库物理设计阶段,可以依据这些关系表业务规则,利用目标 DBMS 提供的完整性控制机制设计基本表应遵守的面向应用的完整性约束,也就是基本表业务规则。

3. DB 文件组织与存取设计

一个好的数据库物理模式应当满足存储空间占用少、数据访问效率高和维护代价低的要求。

为了进行有效的数据库文件组织和存取路径设计，必须分析和理解数据库事务的数据访问特性。事务分析可以按照如下步骤进行：

(1) 使用事务-基本表交叉引用矩阵，分析系统内(部分重要的)数据库事务对各个基本表的访问情况，确定事务访问了哪些基本表，对这些基本表执行了何种操作，并进一步分析各操作涉及的基本表属性。

表 3.3 给出了一个事务-基本表交叉引用矩阵的例子。其中事务 1 对基本表 1 和基本表 3 执行了插入和更新操作，对基本表 2 执行了读操作。

表 3.3　事务-基本表交叉引用矩阵

	基本表 1				基本表 2				基本表 3			
	I	R	U	D	I	R	U	D	I	R	U	D
事务 1	*		*			*			*		*	
事务 2		*		*	*			*		*		
事务 3	*				*	*		*				
事务 4			*		*			*		*		*

注：I—插入；R—读取；U—更新；D—删除。

(2) 估计各事务的执行频率，即单位时间内事务的执行次数。在此基础上分析事务中的每个数据访问操作对各个基本表中的相关属性的操作频率。

例如事务 1 每天约运行 100 次，对基本表 1 的更新操作的频率为每天约 40 次，更新操作作用于基本表 1 中的属性 A。

(3) 对每张基本表，汇总所有作用于该表上的各事务的操作频率信息，得到如下数据访问估计信息：该表是否被频繁访问，该表中哪些属性列的访问频率较高和作用于这些属性上的操作类型和查询条件类型(等值查询、范围查询)。

根据事务数据访问特性分析结果，可以对基本表设计成更为有效的文件组织和索引方式。

每种 DBMS 平台都提供一种或若干种数据库文件结构(如堆文件、顺序文件、聚集文件、索引文件和散列文件)。数据库物理结构设计者应当了解目标 DBMS 提供的各种数据库物理结构机制，根据应用系统实际情况，为数据库和基本表选择合适的文件结构。

下面给出一些为基本表选择合适的文件结构的原则：

(1) 如果数据库中的一个基本表中的数据量很少，并且插入、删除、更新等操作非常频繁，该基本表可以采用堆文件组织方式。因为堆文件无须建立索引，维护代价非常低。虽然堆文件的数据访问效率较低，但在数据量很少时，定位文件记录的时间非常短。

当需要向新创建的基本表批量加载数据时，可将表的文件结构先选为堆文件，向表中加载数据后再重新调整文件结构，如改为数据查询效率更高的 B^+树文件。

(2) 顺序文件支持基于查找码的顺序访问，也支持快速的二分查找。如果用户的查询条件定义在查找码上，则顺序文件是比较合适的文件结构。

(3) 如果用户查询是基于散列域值的等值匹配，特别是如果访问顺序是随机的，则散列文件比较合适。

但散列文件组织不适合下述情况：

① 基于散列域值的非精确查询(如模糊查询、范围查询)。例如，在 Goods 散列文件中查找

商品“类别”以“家”字开头的商品；

② 基于非散列域进行的查询。例如，在 Goods 散列文件中按商品“名称”进行查询。

(4) B-树和 B^+ 树文件是实际数据库系统中使用非常广泛的索引文件结构，适合于定义在大数据量基本表上、基于查找码的等值查询、范围查询、模糊查询和部分查询。B-树和 B^+ 树属于动态索引，可以随着数据文件的内容变化不断调整，保证数据查询的性能不会恶化。

(5) 如某些频繁执行且需要进行多表连接操作的查询，可以考虑将这些基本表组织为聚集文件，以改善查询效率。

对数据库中的基本表等数据库对象选择了合适的文件结构后还需要为其设计存取路径，设计内容包括：为数据库文件设计合理的物理存储位置和为基本表设计索引。

设计数据库文件物理存储位置属于数据分布，将在下一小节讨论。在 SQL Server 中，可以利用 CREATE DATABASE 和 CREATE TABLE 创建数据库文件和基本表，并可将数据库文件分布到不同的磁盘上。

设计存取路径时要考虑的另一个问题是索引设计。索引可以提高文件存取速度，改善大数据量文件的访问性能。但索引是由 DBMS 管理的，它的建立和维护需要一定的系统开销，数据的插入、删除或更新也可能引起索引的重新调整。因此，索引加快了数据查询速度，却减慢了数据更新速度。索引本身还会占用一定的存储空间。因此，必须权衡考虑索引的优点和索引的维护代价。可根据下述原则决定是否为一个基本表建立索引：

(1) 对于经常需要进行查询、连接、统计操作，且数据量大的基本表可考虑建立索引；而对于经常执行插入、删除、更新操作或小数据量的基本表应尽量避免建立索引。

(2) 一个基本表上除了可以建立一个聚集索引外，还可以建立多个非聚集索引。多个索引为用户提供了根据多个查找码快速访问文件的手段。但是索引越多，对表内数据更新时为维护索引所需的开销就越大。因此，对于一个更新频繁的表应少建或不建索引。

(3) 索引可以由用户根据需要随时创建或删除，以提高数据查询性能。例如，对表进行大批量数据插入和更新时，可以先删除索引，以保证插入、更新操作的系统响应时间，因为在数据插入或更新过程中维护索引需要花费很大代价。数据插入或更新完成后再重建索引，以加快查询和统计等操作的系统响应时间。

对于基本表，可考虑在下面一些属性上建立索引：

(1) 表的主码。（大部分关系数据库管理系统会自动为主码建立唯一索引）

(2) 在 WHERE 查询子句中引用率较高的属性。

(3) 参与连接操作的属性。

(4) 在 Order By 子句、Group By 子句中出现的属性。

(5) 在某一范围内频繁搜索的属性，但只有当使用索引的查询其结果不超过记录总数的 20% 时索引才会有明显的效果。

(6) 如果在 WHERE 子句中同时包含一个表中的多个属性，则可以考虑在这些属性上建立多属性索引。

此外，如果数据库文件需要频繁执行精确匹配查询（如等值查询），则可考虑建立散列索引。而 B^+ 树等有序索引更适合于范围查询。

(7) 当一个属性有相对较多的不同值时，使用索引有明显的作用；当一个属性的不同值很少时，使用索引没有好处。

(8) 对包含大量空值的属性建立索引时要仔细考虑，因为很多数据库管理系统中的索引不引用具有空值的行，对空值的查找需要使用全表扫描来实现。

4. 数据分布设计

(1) 不同类型数据的物理分布。

数据库系统中不仅有组织为基本表的应用数据，还有索引、日志、数据库备份数据等其他类型数据。各种数据在系统中的作用不同，使用的频率也不一样，应根据实际使用情况存放在合适的物理介质上，以优化系统 I/O 性能。

数据库备份数据、日志文件备份数据用于故障恢复，使用频率低，而且数据量很大，可以存储在磁带中。而应用数据、索引和日志则使用频繁，要求的响应时间短，必须放在支持直接存取(Direct Access)的磁盘存储介质上。

当系统采用 RAID 等多磁盘存储系统时，可以将基本表和建立在表上的索引分别放在不同的磁盘上。这样在访问基本表时，存放数据和存放索引的磁盘驱动器并行工作，可以得到较快的文件读写速度；类似地，日志文件与数据库对象(表、索引等)也可分别存放在不同磁盘上以改善系统 I/O 性能。

(2) 应用数据的划分与分布。

实际数据库中有可能存在一些非常大的基本表。这些表的属性很多，表中的元组也非常多。为改善对这类大数据量基本表的访问性能，可将基本表划分为若干分区，各分区数据分别存储在不同位置的磁盘上，并可采用不同的物理组织方式。对基本表的划分可以依据以下不同原则：

- 根据数据的使用特征划分。例如，如果一个基本表中有部分数据被频繁查询，并且要求查询响应速度快，则可以将基本表分为频繁使用分区和非频繁使用分区，分别存储在不同磁盘上。对频繁使用分区中的数据可考虑建立 B^+ 树等多层索引，以提高数据访问速度；而对非频繁使用分区中的数据可以不建或只建立单层索引。

从提高数据访问速度角度，可以将一个大的基本表划分为多个分区，每个分区作为一个数据文件分别存储在不同的磁盘上。对基本表的访问可以通过对分布在各磁盘上的数据文件的并行访问来实现。

- 根据时间、地点划分。例如，对商品可以按照商品的生产年份进行分区，生产年份相同的商品属于同一分区；或者按照商品生产厂商所在省份分区，产自于同一省份的商品归到同一分区中。

- 分布式数据库系统(Distributed DataBase System, DDBS)中的数据划分。DDBS 采用水平划分或垂直划分两种方法，将基本表分为若干分区，并可根据需要为分区设计合适的副本。然后将各分区及其副本分别存储在不同的系统站点上，不同的分区可以有公共数据。数据划分和分布的原则是数据应靠近其使用者，以降低查询过程中的数据传输代价，提高数据访问响应速度，并且通过副本冗余机制提高数据的可靠性。

水平划分将一张基本表划分为多张具有相同属性、结构完全相同的子表，子表包含的元组是基本表中元组的子集。各子表可以有公共元组，也可以分别包含完全不同的元组。如对商品按照商品的生产年份进行划分就属于水平划分。

垂直划分则是将一张基本表划分为多张子表，每张子表包含的属性是原基本表的子集。例

如,基本表 Table_Goods 可以垂直划分为两张子表:

Table1_Goods (GoodsID, GoodsClassID, GoodsName, ProductionDate, SaleUnitPrice)

Table2_Goods (GoodsID, TotalStorage, Description)

(3) 派生属性数据分布。

基本表中的派生属性(Derived Attribute)是指该属性的取值可根据表中其他属性的取值唯一确定。例如,对“顾客”基本表增加属性“年龄”(Age),得到 Table_Customer(CustomerID, CardID, Name, Sex, Age, Birthdate, IdentityCard, Address, Postcode, Tel),则 Age 即为派生属性,因为它的取值可以根据属性 Birthdate 的值推导出来。对带有派生属性的基本表可采用如下两种实现方式:

第一种方式将派生属性作为基本表中单独的一列,称为派生列。例如,在图 3.18(a) 中,派生列 Age 占用了一定的存储空间,并且每当年份发生变化时,系统需重新根据当前年份和 Birthdate 值更新 Age 值。这种方式允许用户用 select 语句直接查询顾客的 Age 属性。

第二种方式是派生属性不出现在基本表中,如图 3.18(b)所示。这种方式节省了基本表的存储空间,并且当年份发生变化时无须更新派生属性 Age 的值。但当用户查询某个顾客的 Age 属性时必须用如下的查询语句:

```
select year(current_time)-year(Birthdate) as Age
from Table_Customer
where...
```

(CustomerID, Name, Sex, … Birthdate, Age)

FcustomerID	Name	Sex	…	Birthdate	Age
1072	John	male	…	1973/02/11	35
1546	Mary	female	…	2000/12/04	7
2039	Jones	male	…	1982/06/10	25

(a)

CustomerID	Name	Sex	…	Birthdate
1072	John	male	…	1973/02/11
1546	Mary	female	…	2000/12/04
2039	Jones	male	…	1982/06/10

(b)

图 3.18 派生属性数据分布

在实际应用中,当派生属性与它所依赖的属性间的计算关系较为复杂,或当用户经常需要对派生属性进行查询时,为提高查询效率,可以采用第一种方法,将派生属性的数据直接存储在关系表中,并且利用触发器等机制随时更新派生属性的值。

(4) 关系模式的去规范化。

在数据库逻辑设计阶段,由 ER 图转换得到的关系模式必须经过规范化处理,以避免关系表使用过程中出现插入异常、删除异常、更新异常和数据冗余等问题。原则上,经过规范化处理后,关系应达到一定的规范化程度,如满足第三范式。

关系模式规范化过程实质上是将一个关系模式分解为一系列子模式,使得子模式可以满足

更高一级的范式要求。例如,对如下的"商场"关系模式:

Shop(ShopID, Street, City, Province, ZipCode, MgrStaff)

定义在该模式上的函数依赖为:

F = {ShopID→Street · City · Province · ZipCode · MgrStaff, ZipCode→City · Province}

关系模式 Shop 满足 2NF 但不满足 3NF,可将其分解为 2 个 3NF 关系模式:

Shop (ShopID, Street, ZipCode, MgrStaff)

ZIPCode(ZipCode, City, Province)

通常情况下,当用户查询商场地址时,希望同时知道商场所在的 Street、City 和 Province。因此用户对商场地址的查询将涉及两张表 Shop 和 ZIPCode,例如可采用下面的查询语句:

```
select Street,City, Province
from Shop join ZIPCode on Shop. ZipCode=ZIPCode. ZipCode
where MgrStaff=wangjun
```

该查询语句需要执行 Shop 和 ZIPCode 表上的连接操作,查询执行代价较大。

在实际应用中,如果用户需要经常查询商场地址,并且非 3NF 的关系模式在使用过程中可以基本避免各种数据库访问异常,或虽然会导致访问异常,但处理异常的代价较低,那么可以对非 3NF 的关系模式不做规范化分解,直接将其作为一张基本表存储在数据库中。这样,用户查询商场地址的操作只涉及一张关系表,避免了复杂费时的连接操作,降低了查询代价。

在数据库物理设计阶段,可以根据实际需要对数据库中某些 3NF、BCNF 模式考虑是否可以降低其规范化程度,以提高查询效率,这称为关系模式的去规范化处理。但不满足 3NF 的关系模式有可能导致数据库访问异常。因此,在设计基本表时,需要在模式规范化与查询效率之间折中权衡。

3.3.5 其他物理设计环节

1. 确定系统配置

数据库应用系统中的 DBMS 和操作系统产品提供了一些与存储分配有关的配置参数,供设计人员和 DBA 对数据库进行配置和优化。不同的 DBMS 和操作系统的存储分配参数各不相同,但一般包括:数据库配置参数(如允许同时使用数据库的用户数、允许同时打开数据库对象数、数据库初始空间大小),磁盘块使用参数,内存缓冲区参数(如缓冲区个数和大小),时间片大小,装填因子,锁的数目等。

这些配置参数都有一些建议缺省值,可以作为一般情况下系统的初始参数配置。但这些缺省值不一定适合每一种应用环境,数据库物理设计时需要重新配置这些参数值以改善系统的性能。

合理的参数设置可以提高数据库的存储和查询效率,不合理的参数设置不仅会严重影响数据库的存储和查询效率,甚至可能导致系统运行时的数据库崩溃。存储分配参数的种类和合理的参数取值与具体的 DBMS 以及操作系统平台密切相关,同时依赖于具体的应用场景。数据库系统设计人员需要参照 DBMS 和操作系统的技术资料,如用户手册、性能调优手册等,结合 DBAS 实际应用情况,为数据库系统设置合理的存储分配参数。详细的参数设置已超出本书范围。

数据库物理设计时设计人员对系统配置参数的设置和调整只是初步的。在系统运行时如果发现系统性能没有达到预期要求，而且原因与某些配置参数设置不当有关，那么需要 DBA 根据系统实际运行情况调整相关参数，以期改进系统性能。这属于数据库系统运行维护工作中的参数调整范畴。

2. 物理模式评估

前述各个步骤的设计结果定义了目标数据库的物理结构，组成了数据库内模式（或物理模式）。在设计过程中，通过对时间效率、空间效率、维护代价和各种用户要求权衡考虑，可能会产生多个设计备选方案，因此数据库设计人员必须对这些方案进行仔细评估，从中选择一个合理而且较优的方案作为数据库的物理结构。

评价物理数据库的方法完全依赖于所选用的 DBMS，主要是从定量估算各种方案的存储空间、存取时间和维护代价入手，对估算结果进行权衡和比较，选择出一个较优的合理的物理结构。如果该结构不符合用户需求，则需要改进设计。

小结

数据库概念设计是面向现实世界的，其主要任务是理解和获取应用领域中的数据需求，分析、抽取、描述和表示清楚目标系统需要存储和管理什么数据。目前，数据库已成为各类计算机应用系统的核心与基础，数据库性能的优劣直接影响应用系统的性能和效率。因此，数据库设计是数据库应用系统成功的关键，而数据库的概念设计又是数据库设计的基础。在数据库概念设计部分，本章首先介绍了数据库概念设计的任务（做什么），然后介绍了数据库概念设计的依据和步骤（如何做），最后介绍了两种较为流行的数据建模方法——ER 方法和 IDEF1X 方法，以帮助读者顺利完成数据库概念设计任务。

数据库逻辑设计的任务是按照数据库管理系统支持的数据模型组织和存储数据，包括定义和描述数据库的全局逻辑结构、数据之间的关系、数据的完整性及安全性要求等。其目标是得到实际的数据库管理系统可处理的数据库模式，且数据结构合理，数据之间不存在不合理的数据依赖关系，数据满足各类应用的处理和使用要求，为数据库的物理设计及数据库高效、正确地运行打下基础。

数据库物理结构涉及数据库文件的组织、结构和存取等方面。文件的结构是指如何在外设存储介质上安排和存放文件的逻辑记录，其核心是文件的逻辑记录与其物理地址间的映射关系。常见的文件结构有堆文件（也称为无序文件）、顺序文件、聚集文件、索引文件组织、散列文件组织等。每一种文件结构都有与之对应的文件存取方法。为了提高文件查找速度，可以为文件建立索引机制。

广义上的索引技术包括有序索引和散列技术。根据索引文件本身的不同特点，有序索引可以分为聚集索引和非聚集索引、主索引和辅索引、稠密索引和稀疏索引、单层索引和多层索引等。散列文件组织通过散列函数直接得到文件记录所在的物理地址。

数据库物理设计由数据库逻辑模式描述、文件组织与存取设计、数据分布设计、确定系统配置和物理模式评估等环节组成，每个环节中包括若干设计内容。数据库物理设计与 DBAS 系统采用的具体硬件环境、操作系统和 DBMS 密切相关。数据库物理设计中的一项重要工作是为数据库文件建立合适的索引，以提高数据库访问效率。

习题

一、选择题

1. 下列不属于概念设计目标的是

A. 定义和描述应用领域涉及的数据范围

B. 描述清楚数据的属性特征

C. 定义和描述数据的约束

D. 确定数据的结构

2. 下列关于数据库概念设计的说法中，错误的是

A. 抽象实体集时需将具有相同属性特征的事物归为一类，并对分类进行概括和命名

B. 确定描述每个实体集特征的属性，并为属性命名

C. 确定各实体之间的联系，但不需要确定联系具有的属性

D. 确定联系的种类

3. 如果关系模式设计不当，则有可能引起数据删除异常。这种删除异常是指

A. 两个事务同时对同一个关系进行删除而造成数据库不一致

B. 由于删除关系中的元组而造成有用信息无法作为一个元组在数据库中存在

C. 未经授权的用户对关系进行了删除

D. 如果删除操作违反了完整性约束条件则会被拒绝

4. 下列不属于数据库物理设计内容的是

A. 确定数据库文件在磁盘上的物理存储位置

B. 确定数据库文件的结构和具体实现细节

C. 确定索引字段和索引类型

D. 在进行数据库物理设计时要考虑空间利用率、数据访问效率

5. 下列关于索引的说法中，错误的是

A. 索引是典型的空间换取时间的方法，因此在设计索引时要在空间与时间两者之间进行权衡

B. 建立聚集索引时，数据库管理系统会按照聚集索引键值对数据进行排序

C. 聚集索引的键值不能重复

D. 当经常进行范围查询时，在范围列上建立索引可以提高该类查询的效率

二、填空题

1. 数据库概念设计的过程主要包括________、________、________、________、________和________。

2. 在数据分布设计中，垂直划分是将一张基本表划分为多张子表，每张子表必须包含基本表的________。

3. 根据索引的实现方式，索引技术被分成________和________两大类。

4. 索引技术的关键是建立记录域取值到记录的________间的映射关系。

5. 第三范式的关系模式一定不包含________函数依赖和________函数依赖。

第 4 章 数据库应用系统功能设计与实施

数据库应用系统是面向特定应用领域、实现特定功能的计算机硬件和软件的集成体，其中除了硬件和系统软件，如操作系统、数据库管理系统、开发工具和中间件外，还需要有完成系统业务功能的应用软件的支持。因此，DBAS 中应用软件的设计开发工作主要包含数据库、数据库事务、数据库上层应用程序的设计与开发，而应用软件中的数据库事务设计和应用程序设计都可以归入 DBAS 功能设计范畴。按照第 1 章数据库应用系统生命周期模型定义的内容，DBAS 的设计过程应包括概念设计、逻辑设计和物理设计 3 个阶段。对于 DBAS 功能设计部分而言，与总体上的 3 个阶段相对应，功能设计过程一般被划分为总体设计、概要设计和详细设计 3 个阶段。而具体到 DBAS 功能设计的数据库事务设计部分，又可以分成事务概要设计和事务详细设计两个阶段。完成系统设计工作以后，就可以进入到系统实现与部署阶段。

本章首先介绍软件体系结构和软件设计方面的一些基础知识。然后从总体上按照 DBAS 生命周期模型，依次描述 DBAS 总体设计、DBAS 功能概要设计、DBAS 功能详细设计的步骤与内容以及应用系统安全架构设计。最后介绍 DBAS 实施的过程及内容。

4.1 软件体系结构与设计过程

对于大型复杂软件系统而言，设计合适的软件体系结构是软件设计中的一项重要工作，其好坏往往成为系统设计成败的关键。正确高效的软件设计有赖于合理的软件设计方法和软件设计过程。下面介绍一些软件工程中有关软件体系结构和软件设计的基础知识。

4.1.1 软件体系结构

软件体系结构又称软件架构，软件体系结构 = {构件，连接件，约束}。其中，构件（Component）是组成系统的具有一定独立功能的不同粒度的程序模块、独立程序或软件子系统，是组成软件的系统元素；连接件（Connector）将不同的构件连接起来，表示了构件间的相互作用，如信号量的传递、功能和方法的调用、数据传送和转换、构件间的同步等。构件可以是过程调用、管道、远程过程调用等；约束一般为对象连接时的规则，或指明了构件连接的条件。软件体系结构是一种可预制和可重构的软件框架结构。

软件体系结构描述了软件系统的总体组织和层次划分、系统元素及其功能分配、全局控制、系统元素间的协调和交互、数据存取等。

软件体系结构有多种风格和类型,如分层体系结构、模型-视图-控制器(MVC)体系结构、客户/服务器体系结构等。其中,分层体系结构将软件系统设计并组织成构件的层次或集合,同一个层次上的构件完成一个特定目的,例如实现系统的用户界面或业务逻辑。良好的层次结构易于系统的扩展与维护,不同层次之间通过接口进行通信。分层体系结构是一类非常基础的软件体系结构。

4.1.2 软件设计过程

软件系统需求分析阶段获得的需求规范描述了软件系统在功能、性能、信息和行为等方面的特征。软件开发是按照软件需求规范的要求,由抽象到具体,逐步生成软件源代码的过程。根据数据库应用系统生命周期模型,软件开发由设计、实现和测试 3 个环节组成,设计又包括概要设计和详细设计。

软件设计阶段将产生系统的总体结构设计(Architectural Design,或称体系结构设计)、系统的过程设计(Procedural Design)和系统的数据设计(Data Design)。总体结构设计旨在确定组成软件系统的各主要部件及其相互间关系;过程设计完成对每一部件的过程化描述;数据设计定义了为实现软件所需要的数据结构。

软件设计过程中应遵循的原则有:设计应与软件需求保持一致,设计的软件结构应支持模块化、信息隐藏、抽象与逐步求精等。

从工程管理的角度,软件设计可分为概要(Preliminary)设计和详细(Detail)设计两大步骤。概要设计是根据需求确定软件和数据的总体框架,详细设计是将其进一步细化成软件的算法表示和数据结构。除总体结构设计、数据设计和过程设计外,许多现代应用软件还包括一个独立的人机界面(用户界面)设计活动。

1. 概要设计

概要设计的任务是建立软件系统的总体结构和模块间的关系,定义各功能模块的接口,设计全局数据库或数据结构,规定设计约束,制订测试计划。

概要设计应提供对每个功能模块的功能描述、全局数据定义和外部文件定义等。一个好的概要设计的要求是:良好的总体结构,功能模块间较低的耦合度和功能模块内较高的内聚度,并尽量降低模块接口复杂性。

可以采用层次结构图表示软件总体结构。结构图中的结点代表功能模块。结构图中的上层模块可用一个或若干个下层模块表示,体现了自顶向下、逐步求精的设计思想。概要设计应提供概要设计说明书、数据库或数据结构设计说明书、组装测试计划等文件。

2. 详细设计

概要设计侧重于模块的外部功能描述和模块间接口关系,详细设计则是细化概要设计产生的功能模块,形成可编程的程序模块,用某种过程设计语言(Procedure Design Language, PDL)设计程序模块的内部细节,如算法和处理流程、数据结构、程序模块间详细接口信息等,为编写软件源代码提供依据。此外,还要制订模块测试方案。详细设计结果用详细设计说明书表示。

软件设计可以选用结构化设计方法(也称为面向数据流的设计方法)、面向对象设计方法或面向数据设计方法等,每种方法各有其特点和适用范围。软件设计人员可以根据实际情况选用合适的方法。本章所讲述的数据库应用系统功能设计的原理和方法主要建立在结构化软件设计方法基础上。

3. 关于软件总体设计

根据软件工程所规定的软件开发步骤,软件设计的第一步是软件概要设计。概要设计的目标是产生软件总体结构和软件功能模块。对于一些大型复杂软件系统,如分布式网络环境下的数据库应用系统,可根据逐步抽象和层次化原则,将概要设计分解成两个步骤:

(1) 软件总体结构设计,也就是对软件需求进行分解。按照一定原则,如根据分布式系统中不同部分的物理位置分布或是系统本身层次结构,将其划分为若干个子系统;定义各个子系统应实现的功能和相互间的交互关系和通信机制。

(2) 将每个子系统进一步划分为功能模块,定义各功能模块的数据结构、相互间交互关系。根据需要,每个模块可以进一步分解为多个子模块。

一个大型复杂软件系统,按照上述软件概要设计方式,可以形成一个系统-子系统-模块-子模块的层次结构。子系统、模块、子模块成为构成软件系统的系统元素。

在实际的大型软件开发工作中,软件总体结构的设计和各个软件子系统的设计往往是由不同设计人员分别负责的。这两类设计人员的关注点和设计对象显然是有所区别的。

相应地,可以将上述概要设计的第一步称为软件总体设计,第二步称为软件概要设计。整个软件设计过程由总体设计、概要设计和详细设计3个步骤组成。

软件总体设计人员侧重于系统-子系统层次,负责系统总体结构的设计;软件概要设计人员的关注点是子系统-模块-子模块层次,负责系统内各个子系统的概要设计。

对于简单软件系统,总体设计和概要设计可以合二为一,并由同一组设计人员负责。

4.2 DBAS总体设计

一个大型数据库应用系统是由硬件和软件组成的复杂系统,在设计上应依据自上而下、循序渐进、逐步求精的原则。广义上讲,DBAS设计包括结构设计、过程设计和数据设计3个方面。

根据图1.1定义的数据库应用系统生命周期模型,DBAS设计的第一步是DBAS概念设计,包括数据库概念模型设计和系统总体设计两个设计内容。数据库概念模型设计属于数据设计范畴,系统总体设计则涵盖了结构设计,而过程设计则由其后的事务和应用程序的概要设计与详细设计来完成。此外,DBAS中的数据设计除了数据库设计之外,还包括事务和应用程序中的数据结构设计。

DBAS总体设计的任务是依据系统规划与分析结果,特别是其中的技术可行性分析内容,以及系统需求规范,确定系统总体框架,作为后续设计活动的基础。主要内容包括:

(1) DBAS体系结构设计;

(2) DBAS软件总体设计;

(3) 软硬件选型与配置设计;

(4) 业务规则初步设计。

4.2.1 DBAS体系结构设计

确定DBAS体系结构是指将系统从功能、层次/结构、地理分布等角度进行分解，划分为多个子系统，定义各子系统应实现的功能；设计系统的全局控制，明确各子系统间的交互和接口关系。

如果从功能角度进行系统分解，需求分析得到的系统功能需求规范以及规划与分析阶段得到的任务陈述和任务目标是系统划分的重要依据。此外，也可以根据DBAS自身固有的层次/结构特征进行系统分解。例如，一个电信网络管理系统是面向网管领域的数据库应用系统，可以根据网络协议所定义的层次结构对系统进行分解；而对许多分布式、网络环境下的数据库应用系统，可以按照地理位置，将系统分解为若干子系统，不同子系统位于不同地理位置。

将系统分解为多个子系统后，需要选择和设计合适的系统体系结构将这些子系统组织起来，并且设计子系统间的协调交互关系。DBAS体系结构可以采用一些通用体系结构，如客户/服务器体系结构、分层体系结构等。也可以根据DBAS所属的特定应用领域，选择领域应用相关的系统体系结构。例如，电信网络管理TMN理论定义了电信网管系统的基本结构和组织方式，这些可以作为设计网管系统体系结构的依据。

这里着重介绍两种较为常见的DBAS体系结构。

1. 客户/服务器体系结构

客户/服务器(C/S)结构是网络环境下一种主流的数据库应用系统体系结构，已得到广泛应用。基于客户/服务器体系结构的数据库应用系统将DBMS数据管理功能与数据库应用相分离，将DBMS数据管理功能在客户端和服务器之间进行合理的分布和配置。其中，数据库服务器完成DBMS的核心功能。而客户端或应用服务器则负责完成用户交互功能，接收用户数据，根据业务规则处理应用任务，生成并向数据库服务器发出数据操作请求，然后从数据库服务器接收数据查询结果并通过客户端反馈给用户。C/S结构的数据库应用系统可以有多个数据库服务器，数据库服务器、客户端和应用服务器相互协同工作，实现了对数据库服务器上的数据资源的共享。

图4.1描述了两层C/S结构的数据库应用系统，其特点为：

(1) DBAS的数据管理和数据处理功能被分解并分布在客户端和数据库服务器上。客户端通过用户界面实现人机交互功能；数据库服务器则通过DBMS，依据事务逻辑完成相应的数据管理功能。

(2) 数据库服务器可以为多个客户端应用提供共享的数据管理功能，避免了为每一个新的应用单独开发对应的服务器端数据管理功能，提高了应用程序相对于数据库的独立性，也减少了应用程序的开发和维护代价。

(3) 客户端应用可以通过网络访问多个不同数据源。可以根据应用的需要，通过增加服务器和客户端方便灵活地扩展数据库应用系统；客户端和数据库服务器可分别运行在不同的操作系统和硬件平台上，便于异构平台间的融合和匹配。

(4) 客户端除了完成人机交互功能外，还需要完成面向应用的数据处理功能，负荷较重，属于典型的“胖客户端”。

2. 浏览器/服务器结构

三层浏览器/服务器(B/S)结构的数据库应用系统是一种互联网环境下的新型数据库应用

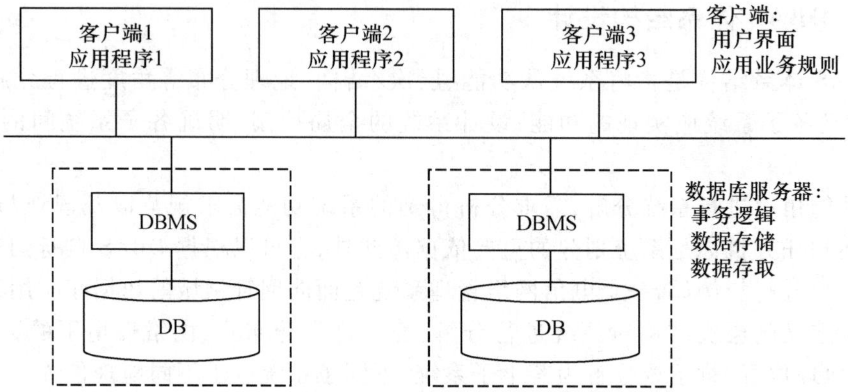

图 4.1 两层 C/S 结构数据库应用系统

系统结构,如图 4.2 所示。它将数据处理功能分解并分布在表示层、功能层和数据层 3 个层次上,分别由 Web 浏览器、Web 应用服务器和数据库服务器来实现,其特点为:

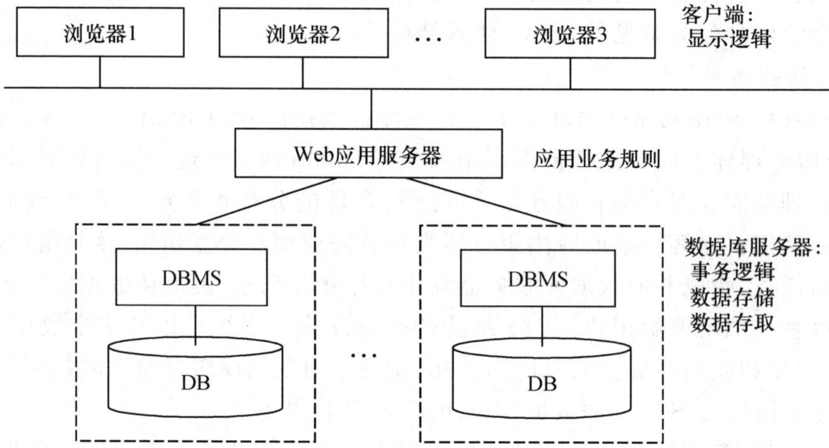

图 4.2 三层 B/S 结构数据库应用系统

(1) 表示层位于客户端,由 Web 浏览器实现。客户端根据显示逻辑完成具体的数据表示和人机交互功能。客户端功能单一,一般只安装 Web 浏览器,没有其他用户应用程序,属于典型的"瘦客户端"。

(2) 功能层位于 Web 应用服务器,实现面向具体应用领域的业务规则。应用服务器接收来自 Web 浏览器的用户请求,根据应用领域业务规则执行相应的数据库应用程序,通过数据库访问接口向数据库服务器提出数据操作请求;接收来自数据库服务器的数据访问结果,并通过客户端将结果返回给用户。

(3) 数据层位于数据库服务器,通过 DBMS 完成具体的数据存储和数据存取等数据管理功能。数据库服务器接收应用服务器提出的数据操作请求,按照事务逻辑对数据库进行查询和修改,并将数据访问结果返回给应用服务器。

三层B/S结构将人机交互、应用业务逻辑处理和数据管理三类功能相互分离，提高了系统的可维护性。并且用户通过Web浏览器可以访问多个异构应用平台，解决了跨平台数据管理问题。

C/S技术从20世纪90年代初出现至今已经相当成熟，并得到了非常广泛的应用。B/S技术则是伴随着互联网的普及而不断发展壮大的。应该说，B/S和C/S各有千秋，它们都是当前非常重要的系统架构。在适用Internet、维护工作量等方面，B/S比C/S要强得多；但在运行速度、数据安全、人机交互等方面，B/S远不如C/S。由于B/S与C/S具有不同的优势与特点，它们很难相互取代。例如，对于以浏览为主、录入简单的应用程序，B/S技术有很大的优势，现在全球铺天盖地的Web网站就是明证；而对于交互复杂的企业级ERP应用，B/S则很难胜任。软件设计人员需要根据系统的实际需求客观地判断采用那种系统结构。

4.2.2 DBAS软件总体设计

DBAS软件包括操作系统、数据库管理系统、开发环境、中间件和应用软件。应用软件分为数据库事务和应用程序。数据库事务通过对数据库的直接操作实现数据管理和数据处理功能；应用程序一方面可以与数据库事务相互协调合作，对数据库中的应用数据进行进一步加工处理，或是从这些数据中抽取新的信息，以实现复杂的数据处理功能。另一方面还可以实现与数据库访问无关的功能，如通信功能、人机交互功能。

应用软件总体设计首先从需求分析阶段得到的数据流图、事务规范和业务规则需求分析结果出发，在DBAS体系结构指导下，将DBAS软件系统分解为一系列子系统，为各子系统分配相应功能，定义子系统间的协调交互机制；然后，进一步地进行子系统结构设计，将各个子系统从功能上划分为数据库事务模块和粒度较大的应用程序模块；最后，确定子系统、应用程序模块、数据库事务间的全局控制和调用关系，并按一定的软件体系结构框架组织起来。

应用软件总体设计得到的系统总体结构和分层模块结构可以用模块结构图表示。模块结构图主要关心模块的外部特性，即上下级模块、同级模块间的数据传递和调用关系，与模块内部处理流程无关。模块结构图是结构化程序设计中描述系统结构的一种图形化工具，它定义了模块的名字、功能和接口，并在模块结构图中反映出结构化设计思想。模块结构图由模块、调用、数据、控制和转接五种基本符号组成。

应用软件总体设计之后的设计工作分别是数据库事务和应用程序的概要设计和详细设计，均属于数据库应用系统功能设计范畴。数据库事务设计的依据是事务自身的事务处理逻辑，而应用程序设计则是根据具体应用领域中的业务规则来进行的。

4.2.3 软硬件选型与配置设计

在规划与分析阶段，技术可行性研究根据用户提出的系统功能、性能及实现系统的各项约束条件，对各种可选的操作系统和DBMS等系统软件以及可用的计算机和存储设备等硬件设施做出了评估和选择建议；在需求分析阶段，DBAS需求规范则对系统的功能、性能等提出了具体要求。

因此，DBAS总体设计阶段需要对系统硬件平台和存储设备、操作系统、数据库管理系统等做出合理选择，并进行初步配置设计。合理的软硬件选型和配置设计是保证DBAS功能和性能顺利实现的重要因素。此外,总体设计还需要选择系统开发采用的合适的中间件和开发工具,确定应用程序开发模式和开发语言。软硬件选型涉及的内容包括:

- 网络及网络设备选型;
- 数据存储设备及备份方案制定;
- 应用服务器、Web 服务器选型;
- 确定系统终端软件环境;
- 确定软件平台及开发语言、工具;
- 系统中间件及第三方软件选型。

在进行软硬件选型及配置设计时通常需要考虑以下因素:

- 数据规模:数据规模包括数据量大小、数据增长速度等,其数值直接决定着存储设备选型;
- 系统性能:如系统响应时间、并发访问需求、系统吞吐量、实时性需求、峰值时系统响应速度等。系统性能需求对网络带宽、网络设备数据转发速率、服务器配置(如内存大小、CPU 运算速度)等会产生直接影响;
- 安全可靠性:安全可靠性包括数据安全性、数据传输安全性、系统访问安全性、设备安全可靠性等,也是软硬件选型时需要考虑的重要因素;
- 用户需求:用户的特性化需求也是影响软硬件选型的因素,这一需求通常是明确而具体的;
- 项目预算情况:项目预算情况是影响软硬件选型的重要因素,对于设备和软件的选择应该在项目预算的范围内展开,有些时候满足各方面需求的最佳选型方案往往会超出预算范围,这时就需要综合各方面因素重新制订选型方案,必要时需要与用户方沟通适当降低系统需求。

4.2.4 业务规则初步设计

数据库应用软件的动态行为体现为各个系统元素相互间的组合、控制和信息传递,可表示成一系列实现系统功能的业务流程和运行控制。这种动态行为实现了应用领域特定的业务规则。

在需求分析阶段,通过应用领域业务规则需求分析,识别了系统中一些子系统应具有的业务类型和功能,明确了用户或外部系统与 DBAS 的交互模式。总体设计阶段需要在此基础上对一些重要业务规则或系统业务做出初步规定和设计,细化业务处理流程,分析所处理的业务数据和处理方式,并对其中一些关键技术方案或算法做出选择或初步设计。

简单来说,需求分析阶段的任务是明确系统将要做什么,而设计阶段的任务是要明确将如何实现系统,因此业务规则初步设计的任务是从系统的角度,规划 DBAS 的业务流程使之符合客户的实际业务需要。以 1.7 节的商场经营管理系统为例,针对零售系统的商品销售业务需求,DBAS 系统应满足以下业务规则:

① DBAS 交易子系统需要运行于销售终端(POS 机)上;

② 交易子系统需与后台支撑系统实现数据交互;

③ 交易前需要先在系统内指明购物人员的身份(普通用户/会员/高级会员…);

④ 销售人员需要输入交易物品编号;

⑤ 系统根据物品编号从后台支撑系统取出商品价格;

⑥ 系统合计交易总价款，如果用户身份是会员系统以折扣价进行计算；

⑦ 输入购物人实际缴纳金额后系统计算找零金额；

⑧ 找零无误后完成本次交易。

通常，DBAS 的各项业务活动具有逻辑上的先后关系，因此可以将它们表示成一个操作序列，并用业务流程图的形式展示出来。上面所述实例的业务流程图如图 4.3 所示。

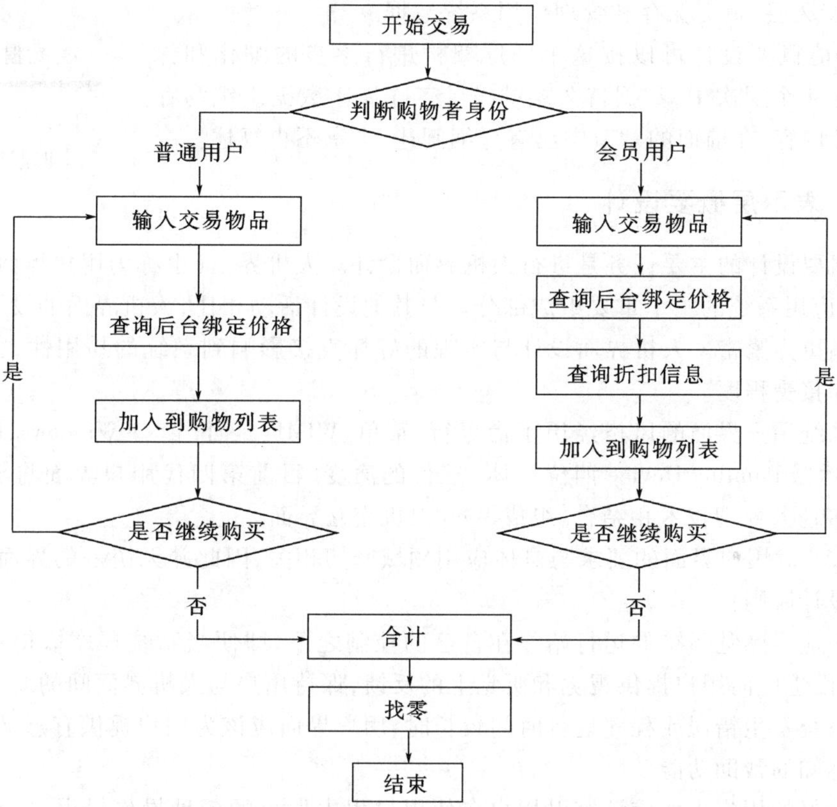

图 4.3　商品零售系统销售业务流程图

4.3 DBAS 功能概要设计

DBAS 功能概要设计按照逐步求精、模块化、信息隐藏和功能细化原则，根据 DBAS 需求分析阶段得到的系统功能和业务规则描述，在总体设计结果基础上，将 DBAS 应用软件进一步细化为模块/子模块，组成应用软件的系统-子系统-模块-子模块层次结构，并对系统、子系统、模块、子模块等系统元素从结构、行为和数据三方面进行设计。

从功能角度 DBAS 系统通常可以划分为 4 个层次实现，如图 4.4 所示。

- 表示层：负责所有与用户交互的功能，用户对数据库应用系统的最直观感受均在这层实现。

- 业务逻辑层：负责根据业务逻辑需要将表示层获取的数据进行组织后，传递给数据访问层，或将数据访问层获取的数据进行相应的加工处理后，传送给表示层用于展示。
- 数据访问层：负责与 DBMS 系统进行交互，提取或存入应用系统所需的数据。
- 数据持久层：负责保存和管理应用系统数据。

DBAS 功能概要设计可以按这个四层架构进行逐步的细化和深入，当然，在这 4 个层次中，数据持久层的设计工作属于数据组织与存储方面的设计内容，在前面的章节中已有详细阐述，本章不再复述。

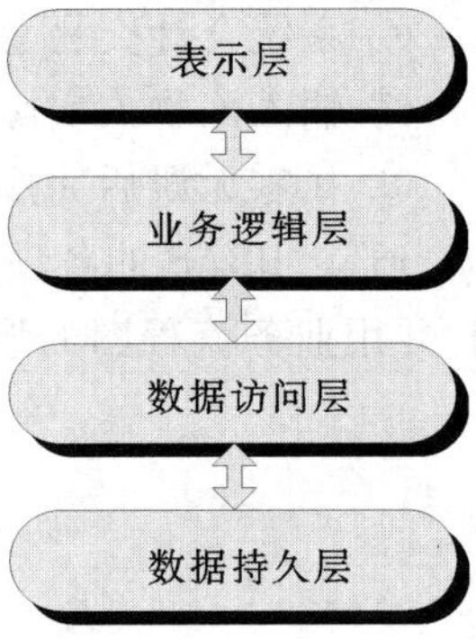

图 4.4 DBAS 软件四层架构图

4.3.1 表示层概要设计

表示层概要设计的主要任务是进行人机界面设计。人机界面（也称为用户界面，人机交互界面）是数据库应用系统的一个重要组成部分。与其他设计活动相比，人机界面的设计与用户和应用领域的关系更为紧密。人机界面设计与实现的好坏直接影响到系统的易用性，影响到用户对系统的认可和接受程度。

计算机系统用户界面的风格经历了命令行、菜单、WIMP 界面（窗口 Windows、图标 Icons、菜单 Menus、指示器 Pointing Device 四位一体）三代的演变，目前第四代用户界面将 WIMP 界面与 Web 技术和多任务处理技术相结合，组成 Web 人机交互界面。

不同 DBAS 对用户界面的要求与具体应用领域密切相关，因此并无统一的界面设计方法，但应遵守以下设计原则：

（1）用户应当感觉系统的运行始终在自己的控制之下，即便当系统程序取得对系统的控制权时，人机界面也应向用户提供视觉和听觉上的反馈，保持用户与人机界面间的双向交流。

（2）当系统发生错误或程序运行时间较长时，用户界面应该为用户提供有意义的反馈信息，并有上下文感知的帮助功能。

（3）一个好的用户界面应该容忍用户在使用过程中发生的各种操作错误，并且能够方便地从错误中恢复过来，保证系统运行不受或尽可能小地受到用户错误操作的影响。

（4）用户界面应该遵循一定标准和常规。例如，对建立在 Windows 平台上的数据库应用系统，最好采用 Windows 类的外观界面；在同一用户界面中，所有的菜单选择、命令输入、数据显示和其他功能应保持同一种风格和形式。

（5）用户界面应采取灵活多样的数据输入方式，尽量减少用户的输入负担；提供字符、图形、图像、声音等多种形式的数据输出方式。

（6）如果使用 Web 界面，设计要求具有简洁性，避免使用过于复杂的图形和动画等，以免用户在使用系统时分心；界面布局还应当清晰地表示各类信息，并具有与之匹配的导航性；Web 界面的设计应当保持界面的一致性，例如同样的按钮在所有窗口中保持一致的位置、始终使用一致的配色方案等；在 Web 界面设计时，需要注意界面美观和交互性能的折中平衡，因为太大、太复杂的图形图像界面会带来过大的系统开销，也影响交互的及时性。

4.3.2 业务逻辑层概要设计

业务逻辑概要设计的主要任务是梳理 DBAS 的各项业务活动,将其表示为各种系统构件(如类、模块、组件等)。业务逻辑层是 DBAS 的重要组成部分,它承载了数据访问层与用户界面层的桥梁作用,DBAS 的核心业务逻辑均在本层予以实现。

在业务逻辑层概要设计阶段,设计人员需要将数据库应用软件划分为一系列程序模块,每个模块实现一个具体的功能。程序模块与软件功能不是一一对应的,一个功能可以由多个模块来实现。一些被抽象出来的公共模块,也可以被多个子系统中实现不同功能的程序模块调用。

需要指出的是,在本阶段设计人员仅需要关心各业务模块的功能、输入/输出等外部特性,一般不涉及模块内部的具体处理流程,以及各软件模块的具体编程实现机制。即业务逻辑层概要设计将包括:结构、行为、数据、接口、故障处理、安全设计、系统维护与保障等方面的内容。

那么,如何对业务逻辑层进行模块划分呢?通常需要考虑高内聚与松耦合原则。这一原则在设计过程中体现在以下方面:

(1) 构件本身应由相关性很强的代码组成,一个构件或一个模块只负责完成一项任务,也就是常说的单一责任原则。

(2) 组成系统业务逻辑层的各个构件均应具有独立的功能,并且最大限度地减少与其他构件功能重叠。

(3) 构件之间的接口应尽量简单明确。

(4) 如果某两个构件间的关系比较复杂的话,应考虑进一步进行模块划分。

(5) 如果构件过于复杂,可以考虑将其细分。

总之高内聚与松耦合原则的根本目的就是在保持软件内在联系的前提下,分解软件系统,降低软件系统开发的复杂性。但是在保持软件内在联系的前提下,如何分层分割系统,分层分割到什么样的粒度,并不是一件容易的事。目前业界存在着各种各样的分解方法,比如:关注点分离,面向方面,面向对象,面向接口,面向服务,依赖注入,以及各种各样的设计原则等,而所有这些方法都基于高内聚、松耦合的原则。

高内聚和松耦合是相互矛盾的,分解程度越粗的系统耦合性越低,分解越细的系统内聚度越高。过度松耦合的软件系统,软件模块内部不可能高内聚,而过度高内聚的软件模块之间必然是高度依赖的,因此在设计时如何兼顾高内聚和松耦合是对系统设计人员的重要考验。

4.3.3 数据访问层概要设计

DBAS 的一些软件模块在执行特定业务处理流程时,可能需要与被称为事务的数据访问模块进行信息交换。事务可以为应用软件提供所需的数据,应用软件也可以将加工处理后的数据通过数据库事务存储在数据库中。数据访问层概要设计的主要任务就是针对 DBAS 的数据处理需求设计用于操作数据库的各类事务。

事务是数据库系统中的一个逻辑数据处理单元,其中包含了一系列数据操作的集合。事务的实现与具体的 DBMS 平台密切相关,不同 DBMS 平台下的事务的类型、执行模式和数据操作实现机制是有一定差别的,这里的数据操作指对数据库对象的查询、插入、删除和修改等。因此,事务的设计与实现既要遵循应用领域特定的业务逻辑对数据的需求,又依赖于 DBMS 平台提供的具体事务实现机制。

事务的设计可以分解为概要设计和详细设计两个步骤。事务概要设计的核心是辨识和设计事务自身的事务处理逻辑,它注重事务本身的数据处理流程,暂时先不考虑事务中与 DBMS 平台相关、具体的数据操作方法和事务实现机制,以提高设计结果的适用性。

如果把数据处理需求分析的结果表示为数据流图,则可以将待设计的事务看作是程序,采用软件工程中面向数据流的程序设计方法(也就是通常所说的结构设计方法,SD 方法),设计事务内部的数据处理流程和结构,也就是设计事务处理逻辑。整个设计过程包括:

(1) 从数据流图中识别出该事务对应的子数据流图。

(2) 确定子数据流图中的信息流类型,划定流界。

(3) 将子数据流图映射为事务的结构和处理流程,即事务处理逻辑(或事务业务规则)。

(4) 修正和细化事务设计,识别事务所访问的数据库对象和数据库用户。

(5) 确认事务概要设计与数据库设计。

关于面向数据流的程序设计方法具体内容可参见软件工程相关书籍,这里不再赘述。

如果把数据处理需求分析的结果表示为事务规范,由于事务规范包括了事务名称、事务描述、事务所访问的数据项、事务用户等事务描述信息,可直接从事务描述出发,根据具体应用领域的相关知识设计事务逻辑,得到事务概要设计结果。

一个完整的事务概要设计包括了以下几方面信息:事务名称、事务所访问的关系表及关系属性、事务处理逻辑、事务用户(指使用、启动、调用该事务的软件模块或系统)。

事务概要设计中的事务逻辑定义了具有独立逻辑功能的一系列操作以及这些操作的执行流程,这些操作和流程应当是与具体 DBMS 平台和实现方法无关的。为此,引入与具体 DBMS 平台无关的两个元操作 read、write。其中,read(X) 操作表示将数据库磁盘文件中的数据项 X 读入内存缓冲区,write(X) 操作表示将内存缓冲区中数据项 X 的当前值写入数据库磁盘文件。事务对数据的操作,如查询、插入、删除、修改等,可以用这两个元操作来抽象表示。

对关系表的查询操作 Select,事务可以先用 read(X)将关系表中的记录读入内存缓冲区,然后检查该记录是否满足查询条件。如果满足,则从记录中提取所需要的查询属性信息;否则继续按照一定文件存取策略读取关系表中的其他记录。

对关系表的插入操作 Insert,事务可先在内存缓冲区中准备好需要插入的新记录 X,然后用 write(X) 将新数据 X 加到关系表文件中。

例如,假设商场新购进 100 件商品编号为 102.10 的商品(GoodsID = 102.10),需要由商场经营管理系统中的“商品进货”事务完成进货业务处理。根据商场进货的业务处理流程,本次采购涉及对 3 个数据对象“商品表(Table_Goods)”“采购入库单据(Table_InStockBill)”和“采购入库单据明细(Table_InStockBillDetail)”中相关数据的访问和修改。主要流程为:

访问“采购入库单据”和“采购入库单据明细”,获取有关本次采购的商品编号(GoodsID = 102.10)、数量(Quantity = 100)、进价(BuyPrice)、采购日期(BuyDate)、入库日期(InStockDate)等信息;访问数据库中商品表 Table_Goods,将商品表中编号 GoodsID = 102.10 的新购进商品的库存量 TotalStorage 增加 100。

“商品进货”事务的概要设计如图 4.5 所示,其中 X、Y、Z 分别代表“采购入库单据明细”“采购入库单据”“商品表”文件中的记录。

事务名称	商 品 进 货
访问的关系表及数据项	Table_Goods，属性：GoodsID，TotalStorage，GDescription； Table_InStockBill，属性：GoodsID，InStockDate，Operator； Table_InStockBillDetail，属性：GoodsID，BuyPrice，Quantity，ProviderID，BuyDate
事务描述（事务逻辑）	input：新购进商品的商品编号 New_GoodsID output： 流程： 用 read(X) 从 Table_InStockBillDetail 中读入 GoodsID =New_GoodsID 的记录 X； 读取 X 中的 BuyPrice、Quantity、ProviderID、BuyDate 等记录域信息； 用 read(Y) 从 Table_InStockBill 中读入 InStockBillID= X.InStockBillID 的记录 Y； 读取 Y 中的 InStockDate、Operator 等记录域信息； 用 read(Z) 从 Table_Goods 中读入 GoodsID =New_GoodsID 的记录 Z； Z.TotalStorage←Z.TotalStorage + X.Quantity； 将<BuyPrice, Quantity, ProviderID, BuyDate, InStockDate, Operator>写入 Z.GDescription； 用 write(Z) 将新的入库信息写入 Table_Goods
事务用户	商品入库管理相关模块

图 4.5 “商品进货”事务概要设计

根据事物概要设计的结果，检查关系表对数据库事务的支持性。具体步骤为：

（1）对每一个事务，根据需求分析阶段的事务分析，列出该事务所访问的各个数据项。

（2）列出事务访问的数据项所在的关系表和对应的关系属性。

（3）如果事务访问的数据项同时出现在多个表中，检查这些关系表间的关联关系，如主码/外码关联。

（4）检查是否存在某些事务，这些事务所访问的一些数据项未出现在任何关系表中。对这些事务，需要重新修改数据库的概念模型或逻辑结构，或者重新设计事务，以保证 DB 能够支持所有的数据库事务。

4.4 DBAS 功能详细设计

4.4.1 表示层详细设计

作为数据库应用系统功能设计的一部分，人机界面的设计与用户感知密切相关，由于其特殊性，人机界面设计最好采用原型迭代法（参见图 4.6）。

原型迭代法由如下几个步骤组成：

1. 初步设计

从用户人机交互需求出发，设计人机交互命令系统，并对其进行优化。命令系统是用户与系统交互的基础。命令系统优化首先应考虑命令的执行顺序，将常用命令安排在前面，并尽可能地

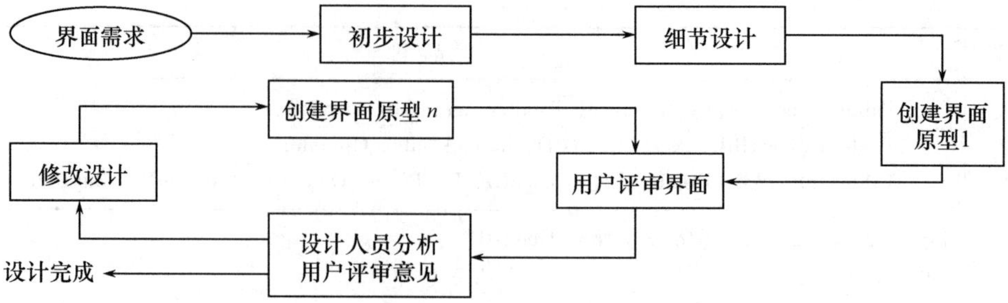

图 4.6 基于原型迭代法的用户界面设计

使命令顺序与用户使用习惯保持一致;然后,将全部交互命令按照一定的原则组织起来,如总体功能对应父命令,部分功能对应子命令,构成一棵多层命令树。设计命令系统时还需要注意,应尽可能减少用户完成一个命令所需的操作动作(如单击鼠标、拖曳鼠标和敲击键盘等),并且为熟练用户提供命令操作的快捷方式。

2. 用户界面细节设计

在命令树基础上,设计命令系统的具体实现方式,命令系统实现可以采用命令行、菜单、按钮、Web 界面等多种方式,并注意考虑界面的组织形式、风格、色彩、操作方式等实现细节。

3. 原型设计与改进

在上述设计结果基础上,首先构造一个人机界面原型系统。利用原型系统,可以为用户演示人机交互效果,让用户直观感受系统的使用方法,并评判用户界面功能是否齐全、是否方便易用;然后,根据用户评审反馈意见修改原型系统。通过这种反复迭代过程,不断完善用户界面,直至符合用户预期要求。

在上述设计步骤中,用户界面的初步设计可安排在 DBAS 总体设计阶段,界面细节设计安排在 DBAS 概要设计阶段,而界面原型设计与改进则属于 DBAS 详细设计阶段的工作内容。对一些人机界面比较简单的系统,界面的初步设计和细节设计也可以一起在 DBAS 概要设计阶段完成。

4.4.2 业务逻辑层详细设计

业务逻辑层详细设计的任务是根据概要设计中定义的各程序模块功能和输入输出数据需求,结合具体的程序设计环境和机制,设计各模块的内部处理流程和算法、具体数据结构、对外详细接口等,是对概要设计的细化。在业务逻辑详细设计阶段,设计人员也可以通过 UML 的类图、活动图、协作图来描述 DBAS 对用户业务的详细实现逻辑(关于 UML 的知识将在第 5 章详细叙述)。

业务逻辑层详细设计事实上与系统代码实现工作已经非常接近了,它对系统的代码实现工作具有非常强的指导意义。但与具体代码实现工作所不同的是,在详细设计阶段,设计人员仍然需要从系统整体角度出发,不仅仅需要细化模块内部的逻辑而且同时要把握好模块间的相互协调关系,如有必要还需要回过头去修改系统的概要设计。

4.5 应用系统安全架构设计

安全可靠性是应用系统的重要衡量指标，在进行 DBAS 功能设计过程中，安全性设计是贯穿其始终的。对于 DBAS 系统来说，其安全可靠性需要从多个方面进行设计和考虑。

4.5.1 数据安全设计

数据是所有信息系统的基础，如何保障数据安全也是信息系统设计和建设过程中需要考虑的首要问题。数据安全涉及的范围很广，从数据存储安全角度出发（通常数据安全设计者会从 DBAS 所必需的数据库系统的安全和保护角度来设计），主要有以下 5 个方面：

- 安全性保护：即防止非法用户对数据库的非法使用，以避免数据的泄露、篡改或破坏。
- 完整性保护：即保证数据源的正确性和一致性。
- 并发控制：即保证多个用户能共享数据库，并维护数据的一致性。
- 数据库的备份与恢复：即在系统失效后的数据库恢复，配合定时备份数据库，使数据库不丢失数据。
- 数据加密传输：即将一些高密级的敏感数据通过一定的加密算法加密后传输。

1. 数据库的安全性保护

在 DBAS 系统设计时，通常采用前台和后台相结合的安全性保护措施来共同维护 DBAS 的安全性。主要的保护方式有：

（1）用户身份鉴别。对于后台数据库，服务器主机用户如果采用了 Windows 集成登录方式，只有合法的服务器计算机用户才能登录数据库，对于远程数据库用户，给远程每一个合法用户建立用户名和密码，在用户连接数据库时，需要身份验证。只有通过验证的用户才能进入数据库。对于前台程序，同样采用此方法，在数据库中为每一个应用系统用户建立了用户编号、用户名、密码及权限，每次登录时都要进行身份验证，只有合法的应用系统用户才能进入该系统。

（2）权限控制。对于后台数据库，可以根据不同用户对数据的不同存取需求设置不同的权限。对于前台程序，可为每个合法用户在建立用户时就设好权限等级，具有不同权限的用户看到的同一模块的窗体是有差别的。对于外部用户，仅设置有限的查询功能。

（3）视图机制。可通过视图机制把要保密的数据对无权查看这些数据的用户隐藏起来，尽管这些数据存在，然而，用户看不到它们。

2. 数据库的完整性保护

数据库的完整性是指数据库中数据的正确性、一致性和相容性。完整性机制将防止合法用户使用数据库时向数据库中加入不合语义的数据。保证数据库中数据的完整性的方法之一是设置完整性检查，即对数据库中的数据设置一些约束条件。

完整性约束条件的作用对象分为列、元组和关系三种级别，其中对列的约束主要指对其值类型、范围、精度、排序等的约束条件。对元组的约束主要指对记录中各个属性之间的联系的约束条件。对关系的约束是指对若干记录间、关系集合上以及关系之间联系的约束条件。在一个数据库管理系统中，完整性约束功能一般包括完整性约束条件设置和检查两部分，完整性约束条件的设置一般由用户通过完整性约束语句给出，而完整性检查通常会由数据库管理系统负责完成。

3. 数据库的并发控制

在数据库系统运行过程中，如果数据库管理系统可以同时接纳多个事务，事务可以在时间上重叠执行，则称这种执行方式为并发访问(Concurrent Access)。通常，一些大型DBMS都支持数据库并发访问功能。实现数据库并发控制的方法很多。常用的是封锁技术。所谓封锁即是在某一时间内禁止某用户对数据对象做某些操作以避免产生数据不一致的问题。基本的封锁一般有排它锁(x锁)和共享锁(s锁)两种类型。

锁机制能够很好地实现数据访问控制，保障数据的正确性和安全性，但与此同时它不可避免的带来了死锁问题。因此，在进行DBAS系统设计时，如何合理设计锁机制就成为重要的问题。通常为了避免死锁，可以考虑以下原则：

(1) 按同一顺序访问资源。例如，如果两个并发事务均需要访问A表和B表，那么我们规定必须以先访问A后访问B的顺序进行资源访问。这样如果一个事务已经获得A表访问权并将A表锁上，然后等待获取B表的访问权，那么在这个事务完成之前，另一个事务被阻塞在A表上。第一个事务提交或回滚后，第二个事务得以继续进行，从而有效避免死锁。

(2) 避免事务中的用户交互。因为运行没有用户交互的批处理的速度要远远快于用户手动响应查询的速度，如果由于用户响应不及时而造成事务长时间挂起就会产生大量阻塞事务甚至产生死锁。

(3) 采用小事务模式，尽量缩短事务的长度，减少占有锁的时间。

(4) 尽量使用记录级别的锁(行锁)，少用表级别的锁。

(5) 使用绑定连接，使同一应用程序所打开的两个或多个连接可以相互合作。次级连接所获得的任何锁可以像由主连接获得的锁那样持有，反之亦然，因此不会相互阻塞。

4. 数据库的备份与恢复

数据库恢复的基本原理就是数据库中任何一部分数据可以利用存储在系统其他存储器上的冗余数据来重建。数据库恢复首先要建立冗余数据(即进行数据备份)，然后利用这些冗余数据实施恢复。

在进行DBAS系统设计时，为了保障数据的可靠性，需要设计制定相应的数据备份与恢复策略。针对数据的不同可靠性级别要求，数据备份与恢复策略可有不同的解决方案。

(1) 双机热备。双机热备指基于Active/Standby方式的服务器热备。服务器数据包括数据库数据同时往两台或多台服务器写，或者使用一个共享的存储设备。在同一时间内只有一台服务器运行。当其中运行着的一台服务器出现故障无法启动时，另一台备份服务器会通过双机软件的诊测(一般是通过心跳诊断或检测)将处于Standby方式的机器激活，保证应用在短时间内完全恢复正常使用。双机热备方案能够很好地保障系统的连续性，即便是有一台服务器发生故障也不会影响系统的正常运行。双机热备系统需要用户进行额外的软硬件投入，因此决定是否使用双机热备取决于系统业务的重要程度以及用户对服务终端的容忍程度。

(2) 数据转储。数据转储(也称为数据备份)，通常由系统管理员定期将应用系统的数据备份并拷贝到磁带、光盘或其他永久性记录介质上去，当系统发生故障时，使用最近备份的数据文件对数据进行恢复。

(3) 数据加密存储。数据加密存储是针对高敏感数据安全保护的一种有效方案，目前主流数据库管理系统（如 Oracle、SQL Server 等）均带有相关的数据加密功能，DBAS 系统设计和开发人员可以直接使用这些工具实现对高敏感数据的加密、存储、读取和管理。当然，DBAS 系统也可以根据需要自行设计和开发相应的数据加密解密模块，实现数据的加密。

5. 数据加密传输

在处理一些敏感数据的传输时，如果 DBAS 系统需要保证这些敏感数据能安全到达其目的地，而不会在途中丢失数据或者被他人拦截，就需要以加密的格式传输数据来保证数据在传输过程中的完整性、安全性。常用的数据加密传输手段有：

- 数字安全证书。
- 对称密钥加密。
- 数字签名。
- 数字信封。

目前已经有许多成熟的技术和产品（如 SSL 技术等），如果 DBAS 系统需要考虑数据的传输安全，可购买第三方传输安全中间件产品并将其整合到 DBAS 系统中来，这是一个快速有效的解决方案。

4.5.2 环境安全设计

任何 DBAS 系统的运行均需要一定的软硬件环境支持，这些软件系统和硬件设备的安全同样影响和决定着 DBAS 系统能否正常有效运行，DBAS 安全架构设计也需要考虑这些软硬件环境的安全。

1. 漏洞与补丁

DBAS 系统的运行需要许多系统软件的支持，如操作系统、数据库管理系统、Web 服务器软件、中间件等，而操作系统又是所有这些软件正常运行的基础。因此保障操作系统运行的稳定是 DBAS 系统运行安全的基础，如果系统允许，DBAS 系统应尽可能地构建在具有较高稳定性的操作系统软件平台上（如 UNIX、Linux 等操作系统的稳定性要高于 Windows 操作系统，但基于 UNIX、Linux 的应用系统开发成本通常要高于基于 Windows 平台的应用系统，因此在进行 DBAS 设计时需要权衡利弊选用最适当的操作系统作为运行平台）。同时，针对 DBAS 系统运行的操作系统环境应该定期检查系统漏洞并更新系统补丁，从而有效保障操作系统环境的稳定性。

2. 计算机病毒防护

计算机病毒是侵害计算机软件系统，破坏计算机数据的一大元凶。要保障 DBAS 的正常运行，进行有效的病毒防护是不可回避的问题。目前主要的病毒防护手段有：

（1）安装杀毒软件，定期查杀病毒。目前杀毒软件产品已经非常丰富，不论从功能还是价格来说都处于普遍能够接受的范围，对于 DBAS 系统所部署的软件环境来说，完全有能力而且有必要安装查毒杀毒软件。同时，对于杀毒软件，要做到定时更新、定期杀毒，最大限度地避免计算机软件系统受病毒侵害。

（2）计算机实时监控。为了防止病毒对软件系统的破坏，还可以对计算机系统进行实时监控。通过对计算机系统中的各种敏感活动的监控（如修改注册表、篡改启动项等），将可疑的活动识别和消除，达到及早诊断和发现病毒威胁的目的。

3. 网络环境安全

网络是 DBAS 运行必不可少的条件,保障网络环境的安全也是 DBAS 安全设计需要考虑的问题。

(1) 防火墙。防火墙是目前使用最广泛的一种网络安全技术,防火墙作为一个分离器、限制器和分析器,用于执行两个网络之间的访问控制策略,有效地监控了内部网络和外部网络之间的各种活动,既可为内部网络提供必要的访问控制,但又不会造成网络瓶颈,并通过安全策略控制进出系统的数据,保护网络内部的关键资源。

(2) 入侵检测系统。入侵检测系统(简称 IDS)是一种对网络传输进行即时监视,在发现可疑传输时发出警报或者采取主动反应措施的网络安全设备。它与防火墙的不同之处在于,IDS 是一种积极主动的安全防护技术。与防火墙相比,入侵检测系统更加智能,能够为网络提供更高级别的防护。

(3) 网络隔离。通过将 DBAS 系统所处的网络与其他外部网络(尤其是 Internet)隔离,更是有效防止基于网络传播的病毒侵袭、避免遭受网络攻击和入侵的有效办法。目前的网络隔离技术有很多,总的来说分为物理隔离和逻辑隔离两类。物理隔离指将待隔离的两个网络完全彻底地进行隔离,不存在任何可能的通路。此方法虽然做到了完全的物理隔离,但使得局部网络处于信息孤岛状态,信息交流不便,给维护和使用带来了极大的不便,如果 DBAS 系统需要覆盖的范围很广(如全国性业务服务)那么势必需要高昂的建设成本。逻辑隔离则是指通过一定的技术和硬件设备,将局部网络从外部网络中隔离出来,控制内外部数据的流动(如只允许外部数据流入内部网络,不允许内部数据向外流动),从而从逻辑上将两个网络隔离起来。

4. 物理环境安全

要保障 DBAS 系统的安全,其所处物理环境的安全也是不可忽略的。如果条件允许,最好是设立专门的空间用于放置服务器、存储设备、网络设备等硬件设备,这样做的好处是可以对设备进行集中控制和管理。基于这种集中管理模式,设计人员就可以设置相应的安全措施来保障 DBAS 系统所处的物理环境安全,如设置防火防盗报警设施、加装防盗门窗、安全温度湿度控制设备及温度湿度报警装置等。

电力是服务器、路由器、磁盘阵列、防火墙、交换机等设备正常工作的必要保障。当外部电力中断时为了保障硬件设备能够正常运行,可采用 UPS(Uninterruptible Power System)来解决设备用电安全方面的问题。UPS 也被称为不间断电源,是能够提供持续、稳定、不间断的电源供应的重要外部设备。通过安装 UPS 可以起到断电续航、平抑电压电流波动、防止浪涌和脉冲干扰等作用,可以有效保障设备的安全运行。

4.5.3 制度安全设计

DBAS 系统的有效运行必须有一套完整的制度保障机制,除了上述技术层面的安全措施外,还需要从管理的角度出发,进行安全体系设计。管理层面安全措施指利用行政管理、法制保证和其他物理措施等防止安全事故的发生,它不受信息系统的控制,是施加于信息系统之上的,如安全组织管理体系、高效能的职责分工及明确的行政管理安全机构、完善的信息安全标准和评估体系、明确的具有高度可操作性的安全规范和制度等。

需要指出的是,由于制度安全性设计所涉及的内容已经超出了 DBAS 设计者和开发人员所能控制和影响的范围(安全可靠的组织制度不能与系统最终用户的组织与制度相冲突、安全规章和制度也需要由系统最终用户来实施和执行),因此对于制度安全性设计工作,它不仅仅是系统开发人员的事情,而且需要系统最终用户的认可、支持与参与。对于 DBAS 设计人员需要做的工作是:

(1) 详细了解系统最终用户对安全性的要求,梳理出需要从管理层进行安全控制的需求。

(2) 认真与最终用户沟通,了解用户组织现状和制度现状,给出 DBAS 管理层安全策略的建议。

(3) 耐心与最终用户交流,取得用户的信任和支持,保障相关制度能顺利执行。

当然,对于安全制度体系来说,由于其可执行情况以及最终执行效果受最终用户影响较大,可控性较低,然而,针对具体情况设计一套操作性强、务实、实用且受欢迎的制度安全保障体系对设计人员是一种挑战。

4.6 DBAS 实施

在完成对数据库的物理设计之后,就开始进入数据库系统的实施阶段,在这个阶段,设计人员需要用目标数据库的数据定义语言和其他程序设计语言描述逻辑设计和物理设计的结果,并经调试以后在数据库建立目标模式,并且组织数据入库,系统开始试运行。然后,进入系统的运行和维护阶段。DBAS 的实施阶段主要包括以下工作:

(1) 创建数据库。

(2) 数据装载。

(3) 编写与调试应用程序。

(4) 数据库系统试运行。

4.6.1 创建数据库

开发人员使用具体的 DBMS 提供的数据定义语言(DDL)或图形化工具建立数据库和数据库对象,如使用 DDL 语言创建数据库、在数据库中建立表、创建访问数据库的用户和密码、建立视图、触发器、索引、主外码关系等,从而建立起数据库系统的总体构架。

在 DBAS 实施过程中,为了保障系统的性能和稳定性,创建数据库时需要考虑以下因素:

(1) 初始空间大小。数据库初始空间是创建数据库时的基本参数,在数据库创建初期设定。初始空间大小的设定需要对 DBAS 系统的数据空间需求进行评估:通过计算每条数据记录所占用的空间(数据占用空间、索引占用空间等的总和)以及评估系统运行初期的数据记录量级,两者相乘得出评估的数据量大小。通常数据库初始空间大小需要满足 DBAS 系统 3 ~ 5 年的数据存储需求。

(2) 数据库增量大小。在创建数据库时需要设置数据库的增量大小,当数据库初始空间被占满时,数据库管理系统会根据用户设置的数据库增量值分配相应大小的空间给数据库使用,如果该值设置过大,可能会导致空间浪费,如果设置过小则有可能频繁发生数据库空间被占满而动态分配空间,增加系统开销的情况。因此,设置这个值的大小需要对数据库数据增长情况进行评估,评估方式与数据初始空间大小的评估方式类似。

（3）访问性能。访问性能也是创建数据库时需要考虑的问题，如数据库访问的并发量，数据表访问的频度等。针对不同的性能要求，需要对数据库进行不同的配置（如将访问频度比较高的多个表放在数据库的不同分区内；为查询操作比较高的表设计专门的索引以优化查询效率等）。

4.6.2 数据装载

完成了数据库结构的定义工作，此时的数据库系统就如同刚竣工的大楼，内部是空的，在投入运行之前，还需装入各种实际的数据。组织数据入库是数据库实施阶段主要的工作。

很多情况下，新的数据库中需要装入的数据，由于其来源不同，数据的组织方式、结构、格式也可能会不同。所以，可能会出现这些源数据与已经设计完成的新的数据库数据结构不相容的情况。

一般来说，这时候可以将源数据提取出来，存入计算机，然后进行分类转换，使之成为符合新数据库结构的数据，然后，存入数据库，具体步骤如下：

（1）筛选数据。将需要装入数据库中的数据从不同部门的数据文件和原始凭证中筛选分离出来。

（2）转换数据格式。将前面筛选出来数据的格式转换成与数据库结构相符的格式。

（3）输入数据。将转换好格式的数据输入计算机中。

（4）校验数据。数据装载时，由于在数据格式转换过程中以及向计算机中输入数据时有可能会发生错误，所以，为了防止不正确的数据入库，在源数据入库前需要对其进行必要的检验。

为了支持原始数据的录入，通常需要提供一些数据录入界面，由计算机辅助完成数据的入库工作。对于有些系统，如果纸质数据不多或数据是陆续出现的，可以用人工方式一条一条地进行数据的录入。对于那些需要从历史系统中迁移大量历史数据的系统，或者有些系统本身初始数据量可能会极大，人工录入费时费力，对于这种情况，就可以考虑采用批量数据装载程序来实现数据的装载。

4.6.3 编写与调试应用程序

由于数据库应用程序与数据库的结构是密切相关的，只有当数据库的结构建立好后，才能够进行应用程序的编写和调试。编写应用程序时应该严格遵照 DBAS 的详细设计的结果，需要注意的是，在编写应用程序时，如果最终真实业务数据入库尚无法完成，应用程序的调试将会出现一定的困难，此时，可以尝试使用模拟数据。

应用程序的编写与调试通常是同步进行的。在应用程序编码阶段，程序员需要对自己编写程序的正确性进行验证，保证程序能够按照预先设定的逻辑执行。应用程序完成单元测试后，就需要组织专门的测试团队对系统进行集成调试，包括功能测试、性能测试、系统联调等，这一过程常常会持续到数据库试运行阶段。

4.6.4 数据库系统试运行

如果数据库应用程序调试完成，并且已有一小部分数据入库后，就可以开始数据库的试运行。通过试运行进一步检验应用系统在真实或接近真实的环境下是否符合设计及使用要求。试运行的主要目的是对数据库系统的功能和性能进行进一步测试，找出其中的不足，加以完善与改进。

1. 功能测试

即实际运行数据库的应用程序，执行对数据库的各种操作，测试应用程序的各项功能是否满足设计要求，从而找出现有应用程序的不足，加以改进直到符合设计要求。

2. 性能测试

即测量系统的性能指标，分析是否符合设计目标。由于在数据库设计阶段，设计者对数据库的评价多是在简化后的环境条件下进行的，设计结果未必是最佳的。所以，在试运行阶段对性能指标的测量和评价是十分重要的。例如，某些 DBMS 参数的最佳值只有在试运行中才能确定。如果在数据库试运行时，所产生的实际结果不够理想，有时还会修改前期物理设计，甚至逻辑设计的内容。

应该注意的是，对于数据量极大的大中型系统，数据装载非常耗时耗力，不需要等待所有的数据都入库后才开始试运行，而只需先装载少量的数据即可，等到试运行的结果符合设计要求后，再批量装入全部数据。另外，为了防止由于系统本身的问题或者操作人员的误操作而引起的各种故障，以减少对数据库的破坏，在试运行阶段，应该先测试 DBMS 的恢复功能，做好数据库的转储和恢复工作。

综上所述，数据库应用系统的实施主要包括 4 个步骤（以本书商场经营管理系统为例），其操作流程如图 4.7 所示。

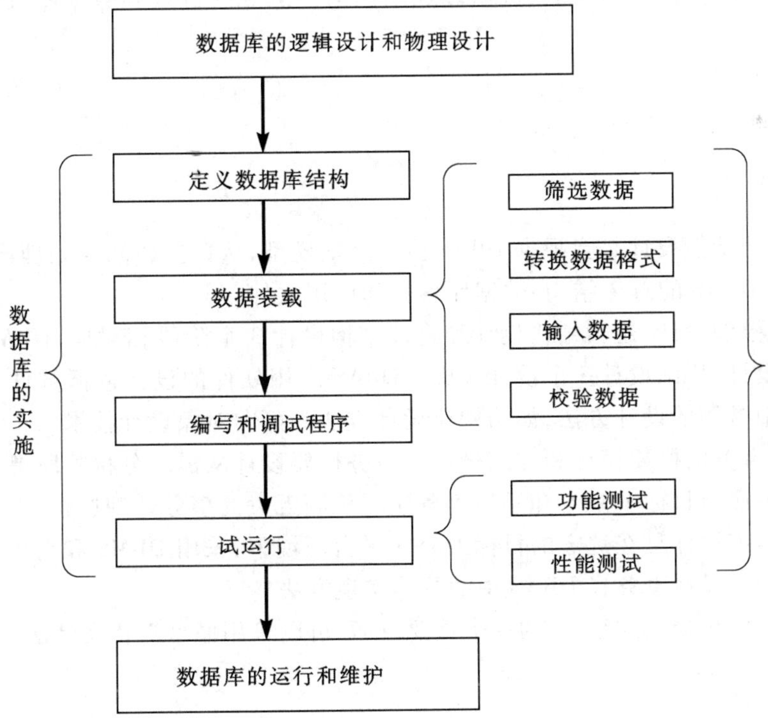

图 4.7 数据库的实施

第一步，根据商场经营管理系统的设计结果在数据库中建立起顾客表、会员卡表、商品类别表、商品表等十几个表。

第二步，把部分数据或全部数据导入到数据库中。这是一个十分烦琐的过程。如果商场在开业初并未建立业务管理系统的话，则每个部门都有自己的方式用来记录商场中某一部分信息，但是这些信息可能尚未统一管理。一方面，不同部门的同一性质的数据缺乏统一的格式和名称，另一方面，即使是同一个部门的数据也可能存放在不同的介质中，例如有些存放在电脑表格中，有些存放在纸质报表中，甚至可能来自商场进货的单据，对于这些来源和格式各异的数据，在将其导入到数据库前，必须进行筛选，剔除不需要的数据，然后根据已经建立好的数据库表的字段类型和个数，转换选出来的数据，并将其输入到计算机中。即使商场系统是随开业同时启用的，也需要建立大量的初始数据，如商品目录、人员信息、供应商信息等。

第三步，编写和调试应用程序。这需要具体的编程人员根据设计的商场业务系统的模块和功能，编写相应的应用程序，并在已经导入数据的数据库上调试，如果调试没有错误，系统就可以试运行了。

第四步，试运行。商场开始使用这个新建的商场业务系统，收集各部门对其功能和性能的评价，从而找出系统存在的不足并加以改进。例如，收银台反映结账时系统反应很慢，影响了收银速度。那么，系统管理员就应该针对这个情况制订改进方案。如果做一些小改动不能解决这些问题，就要考虑修改数据库结构，这可能会带来很大的代价。

试运行的完成，标志着数据库的实施阶段成功结束。之后就进入到数据库系统的运行和维护阶段了。

小结

数据库应用系统功能设计是指根据 DBAS 生命周期模型，从数据访问与处理设计、应用设计两条主线分别设计 DBAS 的总体结构、数据库事务和应用软件。

与数据库概念模型设计、逻辑结构设计和物理结构设计 3 个阶段相对应，DBAS 功能设计分为总体设计、概要设计、详细设计 3 个设计步骤。DBAS 应用软件的设计遵循软件工程的基本原理，采用软件工程中常用的设计方法，如结构化设计方法和面向对象设计技术。

事务设计包括事务的概要设计和详细设计。事务概要设计从需求分析阶段得到的数据流图或事务规范出发，关注与目标 DBMS 和具体事务实现机制无关的事务处理逻辑，设计结果具有较好的适用性；事务详细设计是在选定的目标 DBMS 平台环境下，采用 DBMS 和高级程序设计语言提供的事务实现机制，设计事务在 DBAS 中的具体实现方法。

人机界面设计是 DBAS 功能设计的一个重要方面，可以采用原型迭代设计法。

习题

一、选择题

1. 下列关于浏览器/服务器架构中的应用服务器的说法中，错误的是

A. 应用服务器一般运行程序代码，实现面向应用领域的业务规则

B. 应用服务器会根据用户请求连接相应的数据库，获取数据，并将结果返回给用户

C. 应用服务器一般需要具有数据访问和数据存储功能

D. 应用服务器一般提供了集群、负载均衡等公共服务，可以大幅度提高系统性能和可靠性

2. 下列属于商场经营管理系统数据库功能需求的是

A. 系统中不考虑财务核算

B. 对基本销售业务要求实现秒级响应

C. 多个终端同时操作数据库

D. 系统需支持节假日折扣

3. 下列不属于数据库安全设计内容的是

A. 防止非法用户对数据库的非法使用

B. 保证数据的正确性和一致性

C. 保证多个用户能共享数据库，并维护数据的一致性

D. 安装杀毒软件，防止数据受病毒侵害

4. 下列不属于数据库功能详细设计中表示层详细设计的是

A. 原型设计与改进

B. 用户界面初步设计

C. 用户界面详细设计

D. 细化功能概要设计阶段设计的事务

二、填空题

1. 数据库总体设计的主要内容包括________、________、________和________。

2. 从功能角度，DBAS 系统通常可以划分为 4 个层次实现，分别是________、________、________和________。

3. DBAS 功能概要设计的目标是产生________和________。

4. DBAS 功能概要设计中的表示层概要设计的主要任务是进行________设计。

5. 数据库系统试运行的主要目的是对数据库系统的________和________进行进一步测试。

第 5 章 UML 与数据库应用系统

与传统的建模方法相比，面向对象方法强调按照客观事物的本来面貌来刻画和描述客观对象，即不仅描述客观对象的属性特性、也描述其行为特征以及客观对象之间的关联关系。

本章结合第 1 章给出的应用案例，以数据库应用系统生命周期模型中的应用软件设计为主线，介绍 UML 建模方法。在应用软件设计的每一设计步骤中将穿插相应的 UML 图形（UML 2.0 中的图形），不仅介绍 UML 各种图形的基本语法和用法，而且重点描述在软件设计步骤中哪一环节用到哪几种 UML 图形及何时用相应的 UML 图形来描述系统以及描述的意义。

5.1 DBAS 建模

在用面向对象技术构建软件的早期阶段，面向对象建模语言的种类繁多，不同建模语言具有各自的优缺点，相互之间也互有差异，对于开发人员来说，很难根据应用选择合适的建模语言，于是爆发了一场方法大战，其中最引人注目的是 Booch、OOSE、OMT 方法。Booch 是最早的面向对象方法之一，提出了面向对象软件工程的概念。Booch 比较适合于系统的设计和构造。

OMT 方法，采用了面向对象的概念，并引入各种独立于语言的表示符。这种方法用对象模型、动态模型、功能模型和用例模型，共同完成对整个系统的建模，所定义的概念和符号可用于软件开发的分析、设计和实现的全过程，软件开发人员不必在开发过程的不同阶段进行概念和符号的转换。OMT 特别适用于分析和描述以数据为中心的信息系统。

OOSE 方法，其最大特点是面向用例（Use-Case），并在用例的描述中引入了外部角色的概念。用例的概念是精确描述需求的重要武器，但用例贯穿于整个开发过程，包括对系统的测试和验证。OOSE 比较适合支持商业工程和需求分析。

首先，面对众多的建模语言，用户由于没有能力区别不同语言之间的差别，因此很难找到一种比较适合其应用特点的语言；其次，众多的建模语言实际上各有千秋；最后，虽然不同的建模语言大多雷同，但仍存在某些细微的差别，极大地妨碍了用户之间的交流。因此在客观上，极有必要在精心比较不同的建模语言优缺点及总结面向对象技术应用实践的基础上，组织联合设计小组，根据应用需求，取其精华，去其糟粕，求同存异，统一建模语言。正是基于这种形势下，一些主要建模方法的创始人结合各大建模方法的优点推出了标准的建模语言。

统一建模语言(Unified Modeling Language,UML) 融合了 Booch、OMT 和 OOSE 方法中的基本概念,而且这些基本概念与其他面向对象技术中的基本概念大多相同,因而,UML 必然成为这些方法以及其他方法的使用者乐于采用的一种简单一致的建模语言。UML 是一种定义良好、易于表达、功能强大、通用的可视化建模语言,为软件开发的各阶段提供模型化与可视化支持。UML 适用于各种软件、应用领域以及开发工具的开发,同样也适用于数据库应用系统的设计和开发。它总结了以往建模技术的经验,融入了软件工程的新思想、新方法和新技术,近年来在业界得到广泛认可与采用,并已逐渐成为主流的建模语言。

UML 的定义由语义和表示法两部分组成。语义用自然语言描述,而表示法定义了 UML 的可视化标准表示符号,这决定了 UML 是一种可视化的建模语言。具体来说,UML 的语义是定义在一个 4 层(或 4 个抽象级)建模概念框架中的,这四层分别是:

(1) 元元模型(Meta-Meta Model)层,组成了 UML 的最基本的元素“事物”(Thing),代表要定义的所有事物。

(2) 元模型(Meta Model)层,组成了 UML 的基本元素,包括面向对象和面向组件的概念。这一层的每个概念都是元元模型中“事物”概念的实例。

(3) 模型(Model)层,组成了 UML 的模型,这一层中的每个概念都是元模型层中概念的一个实例,这一层的模型通常叫作类模型(Class Model)或类型模型(Type Model)。

(4) 用户模型(User Model)层,这层中的所有元素都是 UML 模型的实例。这层中的每个概念都是模型层的一个实例(通过分类)也是元模型层的一个实例。这一层的模型通常叫作对象模型(Object Model)或实例模型(Instance Model)。

使用 UML 时要从不同的角度观察和分析系统,因此产生了“视图”的概念。视图是对系统的模型在某方面的投影,注重于系统的某个方面。UML 中包括以下五种视图:结构视图、实现视图、行为视图、环境视图和用例视图。

每一种 UML 的视图都是由一个或多个图(Diagram)组成的,一个图就是系统架构的某个侧面的展示,所有的图一起组成了系统的完整视图。UML 2.0 提供了 13 种不同的图,分为两类:一类是结构图,主要用于对系统的静态结构建模,包括类图、对象图、复合结构图、包图、组件图、部署图;另一类是行为图,主要用于对系统的动态行为建模,包括用例图、交互图(顺序图、通信图、交互概述图、时间图)、状态图和活动图。

5.2 DBAS 业务流程与需求表达

在 UML 中,对于业务流程支持的主要图形是活动图(Activity Diagram),活动图主要的目的在于陈述活动与活动之间的流程控制的转移。在软件需求的领域中,用于捕捉需求的工具,就是用例图(Use Case Diagram),本节将详细介绍这两类图,并穿插到具体的应用背景中来描述这两类图的具体意义。

5.2.1 业务流程与活动图

在应用软件的开发过程中,首先需要对应用领域的背景有所了解,最好注重了解项目的范围,必要的业务流程以及可行性分析等,这也是生命周期中系统规划和定义的主要内容。在捕捉业务流程时,初期阶段应该尽可能只捕捉本质的业务流程,在该业务流程中,尽量避免钻入细节,也可以参考原有系统的作业规范文件。对于业务流程或作业规范的描述应该尽量不要使用只有少数人才了解的图形或文字来叙述,要尽可能地使用标准化工具来描述作业规范,让大多数的人能够一目了然,进而可以管理及维护,作为建模语言的标准 UML,利用 UML 的活动图正能满足这种需求。

活动图主要用于描述系统、用例和程序模块中逻辑流程的先后执行次序,并行次序。当活动图用于描述系统功能时,主要侧重于系统多个用例活动之间相互制约的执行顺序,同时,识别出系统中存在的可以并行进行的用例,此时,活动表示系统要完成的任务。当活动图用于描述用例时,用于描述用例中的操作执行次序和操作完成的结果,显示多个对象的操作是如何相互结合起来共同完成用例的一个脚本,揭示出操作之间的并行性,为编码实现提供开发并行程序的便利。此时,活动表示类中的方法,即操作。活动图用于低层次程序模块的作用类似于流程图,但活动图还可以描述并行操作,而流程图只能描述串行操作。一般来说,活动图最适合用于描述系统或子系统的主要工作流程。

分析第 1 章的应用案例“商场经营管理系统”,对其中的商品销售业务模块的基本流程进行描述,用活动图描述其主要的业务流程,如图 5.1 所示。

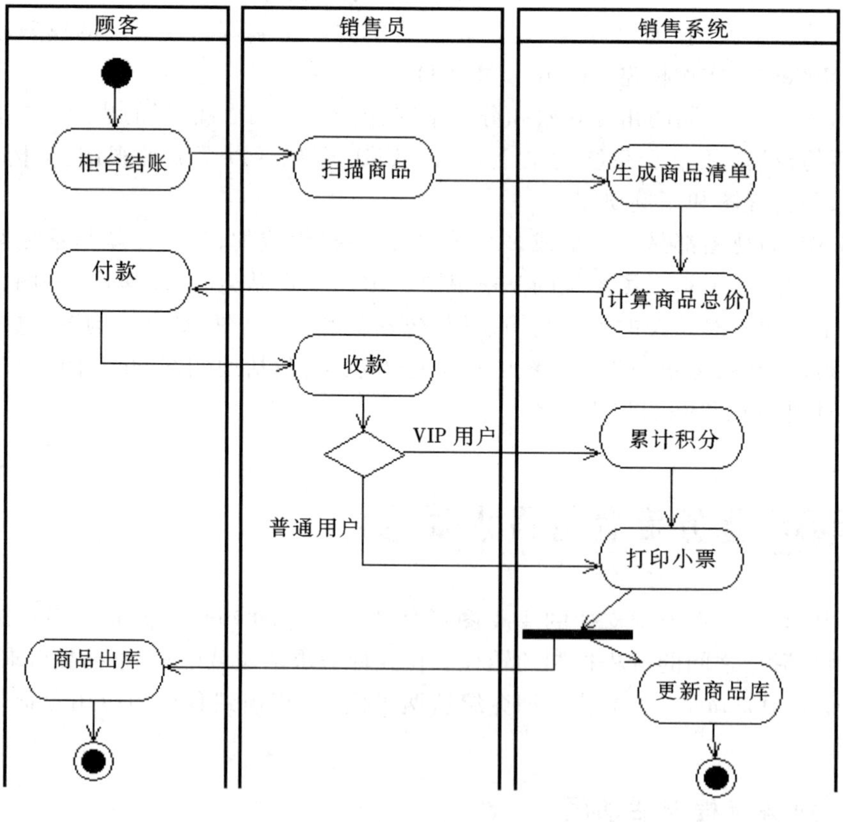

图 5.1 商品销售业务流程图

起始点:指一连串活动的开始点。在一张活动图中,必须有且只能有一个起始点,用●表示。

结束点:指一连串活动的终结点。在一张活动图中,可以有多个结束点,用◉表示。

分区:在整个活动表达上,是一个非常重要的概念。可以利用分区来将活动分配给对应的角色。

活动之间的转换由箭头表示,箭头表示执行方向,其标注为执行下一个活动的条件,如果箭头线上没有条件,表示执行完该活动后自动执行箭头所指向的活动;加粗直线为同步条,表示这之后的活动执行路线可以并行进行,或在其上的所有并行活动执行完毕后,到此转为顺序执行;菱形代表分支,表示判断。

活动图的目的在于表达流程的规范性,表达要明确、简单和清晰,尽量避免深入细节。UML 活动图是在软件进行开发时,通过调查背景领域或与领域专家交流而得到的,同时也是与领域专家进行沟通的标准规范,可作为系统集成测试的重要参考依据。当业务流程有所变动时,通过重新审视既有的 UML 活动图,来适当调整工作。管理人员也可以通过活动图了解现行系统的流程以及未来可能改善的方向。

5.2.2 系统需求与用例图

在确认系统的工作流程后,就需找出系统的相关需求。系统需求即是用户想要的,其本质最终不过是想办法捕捉到用户心中的真正期望。

基于上节业务流程的活动图,可以从中找出相应的用例,即通过将活动图中的每一个活动或活动的参与者当作用例的候选对象,并判断这个活动是角色还是用例,就可以得到用例以及用例模型。

用例模型是把满足用户需求的所有功能表示出来的工具。对于正在构造的新系统,用例模型描述系统应该做什么;对于已构造完毕的系统,用例模型则反映了系统能够完成什么样的功能。

用例模型由用例、角色和系统三部分组成。其中用例用于描述从系统用户的角度来观察,系统应该具有哪些功能,帮助分析人员理解系统的行为;角色是与系统进行交互的外部实体,可以是系统用户也可以是其他系统或者硬件设备;系统是在边界线以内的区域(即用例的活动区域)抽象地表示能够实现的所有基本功能。在一个基本功能已经实现的系统中,系统运行的大致过程就是:外部角色先初始化用例,然后用例执行其所代表的功能,执行完后用例便给角色返回值,返回值是角色所需要的从系统中获取的信息。系统可以看成各种用例的“黑盒子”,只关心该系统实现了哪些功能,而不关心其内部的具体实现细节。

用例模型由用例图构成。用例图由系统、角色和用例三种模型元素以及元素之间的各种关系组成。根据“商场经营管理系统”各个模块的业务流程图,即可以得到系统的企业级用例图以及系统级用例图,如图 5.2 和图 5.3 所示。

1. 系统

在用例图中系统用一个长方框来表示,系统的名字写在方框上或方框里面,方框内部还可以包含该系统中用符号表示的用例。

2. 角色

角色是与系统交互的人或其他实体。所谓“与系统交互”指的是角色从系统中接收消息,或

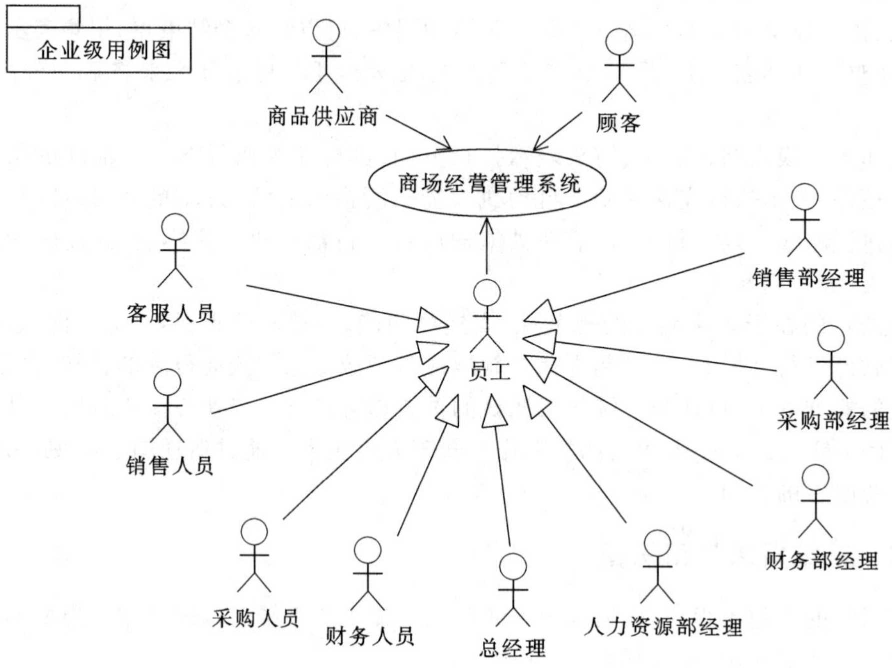

图5.2 企业级用例图

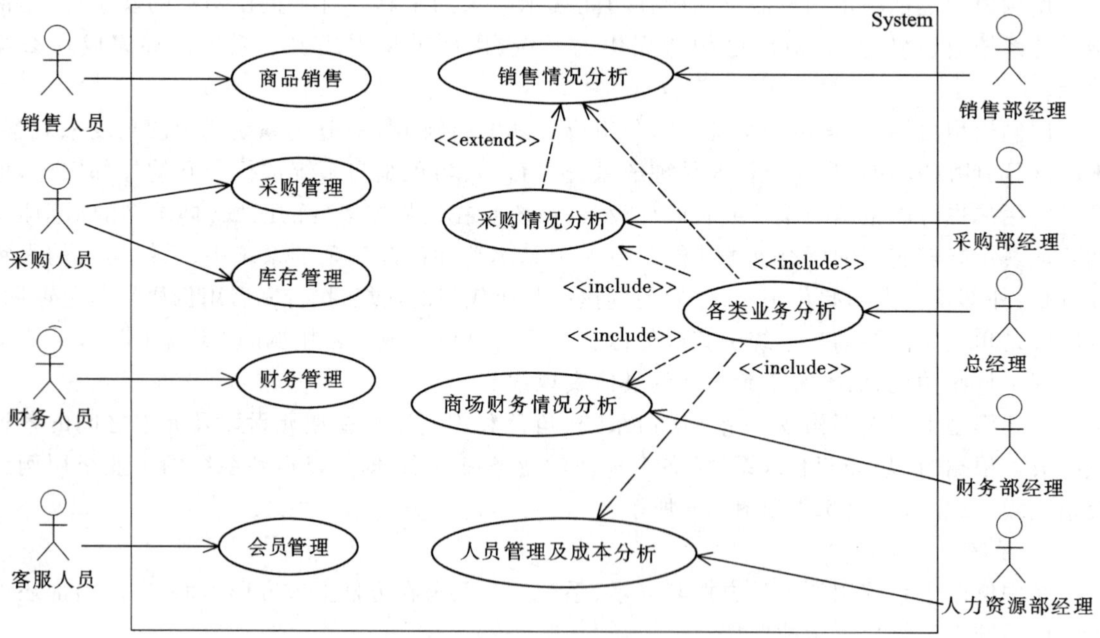

图5.3 系统级用例图

是向系统提交信息。一个角色可以执行多个用例，反过来，一个用例也可被多个角色使用。角色是类，所以它拥有与类相同的关系描述。在用例图中，用通用化关系来描述角色之间的行为。

通用化关系是指把某些角色的共同行为抽取出来作为通用行为，这些通用行为构成它们的超类（Superclass）。这样，在定义某一具体角色时，仅仅定义其不同的行为。角色之间的通用化关系用带空心三角形（作为箭头）的直线表示，箭头的方向指向超类。如图 5.2 所示，员工是销售人员和销售部经理等的超类。

3. 用例

用例代表的是一个完整的功能，是所有动作的集合。动作（Action）是系统的一次操作，如与角色通信、进行计算，在系统内进行的工作都可以称作动作。

在 UML 中，用例用椭圆形表示，用例位于系统边界的内部。用例与角色之间有连接关系，此关系属于关联（Association），又称作通信关联（Communication Association）。这种关联表明哪种角色能与该用例通信。关联关系是双向的一对一关系，表示不仅角色可以与用例通信，用例也可以与角色通信，表示方法是一条连接角色和用例的带箭头直线，如图 5.3 所示。

另外，用例之间也存在关系，包括扩展、使用、组合三种。扩展和使用是继承关系，即通用化关系的另一种体现形式。组合则是把相关的用例打成包（Package），当作一个整体看待。

（1）扩展关系。如果已有一个用例，在这个用例的基础上加入新的动作形成了另一个用例，即后者是通过继承前者的属性并加入新内容而来的，则前者通常称为通用化用例，后者常称为扩展用例。扩展用例可以根据需要有选择的继承通用用例的部分行为。引入扩展用例便于处理通用化用例中不易描述的某些具体情况；便于扩展系统，提高系统性能，减少不必要的重复工作。用例之间的扩展关系可以图示为带有构造型（sterotype）<<extend>>标志的通用化关系，如图 5.3 所示。

（2）使用关系。一个用例使用另一个用例时，这两个用例之间就构成了使用关系。用例之间的使用关系被图示为具有构造型<<uses>>标志的通用化关系。

企业级用例图与系统级用例图是从大层面上对整个系统用例的概述，对系统整体的功能需求以及系统的整体结构有所认识，而用例图也可以针对特定的模块进行描述，通过对特定的功能块做深入分析，了解其细节需求。如图 5.4 所示为“商场经营管理系统”中的商品采购模块的用例图。

如果想继续深入到特定的单个用例的工作流程，如图 5.4 所示的生成采购单这个用例，可借助活动图来进一步描述这个用例具体的业务流程，活动图可帮助阐明用例的工作流程。一般来说，描述具体的用例的流程时，除了活动图，还要附上文档说明即用例叙述来描述参与者和用例之间应该如何交互才能达到需求。以下将对生成采购单用例的工作流程进行详细的说明，并利用用例叙述来辅助说明，如图 5.5 所示。

图 5.5 中用例叙述的前置条件表示用例的触发条件，即当库存商品数量低于预先设定的最小库存量，用例生成采购单就会触发。后置条件是用例结束后，必须达到的目标，否则用例执行有误。通过活动图和用例叙述的搭配使用，可以使对特定用例的描述更加清楚、详细，有利于开发人员之间的沟通和交流。

用例是需求搜索及整理的工具，主要应用在项目开发的需求分析阶段，通过用例与角色的关系，可以让需求分析人员聚焦在特定的角色与用例中。用例是属于需求分析的范畴，而需求本身

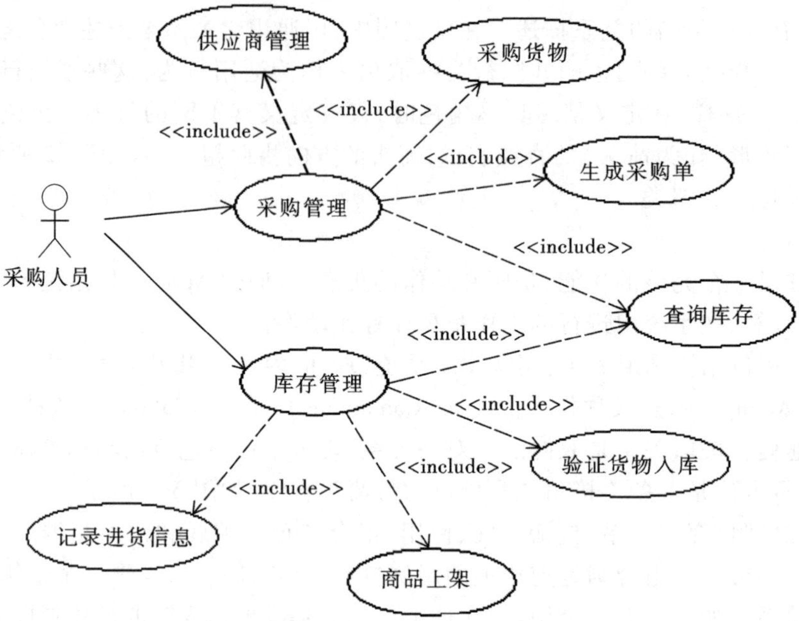

图 5.4　商品采购模块用例图

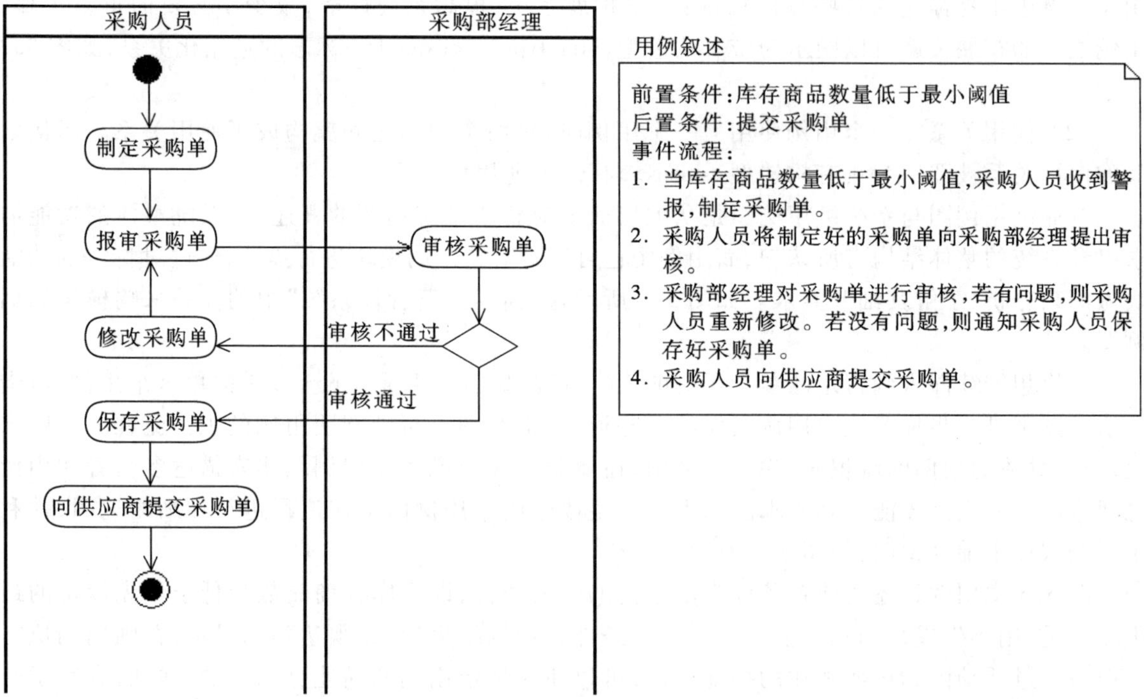

图 5.5　生成采购单用例的描述

不能脱离业务流程的规范,因此,用例与业务流程图即活动图会有所关联,故可从业务流程中发现用例。

5.3 DBAS 系统内部结构的表达

系统内部结构一般分为静态结构和动态结构,静态结构就像拍摄电影时的“人物关系图”。在这张关系图中,将会详细解释所有人物的背景以及与其他角色之间的关系、人物的社会经济地位等。而动态结构就像拍摄电影的“分镜表”,在这个“分镜表”中,会详细描述在某一个特定的分镜中,所有人物间如何交互,以达到某一个特定的场景。在 UML 中,用类图(Class Diagram)来描述系统的静态结构,而用顺序图(Sequence Diagram)和通信图(Communication Diagram)来表示系统的动态结构。

5.3.1 系统结构与类图

软件的结构本质上就是所要解决的问题领域中的重要概念在抽象层次的呈现,这样的呈现一般会通过概念模型来表示。例如,要表达“商品销售业务”的问题领域,就需要把这个问题领域中一些重要的元素如 Customer、Goods、Cashier 等先抽象出来,这些元素在 UML 中就可以用“类”这个概念来表示。

类图主要表达的是问题领域的概念模型,在这个抽象的概念中,除了表达该抽象概念的名称外,另外需要表达该抽象概念的“属性”与“行为”。

类图技术是面向对象方法的核心技术。在面向对象的建模技术中,类、对象和它们之间的关系是最基本的建模元素。对于一个被描述的系统,其类模型、对象模型以及它们之间的关系揭示了系统的结构。

类图展现了一组类、接口和协作以及它们间的关系。系统可以有多个类图,单个类图仅表达了系统的一个方面。类的表示如图 5.6 所示,在高层给出类的主要职责,在底层给出类的属性和操作。

1. 属性

属性包括属性的名称、类型和缺省值。UML 规定其语法为:

可见性 名称:类型=缺省值 {约束性}

(1) 可见性。表示该属性对类外的元素是否可见。不同属性具有不同的可见性。常用的有公有(Public)、受保护(Protected)和私有(Private)三种,在 UML 中分别用“+”“#”“-”表示。

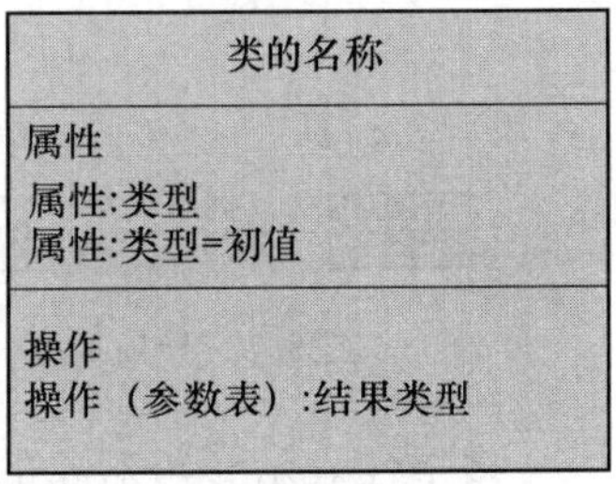

图 5.6 类图表示图

(2) 名称。是一个字符串,表示属性的名称。

(3) 类型。定义属性的种类。它可以是一个基本数据类型,也可以是用户自定义的类型。

(4) 缺省值。属性的初始值。

(5) 约束性。列出该属性所有可能的取值,在定义枚举类型的属性时经常使用,每个枚举值之间用逗号分隔,此外,也可以用来说明该属性的其他信息,比如属性的持久性(Persistent)等。

2. 操作

操作描述了类的动态行为,在 UML 中,操作的语法定义如下:

可见性 名称(参数表):返回类型表达式 {约束性}

(1) 可见性。"+"表示公有操作,"#"表示受保护的操作,"-"表示私有操作。

(2) 名称。是一个字符串,表示操作的名称。

(3) 参数表。其语法与属性的参数相同,参数的个数是任意的。

(4) 返回类型表达式。依赖于语言的描述,此项为可选项。

(5) 约束性。用以描述对此操作的约束。

这里,可见性和约束性与属性中的含义一样。

3. 关系

类与类之间通常有关联、通用化(继承)、依赖和精化四种关系。

(1) 关联关系。表示两个类之间存在某种语义上的联系。例如,一个人为一家公司工作,一家公司有很多办公室。就认为人和公司、公司和办公室之间存在某种语义上的联系。

通常情况下关联是双向的,其图示是连接两个类之间的直线,可以在直线的一个方向上为关联起一个名字,而在另一个方向上起另一个名字(也可不起名字),名字通常紧挨着直线书写。

如果类与类之间的关联是单向的,则称为导航关联。导航关联采用实线箭头连接两个类,只有箭头所指的方向上才有这种关联关系。如图 5.7 所示,图中只表示某人可以拥有汽车,但汽车被人拥有的情况没有表示出来。其实双向的普通关联可以看作导航关联的特例,只不过省略了表示两个关联方向的箭头。

如图 5.8 所示,"公司"以"雇主"的角色,"人"以"雇员"的角色所参与的"工作合同"关联。"雇主"和"雇员"称为角色名。如果在关联上没有角色名,则隐含地用类的名称作为角色名。角色还具有多重性(Multiplicity),表示可以有多少个对象参与该关联。图 5.8 中,雇主(公司)可以雇用多个雇员,表示为"*";雇员只能与一家雇主签订工作合同,表示为"1"。

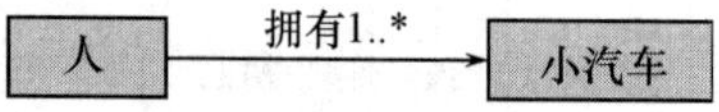

图 5.7 导航关联实例

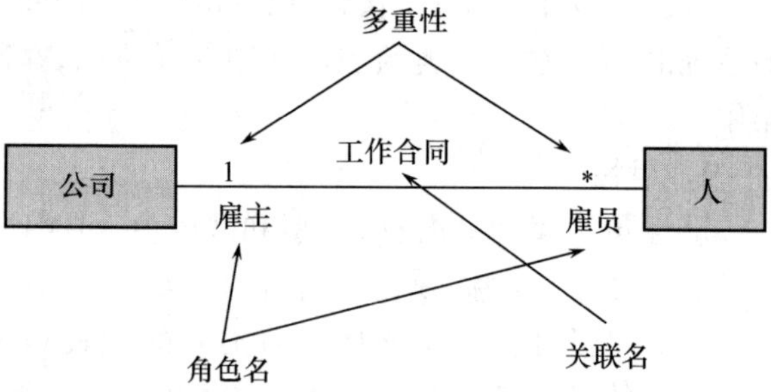

图 5.8 角色关联的实例

多重性表示参与对象的数目的上下界限制。"*"代表 0 ~ ∞,"1"是 1..1 的简写。可以用一个单个数字表示,也可以用范围表示,或者是数字和范围不连续的组合表示。例如:"0..1"表示零到 1 个对象,"0..*"或"*"表示零到多个对象;"6..10"表示 6 到 10 个对象;"3"表示 3 个对象。如果图中没有明确标识关联的重数,就意味着是 1。重数标识在表示关联关系的直线某一方向上的末端。

图 5.9 是在图 5.8 的基础上引入了关联类,关联类通过一根虚线与关联连接,用于描述一个

关联可能需要记录的一些信息。

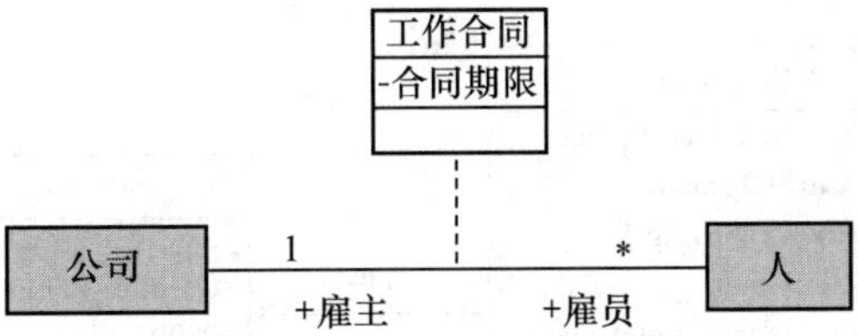

图 5.9 关联类

聚集(Aggregation)是一种特殊形式的关联。它表示类之间的关系是整体与部分的关系。在需求分析中,"包含""组成""分为……部分"等经常设计成聚集关系。

聚集可以进一步划分成共享聚集(Share Aggregation)和组成(Composition)。例如,课题组包含很多成员,而每个成员又可以是另一个课题组的成员,即部分可以参加多个整体,称为共享聚集。另一种情况是整体拥有各部分,部分与整体共存,如整体不存在了,部分也会消失,称为组成。例如,打开一个窗口,它由标题、外框和显示区所组成。窗口一旦关闭则各部分同时消失。在 UML 中,共享聚集表示为空心菱形,组成为实心菱形。如图 5.10、图 5.11、图 5.12 所示,图 5.12 是图 5.11 的另一种形式。

图 5.10 共享聚集的表示

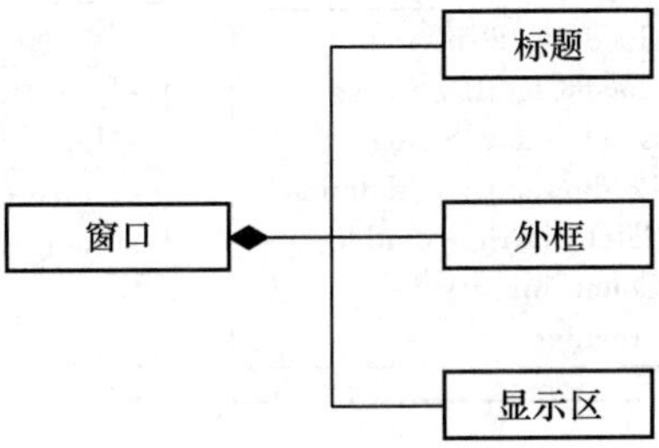

图 5.11 组成的表示

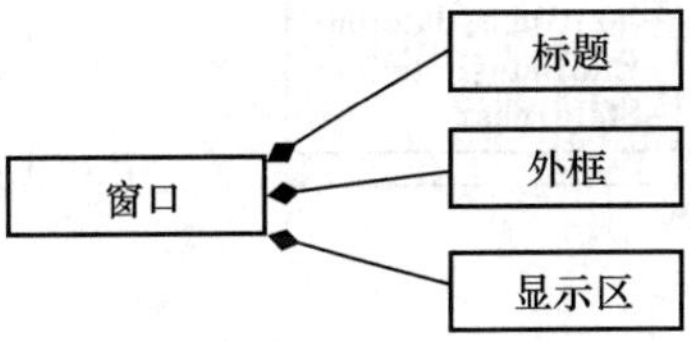

图 5.12 组成的另一种表示

(2) 继承关系。人们将具有共同特性的元素抽象成类别,并通过增加其内涵而进一步分类。在面向对象方法中将前者称为一般元素、基类元素或父元素,将后者称为特殊元素或子元素。继承(Generalization)定义了一般元素和特殊元素之间的分类关系。在 UML 中,继承表示为一头为空心三角形的连线。

(3) 依赖关系。有两个元素 X、Y,如果修改元素 X 的定义可能会引起元素 Y 的定义的修改,称元素 Y 依赖于元素 X。

(4) 精化关系。用于表示同一事物的两种描述之间的关系。对同一事物的两种描述建立在不同的抽象层上。比如,定义了某种数据类型,然后将其实现为某种语言中的类,那么抽象定义的类型与用语言实现的类之间就是精化关系,这种情况称为实现。另外,精化关系常用于模型化表示同一个事物的不同实现。例如,一个是简单实现,一个是复杂而高效的实现。精化关系的图示方法与继承关系相似,用带空心三角形的虚线表示。

在"商场经营管理系统"中,可以根据系统功能进行业务模块划分,如分为顾客管理模块、商品采购业务模块、商品销售业务模块、人力资源管理模块、财务管理模块等。若系统结构比较复杂,用一张类图表示整个系统的结构,不容易看出类之间的关系,这时可以根据功能模块的划分,针对每个功能模块绘制类图。这里对商品销售业务模块绘制其类图,如图 5.13 所示。

类图的目的是在进行软件开发前,先对软件所需面对问题领域的本质做一个通盘性的了解,但是类图在刚开始设计的阶段,并不会完全正确,必须通过后续的检验才能够逐渐接近真实的模型。类图是整个开发过程中最重要的一个产物。通过类图,可以了解设计人员对其所面对的领

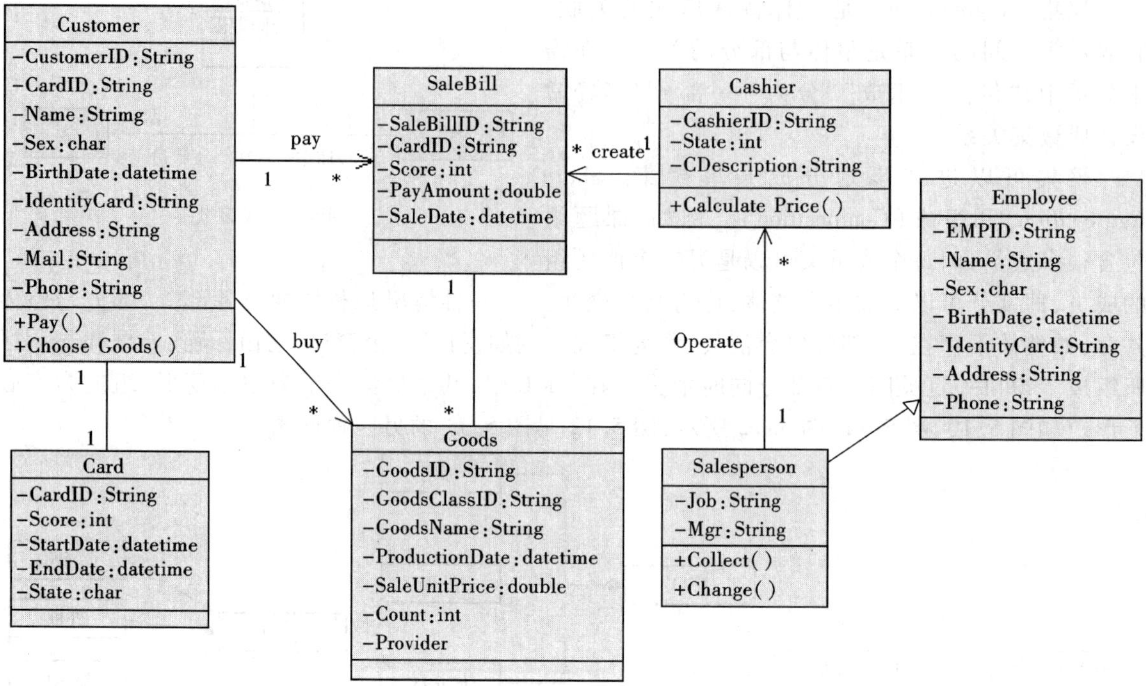

图 5.13 商品销售业务模块类图

域的想象，也是表达设计想法的一种方式，并且可以作为开发人员对系统想法的一种沟通交流的标准方式，无论是何种系统的开发，类图是 UML 图中最有必要保存的图。

5.3.2 系统结构与顺序图

用例模型通过对系统参与者及其重要行为（用例）的描述，表达了系统的功能需求，即用户期望。而类图则把系统的架构构造出来了。但是，针对每一个特定的用例，如何利用类图所规范的对象，来完成用例所交付的任务，就必须要利用顺序图来表达。

顺序图的目的在于说明对象的协作如何达到系统的目标。系统的目标在进行用例分析时，已被区分为多个子目标，因此，每一张顺序图所表达的，是每一个用例是如何通过对象交互来完成的。然而，由于类模型（类图）揭示了系统的结构，所以对象间的协作关系，必须符合类图中的定义。

顺序图主要用于描述系统内对象之间的消息发送和接收序列。顺序图有两个坐标轴：纵向表示时间的持续过程，横向表示对象，每一个对象用矩形框表示，纵向的虚线表示对象在序列中的执行情况，称为对象的“生命线”。

对象间的通信用对象生命线之间的水平消息线表示，消息线的箭头说明消息的类型，如同步、异步或简单。消息/方法名字标注在消息线上面。顺序图的第一个消息一般在左边第一个对象的生命线顶端，然后其他消息按时间顺序相继加入顺序图中，后面发生的消息的线应比前面发生的消息的线画得低一些,以表示它们之间的时间关系。因此,浏览顺序图的方法是从上到下查看对象间交换的信息。这里对商品销售模块中的顾客购买商品用例绘制其顺序图,来进一步说明在这个用例中,对象之间是怎样协作并达到系统目标的,如图 5.14 所示。

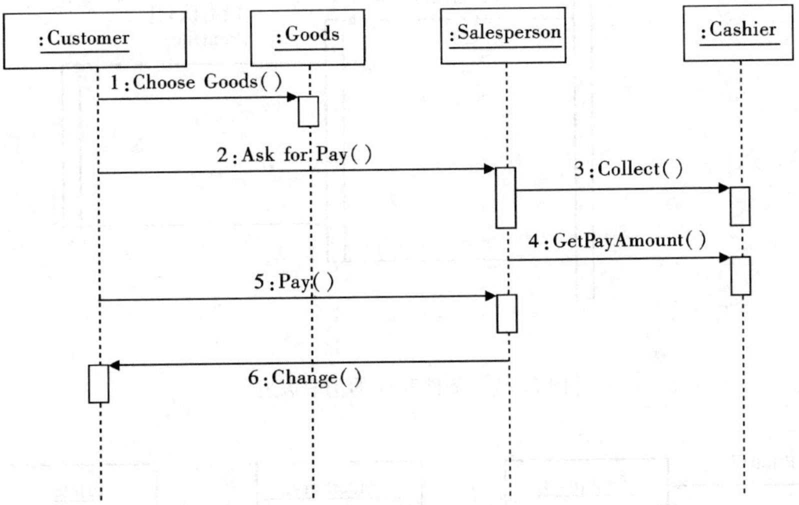

图 5.14 顾客购买商品的顺序图

消息也可以附加条件,这时规定只有当条件为真时才可以发送和接收消息。用条件来描述分支时,如果各分支的条件不互相排斥,则消息可能会并行发出,如图 5.15。如果条件之间是互斥的,则一次只能发送一条消息,如图 5.16 所示。

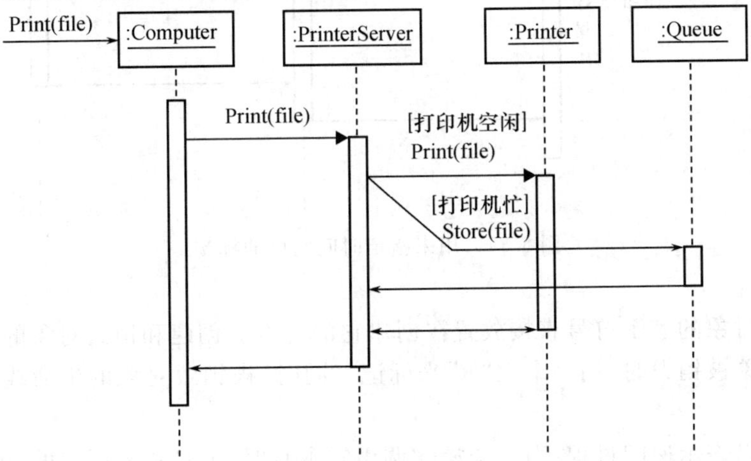

图 5.15 条件不互斥的消息分支

在对象图的左边和右边可以有标签和注释。标签可以是任何类型的,例如可以用标签来描述定时约束。如图 5.17 所示,a 与 b 之间的时间间隔不能大于 5 s。

通常状况下,循环过程就可以用边缘注释来描述,如图 5.18 所示。

在顺序图中可以描述对象是如何被创建和销毁的。通过一条消息,一个对象可以创建另一

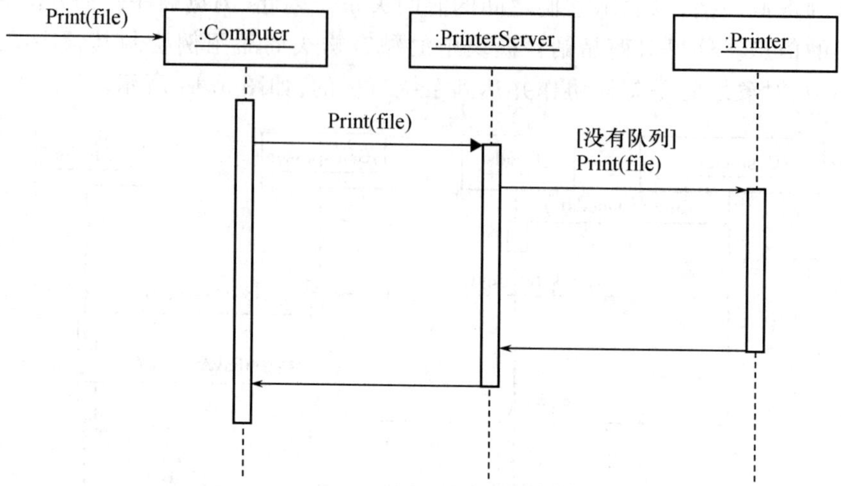

图 5.16 条件互斥的消息发送

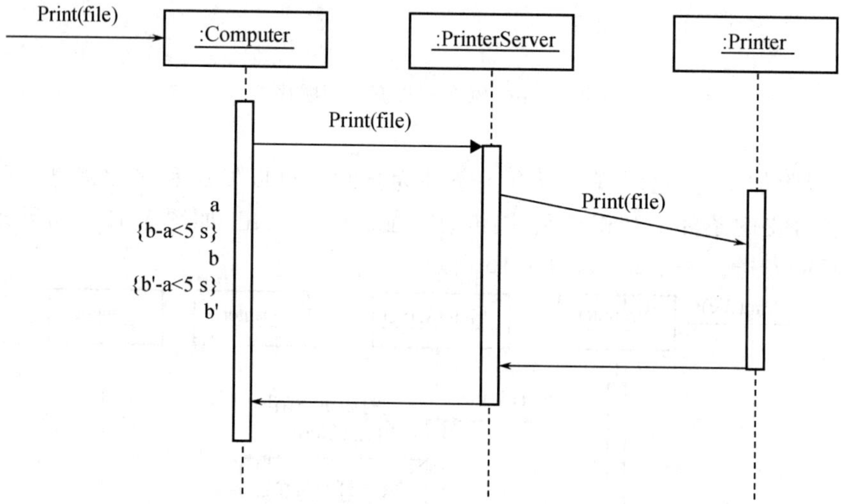

图 5.17 用来指定时间约束的标签

个对象。被创建对象的表示符号直接放置在创建它的地方。创建和销毁对象的消息一般是同步消息。当一个对象被销毁时，用一个大“×”来标记。同时，被销毁对象的生命线也停止于被销毁的位置。

顺序图也可以表示递归过程，当一个操作调用它本身时，消息总是同步的，因而，在顺序图中用同步消息来表示，并用一条简单消息来表示返回。

顺序图主要的目的是表达对象与对象之间如何沟通与合作，也因此被称为动态模型。顺序图主要可以表达设计者心中对于未来程序在运作时的对象协作模型。由于顺序图的基础还是从抽象层次的类图而来，顺序图中的所有的元素，都必须在类图中存在，因此可以利用顺序图来重新审视自己设计的类图的正确性。

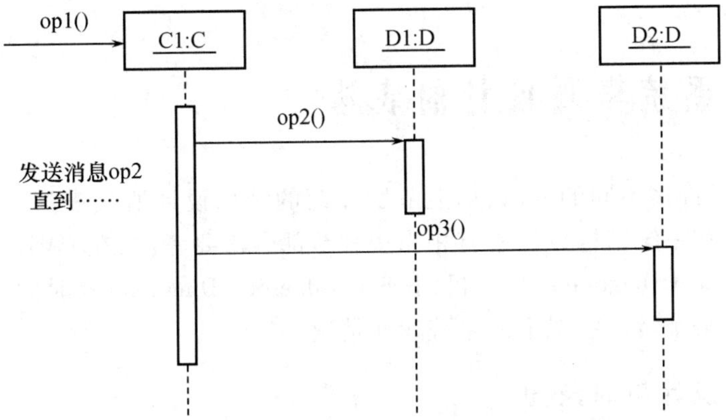

图 5.18 在边缘处表示的循环

5.3.3 系统结构与通信图

通信图是交互图(Interaction Diagram)的一种,也被称为协作图(Collaboration Diagram)。通信图中包含一组对象,并在图中展示这些对象之间的联系以及对象间发送和接收的消息。在开发过程中设计人员可利用通信图和顺序图来确定对象的角色以及对象所执行的事件。这些事件是确定类的职责和接口的主要的信息来源。

顺序图和通信图都描述交互,但是顺序图强调的是时间,而通信图强调的是空间。通信图显示了在交互过程中各个对象之间的组织交互关系以及对象彼此之间的链接。与顺序图不同,通信图显示的是对象之间的关系,并不侧重交互的顺序,它没有将时间作为一个单独的维度,而是使用序列号来确定消息及并发线程的顺序。针对上小节顾客购买商品顺序图的用例,在此将它以通信图的方式描述,如图 5.19 所示。

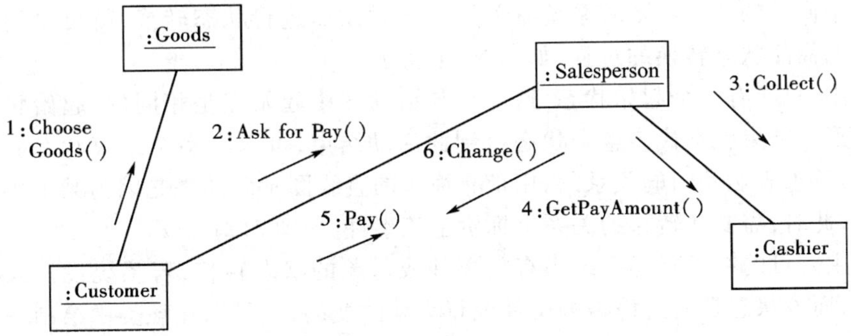

图 5.19 顾客购买商品的通信图

通信图中的主要元素基本和顺序图相同,只是在消息的传递上要特别表达消息的传递是由哪一个对象到另外一个对象。

5.4 DBAS系统微观设计的表达

系统的设计包括许多不同的方面,如上节所介绍的结构设计所代表的只是系统结构中比较重要的部分。然而,在系统结构设计中有相当多细节部分需要考虑,在UML中,对于细节方面的内容可用对象图(Object Diagram)、状态机图(State Machine Diagram)及时间图(Timing Diagram)来表达、分析和描述某个特定状况下的系统运作情况。

5.4.1 微观设计与对象图

前面提到过概念模型是领域模型的抽象表现,也就是说,概念模型中必须要利用比较抽象的表示法,来同时表达概念在各种不同情况下的呈现。而UML中的对象图被用来描述特定时间点中所有对象在系统中的结构,也可以把对象图当成系统在某一时间点的“快照”,即对象图是根据类图所诞生的实例。当系统比较复杂时,可利用对象图来分析系统中诸对象的活动状况,同时也可以作为与开发人员沟通类图所规范的结构细节的工具。对象图是类图的一个实例,对象之间的关系是类之间的关系的实例,其图形表达与类的图形表示相似。对象图通常用于表示复杂的类图的一个实例。对象图展示了一组对象以及对象间的关系。例如,在对商品销售模块类图的类之间的交互关系不是很清楚时,就可以用对象图来实例化类图,如图5.20是为商品销售模块类图构造的一个对象图。

对象图是某一个特定时间点上,系统所存在的所有对象的一个快照。可以被用来解释类图以及验证所设计的类图是否符合实际的状况,也可以帮助程序设计人员理解类图的复杂结构。

5.4.2 微观设计与状态机图

当某一个对象或某一个事件有非常复杂的状态转换时,可用状态机图来描述这个过程。如在本应用案例中商品的状态就随着系统有关用例的触发而进行状态转换,就可以利用状态转换图来进一步说明商品状态转换的过程,如图5.21所示。

在状态图中,只能有一个起始状态,这一点与活动图中起始点是相同的,起始状态的图示是一个实心的圆形。结束状态代表整个状态机到此活动结束,可以有多个结束状态。状态与状态之间,是利用转移来表达其间的关系的,用带有箭头的直线图示。如果是因为某个事件发生而造成状态的转移,此时,需要在转移的关系上标示上该事件,如图5.21所示。

状态图的主要目的在于陈述系统中有关事件或对象的状态转移,若系统设计人员设计了某一个类的状态,而该状态是通过该类的事件或行为来改变的,则可以在该类中绘制一张状态图来陈述该状态的细节设计。对于GUI的设计人员来说,若是某一个画面中的控制项会受到其他控制项状态转移的影响,则可以针对该画面设计一张状态图作为辅助的说明。对于系统架构师来说,若在整体的工作流程中,有某些系统状态的转移会受到特定的条件限制,则也可以通过状态图来描述这些相关的限制式。

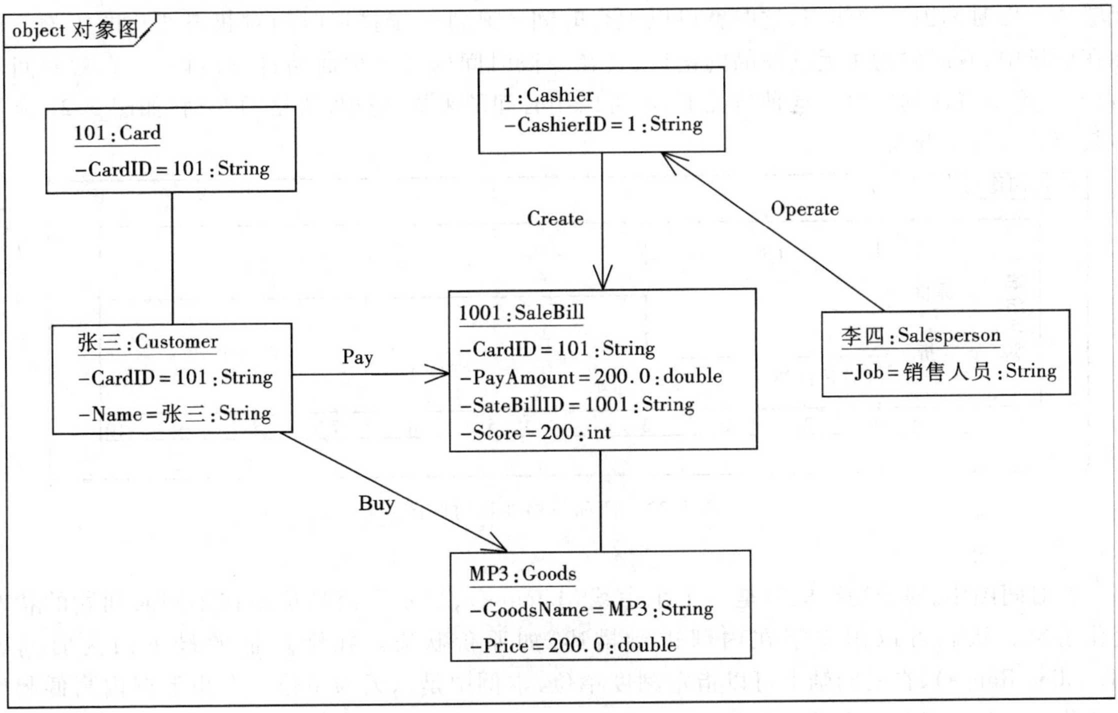

图 5.20 商品销售模块对象图

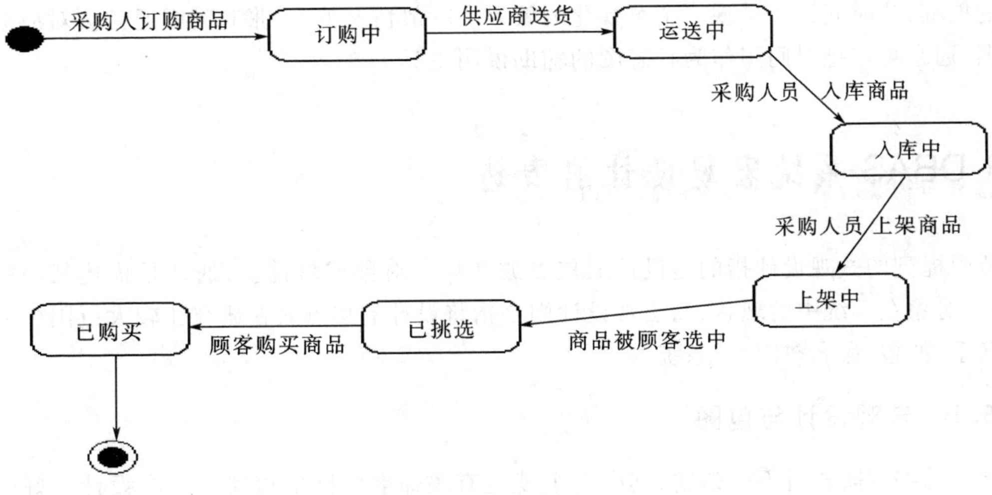

图 5.21 商品状态图

5.4.3 微观设计与时间图

在状态机图中,状态之间的转移是由事件驱动的,而有时候状态的转换是由时间因素决定的即当状态持续了多长时间后,就会转移到另一个状态,在这种情况下,单纯用状态机图来表达,不能够体现出时间因子的作用,这时就可以配合时间图来进一步描述时间对状态变化的影响。例如在商场中,有时候为了促进商品的销售,会在一段时间内对某种商品打折销售,当有效时间过后,商品价格将回到原价。这种情况下,就可以用时间图来描述这种价格的变动,如图5.22所示为某商品的价格变动。

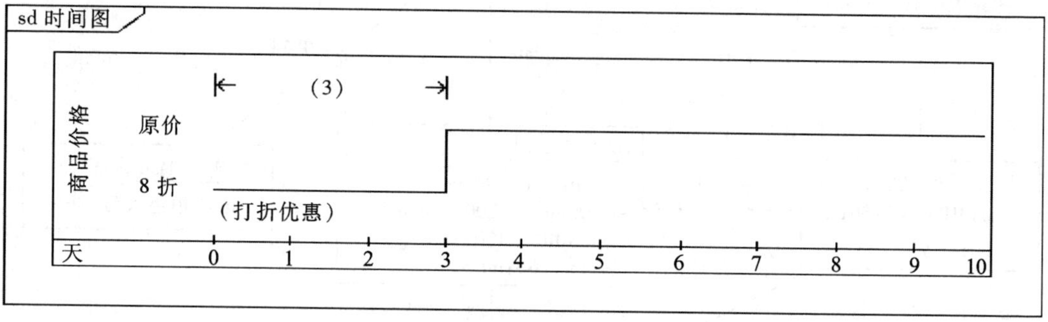

图5.22 商品价格变动时间图

在时间图中,整个矩形框就是一个生命线(Lifeline),显示了商品价格在不同时间段的状态变化情况。状态可以用文字在内部进行描述,如原价状态。在矩形框的最下面为时间轴(Timeline Range),在时间轴上可以指定刻度单位,本例中是以天为单位。在矩形框内高低起伏的线代表时间的进行以及状态的转移,称为时间线(Timeline)。状态的转移主要是以事件来驱动,事件也以纯文字来表达,如图中的打折优惠事件。

如果状态转移中牵涉时间因子,则可以利用时间图来强调时间因子的作用,时间图主要利用时间轴的推移,让时间因子呈现一个可视化的效果。一般情况下,一张时间图通常会对应至少一张状态图,通常可以把时间图作为状态图的辅助说明工具。

5.5 DBAS 系统宏观设计的表达

上节中提到的微观设计指的是设计的焦点放在单一对象或事件上,通常是描述某一特定时间点、某一对象在系统中的现状,而宏观设计则是指将设计的焦点放在研究比较大范围中的元素之间的联系,如包、命名空间、子系统等。

5.5.1 宏观设计与包图

在项目的编程阶段有不少议题,其中一个就是有关命名空间的设置。一个设计良好的命名空间,可以让程序开发人员容易理解并且让各个命名空间之间能够松耦合,而命名空间内的类,则可以满足高内聚的要求。

一般来说,在编程阶段都会采用命名空间或包来将不同性质的对象加以分类,利用命名空间之间的关系图,来限制不同分类对象之间的存取。

UML的包图(Package Diagram)可以表达系统中不同的包、命名空间或不同的项目间彼此的关系。在这里,包及命名空间指的是在逻辑层次上的关联性,而项目则是指实体层次的关联性。

包(Package)是一种组合机制,把模型元素通过内在的语义连在一起成为一个整体叫作包。包通常用于对模型的组织管理,因此有时又将包称为子系统(Subsystem)。构成包的模型元素称为包的内容。包拥有自己的模型元素,包与包之间不能共用一个相同的模型元素。

包能够引用来自其他包的模型元素。当一个包从另一个包中引用模型元素时,这两个包之间就建立了关系。包与包之间允许建立的关系有依赖、精化和通用化。

包的图示类似书签卡片,由两个长方形组成,小长方形(标签)位于大长方形的左上角,如图 5.23 所示。

包图是表明包以及包之间的关系的类图。是对模型中涉及的元素分组所得的结果,是具有特定语义的一个子集,必须保证低耦合、高内聚。广义地讲,包可以包含类、接口、组件、结点、协作、用例等,还可以内嵌其他子包。包与聚合很相似,如果一个包是由模型元素构成的(拥有自己的内容),那么该包是复合聚合;而如果一个包从其他的包中引用模型元素,则该包是共享聚合。

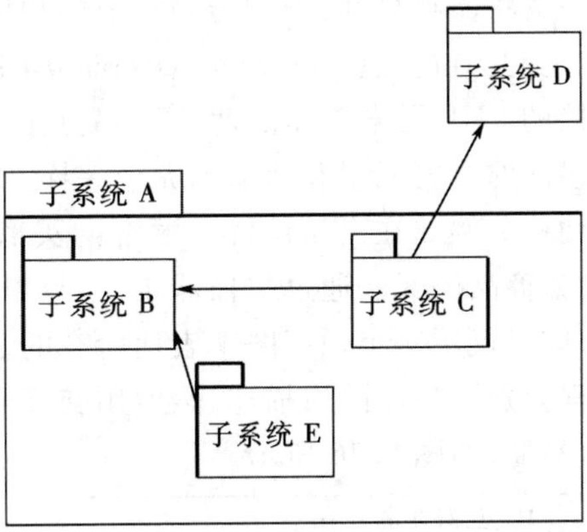

图 5.23　包的图示

图 5.23 所示,表明了包之间的依赖关系。图中 E 依赖 B(B 中元素被 E 引用),C 依赖 B 和 D,B、C、E 在 A 中。图 5.24 中 D、E 继承 C,而 B、C、D、E 构成 A。图 5.25 中子系统 W 中的子系统 Z 被子系统 A 所引用。

与类一样,包也具有可见性,利用可见性控制外部包对包中内容的存取方式。UML 中对包定义了四种可见性:私有、保护、公有和实现,缺省的可见性为公有。公有可见性允许其他元素存取和使用包中的内容;私有可见性则只允许拥有和引用该包的包,存取和使用包中的内容;保护可见性除具有私有可见性的存取要求外,还允许有继承关系的包中的具体包存取一般包中的元素;实现可见性与私有可见性很相似。但是有依赖关系的包之间,如果被引用(Imported)的包定义为实现可见性,则不允许应用该包中的元素使用被引用包中的类。实现可见性尚无特定的表示符号。

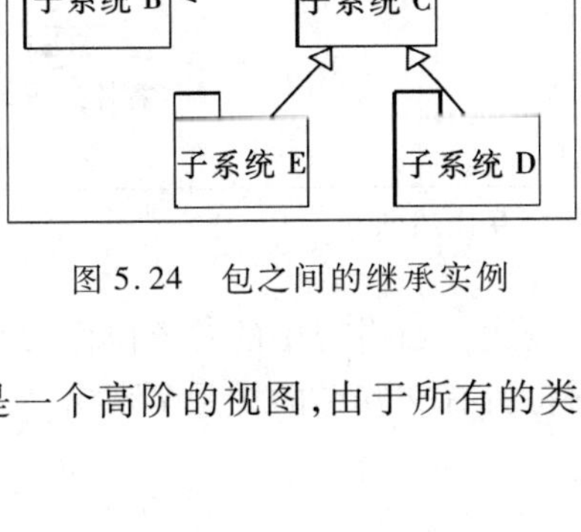

图 5.24　包之间的继承实例

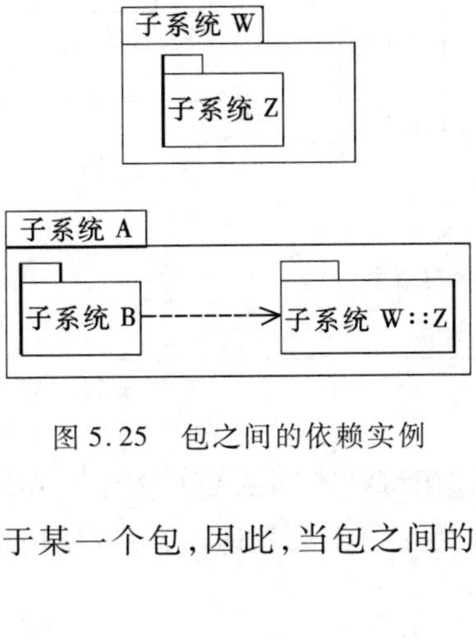

图 5.25　包之间的依赖实例

包图是一个高阶的视图,由于所有的类都必须属于某一个包,因此,当包之间的关系被限定时,该包内部所有的类,都会受到包图中设置的影响,故包图可以作为项目后期实现与部署阶段的蓝图。

5.5.2 宏观设计与交互概述图

在设计顺序图时,我们总希望能够在同一张顺序图中表达完整的对象沟通流程,如正常流和替代流,当这个流程很复杂时,也许在一张顺序图中将会出现超过成百个对象以及上千个的消息传递。这样的顺序图估计除了设计人员能看懂,其他人会很难理解。当面对这样的情况时就可以考虑将流程分开,分别绘制相应的顺序图,再利用 UML 中的交互概述图把这些流程组合起来。

交互概述图(Interaction Overview Diagram)主要是利用活动图作为基础,只是其在控制流间连接的 UML 元素并非活动,而是交互图(包括顺序图、通信图、时间图及交互概述图),因此,交互概述图的主要元素和活动图完全一样,唯一不同的是一个交互框(Frames),用来取代活动图中的活动框。例如在商品销售中顾客购买商品用例,除了正常的流程外,可能也会有其他的替代流程,如商品码无法通过扫描器录入、收银终端没有响应、系统发生错误等,这时当描述用例的流程时,如果仅用一个顺序图来表达所有的情况将会不易于理解和清楚,可以通过将正常流程和替代流程分别以顺序图来描述,然后用交互概述图组合起来,这样就使得原本复杂的流程显得结构清晰、易懂,如图 5.26 所示。

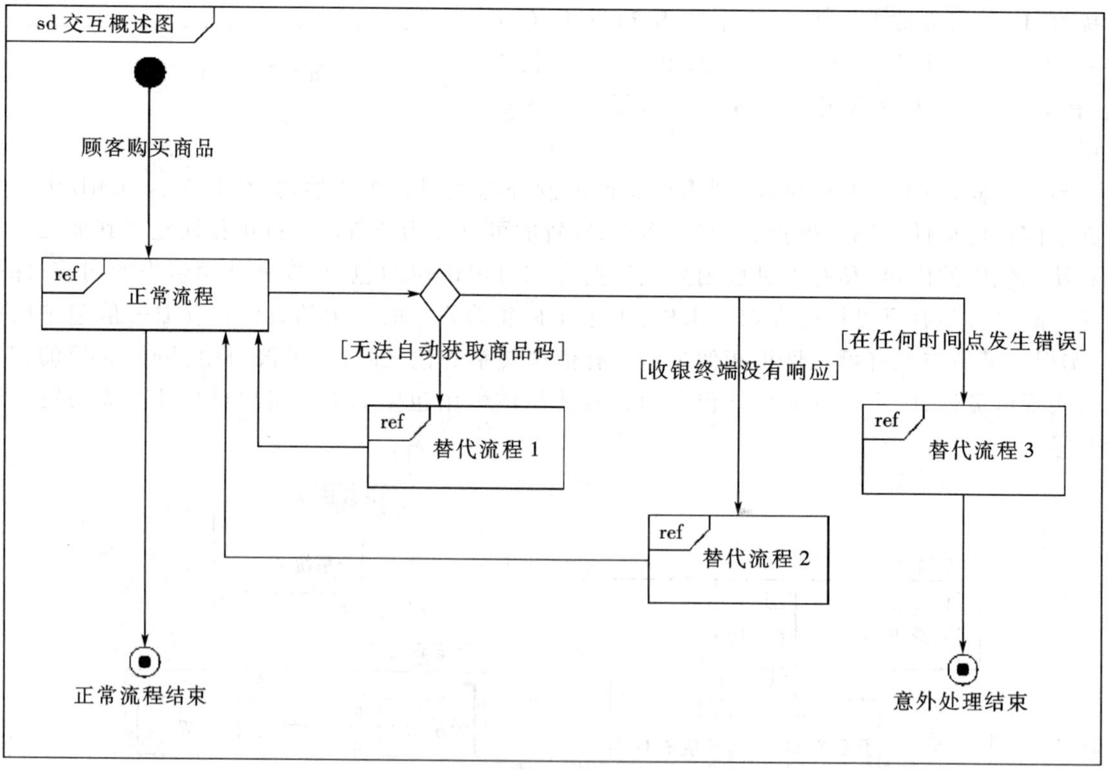

图 5.26 顾客购买商品的交互概述图

交互概述图可把不同的交互图结合在同一张图来表达。当系统中的对象协作关系越来越复杂,只用一张交互图无法表达时,可以使用交互概述图将所有交互图的关系呈现出来。

5.5.3 宏观设计与复合结构图

在以往的软件开发中,许多系统都是从无到有进行构造,然而,随着信息系统越来越广泛的应用,现在的软件开发往往需要整合多个外部的系统。外部系统的整合同样也关系着项目的成败。因此,在项目开始之前,最好把将要开发的系统与外部系统的关系做一个初步的定义。

一般来说,若要开发的系统是属于主动式链接外部系统的话,此时,外部系统的访问接口会成为要开发系统的限制;相反地,如果是属于被动式提供服务的话,则要开发系统必须要定义出标准的访问接口,成为其他系统的限制条件。

在 UML 中,针对这样的系统接口架构,提供了一个全新的复合结构图(Composite Structure Diagram)来表达这一架构,复合结构图适用于需要进行系统整合的情况,可以利用复合结构图绘制出要开发的系统与外部系统间的关系。由于系统的整合表达的是系统间的沟通接口,因此,这张图非常适合让架构师在初期阶段作为评估系统复杂度的工具。此外,在系统交付之前,也可以重新绘制一张系统上线前的复合结构图,以作为未来系统维护上的参考图形。

对于前面讨论的应用案例,假设要开发的商场经营管理系统主要包括商品的销售及采购、人员管理、顾客管理、财务管理这些业务功能,但需要整合外部系统即需要外部系统的服务或为外部系统提供服务,如可能需要物价系统提供商品价格的功能需求或为数据分析系统提供数据等,这时我们就可以通过复合结构图来描述系统与外部系统之间的联系,如图 5.27 所示。

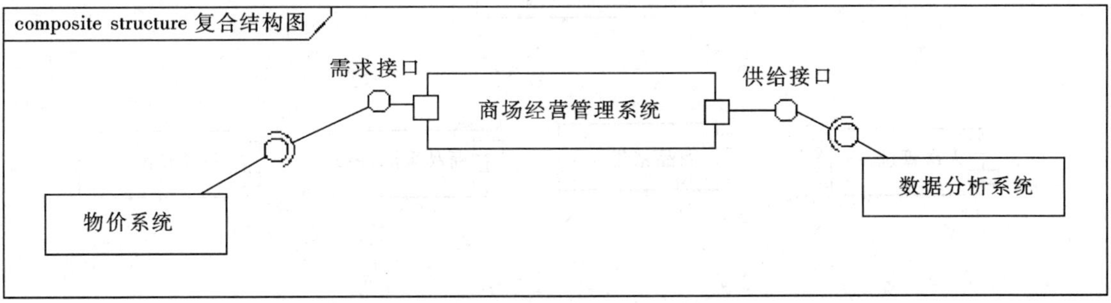

图 5.27 复合结构图

复合结构图中最主要的元素就是部件(Part),一个部件可以代表某个实体组件,也可以代表一个子系统。部件与部件之间的连接关系主要是装配(Assembly)关系,这种关系要通过接口(Interface)来沟通。部件与外部的部件连接时,必须通过端口(Port)才能连接,用正方形图示。供给接口(Provided Interface)代表某个特定的部件提供服务给外部的部件。需求接口(Required Interface)代表某个特定的部件需要外部的部件提供服务。

5.6 DBAS 系统实现与部署的表达

系统的开发除了逻辑层次的设计外,最终还必须要回到实体项目或物理对象的设计,并解决未来整体软件应如何部署的问题。一般来说,在开发大型项目时,开发人员众多,人员甚至是分散各地,通常每个人只知道自己相关领域的知识。这时就需要有效地把这些成员所需要负责的事聚焦在一个特定的领域或范围中。UML 中的组件图(Component Diagram)和部署图(Deployment Diagram)就可以达到这样的目标,可以简化团队管理上的难度。

5.6.1 系统实现与组件图

组件图用来表示系统的静态实现视图,展现了一组组件之间的组织和依赖,用于对源代码、可执行的发布、物理数据库等的系统建模。组件是逻辑设计中定义的概念和功能在物理架构中的实现。典型情况下,组件是开发环境中的实现文件。在 UML 中组件的符号为一个大方块且在它的左边有两个凸出的小方块。组件名写在组件符号的下面或写在组件符号的大矩形内。

组件间的相关性连接,用一条带箭头的虚线表示,表示一个组件只有同另一个组件在一起才有完整的意义。如果从源代码组件 A 到另一个组件 B 有相关性是指 A 到 B 之间在语言上有相关性,在编译组件时,对 B 进行修改需要重新编译 A;如果组件是可执行的,相关性连接表示一个可执行的程序需要哪些动态链接库才能运行。

组件可以定义对其他组件可见的接口。接口用从组件开始画的一条线表示,线的另一端为一个小空心圆。接口名写在圆的边上。然后,组件间的相关性指到用到的组件的接口上。

这里,依然以前几节所举的商场经营管理系统为例,可以得出其示例组件图如图 5.28 所示。

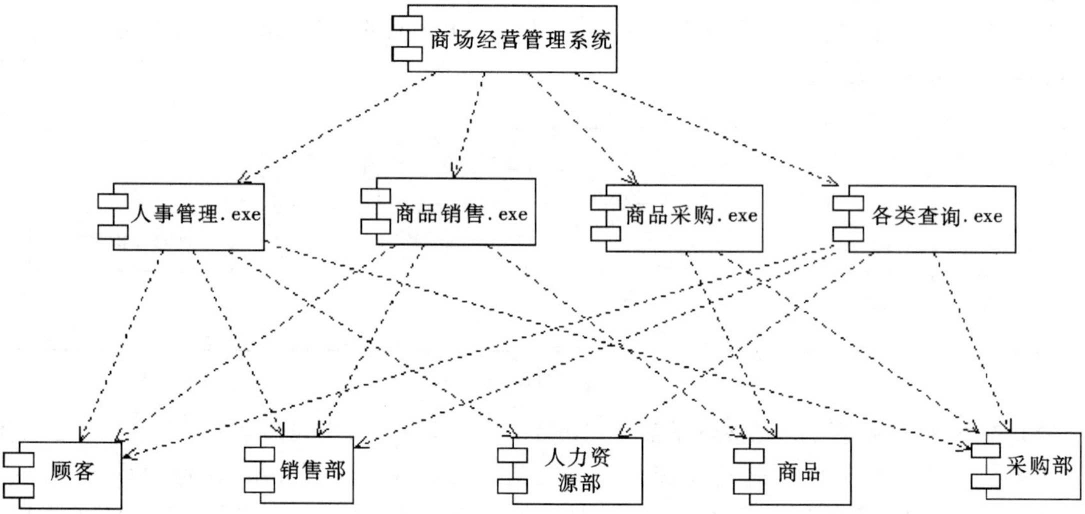

图 5.28 组件图

5.6.2 系统实现与部署图

部署图又叫配置图,描述系统中硬件和软件的物理配置情况和系统体系结构。用结点表示实际的物理设备,并根据它们之间的连接关系,将相应的结点连接起来,并说明其连接方式。在结点里说明分配给该结点运行的可执行构件或对象,从而表明哪些软件单元被分配在哪些结点上运行。如图 5.29 所示为"商场经营管理系统"的部署图。

UML 的部署图说明实体组件,如最终的可执行程序,将如何部署到实际的计算机中。在部署图中,必须要绘制实际的计算机与组件间的关系,以及实际的计算机中应该要安装的必要的软

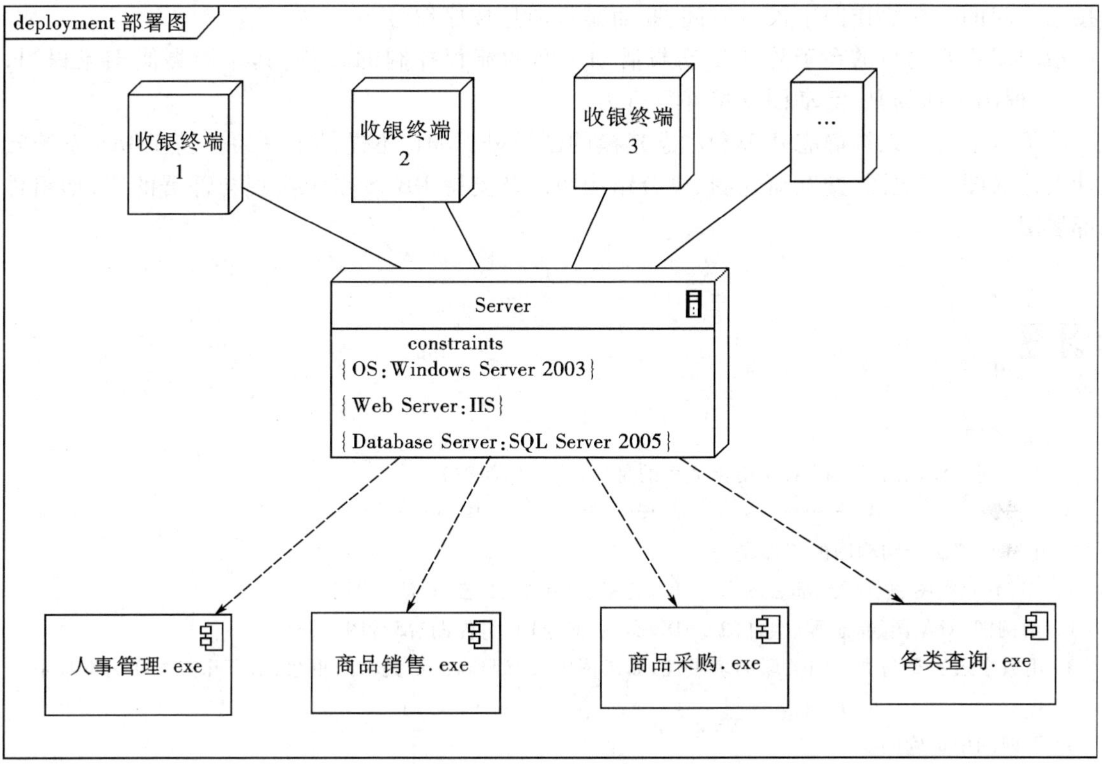

图 5.29　商场经营管理系统的部署图

件。部署图要在项目进行集成测试前提供,可在正式上线之前,对部署图做进一步的修改,以符合实际的状况。

小结

所有系统均由静态结构和动态行为组成。结构可以用静态模型元素来描述,如类、关系、结点和构件。行为主要描述结构内的元素如何交互。通常情况下,这些交互是确定的且是可以建模的。抽象系统的动态行为也称为动态建模,UML 支持动态建模的有四类图,这四类图是:状态、序列、协作和活动。

状态图用于描述类(或子系统、系统)中的行为和内部状态,它侧重于描述随着时间的改变,对象如何改变其状态。状态的改变取决于出现的事件,状态中执行的行为和动作,状态转移等。一个事件的发生可能是因为:条件成真、接收一个信号、一个操作调用或满足指定时间。

顺序图主要用于描述在指定情节中一组对象是如何交互的。它着眼于消息序列,也就是在消息间如何发送和接收信息。顺序图有两个坐标:纵坐标轴显示时间,横坐标轴显示有关对象。顺序图最重要的特点是时间的概念。

协作图主要用于描述对象在空间中如何交互,即除了动态交互,它也直接描述了对象是如何链接在一起的。在协作图中没有时间轴，而是将消息按序编号。

活动图主要的目的在于陈述活动与活动之间的流程控制的转移，其作用类似于流程图，然而，与流程图不同的是，活动图支持并行行为。

除了以上支持系统静态建模和动态建模的图以外，UML 还提供了一组支持 DBAS 系统宏观设计表达的图，如包图、交互概述图、复合结构图以及支持 DBAS 系统实现与部署的图，如组件图和部署图。

习题

一、选择题

1. 下列用于标识角色之间的通用化关系的是(箭头指向超类)

A.  B.  C.  D. 

2. 下列全部属于结构图的组图是

A. 用例图、类图、顺序图、部署图 B. 类图、组件图、部署图、活动图

C. 用例图、对象图、状态图、组件图 D. 类图、对象图、组件图、部署图

3. 用数字表示类与类之间关联的多重性，如果图中没有明确标示关联的重数，则意味着关联的重数是

A. 0 B. 1 C. * D. 0..1

4. 下列图中正确的是

A. 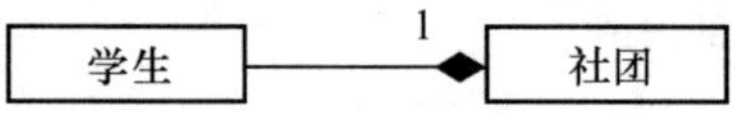

B. 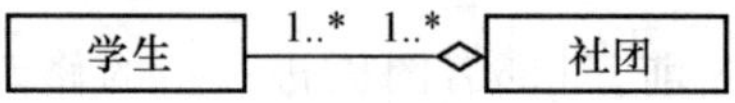

C. 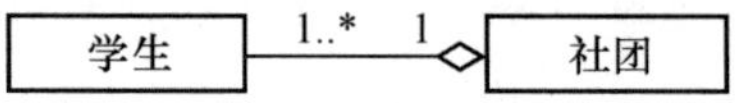

D. 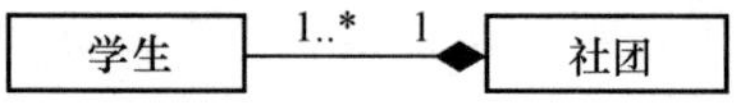

5. 浏览顺序图的方法是

A. 从左到右查看对象间交换的信息 B. 从上到下查看对象间交换的信息

C. 从右到左查看对象间交换的信息 D. 从下到上查看对象间交换的信息

6. 下列关于顺序图的说法中，正确的是

A. 消息线的箭头说明消息的类型，如同步、异步或简单。画一条线指向接收对象，包括一个箭头，实心表示异步信号；棍形箭头表示同步调用操作

B. 当一个操作调用它本身时，消息总是异步的

C. 在顺序图中可以描述如何创建和破坏对象，并把它作为描述情节的一部分。一个对象可能通过一条消息来创建另一个对象。被创建对象的对象符号在创建它的地方(在纵坐标时间轴上)

D. 消息也可以有条件。只有条件为真时才可以发送和接收消息。条件被用来抽象分支或决定是否发送一条消息。如果用条件来抽象分支，则各分支是互斥的

7. 下列各图中显示了一系列的对象和在这些对象之间的联系以及对象间发送和接收的消息的图是

A. 通信图 B. 状态图 C. 顺序图 D. 部署图

8. 当要描述状态之间的转换时，状态转换又涉及时间的变换，则下列选项中体现了时间因子作用的是

A. 类图　　B. 顺序图　　C. 时间图　　D. 状态机图

9. 下列各图中以活动图为基础,只是其主要元素不是活动,而是交互图的图是

A. 复合结构图　　B. 交互概述图　　C. 时间图　　D. 对象图

二、填空题

1. 具体来说,UML 的语义是定义在一个四层建模概念框架中的,这四层分别是________、________、________和________。

2. UML 中对包定义了________、________、________和________四种可见性。

3. 组件图表示系统的静态实现视图,展现了一组组件之间的________和________,用于对源代码、可执行的发布、________等的系统建模。组件是________中定义的概念和功能(类、对象、它们的关系、协作)在物理架构中的实现。典型情况下,组件是开发环境中的________。

4. 在 UML 中,圆角矩形框表示________;箭头线表示________,其上的标注为________。

第 6 章 高级数据查询

本章主要介绍一些扩展的和复杂的查询功能，包括 TOP 子句、多分支函数 CASE、相关子查询、查询结果的并、交、差运算、开窗函数等。本章要求读者具有基本的数据查询语句的知识。

6.1 一般数据查询功能扩展

6.1.1 使用 TOP 限制结果集

当使用 SELECT 语句进行查询时，有时只希望列出结果集中的前几行数据，而不是全部数据。例如，竞赛时，可能只取成绩最高的前三名，这时就可以使用 TOP 谓词来限制输出的结果。使用 TOP 谓词的语法格式为：

```
TOP n [ percent ] [ WITH TIES ]
```

其中，n 为非负整数。

① TOP n：取查询结果的前 n 行数据；

② TOP n percent：取查询结果的前 n% 行数据；

③ WITH TIES：表示包括最后一行取值并列的结果。

TOP 谓词写在 SELECT 单词的后边（如果有 DISTINCT 的话，则 TOP 写在 DISTINCT 的后边）、查询列表的前边。

［例 1］ 查询单价最高的前三种商品的商品名、商品类别和单价，包括并列的情况。

```
SELECT TOP 3 WITH TIES GoodsName, GoodsClassName, SaleUnitPrice
  FROM Table_Goods a JOIN Table_GoodsClass b
  ON a.GoodsClassID = b.GoodsClassID
  ORDER BY SaleUnitPrice DESC
```

注意：在使用 TOP 谓词时，应该与 ORDER BY 子句一起使用，这样的前几名才有意义。当使用 WITH TIES 选项时，则要求必须使用 ORDER BY 子句。

［例 2］ 查询被卖出次数最多的前三种商品的商品编号和卖出次数。

```
SELECT TOP 3 GoodsID, COUNT( * ) FROM Table_SaleBillDetail
```

```
GROUP BY GoodsID
ORDER BY COUNT( * ) DESC
```

6.1.2 使用 CASE 函数

可以在查询语句中使用 CASE 函数,以达到分情况显示不同类型的数据的目的。CASE 函数是一种多分支表达式,它计算条件列表并返回多个可能的结果表达式中的一个。

CASE 函数分为简单 CASE 函数和搜索 CASE 函数两种类型。

1. 简单 CASE 函数

简单 CASE 函数的语法格式为:

```
CASE 测试表达式
  WHEN 简单表达式 1 THEN 结果表达式 1
  WHEN 简单表达式 2 THEN 结果表达式 2
  …
  WHEN 简单表达式 n THEN 结果表达式 n
  [ ELSE 结果表达式 n+1 ]
END
```

简单 CASE 函数的执行过程为:

- 计算测试表达式,然后按从上到下的顺序对每个 WHEN 子句的简单表达式进行计算。
- 如果某个简单表达式的值与测试表达式的值相匹配,则返回与第一个取值为 True 的 WHEN 对应的结果表达式的值。
- 如果所有的简单表达式的值都不与测试表达式的值相匹配,则当指定了 ELSE 子句时,将返回 ELSE 子句中指定的结果表达式的值;若没有指定 ELSE 子句,则返回 NULL 值。

2. 搜索 CASE 函数

搜索 CASE 函数的语法格式为:

```
CASE
  WHEN 布尔表达式 1 THEN 结果表达式 1
  WHEN 布尔表达式 2 THEN 结果表达式 2
  …
  WHEN 布尔表达式 n THEN 结果表达式 n
  [ ELSE 结果表达式 n+1 ]
END
```

搜索 CASE 函数的各个 WHEN 子句的布尔表达式可以使用比较运算符,也可以使用逻辑运算符。

搜索 CASE 函数的执行过程同简单 CASE 函数。

[**例 3**] 对家用电器类商品进行分类显示。如果商品单价高于 3 000 元,则显示“高档商品”;如果单价在 1 000 ~3 000 元,则显示“中档商品”;如果单价低于 1 000 元,则显示“低档商品”。

```
SELECT GoodsName,SaleUnitPrice, Type =
  CASE
    WHEN SaleUnitPrice > 3000 THEN '高档商品'
```

```
    WHEN SaleUnitPrice BETWEEN 1000 AND 3000 THEN '中档商品'
    WHEN SaleUnitPrice < 1000 THEN '低档商品'
  END
  FROM Table_Goods a JOIN Table_GoodsClass b
     ON a. GoodsClassID = b. GoodsClassID
        WHERE GoodsClassName ='家用电器'
```

[例4] 查询每种商品的销售次数，如果销售次数超过10次，则显示“热门商品”，如果销售次数在5~10次之间，则显示“一般商品”，如果销售次数低于5次，则显示“难销商品”，如果商品没有被销售过，则显示“滞销商品”。

分析：由于要查询的是全部商品的销售情况，包括有销售记录的和没有销售记录的，因此，应该用外连接实现。另外，在统计每种商品的销售次数时，应该使用COUNT(列名)函数，不能使用COUNT(*)函数，而且应该对外连接后的销售记录表中的商品编号列进行统计。

```
SELECT a. GoodsID, 商品销售类别 = CASE
    WHEN COUNT(b. GoodsID) > 10 THEN '热门商品'
    WHEN COUNT(b. GoodsID)BETWEEN 5 AND 10 THEN '一般商品'
    WHEN COUNT(b. GoodsID)BETWEEN 1 AND 4 THEN '难销商品'
    ELSE '滞销商品'
  END
  FROM Table_Goods a LEFT JOIN Table_SaleBillDetail b
     ON a. GoodsID = b. GoodsID
        GROUP BY a. GoodsID
```

6.1.3 将查询结果保存到新表中

当使用SELECT语句查询数据时，产生的结果是保存在内存中的。如果希望将查询结果永久保存下来，比如保存在一个表中，则可以通过在SELECT语句中使用INTO子句实现。

包含INTO子句的SELECT语句的语法格式为：

```
SELECT 查询列表序列 INTO <新表名>
  FROM 数据源
…                -- 其他行过滤、分组等子句
```

其中“新表名”是要存放查询结果的表名。这个语句将查询的结果保存在“新表名”所指定的表中。实际上这个语句包含如下3个功能：

① 根据查询语句列出的列以及其类型创建一个新表；

② 执行查询语句；

③ 将查询的结果插入到新表中。

用INTO子句创建的新表可以是永久表（在执行这个语句时所使用的数据库中被物理的创建，并且是存储在磁盘上的表），也可以是临时表（在tempdb数据库中创建此表，其生存期是有限的）。临时表又根据其使用范围分为局部临时表和全局临时表两种。

- 局部临时表通过在表名前加一个“#”来标识，比如：#T1，表示“#T1”是一个局部临时表。局部临时表的生存期与创建此局部临时表的用户的连接生存期相同，它只能在创建此局部临时

表的当前连接中使用。

• 全局临时表通过在表名前加两个“#”来标识，比如：##T1，表示“##T1”是一个全局临时表。全局临时表的生存期与创建全局临时表的用户的连接生存期相同，并且在生存期内可以被所有的连接使用。

可以对局部临时表和全局临时表中的数据进行查询，其方法同永久表一样。

[例 5] 将地址在海淀区的顾客信息（顾客编号、姓名、性别、会员卡号）保存到#HD_Customer 局部临时表中。

```
SELECT CustomerID, CName, Sex, CardID INTO #HD_Customer
  FROM Table_Customer
```

[例 6] 查询购买了“家用电器”类商品的顾客姓名、所在地址、购买日期、购买数量和购买单价，并将查询结果保存到一个新的永久表中，新表名为“家用电器销售表”，新表中各列名用中文。

```
SELECT CName 顾客名, Address 地址, SaleDate 购买日期, Quantity 数量,
         UnitPrice 购买价格
  INTO 家用电器销售表
  FROM Table_Customer a JOIN Table_SaleBill b ON a.CardID = b.CardID
  JOIN Table_SaleBillDetail c ON c.SaleBillID = b.SaleBillID
  JOIN Table_Goods d ON d.GoodsID = c.GoodsID
  JOIN Table_GoodsClass e ON e.GoodsClassID = d.GoodsClassID
  WHERE GoodsClassName = '家用电器'
```

6.2 查询结果的并、交、差运算

数据查询的结果是一个集合，SQL 语言支持对查询的结果再进行并、交、差运算。

6.2.1 并运算

并运算可将两个或多个查询语句的结果集合并为一个结果集，这个运算可以使用 UNION 运算符实现。UNION 是一个特殊的运算符，通过它可以实现让两个或更多的查询产生单一的结果集。

UNION 操作与 JOIN 连接操作不同，UNION 更像是将一个查询结果追加到另一个查询结果中（虽然各数据库管理系统对 UNION 操作略有不同，但基本思想是一样的）。JOIN 操作是水平地合并数据（添加更多的列），而 UNION 是垂直地合并数据（添加更多的行）。

使用 UNION 谓词的语法格式为：

```
SELECT 语句 1
UNION [ ALL ]
SELECT 语句 2
UNION [ ALL ]
…
SELECT 语句 n
```

其中:ALL 表示在结果集中包含所有查询语句产生的全部记录,包括重复的记录。如果没有指定 ALL,则系统默认是删除合并后结果集中的重复记录。

使用 UNION 时,需要注意以下几点:

- 所有要进行 UNION 操作的查询,其 SELECT 列表中列的个数必须相同,而且对应列的语义应该相同。
- 各查询语句中每个列的数据类型必须与其他查询中对应列的数据类型是隐式兼容的,即只要它们能进行隐式转换即可。例如,如果第一个查询中第二个列的数据类型是 char(20),而第二个查询中第二个列的数据类型是 varchar(40)是可以的。
- 合并后的结果采用第一个 SELECT 语句的列标题。
- 如果要对查询的结果进行排序,则 ORDER BY 子句应该写在最后一个查询语句之后,且排序的依据列应该是第一个查询语句中出现的列名。

[**例 7**] 利用集合并运算查询姓李和姓王的客户的姓名和电话,并将查询结果按电话升序排序。

```
SELECT Name, Tel FROM Table_Customer WHERE Name LIKE '李%'
UNION
SELECT Name, Tel FROM Table_Customer WHERE Name LIKE '王%'
ORDER BY Tel ASC
```

[**例 8**] 查询顾客和销售人员所在的全部地址。

```
SELECT Address FROM Table_Customer
UNION
SELECT Address FROM Table_Salesperson
```

6.2.2 交运算

交运算将返回同时在两个集合中出现的记录,即返回两个查询结果集中各个列的值均相同的记录,并用这些记录构成交运算的结果。

实现交运算的 SQL 运算符为 INTERSECT,其语法格式为:

```
SELECT 语句 1
INTERSECT
SELECT 语句 2
INTERSECT
…
SELECT 语句 n
```

INTERSECT 运算对各查询语句的要求同 UNION 运算。

[**例 9**] 查询顾客朱时七和王达力所购买的相同商品,列出商品名和商品销售单价。

```
SELECT GoodsName, SaleUnitPrice FROM Table_Goods G
  JOIN Table_SaleBillDetail SD ON SD.GoodsID = G.GoodsID
  JOIN Table_SaleBill S ON S.SaleBillID = SD.SaleBillID
  JOIN Table_Customer C ON C.CardID = S.CardID
  WHERE Name = '朱时七'
```

```
INTERSECT
SELECT GoodsName, SaleUnitPrice FROM Table_Goods G
  JOIN Table_SaleBillDetail SD ON SD.GoodsID = G.GoodsID
  JOIN Table_SaleBill S ON S.SaleBillID = SD.SaleBillID
  JOIN Table_Customer C ON C.CardID = S.CardID
    WHERE Name = '王达力'
```

6.2.3 差运算

差运算将返回在第一个集合中有但第二个集合中没有的数据。实现差运算的 SQL 运算符为 EXCEPT,其语法格式为:

```
SELECT 语句 1
EXCEPT
SELECT 语句 2
EXCEPT
…
SELECT 语句 n
```

EXCEPT 运算对各查询语句的要求同 UNION 运算。

[**例 10**] 查询顾客王达力购买了而朱时七没有购买的商品,列出商品名和商品销售单价。

```
SELECT GoodsName, SaleUnitPrice FROM Table_Goods G
  JOIN Table_SaleBillDetail SD ON SD.GoodsID = G.GoodsID
  JOIN Table_SaleBill S ON S.SaleBillID = SD.SaleBillID
  JOIN Table_Customer C ON C.CardID = S.CardID
  WHERE Name = '王达力'
EXCEPT
SELECT GoodsName, SaleUnitPrice FROM Table_Goods G
  JOIN Table_SaleBillDetail SD ON SD.GoodsID = G.GoodsID
  JOIN Table_SaleBill S ON S.SaleBillID = SD.SaleBillID
  JOIN Table_Customer C ON C.CardID = S.CardID
  WHERE Name = '朱时七'
```

6.3 相关子查询

在 SQL 语言中,一个 SELECT-FROM-WHERE 语句称为一个查询块。如果一个 SELECT 语句是嵌套在一个 SELECT、INSERT、UPDATE 或 DELETE 语句中,则称为子查询或内层查询,包含子查询的语句称为主查询或外层查询。一个子查询也可以嵌套在另外一个子查询中。为了与外层查询有所区别,总是把子查询写在圆括号中。与外层查询类似,子查询语句中也必须包含 SELECT子句和 FROM 子句,并可以根据需要选择 WHERE 子句、GROUP BY 子句和 HAVING 子句。

包含子查询的语句通常采用以下格式中的一种:

- WHERE 表达式 [NOT] IN (子查询)

- WHERE 表达式 比较运算符（子查询）
- WHERE [NOT] EXISTS（子查询）

通常，子查询一般用在外层查询的 WHERE 子句或 HAVING 子句中，与比较运算符或逻辑运算符一起构成查询条件。对于返回结果为单值的子查询语句，可以出现在任何允许使用表达式的地方。

1. 使用子查询进行基于集合的测试

使用子查询进行基于集合的测试时，通过运算符 IN 和 NOT IN，将一个表达式的值与子查询返回的结果集进行比较。其形式为：

WHERE 表达式 [NOT] IN（子查询）

这种形式的子查询的语句是分步骤实现的，即先执行子查询，然后在子查询的结果基础上再执行外层查询。子查询返回的结果实际上就是一个集合，外层查询就是在这个集合上使用 IN 运算符进行比较。

[例 11] 查询与“王晓”在同一个地址（区相同）的顾客的姓名和所在地址。

前边用自连接的形式实现了这个查询，现在用子查询实现。

```
SELECT Cname, Address FROM Table_Customer
  WHERE Address IN (
    SELECT Address FROM Table_Customer WHERE Cname='王晓' )
  AND Cname ! = '王晓'
```

实际实现过程为：

① 执行子查询：确定“王晓”的地址。

```
SELECT Address FROM Table_Customer WHERE Cname='王晓'
```

结果为：北京市海淀区。

② 在子查询的结果基础上，执行外层查询：查找地址在北京市海淀区的顾客，并去掉王晓本人。

```
SELECT Cname, Address FROM Table_Customer
  WHERE Address='北京市海淀区' AND Cname != '王晓'
```

2. 使用子查询进行比较测试

使用子查询进行比较测试时，通过比较运算符（=、<>、<、>、<=、<=），将一个表达式的值与子查询返回的单值进行比较。如果比较运算的结果为 True，则比较测试返回 True；如果比较运算的结果为 False，则比较测试返回 False。

使用子查询进行比较测试的形式为：

WHERE 表达式 比较运算符（子查询）

使用子查询进行的比较测试要求子查询语句必须是返回单值的查询语句。

[例 12] 查询单价最高的商品名称和单价。

```
SELECT GoodsName, SaleUnitPrice FROM Table_Goods a
  WHERE SaleUnitPrice=( SELECT MAX(SaleUnitPrice) FROM Table_Goods )
```

[例 13] 查询家用电器类商品中，单价高于家用电器类商品的平均价格的商品的名称和

单价。

分析:① 首先查询出家用电器类商品的平均价格:

```
SELECT AVG(SaleUnitPrice) FROM Table_Goods c
      JOIN Table_GoodsClass d ON c.GoodsClassID = D.GoodsClassID
      WHERE GoodsClassName ='家用电器'
```

② 然后再查找单价高于① 的结果的家用电器类商品:

```
SELECT GoodsName, SaleUnitPrice FROM Table_Goods a
  JOIN Table_GoodsClass b ON a.GoodsClassID = b.GoodsClassID
  WHERE SaleUnitPrice > (① )
    AND GoodsClassName ='家用电器'
```

③ 最后将两个查询语句合起来即为满足要求的查询语句:

```
SELECT GoodsName, SaleUnitPrice FROM Table_Goods a
  JOIN Table_GoodsClass b ON a.GoodsClassID = b.GoodsClassID
  WHERE SaleUnitPrice > (
    SELECT AVG(SaleUnitPrice) FROM Table_Goods c
      JOIN Table_GoodsClass d ON c.GoodsClassID = D.GoodsClassID
      WHERE GoodsClassName ='家用电器')
    AND GoodsClassName ='家用电器'
```

注意:由于聚合函数不能出现在 WHERE 子句中,因此,当一个列的值与一个聚合函数的结果进行比较时,必须用子查询先得到聚合函数的结果,然后在此结果基础之上再执行外层查询的比较。

从上边所有子查询的例子可以看出,子查询的查询条件不依赖于外层查询,称这样的子查询为不相关子查询或嵌套子查询。

3. 使用子查询进行存在性测试

使用子查询进行存在性测试时,通常使用 EXISTS 谓词,其形式为:

```
WHERE [NOT] EXISTS(子查询)
```

带 EXISTS 谓词的子查询不返回查询的结果,只产生逻辑真值和逻辑假值。

- EXISTS 的含义是:当子查询中有满足条件的数据时,EXISTS 返回真值,否则返回假值。
- NOT EXISTS 的含义是:当子查询中有满足条件的数据时,NOT EXISTS 返回假值,当子查询中不存在满足条件的数据时,NOT EXISTS 返回真值。

[例 14] 查询购买了单价高于 2 000 元商品的顾客的会员卡号。

```
SELECT DISTINCT CardID FROM Table_SaleBill
WHERE EXISTS (
  SELECT * FROM Table_SaleBillDetail
    WHERE SaleBillID = Table_SaleBill.SaleBillID
      AND UnitPrice > 2000)
```

注 1:带 EXISTS 谓词的查询是先执行外层查询,然后再执行内层查询。由外层查询的值决定内层查询的结果;内层查询的执行次数由外层查询的结果数决定。

上述查询语句的处理过程为：

（1）无条件执行外层查询语句，在外层查询的结果集中取第一行结果，得到 SaleBillID 的一个当前值，然后根据此 SaleBillID 值处理内层查询；

（2）将外层的 SaleBillID 值作为已知值执行内层查询，如果在内层查询中有满足其 WHERE 子句条件的记录存在，则 EXISTS 返回一个真值（True），表示在外层查询结果集中的当前行数据为满足要求的一个结果。如果内层查询中不存在满足 WHERE 子句条件的记录，则 EXISTS 返回一个假值（False），表示在外层查询结果集中的当前行数据不是满足要求的结果。

（3）顺序取外层结果集中的第 2、3、… 行数据，重复第（2）步过程，直到处理完外层查询的全部记录为止。

注 2：由于带 EXISTS 的子查询只返回真或假值，因此在子查询里不必指定查询列表。所以在有 EXISTS 的子查询中，子查询中的目标列通常都用“ * ”。

带 EXISTS 的子查询由于在子查询中要涉及与外层表数据的关联，因此经常将这种形式的子查询称为相关子查询。

［例 15］　查询没有购买过价格高于 2 000 元商品的顾客的会员卡号。

这是一个带否定条件的查询，这种类型的查询只能用 NOT IN 或 NOT EXISTS 形式的子查询实现。

```
SELECT DISTINCT CardID FROM Table_SaleBill
  WHERE NOT EXISTS (
    SELECT * FROM Table_SaleBillDetail
      WHERE SaleBillID = Table_SaleBill. SaleBillID
        AND UnitPrice > 2000)
```

或者：

```
SELECT DISTINCT CardID FROM Table_SaleBill
  WHERE SaleBillID NOT IN (
    SELECT SaleBillID FROM Table_SaleBillDetail
      WHERE UnitPrice > 2000)
```

6.4 其他形式的子查询

1. 替代表达式的子查询

替代表达式的子查询是指在 SELECT 语句的选择列表中嵌入一个只返回一个标量值的 SELECT 语句，这个查询语句通常都是通过一个聚合函数来返回一个单值。

［例 16］　查询 G001 顾客的姓名、地址以及该顾客购买商品的总次数。

```
SELECT CName, Address
  (SELECT COUNT( * ) FROM Table_SaleBill a
      JOIN Table_Customer  b ON a. CardID = b. CardID
      WHERE CustomerID = 'G001') AS TotalTimes
```

```
    FROM Table_Customer
  WHERE CustomerID = 'G001'
```

2. 派生表

派生表(有时也称为内联视图)是将子查询作为一个表来处理,这个由子查询产生的新表就被称为“派生表”,这很类似于临时表。可以在查询语句中用派生表来建立与其他表的连接关系,在生成派生表后,在查询语句中对派生表的操作与普通表一样。

使用派生表可以简化查询,从而避免使用临时表,而且相比手动生成临时表的方法性能更优越。

派生表与其他表一样出现在查询语句的 FROM 子句中。例如:

```
SELECT * FROM ( SELECT * FROM T1) AS temp
```

这里的 temp 就是派生表。

[例 17] 查询至少买了 G001 和 G002 两种商品的顾客号和顾客名。

分析: 可以将买了 G001 商品的顾客保存在一个派生表中,将买了 G002 商品的顾客保存在另一个派生表中,然后在这两个表中找出顾客号相同的顾客,即查找同时在两个表中出现的顾客,就是至少买了 G001 和 G002 两种商品的顾客。具体代码如下:

```
SELECT CustomerID, CName
  FROM (SELECT * FROM Table_SaleBill a
          JOIN Table_SaleBillDetail b
          ON a.SaleBillID = b.SaleBillID
          WHERE GoodsID = 'G001') AS T1
  JOIN (SELECT * FROM Table_SaleBill a
          JOIN Table_SaleBillDetail b
          ON a.SaleBillID = b.SaleBillID
          WHERE GoodsID = 'G002') AS T2
  ON T1.CardID = T2.CardID
  JOIN Table_Customer c ON c.CardID = T1.CardID
```

6.5 其他一些查询功能

除了前面介绍的查询语句外,SQL Server 还提供了一些实现其他功能的查询语句。本节介绍其中的开窗函数和公共表表达式。

6.5.1 开窗函数

在 SQL Server 中,一组行被称为一个窗口,开窗函数是指可以用于“分区”或“分组”计算的函数。这些函数结合 OVER 子句对组内的数据进行编号,并进行求和、计算平均值等统计。因此,从这个角度来说,SUM、AVG 以及 ROW_NUMBER(对数据进行编号的函数)等都可以称为开窗函数。

开窗函数可以分别应用于每个分区,把每个分区看成是一个窗口,并为每个分区进行计算。开窗函数必须放在 OVER 子句前边。

开窗函数是在 ISO SQL 标准中定义的。SQL Server 提供了两种开窗函数：排名开窗函数和聚合开窗函数。

1. 将 OVER 子句与聚合函数结合使用

OVER 子句用于确定在应用关联的开窗函数之前对行集的分区和排序。

将 OVER 子句与聚合函数结合使用的语法格式为：

```
< OVER_CLAUSE > :: =
    OVER ( [ PARTITION BY value_expression , ... [n] ] )
```

其中各参数说明如下：

- PARTITION BY：将结果集划分为多个分区。开窗函数分别应用于每个分区，并为每个分区计算函数值。
- value_expression：指定对行集进行分区所依据的列，该列必须是在 FROM 子句中生成的列，而且不能引用选择列表中的表达式或别名。value_expression 可以是列表达式、替代表达式的子查询、标量函数或用户定义的变量。

可以在单个查询中使用多个开窗函数，每个函数的 OVER 子句在分区和排序上可以不同。

[**例 18**]　设有课程表 Course(Cno, CName, Credit, Semester)，各列含义分别为课程号、课程名、学分和开课学期。查询全部课程的课程号、课程名、开课学期、学分以及该学期开设课程的总学分、平均学分、最低学分和最高学分。

分析：该查询除了需要查询课程的基本信息外，还需要根据学期统计开设课程的学分情况，因此可对学期进行分区，然后再在每个分区上对学分进行统计。

```
SELECT Cno,CName, Semester,Credit,
    SUM(Credit) OVER(PARTITION BY Semester) AS 'Total',
    AVG(Credit) OVER(PARTITION BY Semester) AS 'Avg',
    MIN(Credit) OVER(PARTITION BY Semester) AS 'Min',
    MAX(Credit) OVER(PARTITION BY Semester) AS 'Max'
FROM Course
```

[**例 19**]　设有订单明细表 OrderDetail，结构如下：

```
CREATE TABLE OrderDetail(
OrderID int NOT NULL,              -- 订单号
ProductID int NOT NULL,            -- 产品号
OrderQty smallint NOT NULL)        -- 订购数量
```

现要查询订单号、产品号、订购数量、每个订单的总订购数量以及每个产品的订购数量占该订单总订购数量的百分比，百分比保留到小数点后 2 位。

分析：第一个查询要求查询每个订单的订购总数量，可通过对订单号进行分区，然后对每个分区中的订购数量进行求和即可。实现代码如下：

```
SUM(OrderQty) OVER(PARTITION BY OrderID)
```

第二个查询要求统计每个产品的订购数量占该订单总订购数量的百分比，在得到了每个订单的总订购数量之后，可用每个订单的订购数量除以每个订单的总订购数量得到。由于百分比需要保留到小数点后 2 位，因此需要首先将数量转换为小数，然后再进行除法运算，最后再将除

的结果转换为定点小数。实现代码如下：

```
CAST(1.0 * OrderQty/SUM(OrderQty) OVER(PARTITION BY OrderID)
        * 100 AS DECIMAL(5,2))
```

其中 CAST 为强制类型转换函数，关于此函数的说明和用法可参见本书附录 3。

实现该查询的完整代码如下：

```
SELECT OrderID 订单号, ProductID 产品号, OrderQty 订购数量,
    SUM(OrderQty) OVER(PARTITION BY OrderID) AS 总计,
    CAST(1.0 * OrderQty/SUM(OrderQty) OVER(PARTITION BY OrderID)
        * 100 AS DECIMAL(5,2))AS 所占百分比
FROM OrderDetail
```

2. 将 OVER 子句与排名函数一起使用

排名函数为分区中的每一行返回一个排名值。根据所用函数的不同，某些行可能与其他行具有相同的排名值。排名函数具有不确定性。

SQL Server 提供了 4 个排名函数：RANK、DENSE_RANK、NTILE 和 ROW_NUMBER。下面分别介绍这些排名函数。

(1) RANK()函数。使用 RANK()函数的语法格式为：

```
RANK() OVER([ <partition_by_clause>, ... [ n ] ]
  <order_by_clause> )
```

其中各参数含义如下：

- <partition_by_clause>：将 FROM 子句生成的结果集划分成排名函数适用的分区。
- <order_by_clause>：指定应用于分区中的行时所基于的排序依据列。

RANK()函数返回结果集中每行数据在每个分区内的排名。每个分区内行的排名从 1 开始。

如果排序时有值相同的行，则这些值相同的行具有相同的排名。例如，如果两位顶尖销售人员有相同的年销售量，则他们将并列第一，并且下一个销售人员的排名是第三。因此，RANK()函数并不一定返回连续整数。

[例 20] 本示例使用例 19 的 OrderDetail 表，查询订单号、产品号、订购数量以及每个产品在每个订单中的订购数量排名。

分析：该查询需要用订单号进行分区，用订购数量作为排名依据列。

```
SELECT OrderID, ProductID, OrderQty,
    RANK() OVER
    (PARTITION BY OrderID ORDER BY OrderQty DESC) AS RANK
    FROM OrderDetail
    ORDER BY OrderID
```

(2) DENSE_RANK()函数。DENSE_RANK()函数与 RANK()函数的作用基本一样，使用方法也一样，唯一的区别是 DENSE_RANK()函数的排名中间没有任何间断，即该函数返回的是一个连续的整数值。

[例 21] 将例 20 的查询改为用 DENSE_RANK()函数实现。

```
SELECT OrderID, ProductID, OrderQty,
    DENSE_RANK() OVER
    (PARTITION BY OrderID ORDER BY OrderQty DESC) AS DENSE_RANK
    FROM OrderDetail
    ORDER BY OrderID
```

(3) NTILE()。NTILE()函数的作用是将有序分区中的行划分到指定数目的组中,每个组有一个编号,编号从 1 开始。对于每一行,NTILE()函数将返回此行所属的组的编号。

NTILE()函数的语法格式如下:

```
NTILE (integer_expression)
    OVER ( [ <partition_by_clause> ] < order_by_clause > )
```

各参数含义同 RANK()函数。

[例 22] 本示例使用例 19 的 OrderDetail 表。将该表数据按订购数量降序排序,并将该表数据划分到 4 个组中。

分析:该查询只需将全部数据划分为 4 组,因此不需要进行分区,在 OVER 子句中只需对订购数量进行降序排序即可。

```
SELECT OrderID, ProductID, OrderQty,
    NTILE(4) OVER (ORDER BY OrderQty DESC) AS FourGroups
    FROM OrderDetail
```

设 OrderDetail 表现有如表 6.1 所示的 10 行数据,由于要将 10 行数据分为 4 组,总行数不能被组数整除,因此第 1、2 组每组将包含 3 行数据,第 3、4 组每组包含 2 行数据。结果如图 6.1 所示。

表 6.1 MyOrderDetail 表的数据

OrderID	ProductID	OrderQty
43659	776	1
43659	778	1
43659	773	3
43659	774	2
43659	716	2
43659	709	5
43664	772	3
43664	775	1
43664	716	3
43664	773	1

[例 23] 修改例 22 的查询要求。将每个订单中的数据按订购数量降序排序,并将每个订单的数据划分到 3 个组中。

分析:该查询与例 22 的主要区别是对每个订单的数据分别进行处理,而不是将全体数据作为一个整体处理。因此在 OVER 子句中需要用订单号进行分区,并用订购数量进行排序。

	OrderID	ProductID	OrderQty	FourGroups
1	43659	709	5	1
2	43664	772	3	1
3	43664	716	3	1
4	43659	773	3	2
5	43659	774	2	2
6	43659	716	2	2
7	43659	776	1	3
8	43659	778	1	3
9	43664	773	1	4
10	43664	775	1	4

图 6.1 例 22 的查询结果

```
USE MySimpleDB
GO
SELECT OrderID, ProductID, OrderQty,
    NTILE(3)
    OVER (PARTITION BY OrderID ORDER BY OrderQty DESC) AS ThreeGroups
    FROM OrderDetail
```

该语句的查询结果如图 6.2 所示。

	OrderID	ProductID	OrderQty	ThreeGroups
1	43659	709	5	1
2	43659	773	3	1
3	43659	774	2	2
4	43659	716	2	2
5	43659	776	1	3
6	43659	778	1	3
7	43664	772	3	1
8	43664	716	3	1
9	43664	773	1	2
10	43664	775	1	3

图 6.2 例 23 的查询结果

(4) ROW_NUMBER()函数。ROW_NUMBER()函数返回结果集中每个分区内行的序列号，每个分区的第一行从 1 开始。

ROW_NUMBER()函数的语法格式如下：

```
ROW_NUMBER ( )
    OVER ( [<partition_by_clause>] <order_by_clause> )
```

各参数含义同 RANK()函数。

[例 24] 查询“电冰箱”类商品的商品名、销售单价以及该商品在该类商品中的价格排名。

```
SELECT GoodsName, SaleUnitPrice,
    ROW_NUMBER() OVER(ORDER BY SaleUnitPrice DESC) AS 'Number'
FROM Table_GoodsClass C JOIN Table_Goods G
ON C.GoodsClassID = G.GoodsClassID
WHERE GoodsClassName = '电冰箱'
```

[例 25] 查询 2012 年 4 月 10 日从每个供应商进的商品情况，列出商品号、商品名、供应商编号、进货数量，以及每个商品的进货数量在该供应商供应的所有商品的进货数量中的排名。

分析：由于该查询需要显示每个商品从每个供应商的进货数量排名情况，因此需要对供应商进行分区，并按数量进行降序排序。

```
SELECT GoodsID, GoodsName,ProviderID, Quantity, ROW_NUMBER()
OVER(PARTITION BY ProviderID ORDER BY Quantity DESC)
AS 'Quantity _Number'
  FROM Table_Goods G JOIN Table_InStockBillDetail I
ON G.GoodsID = I.GoodsID
  WHERE BuyDate = '2012-4-10'
```

6.5.2 公用表表达式

对于 SELECT 语句来说，为了使代码更加简洁和可读，当在一个查询中引用另外的查询结果集时，一般都是通过视图来对查询进行分解。视图是作为数据库对象存在于数据库中的，如果这个结果集仅仅需要使用一次时，使用视图就显得有些奢侈了。

公用表表达式(Common Table Expression，CTE)是 SQL Server 2005 版本之后引入的一个特性。将查询语句产生的结果集指定一个临时命名的名字，这些命名的结果集就称为公用表表达式。命名后的公用表表达式后就可以在 SELECT、INSERT、UPDATE、DELETE 等语句中被多次引用。公用表表达式还可以包括对自身的引用，这种表达式称为递归公用表表达式。

使用公用表表达式有如下一些好处：

- 可以定义递归公用表表达式。
- 使数据操作代码更加清晰简洁。
- GROUP BY 子句可以直接作用在子查询所得的标量列上。
- 可以在一个语句中多次引用公用表表达式。

公用表表达式的语法格式如下：

```
WITH <common_table_expression> [ ,...n ]
<common_table_expression>::=
    expression_name [ ( column_name [ ,...n ] ) ]
  AS
    ( SELECT 语句 )
```

各参数说明如下：

- expression_name：公用表表达式的标识符。expression_name 必须与在同一 WITH <common_table_expression> 子句中定义的任何其他公用表表达式的名称不同，但该名可以与基本表或视图名相同。在查询中对 expression_name 的任何引用都会使用公用表表达式。

- column_name:在公用表表达式中指定列名。在一个 CTE 定义中不允许出现重名的列名。
- SELECT 语句:指定一个用其结果集填充到公用表表达式的 SELECT 语句。

[例 26] 定义一个统计每个会员的购买商品总次数的 CTE,并利用该 CTE 查询会员卡号和购买商品总次数。

```
WITH BuyCount( CardID, Counts) AS (
    SELECT CardID, COUNT( * ) FROM Table_SaleBill
      GROUP BY CardID )
SELECT CardID, Counts FROM BuyCount
    ORDER BY Counts
```

[例 27] 使用公用表表达式来限制返回结果。修改例 26 的查询,定义一个统计每个会员的购买商品总次数的 CTE,并利用该 CTE 查询购买次数超过 10 次的会员卡号。

```
WITH BuyCount( CardID, Counts) AS (
    SELECT CardID, COUNT( * ) FROM Table_SaleBill
        GROUP BY CardID )
SELECT CardID, Counts FROM BuyCount
    WHERE Counts > 10
    ORDER BY Counts
```

可以在一个 WITH 子句中定义多个 CTE,也可以在一个查询中多次引用同一个 CTE。

[例 28] 设有 MyEmployees 表,表定义如下:

```
CREATE TABLE MyEmployees(
   EmployeeID int PRIMARY KEY,   -- 职工号
   Title nvarchar(40),           -- 职务
   ManagerID int                 -- 上级领导职工号
)
```

设该表中已有表 6.2 所示数据。

表 6.2 MyEmployees 表中的数据

EmployeeID	Title	ManagerID
1	Chief Executive Officer	NULL
2	Marketing Manager	4
3	Marketing Specialist	2
4	Vice President of Sales	1
5	Sales Manager	4
6	Sales Representative	5
7	Sales Representative	5
8	Pacific Sales Manager	4
9	Sales Representative	8

下述代码首先建立两个包含职工全部信息的 CTE,然后利用这两个 CTE 查询每个职工信息

及其上级领导信息。

```
WITH Emp1 AS  ( SELECT * FROM MyEmployees ),
     Emp2 AS  ( SELECT * FROM MyEmployees )
SELECT * FROM Emp1 JOIN Emp2
  ON Emp1.ManagerID = Emp2.EmployeeID
```

查询结果如图 6.3 所示。

	EmployeeID	Title	ManagerID	EmployeeID	Title	ManagerID
1	2	Marketing Manager	4	4	Vice President of Sales	1
2	3	Marketing Specialist	2	2	Marketing Manager	4
3	4	Vice President of Sales	1	1	Chief Executive Officer	NULL
4	5	Sales Manager	4	4	Vice President of Sales	1
5	6	Sales Representative	5	5	Sales Manager	4
6	7	Sales Representative	5	5	Sales Manager	4
7	8	Pacific Sales Manager	4	4	Vice President of Sales	1
8	9	Sales Representative	8	8	Pacific Sales Manager	4

图 6.3 例 28 的查询结果

也可以在一个查询中多次引用同一个 CTE。例如，将例 28 的查询改为如下形式，也能达到同样的效果。

```
WITH Emp1 AS
  ( SELECT * FROM MyEmployees )
SELECT * FROM Emp1 e1 JOIN Emp1 e2
  ON e1.ManagerID = e2.EmployeeID
```

小结

本章介绍了 SQL 语言中的一些高级查询功能，这些高级查询语句在不同的数据库产品中可能语法不完全一致，而且有些数据库产品也不一定都支持这些操作。这里介绍的语句在 SQL Server 2008 平台上都支持，因此读者可在这个平台上测试这些语句。

本章主要介绍了使用 TOP 限制查询返回结果、分情况的 CASE 函数、查询结果的并、交、差运算、相关子查询以及其他的一些查询功能。

CASE 函数用于对数据进行分情况判断，它一般是用在 SELECT 语句的查询列表中，对数据库中的数据进行分情况显示不同内容，但也可以用在 UPDATE 语句中，用于根据不同的条件对数据进行不同的更改。

相关子查询部分介绍了基于集合的相关子查询、替代表达式的子查询以及派生表形式的子查询。相关子查询的特点是先执行外层查询，然后再执行内层查询，内层查询是根据外层查询结果中的一行数据进行的。相关子查询在内层查询中必须关联外层查询；替代表达式的子查询是指可以将子查询写在查询列表中，但这个子查询必须是返回一个标量值的查询；派生表子查询是将子查询写在 FROM 子句中，这种形式的子查询对外层查询来说就像一个表，可以在外层查询中使用派生表子查询的结果。

查询结果的并、交、差运算是对多个查询语句形成的结果集进行操作。在很多情况下，集合的交运算和差运算可以用 IN 和 NOT IN 形式的子查询实现。在实现查询结果的并、交、差运算时要求各查询语句的查询列个数必须相同，对应列的语义一致、数据类型兼容。这些操作的最终结果都是采用第一个查询语句的列标题作为整个操作结果的列标题，因此当需要改变操作结果的列标题时，只需对第一个查询语句指定列别名即可。

在其他一些查询功能中，介绍了开窗函数和公用表表达式，其中开窗函数是 ISO SQL 标准支持的。开窗函数结合 OVER 子句对数据进行分区，再通过排名函数对组内的数据进行编号，或通过聚合函数对组内数据进行求和、计算平均值等统计。公用表表达式类似于一个临时表，它是将查询语句产生的结果集指定一个临时名字，之后就可以在 SELECT、INSERT、UPDATE、DELETE 等语句中使用命名好的公用表表达式。

习题

一、选择题

1. 设在某 SELECT 语句的 WHERE 子句中，需要对 Grade 列的空值进行处理。下列关于空值的操作中，错误的是

A. Grade IS NOT NULL　　B. Grade IS NULL

C. Grade = NULL　　D. NOT (Grade IS NULL)

2. 现要利用 Student 表查询年龄最小的学生的姓名和年龄。下列实现此功能的查询语句中，正确的是

A. SELECT Sname, MIN(Sage) FROM Student

B. SELECT Sname, Sage FROM Student WHERE Sage = MIN(Sage)

C. SELECT TOP 1 Sname, Sage FROM Student

D. SELECT TOP 1 Sname, Sage FROM Student ORDER BY Sage

3. 设 SC 表中记录成绩的列为：Grade，类型为 int。若在查询成绩时，希望将成绩按“优”“良”“中”“及格”和“不及格”形式显示，正确的 Case 函数是

A.
```
Case Grade
    When 90~100  THEN  '优'
    When 80~89   THEN  '良'
    When 70~79   THEN  '中'
    When 60~69   THEN  '及格'
    Else  '不及格'
End
```

B.
```
Case
    When Grade  between 90 and 100  THEN  Grade = '优'
    When Grade  between 80 and 89   THEN  Grade = '良'
    When Grade  between 70 and 79   THEN  Grade = '中'
    When Grade  between 60 and 69   THEN  Grade = '及格'
```

```
    Else   Grade = '不及格'
  End
C. Case
    When Grade  between 90 and 100  THEN '优'
    When Grade  between 80 and 89  THEN  '良'
    When Grade  between 70 and 79  THEN  '中'
    When Grade  between 60 and 69  THEN  '及格'
  Else  '不及格'
  End
D. Case Grade
    When 90 ~ 100   THEN Grade = '优'
    When 80 ~ 89  THEN Grade = '良'
    When 70 ~ 79  THEN Grade = '中'
    When 60 ~ 69  THEN Grade = '及格'
    Else   Grade = '不及格'
  End
```

4. 下述语句的功能是将两个查询结果合并为一个结果,其中正确的是

```
A. select sno,sname,sage from student where sdept = 'cs'
     Order by sage
   Union
   select sno,sname,sage from student where sdept = 'is'
     Order by sage
B. select sno,sname,sage from student where sdept = 'cs'
   Union
   select sno,sname,sage from student where sdept = 'is'
   Order by sage
C. select sno,sname,sage from student where sdept = 'cs'
   Union
   select sno,sname  from student where sdept = 'is'
   Order by sage
D. select sno,sname,sage from student where sdept = 'cs'
     Order by sage
   Union
   select sno,sname,sage from student where sdept = 'is'
```

5. 在 SQL Server 2000 中,有学生表(学号,姓名,年龄),其中“姓名”的数据类型是 char(10)。现要查询姓“张”且名字是3个字的学生的详细信息,正确的语句是

A. SELECT * FROM 学生表 WHERE 姓名 LIKE '张_'

B. SELECT * FROM 学生表 WHERE 姓名 LIKE '张__'

C. SELECT * FROM 学生表 WHERE 姓名 LIKE '张_' AND LEN(姓名) = 3

D. SELECT * FROM 学生表 WHERE 姓名 LIKE '张__' AND LEN(姓名) = 3

二、填空题

1. 在相关子查询中，子查询的执行次数是由________决定的。

2. 对包含基于集合测试子查询的查询语句，是先执行________层查询，再执行________层查询。

3. 对包含相关子查询的查询语句，是先执行________层查询，再执行________层查询。

4. 设有选课表（学号，课程号，成绩），现要查询考试成绩最高的 3 个学生的学号、课程号和成绩，包括并列情况，请补全下列语句：

SELECT ____________________ FROM 选课表

____

5. UNION 操作用于合并多个查询语句的结果，如果在合并结果时不希望去掉重复的数据，则在用 UNION 操作时应使用________关键字。

6. 若 SELECT 语句中同时包含 WHERE 子句和 GROUP 子句，则先执行的是________子句。

第 7 章 数据库及数据库对象

第 6 章介绍了 SQL 语言的数据操纵功能。本章将结合 SQL Server 2008 支持的数据库对象，介绍 T-SQL 语言的数据定义功能。

除了第 6 章介绍的关系表以外，数据库中还包含其他的对象，比如视图、索引、存储过程、函数等。本章首先介绍数据库的创建及维护方法，然后介绍分区表、索引和视图的创建及维护方法，存储过程、函数等对象的定义方法将在第 8 章介绍。

7.1 创建及维护数据库

数据库是存储数据及各种数据库对象的容器，在介绍其他数据库对象之前，本节首先介绍数据库的创建及维护方法。

7.1.1 SQL Server 数据库概述

SQL Server 2008 中的数据库由包含数据的表集合以及其他对象（如视图、索引、存储过程等）组成，目的是为执行与数据有关的活动提供支持。SQL Server 支持在一个实例中创建多个数据库，每个数据库在物理上和逻辑上都是独立的，相互之间没有影响。每个数据库存储相关的数据，例如，可以用一个数据库存储商品及销售信息，另一个数据库存储人事信息。

从数据库的应用和管理角度，SQL Server 将数据库分为两大类：系统数据库和用户数据库。系统数据库是 SQL Server 数据库管理系统自动创建和维护的，这些数据库用于保存维护系统正常运行的信息，例如，一个 SQL Server 实例上共建有多少个数据库，每个数据库的属性及其所包含的对象，每个数据库的用户以及用户的权限等。用户数据库保存的是与用户的业务有关的数据，通常所说的建立数据库指的是创建用户数据库，对数据库的维护也指的是对用户数据库的维护。一般用户对系统数据库只有查询权。

安装好 SQL Server 2008 后，系统会自动安装 5 个系统数据库，分别是：master，msdb，model，tempdb 和 Rescourse，各数据库的主要用途如下：

- master：是 SQL Server 2008 中最重要的数据库，记录 SQL Server 实例的所有系统级信息，包括实例范围的元数据（例如登录账户）、端点、连接服务器和系统配置设置。此外，master 数据库还记录了所有其他数据库的存在、数据库文件的位置以及 SQL Server 的初始化信息。

- msdb：供 SQL Server 代理服务调度报警和作业以及记录操作员时使用，保存关于调度报警、作业、操作员等信息，作业是在 SQL Server 中定义的自动执行的一系列操作的集合，作业的执行不需要任何人工干预。

- model：用作 SQL Server 实例上创建的所有数据库的模板。对 model 数据库进行的修改（如数据库大小、排序规则、恢复模式和其他数据库选项）将应用于以后创建的所有用户数据库。当用户创建一个数据库时，系统自动将 model 数据库中的全部内容复制到新建数据库中。

- tempdb：临时数据库，用于保存临时对象或中间结果集，并为数据的排序等操作提供一个临时工作空间。每次启动 SQL Server 时都会重新创建 tempdb 数据库。

- Resource：是一个只读数据库，包含了 SQL Server 中的所有系统对象。SQL Server 系统对象在物理上保存在 Resource 数据库中，但在逻辑上却显示在每个数据库的 sys 架构中。因此，在 SSMS 的对象资源管理器中，在“系统数据库”下看不到这个数据库。

7.1.2 SQL Server 数据库的组成

SQL Server 将数据库映射为一组操作系统文件，这些文件被划分为两类：数据文件和日志文件。数据文件包含数据和对象，日志文件包含恢复数据库中的所有事务需要的信息。

1. 数据文件

数据文件用于存放数据库数据。数据文件又分为主要数据文件和次要数据文件。

- 主要数据文件。主要数据文件的推荐扩展名是.mdf，它包含数据库的系统信息，也可存放用户数据。每个数据库都有且只能有一个主要数据文件。主要数据文件是为数据库创建的第一个数据文件。SQL Server 2008 要求主要数据文件的大小不能小于 3 MB。

- 次要数据文件。次要数据文件的推荐扩展名是.ndf。一个数据库可以不包含次要数据文件，也可以包含多个次要数据文件，而且这些次要数据文件可以建立在一个磁盘上，也可以分别建立在不同的磁盘上。

当某个数据库包含的数据量比较大，需要占用较大的磁盘空间时，就可以为数据库创建多个次要数据文件，以使每个文件建立在不同的磁盘上。在主要数据文件之后建立的所有数据文件都是次要数据文件。

次要数据文件的使用和主要数据文件的使用对用户来说是没有区别的，对用户也是透明的，用户无须关心自己的数据是存放在主要数据文件上还是次要数据文件上。

让一个数据库包含多个数据文件，并且让这些数据文件分别建立在不同的磁盘上，不仅有利于充分利用多个磁盘上的存储空间，而且可以提高数据的存取效率。

2. 事务日志文件

事务日志文件的推荐扩展名为.ldf，用于存放恢复数据库的所有日志信息。每个数据库必须至少有一个日志文件，也可以有多个日志文件。

SQL Server 2008 不强制使用.mdf、.ndf 和 .ldf 文件扩展名，但建议使用这些扩展名以利于标识文件的用途。

3. 数据库存储空间的分配

在创建数据库时，了解 SQL Server 如何存储数据是很有必要的，这样可以比较准确地估算出数据库需占用的空间大小以及如何为数据文件和日志文件分配磁盘空间。

在考虑数据库的空间分配时，需了解如下规则：

• 在创建用户数据库时，model 数据库自动被复制到新建用户数据库中，而且是复制到主要数据文件中。

• 在 SQL Server 2008 中，数据的存储分配单位是数据页（Page，也简称为页）。一页是一块 8 KB（8×1 024 B，其中用 8 060 B 存放数据，另外的 132 B 存放系统信息）的连续磁盘空间。页是存储数据的最小单位，页的大小决定了数据库表中一行数据的最大大小。

• SQL Server 不允许表中的一行数据存储在不同页上[varchar(max)、nvarchar(max)、text、ntext、varbinary(max)和 image 数据类型除外]，即行不能跨页存储。因此表中一行数据的大小不能超过 8 060 B。这意味着在设计关系表时要考虑每行数据的大小，以提高空间利用率。

根据一行数据不能跨页存储、一个表中包含的数据行数以及每行占用的字节数，可以估算出一个数据表所需占用的大致空间。例如，假设一个数据表有 10 000 行数据，每行 3 000 字节，每个数据页可存放两行数据，则此表需要的空间为：(10 000/2)×8 KB = 40 MB。其中，每页中有 6 000 B用于存储数据，有 2 060 B 是浪费的。因此该数据表的空间大约浪费 25%。

7.1.3 数据库文件组

文件组的概念类似于操作系统中的文件夹，在操作系统中，为便于对文件进行管理，可以定义一些文件夹，然后将不同的文件放置到不同的文件夹中。在数据库中，可以定义多个文件组，然后将文件放置到不同的文件组中。

SQL Server 有两种类型的文件组：主文件组和用户定义的文件组。

1. 主文件组

主文件组（PRIMARY）是系统定义好的一个文件组，它包含主要数据文件和任何没有明确分配给其他文件组的其他数据文件。系统表的所有页均分配在主文件组中。

2. 用户定义文件组

用户可以创建自己的文件组，以将数据文件组织起来，便于管理和数据分配。例如，可以分别在 3 个磁盘驱动器上创建 3 个文件 Data1. ndf、Data2. ndf 和 Data3. ndf，然后将它们分配到文件组 fgroup1 上，之后就可以明确地在文件组 fgroup1 上创建新表，而对表中数据的查询将分散到 3 个磁盘上，从而提高数据查询性能。用户定义文件组是通过在 CREATE DATABASE 或 ALTER DATABASE 语句中使用 FILEGROUP 关键字指定的任何文件组。

说明：

(1) 日志文件不包括在文件组内，日志空间与数据空间是分开管理的。

(2) 一个文件不可以是多个文件组的成员。

(3) 如果文件组中有多个文件，则它们在所有文件被填满之前不会自动增长，而填满后这些文件会循环增长。

如果在定义数据文件时没有指定其所属的文件组，则新建数据文件将被分配到默认文件组。每个数据库只能指定一个文件组为默认文件组。如果用户没有显式地用 ALTER DATABASE 语句修改默认文件组，则 SQL Server 的默认文件组是 PRIMARY。

在 SQL Server 2008 中，可以在首次创建数据库时创建文件组，也可以在以后向数据库中添加更多数据文件时创建文件组。但是,一旦将文件添加到数据库中,就不能再将这些文件移到其他文件组中。

7.1.4 数据库文件的属性

在定义数据库时,除了指定数据库的名字之外,其余要做的工作就是定义数据库的数据文件和日志文件,定义这些文件需要指定的信息包括:

1. 文件名及其位置

数据库的每个数据文件和日志文件都具有一个逻辑文件名和物理文件名。逻辑文件名是在所有 T-SQL 语句中引用物理文件时所使用的名称,该文件名必须符合 SQL Server 标识符规则,而且在一个数据库中逻辑文件名必须是唯一的。物理文件名包括存储文件的路径和物理磁盘文件名,该文件名必须符合操作系统文件命名规则。一般情况下,如果有多个数据文件的话,为了获得更好的性能,建议将文件分散存储在多个物理磁盘上。

2. 初始大小

可以指定每个数据文件和日志文件的初始大小。在指定主要数据文件的初始大小时,其大小不能小于 model 数据库主要数据文件的大小,因为系统是将 model 数据库主要数据文件的内容复制到用户数据库的主要数据文件上。

3. 增长方式

如果需要的话,可以指定文件是否自动增长。该选项的默认配置为自动增长,即当数据文件的空间不足后,系统自动扩大文件空间,这样可以防止由于空间用完而造成的不能插入新数据或不能进行数据操作的错误。

4. 最大大小

文件的最大大小指的是文件增长的最大空间限制。默认情况是无限制。建议用户设定允许文件增长的最大空间大小,因为,如果用户不设定最大空间大小,但设置了文件自动增长方式,则文件将会无限制增长直到磁盘空间用完为止。

7.1.5 用 T-SQL 语句创建数据库

创建数据库的 T-SQL 语句为 CREATE DATABASE,此语句的简化语法格式为:

```
CREATE DATABASE database_name
    [ ON
        [ PRIMARY ] [ <filespec> [ ,…n ]
        [ , <filegroup> [ ,…n ] ]
        [ LOG ON { <filespec> [ ,…n ] } ]
        ]
    ]
<filespec> ::= {
    ( NAME = logical_file_name ,
    FILENAME = { 'os_file_name' | 'filestream_path' }
    [ , SIZE = size [ KB | MB | GB | TB ] ]
    [ , MAXSIZE = { max_size [ KB | MB | GB | TB ] | UNLIMITED } ]
    [ , FILEGROWTH = growth_increment [ KB | MB | GB | TB | % ] ]
```

```
) [ ,…n ] }
<filegroup> ::= {
    FILEGROUP filegroup_name [ DEFAULT ]
     <filespec> [ ,…n ] }
```

各参数含义如下：

- database_name：新数据库名。数据库名在 SQL Server 实例中必须是唯一的。

如果在创建数据库时未指定日志文件的逻辑名，则 SQL Server 用 database_name 后加_log 作为日志文件的逻辑名和物理名；如果未指定主要数据文件名，则 SQL Server 用 database_name 作为该文件的逻辑名和物理名。

- ON：指定数据文件。后面是用逗号分隔的、用以定义数据文件的 <filespec> 项列表。
- PRIMARY：指定关联数据文件的主文件组。带有 PRIMARY 的<filespec>部分定义的第一个文件将成为主要数据文件。如果没有指定 PRIMARY，则 CREATE DATABASE 语句中列出的第一个文件将成为主要数据文件。
- LOG ON：指定日志文件。后面是以逗号分隔的用以定义日志文件的 <filespec> 项列表。如果没有指定 LOG ON，系统将自动创建一个日志文件，其大小为该数据库的所有数据文件大小总和的 25% 或 512 KB，取两者之中的较大者。
- <filespec>：定义文件的属性。各参数含义如下：
  - NAME = logical_file_name：指定文件的逻辑名称。在一个数据库中逻辑名必须唯一，而且必须符合标识符规则。
  - FILENAME = 'os_file_name'：指定操作系统（物理）文件名。'os_file_name'是创建文件时由操作系统使用的路径和文件名。
  - SIZE = size：指定文件的初始大小。如果没有为主要数据文件提供 size，则数据库引擎将使用 model 数据库主要数据文件的大小。如果指定了次要数据文件或日志文件，但未指定文件的 size，则将以 1 MB 作为该文件的大小。为主要数据文件指定的大小应不小于 model 数据库的主要数据文件的大小。

    可以使用千字节（KB）、兆字节（MB）、千兆字节（GB）或兆兆字节（TB）后缀。默认为 MB。size 是一个整数值，不能包含小数位。
  - MAXSIZE = max_size：指定文件可增大到的最大大小。可以使用 KB、MB、GB 和 TB 后缀。默认为 MB。max_size 是一个整数值，不能包含小数位。如果未指定 max_size，则表示文件大小无限制，文件将一直增大，直至磁盘空间满。
  - UNLIMITED：指定文件的增长无限制。在 SQL Server 中，指定为不限制增长的日志文件的最大大小为 2 TB，数据文件的最大大小为 16 TB。
  - FILEGROWTH = growth_increment：指定文件的自动增量。FILEGROWTH 的大小不能超过 MAXSIZE 的大小。

    growth_increment 为每次为文件添加的空间量。该值可以用 MB、KB、GB、TB 或百分比（%）为单位。如果未指定单位，则默认为 MB。如果指定了“%”，则增量按发生增长时文件大小的百分比增长。FILEGROWTH = 0 表示不允许自动增加空间。

    如果未指定 FILEGROWTH，则数据文件的默认增长值为 1 MB，日志文件的默认增长比例为当前文件大小的 10%，最小值为 64 KB。

- <filegroup>：文件组属性。其中各参数含义如下：
  - FILEGROUP filegroup_name：文件组的逻辑名称。filegroup_name 在数据库中必须唯一，且不能是系统提供的名称 PRIMARY 和 PRIMARY_LOG，名称必须符合标识符规则。
  - DEFAULT：指定该文件组为数据库的默认文件组。

在使用 T-SQL 语句创建数据库时，最简单的情况是省略所有的参数，只提供一个数据库名，这时系统会按各参数的默认值创建数据库。

[例 1] 创建全部使用默认值的数据库。创建一个名为 mytest 的数据库。如果创建数据库的语句没有<filespec>项，则其主要数据文件的大小为 model 数据库主要数据文件的大小。事务日志将被设置为下列值中的较大者：512 KB 或主要数据文件大小的 25%。如果没有指定 MAXSIZE，则文件可以增大到填满所有可用的磁盘空间为止。

```
CREATE DATABASE mytest
```

[例 2] 创建指定一个数据文件和一个日志文件的数据库。创建一个名为 RShDB 的数据库，该数据库由一个数据文件和一个日志文件组成。数据文件只有主要数据文件，其逻辑文件名为 RShDB_Data，物理文件名为 RShDB_Data. mdf，存放在 D:\ RShDB_Data 文件夹下，初始大小为 10 MB，最大大小为 30 MB，自动增长时的递增量为 5 MB。日志文件的逻辑文件名为 RShDB_log，物理文件名为 RShDB_log. ldf，也存放在 D:\ RShDB_Data 文件夹下，初始大小为 3 MB，最大大小为 12 MB，自动增长时的递增量为 2 MB。

创建该数据库的 T-SQL 语句为：

```
CREATE DATABASE RShDB
ON
  ( NAME = RShDB_Data,
    FILENAME = 'D:\RShDB_Data\RShDB_Data.mdf',
    SIZE = 10,
    MAXSIZE = 30,
    FILEGROWTH = 5 )
LOG ON
  ( NAME = RShDB_log,
    FILENAME = 'D:\RShDB_Data\RShDB_log.ldf',
    SIZE = 3,
    MAXSIZE = 12,
    FILEGROWTH = 2 )
```

[例 3] 创建指定多个数据文件和多个事务日志文件的数据库。创建一个名为 Students 的数据库，该数据库包含两个数据文件和两个日志文件。主要数据文件逻辑名为：students_data1，存放在 PRIMARY 文件组上，初始大小为 5 MB，每次增加 1 MB，最大大小无限制，物理存储位置为 F:\Data 文件夹，物理文件名为 students_data1. mdf；次要数据文件的逻辑名为 students_data2，初始大小为 8 MB，自动增长，每次增加 2 MB，最多增加到 20 MB，物理存储位置为 D:\Data 文件夹，物理文件名为 students_data2. ndf；日志文件 1 的逻辑名为 students_log1，初始大小为 2 MB，每次增加 10%，最多增加到 6 MB，物理存储位置为 E:\Log 文件夹，物理文件名为 students_log1. ldf；日志文件 2 的逻辑名为 students_log2，初始大小为 3 MB，每次增加 1 MB，最多增加到 8 MB，物

理存储位置为 G:\Log 文件夹，物理文件名为 students_log2.ldf。

创建该数据库的 T-SQL 语句为：

```
CREATE DATABASE Students
ON PRIMARY
  ( NAME = students_data1,
    FILENAME = 'F:\Data\students_data1.mdf',
    SIZE =5MB,
    MAXSIZE = UNLIMITED,
    FILEGROWTH=1 MB)
  ( NAME = students_data2,
    FILENAME = 'D:\Data\students_data2.ndf',
    SIZE =8MB,
    MAXSIZE =20MB,
    FILEGROWTH =2MB )
LOG ON
  ( NAME = students_log1,
    FILENAME = 'E:\Log\students_log1.ldf',
    SIZE = 2MB,
    MAXSIZE = 6MB,
    FILEGROWTH = 10% ),
  ( NAME = students_log2,
    FILENAME = 'G:\Log\students_log2.ldf',
    SIZE =3MB,
    MAXSIZE =8MB,
    FILEGROWTH =1MB )
```

[例 4] 创建具有文件组的数据库。创建一个名为 Sales 的数据库，该数据库除了主文件组 PRIMARY 外，还包括 SalesGroup1 和 SalesGroup2 两个文件组。

① 主文件组包含 Spri1_dat 和 Spri2_dat 两个数据文件，这两个文件的 FILEGROWTH 均为当前文件大小的 15%。

② SalesGroup1 文件组包含 SGrp1Fi1_dat 和 SGrp1Fi2_dat 两个文件，这两个文件的 FILEGROWTH 均为 5 MB。

③ SalesGroup2 文件组包含 SGrp2Fi1_dat 和 SGrp2Fi2_dat 两个文件，这两个文件的 FILEGROWTH 也都为 5 MB。

为简单起见，假设这些文件均存放在 D:\Sales 文件夹下，所有数据文件的初始大小都是 10 MB，最大大小都是 50 MB。

该数据库只包含一个日志文件 Sales_log，该文件也存放在 D:\Sales 文件夹下，初始大小是 5 MB，最大大小是 25 MB，每次增加 5 MB。

创建该数据库的 T-SQL 语句为：

```
CREATE DATABASE Sales
ON PRIMARY
  ( NAME = SPri1_dat,
    FILENAME ='D:\Sales\Spri1_dat.mdf',
```

```
    SIZE = 10 MB,
    MAXSIZE = 50 MB,
    FILEGROWTH = 15% ),
  ( NAME = SPri2_dat,
    FILENAME = 'D:\Sales\Spri2_dat.ndf',
    SIZE = 10 MB,
    MAXSIZE = 50 MB,
    FILEGROWTH = 15% ),
  FILEGROUP SalesGroup1
  ( NAME = SGrp1Fi1_dat,
    FILENAME = 'D:\Sales\SGrp1Fi1_dat.ndf',
    SIZE = 10 MB,
    MAXSIZE = 50 MB,
    FILEGROWTH = 5 ),
  ( NAME = SGrp1Fi2_dat,
    FILENAME = 'D:\Sales\SGrp1Fi2_dat.ndf',
    SIZE = 10 MB,
    MAXSIZE = 50 MB,
    FILEGROWTH = 5 ),
  FILEGROUP SalesGroup2
  ( NAME = SGrp2Fi1_dat,
    FILENAME = 'D:\Sales\SGrp2Fi1_dat.ndf',
    SIZE = 10 MB,
    MAXSIZE = 50 MB,
  FILEGROWTH = 5 ),
  ( NAME = SGrp2Fi2_dat,
    FILENAME = 'D:\Sales\SGrp2Fi2_dat.ndf',
    SIZE = 10 MB,
    MAXSIZE = 50 MB,
    FILEGROWTH = 5 )
  LOG ON
  ( NAME = Sales_log,
    FILENAME = 'D:\Sales\Sales_log.ldf',
    SIZE = 5MB,
    MAXSIZE = 25MB,
    FILEGROWTH = 5MB)
```

7.1.6 修改数据库

用户在使用过程中可以根据需要对数据库的定义进行修改,下面介绍修改数据库的主要操作。

1. 扩大数据库空间

如果在创建数据库时没有设置自动增长方式,则数据库在使用一段时间后可能会出现空间不够的情况,这些空间包括数据空间和日志空间。如果数据空间不够则意味着不能再向数据库中插入数据;如果日志空间不够,则意味着不能再对数据库进行任何修改操作,因为对数据库的修改操作是要记入日志的。如果出现这种情况就需要扩大数据库空间。扩大数据库空间有两种方法,一种是扩大数据库中已有文件的大小,另一种是为数据库添加新的文件。

扩大数据库空间的 ALTER DATABASE 语句的语法格式为:

```
ALTER DATABASE database_name
{  <add_or_modify_files>  }
<add_or_modify_files>::=
{
    ADD FILE <filespec> [ ,…n ]
        [ TO FILEGROUP { filegroup_name | DEFAULT } ]
  | ADD LOG FILE <filespec> [ ,…n ]
  | MODIFY FILE <filespec>
```

各参数含义如下:

- database_name:要修改的数据库名。
- <add_or_modify_files>::=:指定要添加或修改的文件。
- ADD FILE:在数据库中添加新的数据文件。
- TO FILEGROUP { filegroup_name | DEFAULT }:说明要将指定文件添加到的文件组。如果指定了 DEFAULT,则将文件添加到当前的默认文件组中。
- <filespec>:同 CREATE DATABASE 语句的<filespec>。
- ADD LOG FILE:在数据库中添加新的日志文件。
- MODIFY FILE:指定要修改的文件。一次只能更改一个<filespec>属性。必须在<filespec>中指定 NAME,以标识要修改的文件。如果指定了 SIZE,则新大小必须大于文件当前大小。

通过 MODIFY FILE 选项还可以修改数据文件或日志文件的逻辑名称,可以将数据文件或日志文件移动到新的位置,具体实现方法可参考 SQL Server 的联机丛书。

[例 5] 为 RShDB 数据库添加一个新的数据文件,逻辑文件名为 RShDB_Data2,物理存储位置为 E:\Data 文件夹下,物理文件名为 RShDB_Data2.ndf,初始大小为 6 MB,不自动增长。

```
ALTER DATABASE RShDB
ADD FILE (
    NAME =RShDB_Data2,
    FILENAME = 'E:\Data\RShDB_Data2.ndf',
    SIZE =6MB,
    FILEGROWTH =0 )
```

[例 6] 扩大 students 数据库中 students_data1 文件的初始大小,将其初始大小改为 8 MB。

```
ALTER DATABASE students
MODIFY FILE (
    NAME =students_data1,
    SIZE =8MB )
```

[例 7] 为 RShDB 数据库加添加一个新的日志文件,逻辑文件名为 RShDB_log1,物理存储位置为 E:\Data 文件夹下,物理文件名为 RShDB_log1.ldf,初始大小为 4 MB,每次增加 1 MB,最多增加到 10 MB。

```
ALTER DATABASE RShDB
```

```
ADD LOG FILE (
    NAME =RShDB_log1,
    FILENAME ='E:\Data\ RShDB_log1.ldf',
    SIZE =4MB,
    FILEGROWTH = 1MB,
    MAXSIZE = 10MB )
```

2. 收缩数据库空间

收缩数据库就是释放数据库中未使用的空间,并将释放的空间交还给操作系统。数据文件和日志文件的空间都可以收缩,而且可以成组或单独地手工收缩数据库文件,也可以通过设置数据库选项,使其按照指定的时间间隔自动收缩。

文件的收缩都是从末尾开始的,例如,假设某文件的大小是 5 GB,如果希望收缩到 4 GB,则数据库引擎将从文件的最后一个 1 GB 开始释放尽可能多的空间。如果文件中被释放的空间部分包含使用过的页,则数据库引擎首先将这些页重新放置到保留的空间部分,然后再进行收缩。只能将数据库收缩到没有剩余的可用空间为止。例如,如果某个大小为 5 GB 的文件中存有 4 GB的数据,则在对其进行收缩时,最多只能收缩到 4 GB。

如果将某数据库的"自动收缩"(AUTO_SHRINK)选项设置为"True"(在数据库属性窗口的"选项"对应的窗口中,在"自动"部分的"自动收缩"选项),则数据库引擎将定期检查数据库空间的使用情况,并自动收缩有可用空间的数据库。该活动是在后台进行的,不会影响数据库中用户的活动。默认情况下,该选项被设置为"False"。

手工收缩数据库空间分为两种情况,一种是收缩数据库中某个文件的大小,另一种是按比例收缩整个数据库的大小。注意,当收缩整个数据库空间大小时,收缩后各文件的大小不能小于创建这些文件时指定的初始大小,或者是上一次进行收缩文件操作时设置的大小。若是收缩某个文件的大小则无此限制。

(1) 收缩整个数据库的大小。收缩整个数据库大小的 T - SQL 语句是 DBCC SHRINKDATABASE,其语法格式为:

```
DBCC SHRINKDATABASE
( 'database_name' | database_id | 0
     [ ,target_percent ]
     [ , { NOTRUNCATE | TRUNCATEONLY } ]
)
```

各参数含义如下:

- 'database_name' | database_id | 0:要收缩的数据库的名称或 ID。如果指定 0,则表示收缩当前正在使用的数据库。
- target_percent:数据库收缩后的文件中所需的剩余可用空间百分比。
- NOTRUNCATE:在数据库文件中保留所释放的文件空间。如果未指定该选项,则将所释放的空间释放给操作系统。
- TRUNCATEONLY:将文件中任何未使用的空间均释放给操作系统,并将文件收缩到最后分配的大小,从而无须移动任何数据即可减少文件大小。使用 TRUNCATEONLY 时,将忽略 target_percent 选项。

[例 8] 收缩 Students 数据库,使该数据库中所有的文件都有 20% 的可用空间。

DBCC SHRINKDATABASE(Students, 20)

(2) 收缩指定文件的大小。收缩指定文件大小的 T-SQL 语句是 DBCC SHRINKFILE,其语法格式为:

```
DBCC SHRINKFILE
(    'file_name'
     { [ , EMPTYFILE ]
     | [ [ , target_size ] [ , { NOTRUNCATE | TRUNCATEONLY } ] ]
     }
)
```

各参数含义如下:

- 'file_name':要收缩的文件的逻辑名。
- target_size:指定收缩后目标文件的大小(用整数表示,单位为 MB)。如果未指定,则 DBCC SHRINKFILE 将文件大小减少到默认文件大小,但该语句不会将文件收缩到小于文件中存储数据所需要的大小。
- EMPTYFILE:指定将文件中的所有数据迁移到同一文件组的其他文件中,使该文件为空。将文件设置为空是为了方便删除。当某文件有 EMPTYFILE 选项时,数据库引擎不会再将数据保存在该文件上。
- NOTRUNCATE:将释放的文件空间保留在文件中。如果未指定 NOTRUNCATE,则所有释放的文件空间都返回给操作系统。
- TRUNCATEONLY:将文件中的所有未使用空间都释放给操作系统,并将文件收缩到最后一次分配的大小。该选项并不移动任何数据。使用 TRUNCATEONLY 时,将忽略 target_size。

[例 9] 将 Students 数据库中的 students_data1 文件收缩到 4 MB。

DBCC SHRINKFILE (students_data1, 4)

3. 添加和删除数据库文件

可以通过在数据库中添加文件的方法来扩大数据库空间,也可以通过删除文件的方法来减小数据库空间。

(1) 添加文件。SQL Server 对每个文件组中的所有数据文件都是按比例填充数据的,这使得各文件中存储的数据量与文件中的可用空间成正比,这种方式使得所有数据文件几乎同时被填满。例如,假设某文件组中有 DataFile1、DataFile2 和 DataFile3 三个数据文件,每个文件的大小分别为:10 MB、20 MB和 30 MB。设该文件组中的数据总量为 30 MB,则各文件中的数据量分别为:5 MB、10 MB 和 15 MB。因此,当添加数据文件时,系统会立刻使用新添加文件。

日志文件的使用方式与数据文件不同,日志文件彼此是相互独立的,没有文件组。在向日志文件写入信息时,使用的是填充到满的策略而不是按比例填充策略。即先写第一个日志文件,第一个日志文件写满后,再写第二个日志文件,以此类推。因此,当添加日志文件时,系统并不立刻使用该文件,直到其他文件被写满。

使用 T-SQL 的 ALTER DATABASE 语句可以向数据库添加文件,包括指定文件的初始大小、存放位置、增长方式等属性,这同创建数据库时指定文件属性的方法相同。也可以指定新添加的数据文件所属的文件组。

(2) 删除文件。只有当文件完全为空时,才可以从数据库中删除文件。

若要让某个数据文件为空,需要将该数据文件中的数据移到同一文件组的其他文件中,这可使用 DBCC SHRINKFILE 语句并指定 EMPTYFILE 子句实现。执行了有 EMPTYFILE 子句的 DBCC SHRINKFILE 语句后,SQL Server 将不允许再在该文件中放置数据,因此就可以删除该数据文件了。

但将日志信息从一个日志文件移到另一个日志文件后并不能删除该日志文件。只有当日志文件中不包含任何活动或不活动的事务时才可以从数据库中删除该日志文件。通过截断日志或备份日志的方法可以清除日志文件中的事务记录。通过备份清除日志文件内容的实现方法在第 12 章“备份与恢复数据库”中介绍。

删除数据库文件的 T-SQL 语句是 ALTER DATABASE,其语法格式为:

```
ALTER DATABASE database_name
    REMOVE FILE logical_file_name
```

各参数含义如下:

- database_name:要删除文件的数据库名。
- logical_file_name:被删除文件的逻辑文件名。

[例 10] 删除 Students 数据库中的 students_data1 文件。

```
ALTER DATABASE students
    REMOVE FILE students_data1
```

[例 11] 删除 Students 数据库中的 students_log1 文件。

```
ALTER DATABASE students
    REMOVE FILE students_log1
```

7.1.7 分离和附加数据库

通过分离和附加数据库的操作可以实现将数据库从一台数据库服务器移动到另一台数据库服务器,而不需要重新创建数据库的目的。

1. 分离数据库

分离数据库是指将数据库从 SQL Server 实例中删除,但不删除数据库的数据文件和日志文件。这与删除数据库不同,删除数据库会将数据库的所有文件一起删除,而分离数据库会保持数据库的数据文件和日志文件的完整和一致。

分离数据库实际就是让数据库的文件不受数据库管理系统的管理,使用户可以将数据库的数据文件和日志文件复制到另一台计算机上或者是同一台计算机的其他地方。

分离数据库使用的是 sp_detach_db 系统存储过程,其简化语法格式为:

```
sp_detach_db [ @dbname= ] 'dbname'
    [ , [ @skipchecks= ] 'skipchecks' ]
```

各参数说明如下:

- [@dbname =] 'dbname':要分离的数据库名称。
- [@skipchecks =] 'skipchecks':指定跳过还是运行“更新统计信息”。如果要跳过“更新统计信息”,则指定 true;如果要显式运行“更新统计信息”,则指定 false。

[例 12] 分离 Students 数据库,并跳过“更新统计信息”。

```
EXEC sp_detach_db 'Students', 'true'
```

2. 附加数据库

与分离数据库对应的操作是附加数据库。附加数据库就是将分离的数据库重新附加到数据库管理系统中,可以附加到本机的另一个 SQL Server 实例上,也可以附加到另一台数据库服务器上。在附加数据库之前,应先将要附加的数据库所包含的全部数据文件和日志文件放置到合适的位置。

在附加数据库时,必须指定主要数据文件的物理存储位置和文件名,因为主要数据文件中包含查找组成该数据库的其他文件所需的信息。如果在复制数据库文件时,更改了其他文件存储位置,则还应该明确指出所有已改变了位置的文件的存储信息。否则,SQL Server 将基于存储在主要数据文件中的文件位置信息附加其他文件,而这将导致附加数据库失败。

附加数据库的 T-SQL 语句是 CREATE DATABASE,语法格式如下:

```
CREATE DATABASE database_name
    ON <filespec> [ ,…n ]
    FOR { ATTACH | ATTACH_REBUILD_LOG }
```

各参数说明如下:

- database_name:要附加的数据库名。
- <filespec>:同创建数据库语句的<filespec>,用于指定要附加的数据库的主要数据文件。
- FOR ATTACH:指定通过附加一组现有的操作系统文件来创建数据库。必须有一个指定主要数据文件的<filespec> 项。至于其他文件的<filespec>项,只需指定与第一次创建数据库或上一次附加数据库时路径不同的文件即可。
- FOR ATTACH_REBUILD_LOG:指定通过附加一组现有的操作系统文件来创建数据库。该选项只限于可读/写的数据库。如果缺少日志文件,则将重新生成日志文件。

[例 13] 附加之前已分离的 Students 数据库。

```
CREATE DATABASE Students
  ON (FILENAME = 'F:\Data\students_data1.mdf')
  FOR ATTACH
```

[例 14] 假设已对 Students 数据库进行了分离操作,并将其中的 students_data2.ndf 文件和 students_log1.ldf 文件均移动到了 E:\NewData 文件夹下。移动数据库文件后,附加该数据库。

```
CREATE DATABASE Students
  ON ( FILENAME = 'F:\Data\students_data1.mdf'),
     ( FILENAME = 'E:\NewData\students_data2.ndf'),
     ( FILENAME = 'E:\NewData\students_log1.ldf')
FOR ATTACH
```

7.2 架构

架构(Schema,也称为模式)是数据库下的一个逻辑命名空间,可以存放表、视图等数据库对象，它是一个数据库对象的容器。如果将数据库比喻为一个操作系统，那么架构就相当于操作系统中的文件夹，而架构中的对象就相当于这个文件夹中的文件。因此，通过将同名表放置在不同架构中，使一个数据库中可以包含同名的表。

一个数据库可以包含一个或多个架构，架构由特定的授权用户所拥有。在同一个数据库中，架构名必须唯一。属于一个架构的对象称为架构对象，即它们依赖于该架构。架构对象的类型包括基本表、视图、触发器等。

一个架构可以由零个或多个架构对象组成。架构名可以是显式的，也可以是由 DBMS 提供的默认名。对数据库中对象的引用可以通过架构名前缀来限定。不带任何架构限定的 CREATE 语句指的是在当前架构中创建对象。

1. 定义架构

定义架构的 SQL 语句为 CREATE SCHEMA，其语法格式如下：

```
CREATE SCHEMA [<架构名>] AUTHORIZATION <用户名>
```

如果没有指定<架构名>，则<架构名>隐含为<用户名>。一个<用户名>可以拥有多个架构。执行创建架构语句的用户必须具有数据库管理员的权限，或者是获得了数据库管理员授予的 CREATE SCHEMA 的权限。

［例 15］ 为用户 ZHANG 定义一个架构，架构名为 S_C。

```
CREATE SCHEMA S_C AUTHORIZATION ZHANG
```

［例 16］ 定义一个用隐含名字的架构。

```
CREATE   SCHEMA   AUTHORIZATION ZHANG
```

这个示例用用户名 ZHANG 定义了一个架构，该架构的隐含名字为 ZHANG。

定义架构实际上就是定义了一个命名空间，在这个空间中可以进一步定义该架构的数据库对象，比如表、视图等。

在定义架构时还可以同时定义表、视图、为用户授权等，即可以在 CREATE SCHEMA 语句中包含 CREATE TABLE、CREATE VIEW、GRANT 等语句。

［例 17］ 在定义架构的同时定义表。

```
CREATE SCHEMA TEST AUTHORIZATION ZHANG
   CREATE TABLE T1 ( C1 INT,
                     C2 CHAR(10),
                     C3 SMALLDATETIME,
                     C4 NUMERIC(4,1))
```

该语句为用户 ZHANG 创建了一个名为 TEST 的架构，并在其中定义了一个表 T1，说明表 T1 包含在 TEST 架构中。

2. 删除架构

删除架构的 T-SQL 语句是 DROP SCHEMA，其语法格式如下：

```
DROP SCHEMA <架构名>  { <CASCADE> | <RESTRICT> }
```

其中：

- CASCADE：删除架构的同时将该架构中的所有架构对象一起全部删除。

- RESTRICT 选项：如果被删除的架构中包含架构对象，则拒绝删除此架构。

不同数据库管理系统的 DROP SCHEMA 语句的语法格式和执行机制略有不同。SQL Server 的 DROP SCHEMA 语句没有可选项，其语法格式为：

```
DROP  SCHEMA <架构名>
```

此语句只能删除不包含任何架构对象的架构，如果架构中含有架构对象，则拒绝删除架构。用户必须首先删除架构所包含的全部对象，然后再删除架构。

7.3 分区表

7.3.1 基本概念

分区表是将表中的数据按水平方式划分成不同的子集，这些数据子集存储在数据库的一个或多个文件组中。使用分区可以快速且有效地管理和访问数据子集，从而使大型表或索引更易于管理。合理地使用分区会在很大程度上提高数据库的性能。是否创建分区表主要取决于表当前的数据量大小以及将来的数据量大小，同时还取决于对表中数据进行的操作特点。通常，如果某个大型表同时满足下列条件，则比较适于进行分区：

- 该表包含（或将包含）以多种不同方式使用的大量数据。
- 数据是分段的，比如数据以年份分隔。

然而，数据量大并不是创建分区表的唯一条件，如果表中大量的数据都是经常使用的数据，而且它们的操作方式基本是一样的，则最好不要使用分区表。

如果数据量大，而且数据是分段的，并且对不同段的数据使用的操作不同，则适于使用分区表。比如，对某表中当前年的数据，经常进行的操作是添加、修改、删除和查询，而对于往年的数据，则几乎不需要操作，或者操作仅限于查询，那么就可以按年份对表进行分区。也就是说，当对数据的操作只涉及一部分数据而不是所有数据时，就可以考虑建立分区表。

分区表是从物理上将一个大表分成几个小表，但从逻辑上来看还是一个大表。对于用户而言，所面对的依然是一个大表，它们不需要考虑操作的是哪个年份对应的小表，用户只要将记录插入到大表（逻辑表）中就可以了，数据库管理系统会自动将数据放置到对应的物理小表中。同样，对于查询而言，用户也只需设置好查询条件就可以了，数据库管理系统会自动到相应的表中查询满足条件的记录。

7.3.2 创建分区表

在 SQL Server 2008 中，创建分区表通过以下几个步骤实现：

（1）创建分区函数。创建分区函数的目的是告诉数据库管理系统以什么方式对表进行分区。

（2）创建分区方案。分区方案的作用是将分区函数生成的分区映射到文件组中。分区函数的作用是告诉 SQL Server 如何将数据进行分区，而分区方案的作用则是告诉 SQL Server 将已分区的数据放在哪个文件组中。

(3) 使用分区方案创建表。

在创建分区表之前,为了方便管理,可以先创建几个文件组将不同的小表放在不同的文件组里。这样做一方面便于理解,另一方面可以提高运行速度。在创建数据库时还需要为数据库定义多个文件,而且这些文件最好是创建在不同的硬盘分区中,并将这些文件分别放置的不同的文件组中,这样便于系统将分区后的小表分别保存在不同的文件中。

1. 创建分区函数

在 SQL Server 2008 中,创建分区函数的 SQL 语句是:

```
CREATE PARTITION FUNCTION partition_function_name ( input_parameter_type )
AS RANGE [ LEFT | RIGHT ]
FOR VALUES( [ boundary_value [ , … n ] ] )
[ ; ]
```

各参数说明如下:

- partition_function_name:分区函数名。分区函数名在数据库中必须唯一。
- input_parameter_type:用于分区的列的数据类型。数据类型不能是 text、ntext、image、xml、timestamp、varchar(max)、nvarchar(max)、varbinary(max)和用户定义数据类型。

实际的分区列是在 CREATE TABLE 或 CREATE INDEX 语句中指定的。

- boundary_value:为每个分区指定边界值。如果 boundary_value 为空,则分区函数使用 partition_function_name 将整个表或索引映射到单个分区。只能使用在 CREATE TABLE 或 CREATE INDEX 语句中指定的分区列。
- …*n*:指定 boundary_value 提供的值的数目,$n \leqslant 999$。所创建的分区数等于 $n+1$。不要求按顺序列出各值。如果未按顺序列出各值,则数据库引擎将对它们进行排序、创建函数并返回一个警告,说明未按顺序提供值。如果 *n* 包括重复值,则数据库引擎将返回错误。
- LEFT | RIGHT:指定当间隔值由数据库引擎按升序从左到右排序时,boundary_value [,… *n*]属于每个边界值间隔的哪一侧(左侧还是右侧)。如果未指定,则默认值为 LEFT。

说明:

(1) 分区函数的作用域仅限于创建该分区函数的数据库。

(2) 分区列为空值的所有行都放在最左侧的分区中,除非将 NULL 指定为边界值并指定了 RIGHT。在这种情况下,最左侧分区为空分区,NULL 值被放置在后面的分区中。

[例 18] 在 int 列上创建左侧分区函数。下列分区函数将表分为 4 个分区。

```
CREATE PARTITION FUNCTION myRangePF1(int)
AS RANGE LEFT FOR VALUES (1, 100, 1000);
```

表 7.1 显示对分区依据列 col1 使用此分区函数的表进行分区的情况。

表 7.1 使用例 18 函数的分区情况

分区	1	2	3	4
值	col1 <= 1	col1 > 1 AND col1 <= 100	col1 > 100 AND col1 <= 1000	col1 > 1000

[例 19] 下列分区函数与例 18 使用相同的分区边界值,但指定的是右侧分区。

```
CREATE PARTITION FUNCTION myRangePF2(int)
AS RANGE RIGHT FOR VALUES (1, 100, 1000);
```

表 7.2 显示对分区依据列 col1 使用此分区函数的表进行分区的情况。

表 7.2 使用例 19 函数的分区情况

分区	1	2	3	4
值	col1 < 1	col1 >= 1 AND col1 < 100	col1 >= 100 AND col1 < 1000	col1 >= 1000

[例 20] 在 datetime 列上创建右侧分区函数。下列分区函数将表分成 12 个分区,每个分区对应 datetime 列一年中一个月的值。

```
CREATE PARTITION FUNCTION myDateRangePF1(datetime)
    AS RANGE RIGHT FOR VALUES ('20030201', '20030301', '20030401',
        '20030501', '20030601', '20030701', '20030801',
        '20030901', '20031001', '20031101', '20031201');
```

[例 21] 在字符列上创建右分区函数。下列分区函数将表分为 4 个分区。

```
CREATE PARTITION FUNCTION myRangePF3(char(20))
  AS RANGE RIGHT FOR VALUES ('EX', 'RXE', 'XR');
```

2. 创建分区方案

在 SQL Server 2008 中,创建分区方案的 SQL 语句是:

```
CREATE PARTITION SCHEME partition_scheme_name
AS PARTITION partition_function_name
[ ALL ] TO( { file_group_name | [ PRIMARY ] } [ ,…n ] )
[ ; ]
```

各参数说明如下:

- partition_scheme_name:分区方案名。分区方案名在数据库中必须唯一。
- partition_function_name:使用分区方案的分区函数名。分区函数所创建的分区将映射到在分区方案中指定的文件组。partition_function_name 必须是数据库中存在的。
- ALL:指定所有分区都映射到 file_group_name 中提供的文件组,或映射到主文件组(如果指定了 PRIMARY)。
- file_group_name|[PRIMARY][,…*n*]:指定用来持有由 partition_function_name 指定的分区的文件组名。file_group_name 必须在数据库中已存在。

如果指定了[PRIMARY],则分区将存储于主文件组中。如果指定了 ALL,则只能指定一个 file_group_name。分区分配到文件组的顺序是从分区 1 开始,按文件组在 [,…*n*] 中列出的顺序进行分配。在[,…*n*]中,可以多次指定同一个文件组。如果指定的文件组数比在 partition_function_name 中指定的分区数少,则 CREATE PARTITION SCHEME 语句将失败,并返回错误。

如果 partition_function_name 生成的分区数少于指定的文件组数,则第一个未分配的文件组将标记为 NEXT USED,并且出现显式命名 NEXT USED 文件组的信息。如果指定了 ALL,则单独的文件组将为该 partition_function_name 保持它的 NEXT USED 属性。

在 file_group_name[1,…n]中指定主文件组时，必须像在[PRIMARY]中那样分隔 PRIMARY，因为它是关键字。

[例 22] 创建用于将每个分区映射到不同文件组的分区方案。下列代码首先创建一个分区函数，并将表分为 4 个分区。然后创建一个分区方案，在其中指定拥有这 4 个分区中每一个分区的文件组。此示例假定数据库中已经存在文件组。

```
CREATE PARTITION FUNCTION myRangePF1(int)
  AS RANGE LEFT FOR VALUES (1, 100, 1000);
GO
CREATE PARTITION SCHEME myRangePS1
  AS PARTITION myRangePF1
  TO (test1fg, test2fg, test3fg, test4fg);
```

表 7.3 显示了在某表上对分区依据列 col1 使用分区函数 myRangePF1 后，对该表的分区情况。

表 7.3 文件组与分区的对照关系

文件组	test1fg	test2fg	test3fg	test4fg
分区	1	2	3	4
值	col1 <= 1	col1 > 1 AND col1 <= 100	col1 > 100 AND col1 <= 1000	col1 > 1000

[例 23] 创建将所有分区映射到同一个文件组的分区方案。本示例创建的分区函数与例 22 相同，但是创建一个将所有分区映射到同一个文件组的分区方案。

```
CREATE PARTITION FUNCTION myRangePF3(int)
  AS RANGE LEFT FOR VALUES (1, 100, 1000);
GO
CREATE PARTITION SCHEME myRangePS3
  AS PARTITION myRangePF3
  ALL TO ( test1fg );
```

[例 24] 创建指定"NEXT USED"文件组的分区方案。本示例创建的分区函数与例 22 相同，但所创建的分区方案列出的文件组数超过了关联的分区函数所创建的分区数。

```
CREATE PARTITION FUNCTION myRangePF4(int)
  AS RANGE LEFT FOR VALUES (1, 100, 1000);
GO
CREATE PARTITION SCHEME myRangePS4
    AS PARTITION myRangePF4
TO (test1fg, test2fg, test3fg, test4fg, test5fg)
```

在 SQL Server 2008 中执行该语句将返回以下消息：

分区方案'myRangePS4'已成功创建。'test5fg'在分区方案'myRangePS4'中标记为下次使用的文件组。

如果将分区函数 myRangePF4 更改为添加一个分区，则文件组 test5fg 将接收新创建的分区。

[例 25] 本示例首先创建一个分区函数，将表或索引分为 4 个分区。然后创建一个分区方

案，最后创建使用此分区方案的表。本示例假定数据库中已经存在文件组。

```
CREATE PARTITION FUNCTION myRangePF1(int)
  AS RANGE LEFT FOR VALUES (1, 100, 1000);
GO
CREATE PARTITION SCHEME myRangePS1
  AS PARTITION myRangePF1
  TO (test1fg, test2fg, test3fg, test4fg);
GO
CREATE TABLE PartitionTable (
  col1 int,
  col2 char(10) )
  ON myRangePS1 (col1);
```

7.4 索引

在数据库中建立索引是为了加快数据的查询速度，关于索引的概念及分类参见第3章，本节主要介绍创建及删除索引的T-SQL语句。

1. 创建索引

创建索引使用的是CREATE INDEX语句。SQL Server 2008创建索引的简化语法格式为：

```
CREATE [ UNIQUE ] [ CLUSTERED | NONCLUSTERED ] INDEX index_name
    ON <object>( column [ ASC | DESC ] [ ,…n ] )
      [ INCLUDE ( column_name [ ,…n ] ) ]
      [ WHERE <filter_predicate> ]
      [ ON { partition_scheme_name ( column_name )
            | filegroup_name
            | default
            }
      ]
      [FILESTREAM_ON { filestream_filegroup_name | partition_scheme_name | "NULL" } ]
  [ ; ]
<object> ::=
{
  [ database_name. [ schema_name ]. | schema_name. ] table_or_view_name
}
```

各参数说明如下：

- UNIQUE：为表或视图创建唯一索引。唯一索引不允许两行具有相同的索引键值。
- CLUSTERED：创建聚集索引，键值的逻辑顺序决定表中对应行的物理顺序。聚集索引的底层(或称叶级别)包含该表的实际数据行。一个表或视图只允许同时有一个聚集索引。具有唯一聚集索引的视图称为索引视图。为一个视图创建唯一聚集索引会在物理上具体化该视图。必须先为视图创建唯一聚集索引，然后才能为该视图定义其他索引。

在为表创建索引时，应先创建聚集索引，然后再创建非聚集索引，因为在创建聚集索引时系统会重新生成表中现有的非聚集索引。

- NONCLUSTERED：默认选项，创建一个非聚集索引。对于非聚集索引，数据行的物理排序独立于索引排序。在 SQL Server 2008 中，每个表都最多可包含 999 个非聚集索引。
- index_name：索引名。索引名在表或视图中必须唯一，但在数据库中不必唯一。
- column：索引所基于的一个列或多个列。如果指定多个列名，则可为指定列的组合值创建组合索引。如果是创建组合索引，则在 table_or_view_name 后的括号中，应按排序优先级顺序列出组合索引中要包括的列，即系统会首先对第一列进行排序，然后再对第二个列进行排序，以此类推。

注意：不能在大型对象（LOB）数据类型 ntext、text、varchar(max)、nvarchar(max)、varbinary(max)和 image 列上建立索引。

- [ASC | DESC]：指定索引列的排序方式。ASC 为升序，DESC 为降序。默认为 ASC。
- INCLUDE (column [,... *n*])：指定要添加到非聚集索引的叶级别的非键列。非聚集索引可以唯一，也可以不唯一。
- WHERE <filter_predicate>：指定索引中要包含的数据行，指定筛选条件后系统将在满足筛选条件的数据行上建立索引。筛选索引必须是对表的非聚集索引。
- ON partition_scheme_name (column_name)：指定分区方案，该方案定义要将分区索引的分区映射到的文件组。column_name 指定将作为分区索引的分区依据的列。该列必须与 partition_scheme_name 使用的分区函数参数的数据类型、长度和精度相匹配。column_name 不限于索引定义中的列。如果未指定 partition_scheme_name 或 filegroup 且该表已分区，则索引会与基本表使用相同分区依据列并被放入同一分区方案中。
- ON filegroup_name：为指定文件组创建索引。如果未指定位置且表或视图尚未分区，则索引将与基础表或视图使用相同的文件组。
- ON "default"：为默认文件组创建索引。"default"不是关键字，它是默认文件组的标识符。
- database_name、schema_name、schema_name 和 table_or_view_name 同 CREATE TABLE。

[例 26]　在 Table_Customer 表的 Cname 列上创建非聚集索引。

```
CREATE INDEX Cname_ind ON Table_Customer(Cname)
```

[例 27]　在 Table_Customer 表的 IdentityCard 列上创建唯一性聚集索引。

```
CREATE UNIQUE CLUSTERED INDEX ID_ind
  ON Table_Customer(IdentityCard)
```

[例 28]　在 Table_Customer 表的 Cname 列和 CardID 列上创建一个非聚集索引，要求索引键值按 Cname 升序和 CardID 降序排序。

```
CREATE INDEX COMP_ind ON Table_Customer(Cname ASC, CardID DESC)
```

[例 29]　创建分区索引。本示例在 TransactionHistory 表的 ReferenceOrderID 列上为现有分区方案 TransactionsPS1 创建非聚集分区索引。

```
CREATE NONCLUSTERED INDEX IX_TransactionHistory_ReferenceOrderID
    ON TransactionHistory(ReferenceOrderID)
    ON TransactionsPS1(TransactionDate);
```

2. 删除索引

如果频繁地对数据进行增加、删除和更改操作，则系统会花费很多时间来维护索引，这会降低数据的修改效率；另外，存储索引需要占用额外的空间，这增加了数据库的空间开销。因此，当不需要某个索引时，可将其删除。

在 SQL 语言中，删除索引使用的是 DROP INDEX 语句。其一般语法格式为：

```
DROP   INDEX { index_name ON <object> [ ,…n ] }
<object> : : =
{
    [ database_name. [ schema_name ]. | schema_name. ] table_or_view_name
}
```

各参数含义同 CREATE INDEX。

[**例 30**] 删除 Table_Customer 表中的 Cname_ind 索引。

```
DROP INDEX Cname_ind
```

7.5 索引视图

1. 基本概念

标准视图也称为虚拟表，因为这种视图所返回的结果集的格式与基本表相同，都是由列和行组成，而且在 SQL 语句中引用视图的方式也与引用基本表的方式相同。标准视图的结果集并不永久地存储在数据库中，每次通过标准视图查询数据时，数据库管理系统都会在内部将视图的定义替换为对基本表的查询语句，然后，再对基本表执行查询。

然而，为每个引用视图的查询动态生成结果集的开销是很大的，特别是那些涉及对大量数据行进行复杂处理(如聚合大量数据或连接许多行)的视图。如果在查询中频繁地引用这类视图，则可通过对视图创建唯一聚集索引的方式来提高查询性能。对视图创建唯一聚集索引后，视图的结果集将存储在数据库中，就像带有聚集索引的表一样。建有唯一聚集索引的视图称为索引视图，也称为物化视图。

对基本表中的数据进行更改时，这些更改将反映到索引视图存储的数据中。

2. 适合建立索引视图的场合

- 如果很少更新基础数据，则索引视图的效果最佳。
- 如果经常更新基础数据，则维护索引视图的成本可能超过使用索引视图带来的性能收益。
- 如果基础数据以批处理的形式定期更新，但在更新之间主要作为只读数据进行处理，则可考虑在更新前删除所有索引视图，然后再重建索引视图，这样做可以提高更新的性能。

索引视图可以提高下列查询类型的性能：

- 处理大量行的连接和聚合。
- 许多查询经常执行的连接和聚合操作。

例如，在记录库存的联机事务处理数据库中，假设许多查询都连接 ProductMaster、

ProductVendor 和 VendorMaster 表。虽然执行此连接的每个查询需要处理的行可能并不多,但若将成百上千个这样的查询连接起来,则总的处理量将非常大。由于这些关系不太可能经常更新,所以可以通过定义一个索引视图来存储连接的结果,以此提高整个系统的总体性能。

索引视图通常不会提高下列查询类型的性能:

- 具有大量写操作的 OLTP 系统。
- 具有大量更新操作的数据库。
- 不涉及聚合或连接的查询。
- GROUP BY 列具有高基数度的数据聚合。高基数度表示列包含许多不同的值。

例如,考虑下列对一个包含 1 000 行数据的表的查询:

```
SELECT PriKey, SUM(SalesCol) FROM ExampleTable
  GROUP BY PriKey
```

如果 PriKey 列的基数是 100,那么使用此查询结果生成的索引视图将只有 100 行。使用该视图的查询所需的平均读取量是需要对基本表进行的读取量的十分之一。如果 PriKey 列是表中有唯一约束的列,则 PriKey 列的基数是 1 000,视图结果集也将返回 1 000 行。如果视图和基本表的行数相等,那么使用索引视图进行查询并不会比直接读取基本表性能好。

3. 定义索引视图

在对视图创建聚集索引之前,该视图必须符合下列要求:

- 定义索引视图时,视图不能引用任何其他视图,只能引用基本表。
- 视图引用的所有基本表必须与视图位于同一个数据库中,并且所有者也与视图相同。
- 必须使用 SCHEMABINDING 选项创建视图。
- 视图中的表达式引用的所有函数必须是确定的。
- 对视图创建的第一个索引必须是唯一聚集索引,之后再创建其他的非聚集索引。

[例 31] 本示例首先创建了一个视图并为该视图创建一个唯一聚集索引,然后是两个使用该索引视图的查询语句。

```
-- 定义视图
CREATE VIEW Sales.vOrders
WITH SCHEMABINDING
AS
SELECT SUM(UnitPrice * OrderQty * (1.00-UnitPriceDiscount)) AS Revenue,
        OrderDate, ProductID, COUNT_BIG(*) AS COUNT
    FROM Sales.SalesOrderDetail AS od, Sales.SalesOrderHeader AS o
    WHERE od.SalesOrderID = o.SalesOrderID
    GROUP BY OrderDate, ProductID
GO
-- 在视图上定义一个唯一聚集索引
CREATE UNIQUE CLUSTERED INDEX IDX_V1
    ON Sales.vOrders (OrderDate, ProductID);
GO
-- 下列查询可以使用索引视图,即使在 FROM 子句中没有指定索引视图
```

```
SELECT SUM(UnitPrice * OrderQty * (1.00-UnitPriceDiscount)) AS Rev,
        OrderDate, ProductID
    FROM Sales.SalesOrderDetail AS od
    JOIN Sales.SalesOrderHeader AS o
    ON od.SalesOrderID = o.SalesOrderID
    AND ProductID BETWEEN 700 and 800
    AND OrderDate >= CONVERT(datetime,'05/01/2002',101)
  GROUP BY OrderDate, ProductID
  ORDER BY Rev DESC
GO
-- 下列查询可以使用上述定义的索引视图
SELECT OrderDate, SUM(UnitPrice * OrderQty * (1.00-UnitPriceDiscount)) AS Rev
    FROM Sales.SalesOrderDetail AS od
    JOIN Sales.SalesOrderHeader AS o
    ON od.SalesOrderID = o.SalesOrderID
    AND DATEPART(month,OrderDate)= 3
    AND DATEPART(year,OrderDate) = 2002
    GROUP BY OrderDate
    ORDER BY OrderDate ASC
```

小结

本章介绍了T-SQL语言的部分数据定义功能，内容包括创建数据库、架构、索引和视图，同时介绍了这些对象的作用和使用方法。

数据库是存放数据的场所，它由数据文件和日志文件组成，数据文件用于存放系统和用户的数据，日志文件用于记录用户对数据库的更改操作。架构是数据库下的一个逻辑命名空间，可以存放表、视图等数据库对象，用于对数据库对象进行分类。分区表是将逻辑上的一张大表，在物理上分为几个小表，使得每次操作的数据集合比较小。索引主要是为了提高数据的查询效率，但通过索引提高数据查询效率是有代价的，因为存储索引信息需要占用额外的空间，而且会影响数据的增、删和改的效率，因此，一般只在经常作为查询条件的列上构建索引。视图是一种由从数据库的基本表中选取出来的数据组成的对象，可以像查询基本表一样查询视图中的数据。视图主要被用于简化数据查询语句、定制数据以限制用户对数据库数据的操作，视图也可为应用程序提供一定程度的逻辑独立性。

习题

一、选择题

1. SQL Server数据库是由文件组成的。下列关于数据库所包含的文件的说法中，正确的是

A. 一个数据库可包含多个主要数据文件和多个日志文件

B．一个数据库只能包含一个主要数据文件和一个日志文件

C．一个数据库可包含多个次要数据文件，但只能包含一个日志文件

D．一个数据库可包含多个次要数据文件和多个日志文件

2．在 SQL Server 中创建用户数据库，其主要数据文件的大小必须大于

A．master 数据库的大小　　B．model 数据库的大小

C．msdb 数据库的大小　　D. 3 MB

3．在 SQL Server 系统数据库中，存放用户数据库公共信息的是

A．master　　B．model　　C．msdb　　D．tempdb

4．在 SQL Server 中创建用户数据库，实际就是定义数据库所包含的文件以及文件的属性。下列不属于数据库文件属性的是

A．初始大小　　B．物理文件名　　C．文件结构　　D．最大大小

5．下列不属于创建分区表步骤的是

A．创建分区依据列　　B．创建分区函数

C．创建分区方案　　D．使用分区方案创建表

二、填空题

1．SQL Server 数据库中数据的存储分配单位是________。

2．SQL Server 中一个数据页的大小是________ KB。

3．SQL Server 数据库中主要数据文件的推荐扩展名是________，日志文件的推荐扩展名是________。

4．SQL Server 一个数据库中可以包含________个次要数据文件。

5．如果某个数据表包含 20 000 行数据，每行的大小是 5 000 B，则此数据表需要的存储空间大约是________ MB。

6．用户创建数据库时，其主要数据文件的初始大小必须不小于________系统数据库大小。

第8章 数据库后台编程技术

本章介绍数据库后台编程技术，包括存储过程、用户定义的函数、触发器以及游标。

8.1 存储过程

8.1.1 基本概念

使用T-SQL语言编写代码时，可以用两种方法存储和执行代码。一种是在客户端存储代码，通过客户端的程序或SQL命令向数据库管理系统发出对数据库的操作请求，由数据库管理系统将操作结果返回给用户程序；第二种是以子程序的形式将程序模块存储在数据库中，供有权限的用户通过调用反复执行。所谓存储过程，实际上是存储在数据库中供所有用户程序调用的子程序。

存储过程与其他程序设计语言中的子程序很类似，因为存储过程可以：

- 接收输入参数并以输出参数的形式将多个值返回给调用过程。
- 包含执行数据库操作（包括调用其他存储过程）的编程语句。
- 向调用过程返回状态值，以表明执行成功或失败（以及失败原因）。

使用存储过程的好处有：

（1）允许模块化程序设计。只需创建一次存储过程并将其存储在数据库中，以后就可以在应用程序中多次调用该存储过程。存储过程可由在数据库编程方面有专长的人员创建，并可独立于程序源代码而单独修改。

（2）改善性能。如果某操作需要大量的SQL代码来完成或者需要重复执行，则存储过程将比SQL批代码的执行要快。因为系统是在创建存储过程时对其进行分析和优化，并在第一次执行时进行语法检查和编译，编译好的代码存储在内存中，以后再执行此存储过程时只需执行内存中的代码即可。

（3）减少网络流量。一个需要数百行SQL代码完成的操作现在只需要一条执行存储过程的代码即可实现，因此不再需要在网络中传送大段的SQL代码。

（4）增强应用程序的安全性。一方面参数化存储过程有助于保护应用程序不受攻击，同时可以通过授予用户执行存储过程的权限,而避免对存储过程的非法使用。

8.1.2 创建、执行和删除存储过程

1. 创建存储过程

创建存储过程的 SQL 语句为 CREATE PROCEDURE。其语法格式为:

```
CREATE { PROC | PROCEDURE} [schema_name.] procedure_name
    [{@ parameter [type_schema_name. ] data_type}
        [ =default ] [ OUT | OUTPUT ]
    ] [ ,…n ][WITH RECOMPILE]
AS { <sql_statement> [ ; ][ …n ]}
[ ; ]
<sql_statement> : : = { [ BEGIN ] statements [ END ] }
```

其中各参数说明如下:

- schema_name:过程所属的架构名。
- procedure_name:存储过程名,该名称在架构中必须唯一。建议不要定义使用前缀 sp_的过程名,因为该前缀由 SQL Server 使用,用以指定系统存储过程。
- @ parameter:存储过程的参数。在创建存储过程时可以声明一个或多个参数。除非定义了参数的默认值或者将参数设置为等于另一个参数,否则用户在调用存储过程时必须为每个声明的参数提供值。一个存储过程最多可以有 2 100 个参数。
- [type_schema_name.] data_type:参数以及所属架构的数据类型。所有数据类型都可以用作存储过程的参数。
- default:参数的默认值。如果定义了 default 值,则在调用存储过程时可以不指定此参数的值而执行过程。默认值必须是常量或 NULL。如果存储过程使用带 LIKE 关键字的参数,则可包含通配符% 、_、[ ] 和 [^]。
- OUTPUT:指示参数是输出参数。使用 OUTPUT 参数将值返回给过程的调用方。
- RECOMPILE:指示数据库引擎不缓存该存储过程的计划,该存储过程在运行时将被重新编译。
- <sql_statement>:将要包含在存储过程中的一个或多个 T-SQL 语句。

2. 执行存储过程

执行存储过程可以使用 T-SQL 的 EXECUTE 语句。如果存储过程是批处理中的第一条语句,那么不使用 EXECUTE 关键字也可以执行存储过程。

EXECUTE 语句的语法格式为:

```
[ { EXEC | EXECUTE} ]
{
    [ @ return_status = ]
    { proc_name}
        [ [ @ parameter_name = ] { value
                                 | @ variable [ OUTPUT ]
```

```
                        | [DEFAULT ]
                     }
       ]
       [ ,…n ]
       [WITH RECOMPILE ]
     }
  [;]
```

各参数说明如下：

- @ return_status：可选的整型变量，存储过程的返回状态。这个变量在用于 EXECUTE 语句前必须被声明过。
- proc_name：要调用的存储过程名。
- @ parameter：存储过程的参数，必须与存储过程中定义的相同。参数名前必须加上符号（@）。在与@ parameter_name = value 格式一起使用时，不要求参数名和常量的顺序与存储过程中定义的顺序一致。如果对任何参数使用了@ parameter_name = value 格式，则对所有后续参数都必须使用此格式。

默认情况下，参数可为空值。

- @ variable：是用来存储参数或返回参数的变量。
- DEFAULT：使用定义存储过程时为参数指定的默认值。如果存储过程没有为参数指定默认值，而在执行存储过程时又使用了 DEFAULT 关键字，则会出现错误。

[例1] 带有复杂 SELECT 语句的存储过程。建立查询地址在海淀区的顾客的购买情况的存储过程，列出顾客姓名、购买的商品名、单价、购买日期、会员积分数。

```
CREATE PROCEDURE p_CustBuy1
AS
  SELECT CName,GoodsName,SaleUnitPrice,SaleDate,b.Score
    FROM Table_Customer a JOIN Table_Card b ON a.CardID = b.CardID
    JOIN Table_SaleBill c ON c.CardID = b.CardID
    JOIN Table_SaleBillDetail d ON d.SaleBillID = c.SaleBillID
    JOIN Table_Goods e ON e.GoodsID = d.GoodsID
    WHERE Address = '北京市海淀区'
```

[例2] 带有输入参数的存储过程。建立查询地址在指定地区的顾客的购买情况的存储过程，列出顾客姓名、购买的商品名、单价、购买日期、会员积分数。

```
CREATE PROCEDURE p_CustBuy2
  @area as varchar(20)
AS
  SELECT CName,GoodsName,SaleUnitPrice,SaleDate,b.Score
    FROM Table_Customer a JOIN Table_Card b ON a.CardID = b.CardID
    JOIN Table_SaleBill c ON c.CardID = b.CardID
    JOIN Table_SaleBillDetail d ON d.SaleBillID = c.SaleBillID
    JOIN Table_Goods e ON e.GoodsID = d.GoodsID
```

```
WHERE Address = @ area
```

当存储过程有输入参数并且没有为输入参数指定默认值时，在调用此存储过程时必须为输入参数指定一个常量值。

执行例2定义的存储过程，查询“北京市朝阳区”的顾客的购买情况：

EXEC p_CustBuy2 '北京市朝阳区'

［例3］ 带有多个输入参数并有默认值的存储过程。建立查询某个指定地区购买了单价高于指定价格的商品的顾客的购买信息，列出顾客姓名、购买的商品名、单价、购买日期、会员积分数。其中默认地区为“北京市海淀区”。

```
CREATE PROCEDURE p_CustBuy3
  @ area varchar(20) = '北京市海淀区', @ Price money
AS
  SELECT CName, GoodsName, SaleUnitPrice, SaleDate, b. Score
    FROM Table_Customer a JOIN Table_Card b ON a. CardID = b. CardID
    JOIN Table_SaleBill c ON c. CardID = b. CardID
    JOIN Table_SaleBillDetail d ON d. SaleBillID = c. SaleBillID
    JOIN Table_Goods e ON e. GoodsID = d. GoodsID
    WHERE Address = @ area AND SaleUnitPrice > @ Price
```

执行有多个输入参数的存储过程时，参数的传递方式有两种：

① 按参数位置传递值。

按参数位置传递值指执行存储过程的 EXEC 语句中的实参的排列顺序必须与定义存储过程时定义的参数的顺序一致。

例：使用按参数位置传递值方式执行例3所定义的存储过程的语句为：

EXEC p_CustBuy3 '北京市海淀区', 1000

② 按参数名传递值。

按参数名传递值指的是执行存储过程的 EXEC 语句中要指明定义存储过程时指定的参数的名字以及此参数的值，而不关心参数的定义顺序。

例：使用按参数名传递值方式执行例3所定义的存储过程的语句为：

EXEC p_CustBuy3 @ area = '北京市海淀区', @ Price = 1000

如果在定义存储过程时为参数指定了默认值，则在执行存储过程时可以不为有默认值的参数提供值。例如，执行例3的存储过程：

EXEC p_CustBuy3 @ Price = 1000

相当于执行：

EXEC p_CustBuy3 '北京市海淀区', 1000

［例4］ 带输出参数的存储过程。计算两个数的乘积，并将计算结果作为输出参数返回给调用者。

```
CREATE PROCEDURE p_multi
  @ var1 int, @ var2 int, @ var3 int output
As
```

```
  Set @ var3 = @ var1 * @ var2
```

执行此存储过程：

```
Declare @ res int
EXEC Proc1 5,7,@ res output
Print @ res
```

[例 5] 带输入参数和一个输出参数的存储过程。建立统计指定类型的商品的种类数的存储过程，并将统计的结果作为输出参数返回。

```
CREATE PROCEDURE p_GoodsCount
  @ class varchar(20), @ count int output
AS
  SELECT @ count = count( * ) FROM Table_Goods a
    JOIN Table_GoodsClass b ON a. GoodsClassID = b. GoodsClassID
  WHERE GoodsClassName = @ class
```

执行此存储过程：

```
DECLARE @ c int
EXEC p_GoodsCount '服装', @ c output
PRINT @ c
```

[例 6] 带有多个输入参数和多个输出参数的存储过程。建立统计指定地区和指定性别的顾客人数和平均年龄的存储过程，并将统计的结果作为输出参数返回。

```
CREATE PROCEDURE p_CustCount
  @ area varchar(20), @ sex char(2),
  @ count int output, @ avg_age int output
AS
  SELECT @ count = COUNT( * ),
    @ avg_age = AVG( YEAR( GETDATE( ) ) - YEAR( BIRTHDATE ) )
    FROM Table_Customer
    WHERE Address = @ area and Sex = @ sex
```

执行此存储过程：

```
DECLARE @ x int, @ y int
EXEC p_CustCount '北京市海淀区','F',@ x output, @ y output
SELECT @ x AS 人数, @ y AS 平均年龄
```

利用存储过程不但可以实现对数据的查询，而且还可以实现对数据的删除、更改和增加。

[例 7] 建立更改数据的存储过程。将指定商品类别的商品的单价降低 5%。

```
CREATE PROCEDURE p_Update
  @ class char(10)
AS
  UPDATE Table_Goods SET SaleUnitPrice = SaleUnitPrice * 0.95
    WHERE GoodsClassID IN (
```

```
    SELECT GoodsClassID FROM Table_GoodsClass
      WHERE GoodsClassName = @ class )
```

[**例 8**] 建立删除数据的存储过程。删除销售日期在指定年份之前的销售单据明细表中的记录。

```
CREATE PROCEDURE p_Delete
  @ year int
AS
  DELETE FROM Table_SaleBillDetail
    WHERE SaleBillID IN (
      SELECT SaleBillID FROM Table_SaleBill
    WHERE year( SaleDate) < @ year )
```

3. 删除存储过程

删除存储过程使用 DROP PROCEDURE 语句,该语句可从当前数据库中删除一个或多个存储过程。其语法格式为:

```
DROP { PROC | PROCEDURE} { [ schema_name. ] procedure} [ ,…n ]
```

[**例 9**] 删除 p_CustBuy1 存储过程。

```
DROP PROC p_CustBuy1
```

8.2 用户定义函数

用户定义函数与编程语言中的函数类似,其结构与存储过程类似,但函数必须有一个 RETURN子句,用于返回函数值。函数说明要指定函数名、结果值的类型,以及参数类型等。

SQL Server 2008 支持两类用户定义函数:标量函数和表值函数,标量函数只返回单个数据值,表值函数将返回一个表。表值函数又分为内联表值函数和语句表值函数。

8.2.1 创建和调用标量函数

标量函数是返回单个数据值的函数。

1. 定义标量函数

定义标量函数的语法格式为:

```
CREATE FUNCTION [ schema_name. ] function_name
( [ { @ parameter_name [ AS ] [ type_schema_name. ] parameter_data_type
    [ = default ] }
    [ ,…n ]
  ]
)
RETURNS return_data_type
```

```
[ AS ]
  BEGIN
            function_body
        RETURN scalar_expression
  END
[ ; ]
```

各参数说明如下：

- schema_name：用户定义函数所属架构的名称。
- function_name：用户定义函数的名称，该名称必须符合有关标识符的规则，并且在数据库中以及对其架构来说是唯一的。
- @ parameter_name：用户定义函数中的参数。可声明一个或多个参数。

一个函数最多可以有 2 100 个参数。执行函数时，如果未定义参数的默认值，则用户必须为每个已声明参数提供值。

- [type_schema_name.] parameter_data_type：参数的数据类型及其所属的架构，后者为可选项。对于 T-SQL 函数，允许使用除 timestamp 数据类型之外的所有数据类型。如果未指定 type_schema_name，则数据库引擎将按以下顺序查找 parameter_data_type：
  - 包含 SQL Server 系统数据类型名称的架构。
  - 当前数据库中当前用户的默认架构。
  - 当前数据库中的 dbo 架构。
- [=default]：参数的默认值。如果定义了 default 值，则在执行函数时可不指定此参数的值。如果希望在调用函数时使用参数的默认值，则必须指定关键字 DEFAULT。
- return_data_type：用户定义函数的返回值类型。可以是除 timestamp 类型之外的所有数据类型。
- function_body：定义函数值的一系列 T-SQL 语句。
- scalar_expression：指定标量函数返回的标量值。

[例 10] 创建计算立方体体积的标量函数，此函数有 3 个输入参数，分别为立方体的长、宽和高，类型均为整型，函数的返回值的类型也为整型。

```
CREATE FUNCTION dbo. CubicVolume
  (@ CubeLength int, @ CubeWidth int, @ CubeHeight int)
RETURNS int
AS
BEGIN
  RETURN ( @ CubeLength * @ CubeWidth * @ CubeHeight )
END
```

[例 11] 创建查询指定商品类别的商品种类数的标量函数。

```
CREATE FUNCTION dbo. f_GoodsCount( @ class varchar(10))
  RETURNS int
AS
```

```
BEGIN
  DECLARE @ x int
  SELECT @ x = count( * ) FROM Table_GoodsClass a JOIN Table_Goods b
    ON a. GoodsClassID = b. GoodsClassID
    WHERE GoodsClassName = @ class
  RETURN @ x
END
```

2. 调用标量函数

当调用标量函数时，必须提供至少由两部分组成的名称：函数拥有者名和函数名。可在任何允许出现表达式的 SQL 语句中调用标量函数，只要类型一致。

调用例 10 定义的函数，计算长、宽、高分别为 4、6、8 的立方体的体积的 SQL 语句为：

```
SELECT dbo. CubicVolume(4,6,8)
```

调用例 11 定义的函数，查询“服装”类商品的商品名和种类数的 SQL 语句为：

```
SELECT GoodsName AS 商品名, dbo. f_GoodsCount ('服装') AS 种类数
  FROM Table_GoodsClass a JOIN Table_Goods b
  ON a. GoodsClassID = b. GoodsClassID
  WHERE GoodsClassName = '服装'
```

8.2.2　创建和调用内联表值函数

内联表值函数的返回值是一个表，该表的内容是一个查询语句的结果。

1. 创建内联表值函数

定义内联表值函数的语法为：

```
CREATE FUNCTION [ schema_name. ] function_name
( [ { @ parameter_name [ AS ] [ type_schema_name. ] parameter_data_type
    [ = default ] }
    [ ,…n ]
  ]
)
RETURNS TABLE
  [ AS ]
    RETURN [ ( ] select_stmt [ ) ]
[ ; ]
```

其中，select_stmt 是定义内联表值函数返回值的单个 SELECT 语句。其他各参数含义同标量函数。

在内联表值函数中，通过单个 SELECT 语句定义 TABLE 返回值。内联表值函数没有相关联的返回变量，也没有函数体。

［例 12］　创建查询指定类别的商品名称和单价的内联表值函数。

```
CREATE FUNCTION f_GoodsInfo( @ class char(10))
```

```
  RETURNS table
AS
  RETURN (
    SELECT GoodsName,SaleUnitPrice FROM Table_GoodsClass a
      JOIN Table_Goods b ON a.GoodsClassID = b.GoodsClassID
      WHERE GoodsClassName = @ class)
```

2. 调用内联表值函数

对内联表值函数的使用与视图非常类似,需要放置在查询语句的 FROM 子句部分,它的作用很像是带参数的视图。

利用例 12 定义的内联表值函数,查询“服装”类的商品信息的 SQL 语句为:

```
SELECT * FROM dbo.f_GoodsInfo ('服装')
```

8.2.3 创建和调用多语句表值函数

多语句表值函数的功能是视图和存储过程的组合,可以利用多语句表值函数返回一个表,表中的内容可由复杂的逻辑和多条 SQL 语句构建(类似于存储过程)。可以在 SELECT 语句的 FROM 子句中使用多语句表值函数(同视图)。

1. 创建多语句表值函数

定义多语句表值函数的语法:

```
CREATE FUNCTION [ schema_name. ] function_name
( [ { @ parameter_name [ AS ] [ type_schema_name. ] parameter_data_type
    [ = default ] }
    [ ,…n ]
  ]
)
RETURNS @ return_variable TABLE <table_type_definition>
  [ AS ]
    BEGIN
      function_body
      RETURN
    END
[ ; ]
<table_type_definition>::=
( { <column_definition> <column_constraint>
  | <computed_column_definition>}
      [ <table_constraint> ] [ ,...n ]
)
```

各参数说明如下:

- function_body:是一系列 T-SQL 语句,这些语句用于填充 TABLE 返回变量。
- table_type_definition:定义返回的表的结构,该表结构的定义同创建表的语句。在表结构定义中,可以包含列定义、列约束定义、计算列以及表约束定义。

[例 13] 定义查询指定类别的商品的名称、单价生产日期和新旧商品的多语句表值函数,其中新旧商品的值为:如果到目前为止此商品的生产月数超过 12 个月,则为“旧商品”;若生产月数在 6 ~ 12 个月之间,则为“一般商品”;若生产月数小于 6 个月,则为“新商品”。

```
CREATE FUNCTION f_GoodsType(@class varchar(20))
  RETURNS @f_GoodsType table(
    商品名 varchar(50),
    单价 money,
    生产日期 datetime,
    类型 varchar(10))
AS
  BEGIN
  INSERT INTO @f_GoodsType
    SELECT GoodsName, SaleUnitPrice, ProductionDate,CASE
      WHEN datediff(month,ProductionDate,'2007/2/10') > 12
                 THEN '旧商品'
    WHEN datediff(month,ProductionDate,'2007/2/10') BETWEEN 6 AND 12 THEN '一般商品'
      WHEN datediff(month,ProductionDate,'2007/2/10') < 6
                 THEN '新商品'
        END
      FROM Table_GoodsClass a JOIN Table_Goods b
      ON a.GoodsClassID = b.GoodsClassID
      WHERE GoodsClassName = @class
RETURN
END
```

在定义函数时也可以调用另一个已定义好的函数。

[例 14] 创建查询指定类别的商品名称、单价、生产日期和商品种类数的多语句表值函数。

```
CREATE FUNCTION f_GoodsDetails (@class varchar(20))
  RETURNS @f_GoodsDetails table(
    商品名 varchar(50),
    单价 money,
    生产日期 datetime,
    种类数 int)
AS
  BEGIN
  INSERT INTO @f_GoodsDetails
    SELECT GoodsName, SaleUnitPrice, ProductionDate,
           dbo.f_GoodsCount(@class)
      FROM Table_GoodsClass a JOIN Table_Goods b
      ON a.GoodsClassID = b.GoodsClassID
```

```
    WHERE GoodsClassName = @ class
  RETURN
END
```

2. 调用多语句表值函数

多语句表值函数的返回值是一个表,因此对多语句表值函数的使用也是放在SELECT语句的FROM子句部分。

调用例13定义的函数,查询“家用电器”类商品信息的SQL语句为:

```
SELECT * FROM dbo. f_GoodsType ('家用电器')
```

8.2.4 删除用户自定义函数

删除函数使用DROP FUNCTION语句实现,它从当前数据库中删除一个或多个用户定义函数。其语法格式为:

```
DROP FUNCTION { [ schema_name. ] function_name} [ ,…n ]
```

[例15] 删除f_GoodsType函数。

```
DROP FUNCTION f_GoodsType
```

8.3 触发器

8.3.1 基本概念

触发器是一种特殊的存储过程,其特殊性在于它不需要由用户来直接调用,而是在对表中的数据进行UPDATE、INSERT或DELETE操作时自动触发执行的。触发器通常用于保证业务规则和数据完整性,其主要优点是用户可以用编程的方法来实现复杂的处理逻辑和商业规则,增强了数据完整性约束的功能。

触发器通常用在下列场合:

- 完成比CHECK约束更复杂的数据约束。与CHECK约束不同,触发器可以引用其他表中的列。例如,触发器可以使用另一个表中的列来比较插入或更新的数据。
- 为保证数据库性能而维护的非规范化数据。比如,为提高数据的统计效率,在销售表中增加了统计销售总值的列(使销售表成为非规范化表),以后每当在此表中插入数据时,都使用触发器统计销售总值列的新数值,并将统计后的新值保存在此表中。以后每当需要查询销售总值时,直接从表中提取该数据即可,而不再需要使用查询语句再进行统计,从而提高了数据的统计效率。
- 可实现复杂的商业规则。触发器可使业务的处理任务自动进行。例如:在库存系统中,更新触发器可以检测库存下降到了需要再进货的量,并可自动生成订货单。
- 触发器也可以评估数据修改前后的表状态,并根据其差异采取对策。

SQL Server 2008 支持三种类型的触发器:DML、DDL 和登录触发器。如果用户要通过数据操作语言(DML)事件编辑数据,则执行 DML 触发器。DML 事件是针对表或视图的 INSERT、UPDATE或 DELETE 语句。DDL 触发器用于响应各种数据定义语言(DDL)事件,这些事件主要对应 T-SQL 中的 CREATE、ALTER 和 DROP 语句,以及执行类似 DDL 操作的某些系统存储过程。登录触发器在遇到 LOGON 事件时触发,LOGON 事件是在建立用户会话时引发的。

这里只介绍最常用的 DML 触发器。

8.3.2 创建触发器

建立 DML 触发器的 SQL 语句为 CREATE TRIGGER,其语法格式为:

```
CREATE TRIGGER [ schema_name . ]trigger_name
ON { table | view}
{ FOR | AFTER | INSTEAD OF}
{ [INSERT ] [ , ] [UPDATE ] [ , ] [DELETE ]}
AS { sql_statement}
[ ; ]
```

各参数说明如下:

- schema_name:触发器所属架构的名称。
- trigger_name:触发器名称。该名称必须遵循标识符规则,而且不能以#或##开头。
- table | view:与触发器相关联的表或视图,有时称为触发器表或触发器视图。可以根据需要指定表或视图的完全限定名称。在视图上只能定义 INSTEAD OF 触发器。
- FOR | AFTER:指定触发器只有在引发的 SQL 语句中指定的操作都已成功执行,并且所有的约束检查也成功完成后,才执行此触发器。如果仅指定 FOR 关键字,则 AFTER 为默认值。

不能在视图上定义 AFTER 触发器。

- INSTEAD OF:指定执行触发器而不是执行引发触发器执行的 SQL 语句,从而替代触发语句的操作。
- INSERT、DELETE 和 UPDATE:引发触发器执行的操作,若同时指定多个操作,则各操作之间用逗号分隔。

创建触发器时,需要注意如下几点:

- 在一个表上可以建立多个名称不同、类型各异的触发器,每个触发器可由所有 3 个操作来引发。对于 AFTER 型的触发器,可以在同一种操作上建立多个触发器;对于 INSTEAD OF 型的触发器,在同一种操作上只能建立一个触发器。
- 大部分 T-SQL 语句都可用在触发器中,但也有一些限制。例如,所有的建立和更改数据库以及数据库对象的语句、所有的 DROP 语句都不允许在触发器中使用。
- 在触发器定义中,可以使用 IF UPDATE 子句来测试 INSERT 和 UPDATE 语句是否对指定字段有影响。如果将一个值赋给指定字段或更改了指定字段,则这个子句就为真。
- 通常不要在触发器中返回任何结果。

在触发器语句中可以使用两个特殊的临时工作表:INSERTED 表和 DELETED 表。这两个表是在用户执行数据的更改操作时,SQL Server 自动创建和管理的。这两个表驻留在内存中,其结构同触发器所作用的基本表的结构，并且只可以被触发器使用，当触发器结束时系统自动释放这两个表的空间。在触发器中可以像普通基本表一样对这两个表进行查询，并作为测试某些数据修改的效果及设置触发器操作的条件。但在触发器中不能直接对这两个临时表中的数据进行更改。

DELETED 表用于存储 DELETE 和 UPDATE 语句所影响的行的复本。在执行 DELETE 操作时，被删除的数据被保存到 DELETED 表中。在执行 UPDATE 操作时，对被修改操作影响的所有数据行，将更改前的数据（按行进行）保存到 DELETED 表中。DELETED 表和执行操作的基本表通常没有相同的数据行。

INSERTED 表用于存储 INSERT 和 UPDATE 语句所影响的行的副本。在执行 INSERT 操作时，新插入的数据同时被保存到 INSERTED 表中。在执行 UPDATE 操作时，对被修改操作影响的所有数据行，将更改后的数据（按行进行）保存到 INSERTED 表中。INSERTED 表中的内容是执行操作的基本表中新数据行的副本。

UPDATE 操作类似于在删除之后执行插入：首先在执行操作的基本表中删除更新前的行，并将这些行复制到 DELETED 表中，然后将更新后的新行插入到执行操作的基本表和 INSERTED 表中。

1. 创建后触发型触发器

使用 FOR 或 AFTER 选项定义的触发器为后触发型触发器，即只有在引发触发器执行的语句中的操作都已成功执行，并且所有的约束检查也成功完成后，才执行触发器。

[例 16]　维护数据操作完整性的触发器。当销售单据明细表中的商品销售数量大于此商品的库存数量（在商品表中）时，撤销此次商品的销售并给出提示信息。如果销售数量小于库存数量，则在插入销售单据明细记录时，应同时修改此商品的库存数量。代码如下：

```
CREATE TRIGGER OperateCon
  ON Table_SaleBillDetail FOR INSERT
AS
  IF EXISTS (SELECT * FROM inserted a
           JOIN Table_Goods b ON a.GoodsID = b.GoodsID
           WHERE a.Quantity > b.TotalStorage)
  BEGIN
    ROLLBACK
    PRINT '此商品的库存数量小于此次销售数量'
  END
  ELSE
    UPDATE Table_Goods SET TotalStorage = TotalStorage - (
      SELECT Quantity FROM inserted)
```

触发器与引发触发器执行的操作共同构成了一个事务，事务的开始是引发触发器执行的操作，事务的结束是触发器的结束。由于 AFTER 型的触发器在执行时引发触发器执行的操作已经执行完了，因此在触发器中应使用 ROLLBACK 撤销不正确的操作，这里的 ROLLBACK 实际是回滚到引发触发器执行的操作之前的状态。

如果不同表中的列之间存在取值约束关系，则只能用触发器实现，不能用 CHECK 约束实现，因为CHECK约束只能实现同一个表中列之间的取值约束。例如“商品表”和“商品价格变动表”中均有商品单价列,而且“商品表”中的单价列的值应该与“商品价格变动表”保持一致,即当修改了“商品价格变动表”中某个商品的单价值时,应该自动修改“商品表”中此商品的单价列的值。

[例17] 维护不同列之间的取值完整性的触发器。保证“商品表”中单价列的值与“商品价格变动表”中单价列的值一致。

```
CREATE TRIGGER UnitPriceConsistent
  ON Table_PriceHistory FOR INSERT, UPDATE
AS
  DECLARE @NewPrice money
  SELECT @NewPrice=SaleUnitPrice FROM inserted
  UPDATE Table_Goods SET SaleUnitPrice=@NewPrice
    WHERE GoodsID IN (
      SELECT GoodsID FROM inserted)
```

[例18] 维护数据的一致性的触发器。商场经营管理数据库中的“销售单据明细表”,由于此表中的“总价”和“折扣总价”列是通过“单价”和“数量”等列计算出来的,因此为保证“总价”和“折扣总价”值的正确性,当在此表中插入数据或修改数量等数据时,应自动计算出这两个列的值。实现该功能的触发器代码为:

```
CREATE TRIGGER AutoCountSum
  ON Table_SaleBillDetail FOR INSERT, UPDATE
AS
  DECLARE @UnitPrice money, @Quantity int, @Discount int
  DECLARE @Amount money, @DiscountAmount money
  SELECT @UnitPrice=UnitPrice, @Quantity=Quantity, @Discount=Discount
    FROM inserted
  SET @Amount=@UnitPrice * @Quantity
  SET @DiscountAmount=@Amount * @Discount
  UPDATE Table_SaleBillDetail SET Amount=@Amount,
        DiscountAmount=@DiscountAmount
    WHERE SaleBillID IN (
      SELECT SaleBillID FROM inserted )
    AND GoodsID IN (
      SELECT GoodsID FROM inserted )
```

2. 创建前触发型触发器

使用INSTEAD OF选项定义的触发器为前触发型触发器。在这种模式的触发器中,指定执行触发器而不是执行引发触发器执行的SQL语句,从而替代引发语句的操作。

对于定义了前触发型触发器的操作,系统并不执行引发触发器执行的数据操作语句。因此,如果数据操作满足完整性约束的要求,则在触发器中必须重新执行这些数据操作语句。

在表或视图上,每个INSERT、UPDATE或DELETE语句最多可以定义一个INSTEAD OF触发器。

［例 19］ 创建保证销售单据表中使用的会员卡是有效日期内的会员卡的触发器。

```
CREATE TRIGGER CardValid
  ON Table_SaleBill INSTEAD OF INSERT,UPDATE
AS
  IF NOT EXISTS(SELECT * FROM inserted a
          JOIN Table_Card b ON a.CardID=b.CardID
          WHERE SaleDate NOT BETWEEN StartDate AND EndDate)
    INSERT INTO Table_SaleBill SELECT * FROM inserted
```

［例 20］ 创建只允许删除会员卡积分低于 500 分的顾客记录的触发器(即:积分大于等于 500 的不允许删除)。

```
CREATE TRIGGER DeleteCust
  ON Table_Customer INSTEAD OF DELETE
AS
  IF NOT EXISTS(SELECT * FROM deleted WHERE CardID IN (
          SELECT CardID FROM Table_Card WHERE Score >=500))
    DELETE FROM Table_Customer WHERE CardID IN (
      SELECT CardID FROM deleted)
```

8.3.3 删除触发器

删除触发器使用 DROP TRIGGER 语句实现,它从当前数据库中删除一个或多个触发器。其语法格式为:

```
DROP TRIGGER schema_name.trigger_name [ ,…n ] [ ; ]
```

［例 21］ 删除名为 CardValid 的触发器的 SQL 语句为:

```
DROP TRIGGER CardValid
```

8.4 游标

关系数据库中的操作是基于集合的操作,即对整个行集产生影响,由 SELECT 语句返回的行集包括所有满足条件子句的行,这一完整的行集被称为结果集。一般在使用 SELECT 语句进行查询时,就可以得到这个结果集,但有时用户需要对结果集中的每一行或部分行进行单独的处理,这在 SELECT 的结果集中是无法实现的。游标就是提供这种机制的结果集扩展,它使人们可以逐行处理结果集。

8.4.1 游标的组成

游标(Cursor)包括如下两部分内容:

- 游标结果集:指定义游标的 SELECT 语句返回的结果的集合。

- 游标当前行指针:指向该结果集中的某一行的指针。

游标示意图如图 8.1 所示。

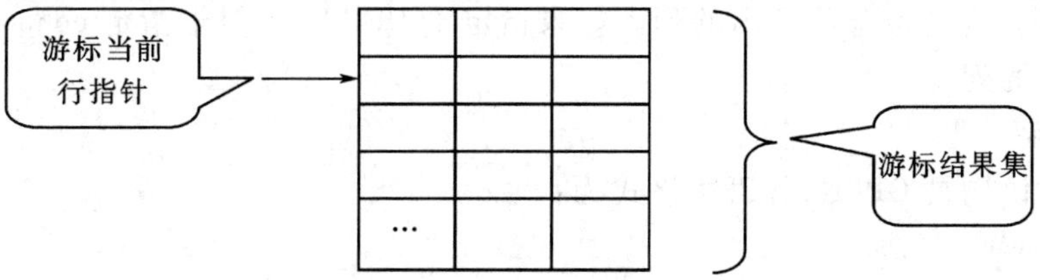

图 8.1 游标的组成

游标具有如下特点:

- 允许定位结果集中的特定行。
- 允许从结果集的当前位置检索一行或多行。
- 支持对结果集中当前行的数据进行修改。
- 为由其他用户对显示在结果集中的数据所做的更改提供不同级别的可见性支持。

8.4.2 使用游标

使用游标的典型过程如图 8.2 所示。

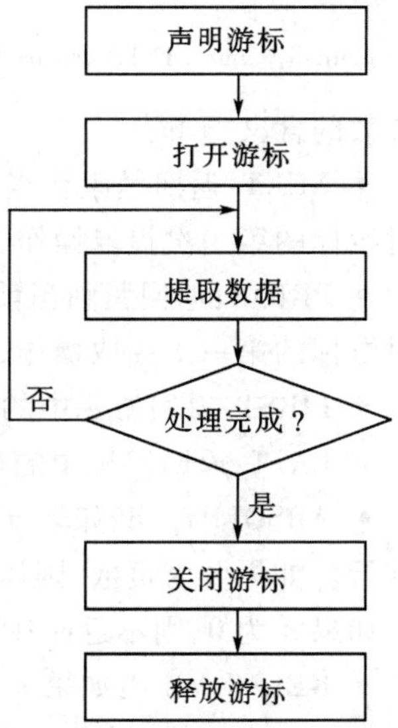

图 8.2 游标的典型使用过程

1. 声明游标

声明游标实际是定义服务器端游标的特性,例如游标的滚动行为和用于生成游标结果集的查询语句。SQL Server 支持两种格式的声明游标语句:一种是基于 ISO 标准的语法,另一种是使用 T-SQL 扩展的语法。这里只介绍 ISO 标准语法的声明游标语句。

ISO 声明游标的简化语法格式如下:

```
DECLARE cursor_name [ INSENSITIVE ] [ SCROLL ] CURSOR
    FOR select_statement
    [ FOR { READ ONLY | UPDATE [ OF column_name [ ,…n ] ] } ]
```

各参数含义如下:

- cursor_name:所定义的服务器游标名。
- INSENSITIVE:定义一个游标,以创建将由该游标使用的数据的临时复本。对游标的所有请求都从 tempdb 数据库中的这一临时表中得到应答;因此,在对该游标进行提取操作时,返回的数据不反映对基本表所做的修改,并且在该游标中不允许修改基本表数据。如果省略 INSENSITIVE,则已提交的(任何用户)对基本表的删除和更新都会反映在后面的提取操作中。
- SCROLL:指定所有的提取选项(FIRST、LAST、PRIOR、NEXT、RELATIVE、ABSOLUTE)均可用。如果未在 DECLARE CURSOR 中指定 SCROLL,则 NEXT 是唯一支持的提取选项。如果指定了 FAST_FORWARD,则不能指定 SCROLL。
- select_statement:定义游标结果集的标准 SELECT 语句。
- READ ONLY:禁止通过该游标更新数据。在 UPDATE 或 DELETE 语句的 WHERE

CURRENT OF 子句中不能引用该游标。

- UPDATE [OF column_name [,…n]]：定义游标中可更新的列。如果指定了 OF column_name [,…n]，则只允许修改所列出的列。如果指定了 UPDATE，但未指定 column_name[,…n]，则可以更新所有的列。

2. 打开游标

打开游标的语句是 OPEN，其语法格式为：

```
OPEN cursor_name
```

其中 cursor_name 为游标名。

注意：只能打开已声明但还没有打开的游标。

3. 提取数据

游标被声明和打开之后，游标的当前行指针就位于结果集中的第一行位置，可以使用 FETCH 语句从游标结果集中按行提取数据。其语法格式如下：

```
FETCH  [ [ NEXT | PRIOR | FIRST | LAST
         | ABSOLUTE  n
         | RELATIVE  n ]
        FROM
        ]
 cursor_name [ INTO @ variable_name [ ,…n ] ]
```

各参数的含义如下：

- NEXT：返回紧跟在当前行之后的数据行，并且当前行递增为结果行。如果 FETCH NEXT 是对游标的第一次提取操作，则返回结果集中的第一行。NEXT 为默认选项。
- PRIOR：返回紧临当前行前面的数据行，并且当前行递减为结果行。如果 FETCH PRIOR 为对游标的第一次提取操作，则不返回任何结果并将游标当前行置于第一行之前。
- FIRST：返回游标中的第一行并将其作为当前行。
- LAST：返回游标中的最后一行并将其作为当前行。
- ABSOLUTE *n*：如果 *n* 为正数，返回从游标第一行开始的第 *n* 行，并将返回的行变成新的当前行。如果 *n* 为负数，则返回从游标最后一行开始之前的第 *n* 行，并将返回的行变成新的当前行。如果 *n* 为 0，则不返回任何结果。*n* 必须为整型常量。
- RELATIVE *n*：如果 *n* 为正数，则返回当前行之后的第 *n* 行，并将返回的行成为新的当前行。如果 *n* 为负数，则返回当前行之前的第 *n* 行，并将返回的行成为新的当前行。如果 *n* 为 0，则返回当前行。如果对游标的第一次提取操作时将 FETCH RELATIVE 的 *n* 指定为负数或 0，则不返回任何结果。*n* 必须为整型常量。
- cursor_name：要从中进行提取数据的游标名。
- INTO @ variable_name [,…n]：将提取的列数据保存到局部变量中。列表中的各个变量从左到右与游标结果集中的相应列对应。各变量的数据类型必须与相应的结果列的数据类型匹配。变量的数目必须与游标选择列表中的列的数目一致。

在对游标数据进行提取的过程中，可以使用@ @ FETCH_STATUS 全局变量判断数据提取的状态。@ @ FETCH_STATUS 返回 FETCH 语句执行后的游标最终状态。@ @ FETCH_STATUS 的取值和含义如表 8.1 所示。

表 8.1 @@FETCH_STATUS 函数的取值和含义

返回值	含义
0	FETCH 语句成功
-1	FETCH 语句失败或此行不在结果集中
-2	提取的行不存在

@@FETCH_STATUS 返回的数据类型是 int。

由于@@FETCH_STATUS 对于在一个连接上的所有游标是全局性的，不管是对哪个游标，只要执行一次 FETCH 语句，系统都会对@@FETCH_STATUS 赋一次值，以表明该 FETCH 语句的执行情况。因此，在每次执行完一条 FETCH 语句后，都应该测试一下@@FETCH_STATUS 全局变量的值，以观测当前提取游标数据语句的执行情况。

注意：在对游标进行提取操作前，@@FETCH_STATUS 的值没有定义。

4. 关闭游标

关闭游标使用 CLOSE 语句，其语法格式为：

```
CLOSE cursor_name
```

在使用 CLOSE 语句关闭游标后，系统并没有完全释放游标的资源，并且也没有改变游标的定义，当再次使用 OPEN 语句时可以重新打开此游标。

5. 释放游标

释放游标是释放分配给游标的所有资源。释放游标使用 DEALLOCATE 语句，其语法格式为：

```
DEALLOCATE    cursor_name
```

8.4.3 游标示例

[**例 22**] 对 Table_Customer 表，定义一个查询“北京市海淀区”姓“王”的顾客姓名和邮箱的游标，并输出游标结果。

```
DECLARE @cn VARCHAR(10), @Email VARCHAR(50)
DECLARE Cname_cursor CURSOR FOR
  SELECT CName, Email FROM Table_Customer
    WHERE Cname LIKE '王%' AND Address LIKE '北京市海淀区'
OPEN Cname_cursor
FETCH NEXT FROM Cname_cursor INTO @cn, @Email
WHILE @@FETCH_STATUS=0
BEGIN
  PRINT '顾客姓名:' + @cn + ',邮箱:' + @Email
  FETCH NEXT FROM Cname_cursor INTO @cn, @Email
END
CLOSE Cname_cursor
```

```
DEALLOCATE Cname_cursor
```

[例 23] 声明带 SCROLL 选项的游标,并通过绝对定位功能实现游标当前行的任意方向的滚动。定义查询"北京市海淀区"的所有顾客姓名和出生日期的游标,并将游标内容按出生日期降序排序。显示出游标结果中的最后 1 行、第 4 行、当前行后边的第 3 行以及当前行前边的第 2 行数据。

```
DECLARE CS_cursor SCROLL CURSOR FOR
  SELECT Cname, BirthDate FROM Table_Customer
  JOIN SC ON S.Sno = SC.Sno
  WHERE Address LIKE '北京市海淀区'
  ORDER BY BirthDate DESC
OPEN CS_cursor
FETCH LAST FROM CS_cursor              --提取游标中的最后 1 行数据
FETCH ABSOLUTE 4 FROM CS_cursor        --提取游标中的第 4 行数据
FETCH RELATIVE 3 FROM CS_cursor        --提取当前行后边的第 3 行数据
FETCH RELATIVE -2 FROM CS_cursor       --提取当前行前边的第 2 行数据
CLOSE CS_cursor
DEALLOCATE CS_cursor
```

[例 24] 建立生成报表的游标。对商品类别表,生成显示如下报表形式的游标:首先列出一个商品类别,然后在此商品类别下列出此类商品中的单价最高的前 3 个商品的商品名、单价和商品描述,将商品按单价降序排列;然后,列出第 2 个商品类别,在此商品类别下列出此类商品中单价最高的前 3 个商品的商品名、单价和商品描述。依此类推,直到列出全部商品类别。

实现代码如下:

```
DECLARE @ClassID varchar(8), @ClassName varchar(50),
        @GoodsName varchar(50), @price money, @desc varchar(80)
DECLARE C1 CURSOR FOR
  SELECT GoodsClassID, GoodsClassName
    FROM Table_GoodsClass
OPEN C1
FETCH NEXT FROM C1 INTO @ClassID, @ClassName
WHILE @@FETCH_STATUS = 0
BEGIN
  PRINT @ClassName
  PRINT '商品名            单价            商品描述'
  DECLARE C2 CURSOR FOR
    SELECT TOP 3 WITH TIES GoodsName, SaleUnitPrice, GDescription
      FROM Table_Goods
      WHERE GoodsClassID = @ClassID
      ORDER BY SaleUnitPrice DESC
  OPEN C2
  FETCH NEXT FROM C2 INTO @GoodsName, @price, @desc
```

```
  WHILE @@FETCH_STATUS=0
  BEGIN
    PRINT @GoodsName + CAST(@price AS CHAR(12)) + @desc
    FETCH NEXT FROM C2 INTO @GoodsName, @price, @desc
  END
  CLOSE C2
  DEALLOCATE C2
  PRINT ''
  FETCH NEXT FROM C1 INTO @ClassID, @ClassName
END
CLOSE C1
DEALLOCATE C1
```

小结

本章介绍了 SQL Server 2008 中与程序设计内容有关的四种数据库对象——存储过程、用户定义函数、触发器和游标。

存储过程是被保存在数据库中的一段程序代码块,经编译后被保存在数据库中,第一次被执行或调用时装载到内存,供其他程序调用,可极大地提高后续程序执行存储过程的效率。存储过程可以有输入参数和输出参数,因此可以很好地满足对数据的不同操作要求,提供较高的代码共享功能。函数与存储过程的概念类似,可带参数,但与存储过程不同的是函数必须返回计算结果,并且函数说明中除了要指定函数名、参数类型以外,还要说明结果值的类型。

SQL Server 2008 支持三种类型的用户定义函数。标量函数类似于普通编程语言中的函数,它返回的是单个的数据值;内联表值函数的使用与视图类似,其功能如同带参数的视图;多语句表值函数的函数体类似于存储过程,其使用方法类似于视图,可以返回根据用户输入参数不同而内容不同的表。

触发器是由 INSERT、UPDATE、DELETE 语句事件引发自动执行的一段程序代码,每当这几类事件在指定的表上出现时,定义在触发器中的代码会自动执行。触发器被用于加强数据的完整性,实现复杂的商业规则,常用于实现用申明完整性约束实现不了的复杂的数据约束条件。

游标是一个查询结果,游标机制为用户提供了在查询结果集中进行行、列定位的操作,使得人们可以深入到结果集内部进行操作。

习题

一、选择题

1. 创建存储过程的用处主要是

A. 提高数据操作效率　　　　B. 维护数据的一致性

C. 实现复杂的业务规则　　　　D. 增强引用完整性

2. 下列关于存储过程的说法中,正确的是

A. 在定义存储过程的代码中可以包含数据的增、删、改、查语句

B. 用户可以向存储过程传递参数,但不能输出存储过程产生的结果

C. 存储过程的执行是在客户端完成的

D. 存储过程是存储在客户端的可执行代码段

3. 设要定义一个包含两个输入参数和两个输出参数的存储过程,各参数均为整型。下列定义该存储过程的语句中,正确的是

A. CREATE PROC P1 @ x1, @ x2 int,
　　@ x3 , @ x4int output

B. CREATE PROC P1 @ x1 int, @ x2 int,
　　@ x3, @ x4 int output

C. CREATE PROC P1 @ x1 int, @ x2 int,
　　@ x3 int, @ x4 int output

D. CREATE PROC P1 @ x1 int, @ x2 int,
　　@ x3 int output, @ x4 int output t

4. 设有存储过程定义语句:CREATE PROC P1 @ x int, @ y int output, @ z int output。下列调用该存储过程的语句中,正确的是

A. EXEC P1 10, @ a int output, @ b int output

B. EXEC P1 10, @ a int, @ b int output

C. EXEC P1 10, @ a output, @ b output

D. EXEC P1 10, @ a, @ b output

5. 定义触发器的主要作用是

A. 提高数据的查询效率　　　　B. 增强数据的安全性

C. 加强数据的保密性　　　　D. 实现复杂的约束

6. 设在 SC(Sno, Cno, Grade)表上定义了如下触发器:

CREATE TRIGGER tri1 ON SC INSTEAD OF INSERT …

当执行语句:INSERT INTO SC VALUES('s001','c01',90)

会引发该触发器执行。下列关于触发器执行时表中数据的说法中,正确的是

A. SC 表和 INERTED 表中均包含新插入的数据

B. SC 表和 INERTED 表中均不包含新插入的数据

C. SC 表中包含新插入的数据,INERTED 表中不包含新插入的数据

D. SC 表中不包含新插入的数据,INERTED 表中包含新插入的数据

7. 当执行由 UPDATE 语句引发的触发器时,下列关于该触发器临时工作表的说法中,正确的是

A. 系统会自动产生 UPDATED 表来存放更改前的数据

B. 系统会自动产生 UPDATED 表来存放更改后的数据

C. 系统会自动产生 INSERTED 表和 DELETED 表,用 INSERTED 表存放更改后的数据,用 DELETED 表存放更改前的数据

D. 系统会自动产生 INSERTED 表和 DELETED 表,用 INSERTED 表存放更改前的数据,用 DELETED 表存放更改后的数据

8. 下列关于游标的说法中,错误的是

A. 游标允许用户定位到结果集中的某行

B. 游标允许用户读取结果集中当前行位置的数据

C. 游标允许用户修改结果集中当前行位置的数据

D. 游标中有个当前行指针，该指针只能在结果集中单向移动

二、填空题

1. 利用存储过程机制，可以________数据操作效率。

2. 存储过程可以接收输入参数和输出参数，对于输出参数，必须用________词来标明。

3. SQL Server 支持两种类型的触发器，它们是________触发型触发器和________触发型触发器。

4. 在一个表上针对每个操作，可以定义________个前触发型触发器。

5. 如果在某个表的 INSERT 操作上定义了触发器，则当执行 INSERT 语句时，系统产生的临时工作表是________。

6. 对于后触发型触发器，当在触发器中发现引发触发器执行的操作违反了约束时，需要通过________语句撤销已执行的操作。

7. 打开游标的语句是________。

8. 在操作游标时，判断数据提取状态的全局变量是________。

9. 用户定义的函数有________、________和________三类。

10. 删除用户定义的函数的 T-SQL 语句是________。

第 9 章 安全管理

安全性对于任何一个数据库系统来说都是至关重要的。通常，数据库中存储了大量的数据，这些数据可能是个人信息、客户清单或其他机密资料。如果有人未经授权非法侵入了数据库，并窃取了查看和修改数据的权限，将会造成极大的危害，特别是银行、金融等系统中更是如此。SQL Server 2008 提供了完善的安全控制机制，它通过身份验证、数据库用户权限确认等一系列措施来保护数据库中的信息资源，以防止这些资源被非法使用或破坏。

本章首先介绍数据库安全控制概念，然后重点讨论如何在 SQL Server 2008 中实现安全控制，包括用户身份的确认和用户操作权限的管理等，同时简单介绍 Oracle 的安全控制实现方法。

9.1 安全控制概述

人们经常将数据库安全性问题与数据完整性问题混淆，但实际上这是两个不同的概念。安全性是指保护数据以防止不合法的使用而造成数据被泄露、更改和破坏；完整性是指数据的准确性和有效性。通俗地讲：

- 安全性(Security)：保护数据以防止不合法用户故意造成的破坏。
- 完整性(Integrity)：保护数据以防止合法用户无意中造成的破坏。

简单地说，安全性确保用户被允许做其想做的事情；完整性确保用户所做的事情是正确的。

安全性问题并非数据库应用系统所独有，实际上在许多系统上都存在同样的问题。数据库中的安全控制是指：在数据库系统的不同层次提供对有意和无意损害行为的安全防范。

在数据库中，对有意的非法活动可采用加密存、取数据的方法控制；对有意的非法操作可使用用户身份验证、限制操作权限来控制；对无意的损坏可采用提高系统的可靠性和数据备份等方法来控制。

1. 数据库安全控制的目标

数据库安全控制的目标是保护数据免受意外或故意的丢失、破坏或滥用。对数据库的破坏可能是某些使用人员恶意或无意进行的。这种危害可能是有形的，例如硬件、软件或数据的丢失，也可能是无形的，例如可靠度或客户信用度的丢失。保护数据，维护数据库安全性包括允许或禁止用户操作数据库及其对象，从而防止数据库被滥用或误用。

数据库管理员（DataBase Administrator，DBA）负责数据库系统的全部安全。因此，数据库系统的 DBA 必须能够识别最严重的威胁，并实施安全措施，采取合适的控制策略以最小化这些威胁。任何需要访问数据库系统的一个用户（一个人）或一组用户（一组人）都必须首先向 DBA 申请账户。然后，DBA 基于合理需求和相关政策，为用户创建访问数据库的账户和口令。之后，当需要访问数据库时，用户可以使用给定的账户和口令登录数据库应用程序。DBMS 核对登录账户和密码的有效性后，允许有效用户访问数据库。DBMS 用一个加密表来保存用户账户和密码信息。当创建新账户时，DBMS 向该表中插入一条新记录来保存新账户信息。当删除账户时，DBMS 从该表中删除账户的记录。

2. 数据库安全的威胁

数据库安全的威胁可以是直接的，例如，授予用户对数据的浏览和修改权限。为了保证数据库安全，系统的所有部分都必须是安全的，包括数据库、操作系统、网络、用户，甚至计算机系统所在的建筑和房屋。全面的数据库安全计划必须考虑下列情况：

- 可用性的损失。可用性的损失意味着用户不能访问数据或系统，或者两者都不能访问。硬件、网络或应用程序的破坏会导致可用性的损失，这种损失会造成系统出现严重问题。

- 机密性数据的损失。机密性数据的损失是指数据库中的关键性机密数据的损失，机密性的损失可能导致企业失去竞争力。

- 私密性数据的损失。私密性数据的损失是指个人数据的损失，这种情况可能导致对个人或单位不利的合法行为。

- 偷窃和欺诈。偷窃和欺诈不仅影响数据库环境，而且也将影响整个企业的运营情况。由于这些情况与人有关，所以必须集中精力减少这类活动发生的可能。例如，加强物理安全性的控制，使得非授权用户不能进入机房。另一个安全措施的例子是，通过安装防火墙防止通过外部通信链路对数据库禁止访问的部分进行非法访问，以防止有意偷窃或欺诈的人入侵。偷窃和欺诈不一定会修改数据，它是机密性或私密性的损失。

- 意外的损害。意外的损害可能是非故意造成的，包括人为的错误、软件和硬件引起的破坏。操作程序，例如用户认证、统一的软件安装程序和硬件维护计划，也会因意外的损坏而带来威胁。

3. 安全控制模型

在一般的计算机系统中，安全措施是一级一级层层设置的。图 9.1 显示了计算机系统中从用户使用数据库应用程序开始一直到访问后台数据库数据，需要经过的安全认证过程。

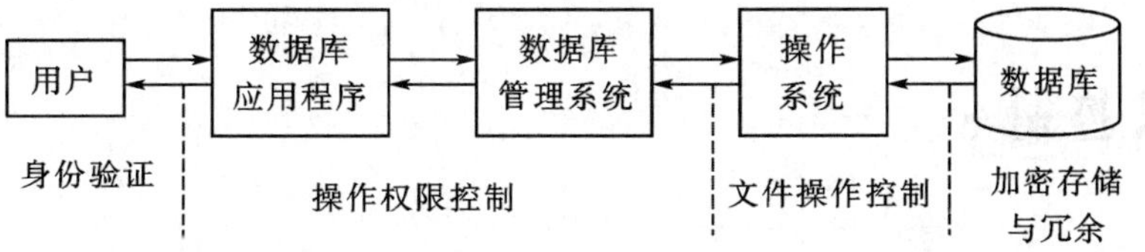

图 9.1 计算机系统的安全控制模型

当用户要访问数据库数据时，应该首先进入数据库系统。用户进入数据库系统通常是通过数据库应用程序实现的，这时用户要向数据库应用程序提供其身份（用户名和密码），然后数据库应用程序将用户的身份递交给数据库管理系统进行验证,只有合法的用户才能进入到下一步的操作。对于合法的用户,当其要在数据库中执行某个操作时,数据库管理系统还要验证此用户是否具有执行该操作的权限。如果有操作权限,才执行操作,否则拒绝执行用户的操作。在操作系统一级也可以有自己的保护措施。比如,设置文件的访问权限等。对于存储在磁盘上的数据库文件,还可以进行加密存储,这样即使数据被人窃取,也很难读懂数据。另外,还可以将数据库文件保存多份,当出现意外情况(如磁盘破损)时,可以不至于丢失数据。

4. 授权和认证

授权是将合法访问数据库或数据库对象的权限授予用户的过程,具体授予哪些用户对数据库的哪些部分具有哪些操作权限是由一个企业的实际情况决定的。授权的过程包括认证用户对对象的访问请求。

认证是一种鉴定用户身份的机制。换言之,认证是检验用户实际是否被准许操作数据库。它核实连接到数据库的人(用户)或程序的身份。认证最简单的形式是与数据库连接时提供的用户名和密码。操作系统和数据库广泛使用的是基于口令的认证。对于更多的安全模式,特别是在网络环境下,也使用其他的认证模式,例如挑战-应答系统、数字签名等。

授权和认证控制可以构建到软件中。DBMS 的授权规则限制用户对数据的访问,同时也限制用户访问数据时的行为。例如,一个使用特定口令的用户可能被授权能够读取数据库中的任何数据,但不一定能够修改数据库中的任何数据。因此,授权控制有时也被认为是访问控制。

现在的 DBMS 通常采用自主存取控制和强制存取控制两种方法来解决数据库安全系统的访问控制问题,有的 DBMS 只提供一种方法,有的两种都提供。无论采用哪种存取控制方法,需要保护的数据单元或数据对象包括从整个数据库到某个元组的某个部分。

- 自主存取控制(Discretionary Control)。用户对不同的数据对象具有不同的存取权限,而且没有固定的关于哪些用户对哪些对象具有哪些存取权限的限制。例如,用户 U1 能看到数据 A 但看不到数据 B,而 U2 能看到数据 B 但看不到数据 A。因此,自主存取控制非常灵活。
- 强制存取控制(Mandatory Control)。每一个数据对象被标以一定的密级,每一个用户也被授予一个许可证级别。对于任意一个对象,只有具有合法许可证的用户才可以存取。因此,强制存取控制本质上具有分层的特点,且相对比较严格。例如,如果用户 U1 能看到数据 A 但看不到数据 B,则说明 B 的密级高于 A,因此不存在用户 U2 能看到 B 但看不到 A 的情况。

不管采用自主存取控制方法还是强制存取控制方法,所有有关哪些用户可以对哪些数据对象进行操作的决定都是由政策决定的,而非 DBMS 决定,DBMS 只是实施这些决定。

9.2 存取控制

9.2.1 自主存取控制

大型数据库管理系统几乎都支持自主存取控制(又称为自主安全模式),目前的 SQL 标准也对自主存取控制提供支持,这主要是通过 SQL 的 GRANT(授予)、REVOKE(收回)和 DENY(拒绝)语句来实现的。

授予和收回权限是数据库管理员(DBA)的职责。DBA依照数据的实际应用情况将合适的权限授给相应的用户。

不同的数据库管理系统对自主存取控制的实现方式不尽相同,本章后边将介绍SQL Server数据库管理系统支持的自主存取控制方法。

1. 权限种类

在自主存取控制中,通常将数据库中的权限划分为两类。一类是对数据库管理系统进行维护的权限,另一类是对数据库中的对象和数据进行操作的权限,这类权限又可以分为两类:一类是对数据库对象的操作权限,包括创建、删除和修改数据库对象,称为语句权限;另一类是对数据库数据的操作权限,包括对表、视图数据的增、删、改、查权限,存储过程的执行权等,称为对象权限。

在数据库管理系统中,除了通过显式的授权方法让用户获得权限外,还有一种隐含的权限。隐含权限是用户自动具有的权限,比如系统管理员自动具有全部的操作权限,数据库对象拥有者自动具有所拥有对象的全部权限。隐含权限不能被更改。

2. 用户分类

在自主存取控制中,一般将数据库中的用户按其操作权限的不同划分为以下三类:

(1) 系统管理员。系统管理员在数据库服务器上具有全部的权限,包括对服务器的配置和管理权限,也包括对全部数据库的操作权限。当用户以系统管理员身份进行操作时,系统不对其权限进行检验。每个数据库管理系统在安装好之后都有自己默认的系统管理员,SQL Server 2008的默认系统管理员是"sa"。在安装好之后也可以授予其他用户具有系统管理员的权限。

(2) 数据库对象拥有者。创建数据库对象的用户即为数据库对象拥有者。数据库对象拥有者对其所拥有的对象具有全部权限。

(3) 普通用户。普通用户只具有对数据库数据的操作权限。

9.2.2 强制存取控制

自主存取控制能够通过授权机制来有效控制对敏感数据的存取,但由于用户对数据的存取是"自主"的,因此用户可以自由地决定将数据的存取权限授予何人,决定是否将"授权"权限授予其他人。在这种授权机制下,仍可能存在数据的"无意泄露"。比如,用户U1将自己权限范围内的某些数据存取权限转授给了用户U2,U1的意图是只允许U2本人操作这些数据。但U1的这种安全性要求并不能得到保证,因为U2一旦获得对数据的访问权限,就可以获得自己权限内的数据的副本,然后在不征得U1同意的情况下传播数据副本。造成这一问题的根本原因在于,这种机制仅仅通过对数据的存取权限来进行安全控制,而数据本身并没有安全性标记。要解决这个问题,就需要对系统控制下的所有主客体实施强制存取控制策略。

在强制存取控制中,DBMS将全部实体划分为主体和客体两大类。

主体是系统中的活动实体,既包括DBMS所管理的实际用户,也包括代表用户的各个进程。客体是系统中的被动实体,是受主体操纵的,包括文件、基本表、索引、视图等。对于主体和客体,DBMS为它们的每个实例指派一个敏感度标记(Label)。

敏感度标记被分为若干级别,例如绝密(Top Secret)、秘密(Secret)、可信(Confidential)和公开(Public)等。主体的敏感度标记被称为许可证级别(Clearance Level),客体的敏感度标记被称为密级(Classification Level)。强制存取控制机制就是对比主体的 Label 和客体的 Label,最终确定主体是否能够存取客体。

当某一用户(或某一主体)以标记 Label 注册到系统时,系统要求他对任何客体的存取必须遵循如下规则:

(1) 仅当主体的许可证级别大于或等于客体的密级时,该主体才能读取相应的客体。

(2) 仅当主体的许可证级别等于客体的密级时,该主体才能写相应的客体。

在某些系统中,第二条规则与这里的规则(2)有些差别。这些系统规定:仅当主体的许可证级别小于或等于客体的密级时,该主体才能写相应的客体,即用户可以为写入的数据对象赋予高于自己的许可证级别的密级。这样数据一旦被写入,该用户自己也不能再读取该数据对象了。这两种规则的共同点是它们均禁止了拥有高许可证级别的主体更新低密级的数据对象,从而防止了敏感数据的泄露。

强制存取控制是对数据本身进行密级标记,无论数据如何被复制,标记与数据是一个不可分的整体。只有符合密级标记要求的用户才能操作数据,从而提供了更高级别的安全性。

较高安全性级别提供的安全保护要保护较低级别的所有保护,因此在实现强制存取控制时首先要实现自主存取控制,即自主存取控制与强制存取控制共同构成了 DBMS 的安全机制。系统首先对要进行的数据操作进行自主存取控制检查,通过后再对要存取的数据库对象进行强制存取控制检查,只有通过了强制存取控制检查的数据库对象方可存取。强制安全模式本质上是分层次的,它与自主安全模式相比更严格。

早在 20 世纪 90 年代初期,强制存取控制就引起了数据库领域的注意,因为美国国防部要求其所购买的所有系统都必须支持这样的控制,这就促使各大 DBMS 厂商竞相提供这样的支持。美国国防部颁布了“橘皮书”和“紫皮书”对强制存取控制做了全面的描述和定义,“橘皮书”定义了任意“可信橘色基”(Trusted Cimpution Base,TCB)应当遵从一系列安全性要求;而“紫皮书”则定义了这些要求在数据库系统中的相应解释。

上述两份文献给出了通用安全性分级模式,共定义了 D、C、B 和 A 四类安全级别,从 D 类到 A 类级别依次增高。D 类提供最小(Minimal)保护,C 类提供自主(Discretionary)保护,B 类提供强制(Mandatory)保护,A 类提供验证(Verified)保护。

(1) 自主保护。C 类分为两个子类 C1 和 C2,C1 安全级别低于 C2。每个子类都支持自主存取控制,即存取权限由数据对象的所有者决定。

① C1 子类对所有权与存取权限加以区分,虽然它允许用户拥有自己的私有数据,但仍然支持共享数据的概念。

② C2 子类还要求通过注册、审计及资源隔离以支持责任说明(Accountability)。

(2) 强制保护。B 类分为 3 个子类 B1、B2 和 B3,B1 安全级别最低,B3 最高。

① B1 子类要求“标识化安全保护”,并要求每个数据对象都必须标以一定的密级,同时还要求安全策略的非形式化说明。

② B2 子类要求安全策略的形式化(formal)说明,能识别并消除隐蔽通道(covert channel)。隐蔽通道的例子有:从合法查询的结果中推断出不合法查询的结果;通过合法的计算推断出敏感信息。

③ B3 子类要求支持审计和恢复以及指定安全管理者。

(3) 验证保护。A 类要求安全机制是可靠的且足够支持对指定的安全策略给出严格的数学证明。

有些 DBMS 产品提供 B1 级强制存取控制及 C2 级自主存取控制。支持强制存取控制的 DBMS 也称为多级安全系统(Multi-Level Secure System)或可信系统(Trusted System)。

9.3 审计跟踪

审计跟踪实质上是一种特殊的文件或数据库,系统在上面自动记录用户对常规数据的所有操作。如对数据库的所有修改(更新、删除、插入等)日志,包括何时由何人修改等信息。在一些系统中,审计跟踪与事务日志在物理上是集成的;在另外一些系统中,事务日志和审计跟踪是分开的。一种典型的审计跟踪文件记录包含的信息如图 9.2 所示。

1. 操作请求
2. 操作终端
3. 操作人
4. 操作日期和时间
5. 元组、属性和影响
6. 旧值
7. 新值

图 9.2 典型的审计跟踪文件记录

审计跟踪对数据库安全有辅助作用。例如,如果发现银行账户的余额错误,银行希望追溯所有对该账户的修改信息,从而发现发生错误的修改以及执行该修改的人员。那么,银行就可以使用审计跟踪来追溯这些人员进行的所有修改,从而找到错误。许多 DBMS 提供内嵌机制来创建审计跟踪,也可以使用系统定义的用户名和时间变量来定义适当的用于修改操作的触发器,从而创建审计跟踪。

9.4 统计数据库的安全性

统计数据库提供基于各种不同标准的统计信息或汇总数据,而统计数据库安全系统是用于控制对统计数据库的访问。统计数据库允许用户查询聚合类型的信息,如总和、平均值、数量、最大值、最小值、标准差等,例如查询“职工的平均工资是多少”,但不允许查询个人信息,例如查询“职工张三的工资是多少?”。

在统计数据库中存在着特殊的安全性问题,即可能存在隐藏的信息通道,使得可以从合法的查询中推导出不合法的信息。例如,下面两个查询都是合法的:

- 本单位有多少个女教授?
- 本单位女教授的工资总和是多少?

如果第 1 个查询的结果是“1”,那么第 2 个查询的结果显然就是这个女教授的工资数。这样的统计数据库的安全性机制就失效了。为了解决这个问题,可以规定任何查询至少要涉及 N 个记录(N 要足够大)。但即使如此,还是存在另外的泄密途径。例如:如果某个职工 A 想知道另一个职工 B 的工资数额,他可以通过下面两个合法的查询得到结果:

- 职工 A 和其他 N 个职工的工资总和是多少?
- 职工 B 和其他 N 个职工的工资总和是多少?

假设第一个查询的结果是 X,第二个查询的结果是 Y,由于 A 知道自己的工资是 Z,因此他可以计算出职工 B 的工资 $=Y-(X-Z)$ 。

这个例子的关键之处在于两个查询之间有很多重复的数据项(即其他 N 个职工的工资),因此可以再规定任意两个查询的相交数据项不能超过 M 个,这样就不容易获得其他人的数据了。

另外,还有一些其他方法用于解决统计数据库的安全性问题。但无论采用什么安全机制,都可能会存在绕过这些机制的途径。好的安全性措施应该使得那些试图破坏安全的人所花费的代价远远超过他们所能得到的利益,这也是整个数据库安全机制设计的目标。

9.5 SQL Server 的安全控制

9.5.1 身份验证模式

1. Windows 身份验证模式

微软公司将 SQL Server 安全性与 Windows 操作系统的安全性进行了绑定,提供了以 Windows 操作系统用户身份登录到 SQL Server 的方式,也就是 SQL Server 将用户的身份验证交给了 Windows 操作系统来完成。在这种身份验证模式下,SQL Server 将通过 Windows 操作系统来获得用户信息,并对登录名和密码进行重新验证。

当使用 Windows 身份验证模式时,用户必须首先登录到 Windows 操作系统中,然后再登录到 SQL Server。而且用户登录到 SQL Server 时,只需选择 Windows 身份验证模式,而无须再提供登录名和密码,系统会从用户登录到 Windows 操作系统时提供的用户名和密码中查找当前用户的登录信息,以判断其是否是 SQL Server 的合法用户。

对于 SQL Server 来说,一般推荐使用 Windows 身份验证模式,因为这种安全模式能够与 Windows 操作系统的安全系统集成在一起,以提供更多的安全功能。

2. 混合身份验证模式

混合身份验证模式是指 SQL Server 允许 Windows 授权用户和 SQL 授权用户登录到 SQL Server 数据库服务器。如果希望允许非 Windows 操作系统的用户也能登录到 SQL Server 数据库服务器上,则应该选择混合身份验证模式。如果在混合身份验证模式下选择使用 SQL 授权用户登录 SQL Server 数据库服务器,则用户必须提供登录名和密码两部分内容,因为 SQL Server 必须要用这两部分内容来验证用户的合法身份。

SQL Server 身份验证的登录信息(用户名和密码)都保存在 SQL Server 实例上,而 Windows 身份验证的登录信息是由 Windows 和 SQL Server 实例共同保存的。

9.5.2 登录账户

SQL Server 2008 的安全权限是基于标识用户身份的登录标识符(Login ID,登录 ID)的,登录 ID 就是控制访问 SQL Server 数据库服务器的用户账户。如果未指定有效的登录 ID,则用户不能连接到 SQL Server 数据库服务器。

在 SQL Server 2008 中,有两类登录账户。一类是由 SQL Server 自身负责身份验证的登录账户;另一类是登录到 SQL Server 的 Windows 网络账户,可以是组账户或用户账户。在安装完 SQL Server 2008 之后,系统本身会自动地创建一些登录账户,称为内置系统账户,用户也可以根据自己的需要创建自己的登录账户。

1. 建立登录账户

建立登录账户可以通过 SQL Server 2008 的 SSMS 工具图形化地实现(本章介绍的所有操作均可在 SSMS 工具中实现),也可以通过 T-SQL 语句实现,这里只介绍用 T-SQL 语句实现的方法。

创建新的登录账户的 T-SQL 语句是 CREATE LOGIN,其简化语法格式为:

```
CREATE LOGIN login_name { WITH <option_list1> | FROM <sources>}
<sources> ::=
    WINDOWS [ WITH <windows_options> [ ,… ] ]
<option_list1> ::=
    PASSWORD = 'password' [ , <option_list2> [ ,… ] ]
<option_list2> ::=
    SID = sid
    | DEFAULT_DATABASE = database
    | DEFAULT_LANGUAGE = language
<windows_options> ::=
    DEFAULT_DATABASE = database
    | DEFAULT_LANGUAGE = language
```

其中各参数的含义为:

- login_name:指定创建的登录名。有四种类型的登录名:SQL Server 身份验证的登录名、Windows 身份验证的登录名、证书映射的登录名和非对称密钥映射的登录名。如果从 Windows 域账户映射 login_name,则 login_name 必须用方括号[ ]括起来。
- WINDOWS:指定将登录名映射到 Windows 用户名。
- PASSWORD = 'password':仅适用于 SQL Server 身份验证的登录名。指定新建登录名的密码。
- SID = sid:仅适用于 SQL Server 身份验证的登录名。指定新登录名的 GUID(全球唯一标识符)。如果未选择此选项,则 SQL Server 将自动指派 GUID。
- DEFAULT_DATABASE = database:指定新建登录名的默认数据库。如果未包括此选项,则默认数据库将设置为 master。
- DEFAULT_LANGUAGE = language:指定新建登录名的默认语言。如果未包括此选项,则默认语言将设置为服务器的当前默认语言。

［例1］ 创建 SQL Server 身份验证的登录账户。登录名为 SQL_User1，密码为 a1b2c3XY。

```
CREATE LOGIN SQL_User1 WITH PASSWORD='a1b2c3XY'
```

［例2］ 创建 Windows 身份验证的登录账户。从 Windows 域账户创建［TEST\Win_User2］登录账户。

```
CREATE LOGIN [TEST\Win_User2] FROM WINDOWS
```

［例3］ 创建 SQL Server 身份验证的登录账户。登录名为 SQL_User3，密码为 AD4h9fcdhx32MOP。要求该登录账户首次连接服务器时必须更改密码。

```
CREATE LOGIN SQL_User3 WITH PASSWORD='AD4h9fcdhx32MOP'
MUST_CHANGE
```

2. 修改登录账户属性

对于已经建立好的 SQL Server 登录账户，可以对登录账户的密码、默认数据库等属性进行修改。

修改登录账户属性的 T-SQL 语句是 ALTER LOGIN，其语法格式为：

```
ALTER LOGIN login_name
    {
    <status_option>
    | WITH <set_option> [ ,… ]
    }
<status_option> ::=
    ENABLE | DISABLE
<set_option> ::=
    PASSWORD='password'
    [
      OLD_PASSWORD='oldpassword'
    ]
    | DEFAULT_DATABASE=database
    | DEFAULT_LANGUAGE=language
    | NAME=login_name
```

其中各参数的含义为：

- login_name：指定正在更改的登录名。
- ENABLE | DISABLE：启用或禁用此登录名。
- PASSWORD='password'：仅适用于 SQL Server 身份验证的登录账户。指定正在更改的登录名的密码。
- OLD_PASSWORD='oldpassword'：仅适用于 SQL Server 身份验证的登录账户。要指定新密码的登录名的当前密码。
- DEFAULT_DATABASE=database：指定将指派给该登录名的默认数据库。

- DEFAULT_LANGUAGE = language：指定将指派给该登录名的默认语言。
- NAME = login_name：重命名该登录名的新名称。如果是 Windows 身份验证的用户，则与新名称对应的 Windows 的用户名必须与 SQL Server 中的登录名相关联。

［例 4］ 启用已禁用的登录账户。启用 SQL_User1 登录账户。

```
ALTER LOGIN SQL_User1 ENABLE
```

［例 5］ 更改登录账户的密码。将 SQL_User1 登录账户的密码改为 IsaPwd324。

```
ALTER LOGIN SQL_User1 WITH PASSWORD = 'IsaPwd324'
```

［例 6］ 更改登录账户名。将 SQL_User3 登录账户名改为 NewUser。

```
ALTER LOGIN SQL_User3 WITH NAME = NewUser
```

3. 删除登录账户

由于 SQL Server 的登录账户可以是多个数据库中的合法用户，因此在删除登录账户时，应该先将该登录账户在各个数据库中映射的数据库用户删除掉（如果有的话），然后再删除登录账户。否则会产生没有对应的登录账户的孤立的数据库用户。

删除登录账户的 T-SQL 语句为 DROP LOGIN，其语法格式为：

```
DROP LOGIN login_name
```

其中 login_name 为要删除的登录账户的名字。

注意，不能删除正在使用的登录账户，也不能删除拥有任何数据库对象、服务器级别对象的登录账户。

［例 7］ 删除 SQL_User2 登录账户。

```
DROP LOGIN SQL_User2
```

9.5.3 数据库用户

用户在有了登录账户之后，他只能连接到 SQL Server 数据库服务器上，并不具有访问任何用户数据库的权限，只有成为某数据库的合法用户后才能访问该数据库。本节介绍如何对数据库用户进行管理。

数据库用户一般都来自服务器上已有的登录账户，让登录账户成为数据库用户的操作称为“映射”。一个登录账户可以映射为多个数据库中的用户，这种映射关系为同一服务器上不同数据库的权限管理带来了很大的方便。管理数据库用户的过程实际上就是建立登录账户与数据库用户之间的映射关系的过程。默认情况下，新建立的数据库只有一个用户：dbo，它是数据库的拥有者。

1. 建立数据库用户

建立数据库用户的 T-SQL 语句是 CREATE USER，其简化的语法格式如下：

```
CREATE USER user_name [ { { FOR | FROM}
    {
      LOGIN login_name
    }
```

```
]
```

其各参数说明如下：

- user_name：指定在此数据库中用于识别该用户的名称。
- LOGIN login_name：指定要映射为数据库用户的 SQL Server 登录名。login_name 必须是服务器中有效的登录名。

注意：

- 如果省略 FOR LOGIN，则新的数据库用户将被映射到同名的 SQL Server 登录名。
- 不能使用 CREATE USER 语句创建 guest 用户，因为每个数据库中均已存在 guest 用户。默认 guest 用户是禁用状态，可通过授予 guest 用户 CONNECT 权限来启用该用户。

[例 8] 使 SQL_User2 登录账户成为某数据库中的用户，并且用户名同登录名。

```
CREATE USER SQL_User2
```

[例 9] 首先创建名为 SQL_JWC 且具有密码的 SQL Server 身份验证的服务器登录名，然后在 test 数据库中创建与此登录名对应的数据库用户 JWC。

```
CREATE LOGIN SQL_JWC
    WITH PASSWORD='jKJl3$nN09jsK84'
GO
USE test
GO
CREATE USER JWC FOR LOGIN SQL_JWC
GO
```

2. Guest 用户

Guest 是 SQL Server 中一个特殊的数据库用户，在实际应用中经常作为数据库的匿名访问者使用。当没有映射到数据库用户的登录账户试图访问数据库时，SQL Server 将尝试用 guest 用户来连接。可以通过为 guest 用户授予 CONNECT 权限来启用用户数据库中的 guest 用户。

启用 guest 用户（使 guest 用户具有连接权限）的语句如下：

```
GRANT CONNECT TO guest;
```

禁用 guest 用户（收回 guest 用户的连接权限）的语句如下：

```
REVOKE CONNECT TO guest;
```

注意：在每个数据库中还有一个特殊用户：dbo，该用户的全称是 database owner。dbo 是创建该数据库的登录账户映射到该数据库中的用户，其所创建的对象都是 dbo. 对象名。

3. 删除数据库用户

从当前数据库中删除一个用户，实际就是解除登录账户和数据库用户之间的映射关系，但并不影响登录账户的存在。删除数据库用户之后，其对应的登录账户仍然存在。

删除数据库用户的 T-SQL 语句是 DROP USER，其语法格式为：

```
DROP USER user_name
```

其中 user_name 为要在此数据库中删除的用户名。

注意:不能从数据库中删除拥有对象的用户。必须先删除或转移安全对象的所有者,然后再删除拥有这些对象的数据库用户。

9.5.4 权限管理

当登录账户成为数据库中的合法用户之后,该账户除了具有一些系统视图的查询权限之外,并不对数据库中的用户数据和对象具有任何操作权限,因此,下一步就需要为数据库中的用户授予数据库数据及对象的操作权限。

1. 对象级别的权限

数据库对象上允许的操作权限可以分为 6 种不同的类型,如表 9.1 所示。

表 9.1 数据库对象上允许的操作权限

操作权限	使用说明
SELECT	允许用户查询数据。可以在表、视图和表值函数上授予用户该权限
INSERT	允许用户插入数据。可以在表、视图和表值函数上授予用户该权限。注意,不同系统对该权限的管理不同,在 SQL Server 中,拥有 INSERT 权限的用户并不意味着一定拥有 SELECT 权限
UPDATE	允许用户修改数据。可以在表、视图和表值函数上授予用户该权限。同 INSERT 一样,在 SQL Server 中,拥有 UPDATE 权限的用户并不意味着一定拥有 SELECT 权限
DELETE	允许用户删除数据。可以在表、视图和表值函数上授予用户该权限。同样,在 SQL Server 中拥有 DELETE 权限的用户并不意味着一定拥有 SELECT 权限
REFERENCES	如果用户要插入数据的表中有外键约束,而用户在该外键所引用的表上没有 SELECT 权限,则拥有该权限的用户能够向这样的表中插入数据。可以在表、视图、标量函数、表值函数上授予用户该权限
EXECUTE	允许用户具有执行存储过程和标量函数的权限。可以在存储过程、标量函数上授予用户该权限

(1)授权语句。T-SQL 授权语句的简化语法格式为:

```
GRANT <permission> [ ,…n ]
  ON
    [ OBJECT :: ] [ schema_name ]. object_name [ ( column [ ,…n ] ) ]
      TO <database_principal> [ ,…n ]
    [ WITH GRANT OPTION ]
<permission> ::=
    ALL [ PRIVILEGES ] | permission [ ( column [ ,…n ] ) ]
```

其中各参数的含义如下:

- Permission:指定可以授予的对象权限。
- ALL:指授予适用于指定对象的所有 ANSI-92 权限。对于不同的对象,ALL 的含义有所不同：

- 标量函数权限：EXECUTE、REFERENCES。
- 表值函数权限：DELETE、INSERT、REFERENCES、SELECT、UPDATE。
- 存储过程权限：EXECUTE。
- 表权限：DELETE、INSERT、REFERENCES、SELECT、UPDATE。
- 视图权限：DELETE、INSERT、REFERENCES、SELECT、UPDATE。

- PRIVILEGES：包含此参数是为了符合 ANSI-92 标准。
- ON [OBJECT ::] [schema_name]. object_name：指定被授予权限的对象。如果指定了 schema_name，则 OBJECT 短语是可选的。如果使用了 OBJECT 短语，则需要作用域限定符（::）。如果未指定 schema_name，则使用默认架构。如果指定了 schema_name，则需要架构作用域限定符（.）。
- TO <database_principal>：指定要向其授予权限的主体，可以是数据库用户名，也可以是用户定义的角色名。
- WITH GRANT OPTION：指示该主体还可以向其他主体授予所指定的权限。
- Column：指定表、视图或表值函数中将被授予权限的列名。只能在 SELECT、REFERENCES 及 UPDATE 操作上对列进行授权。

[例 10] 授予用户 RosaQdM 对 Address 表具有 SELECT 权限。

```
GRANT SELECT ON Address TO RosaQdM
```

[例 11] 授予用户 RosaQdM 对 HumanResources. EmployeeInfo 存储过程具有 EXECUTE 权限。

```
GRANT EXECUTE ON OBJECT:: HumanResources. EmployeeInfo TO RosaQdM
```

[例 12] 使用 GRANT OPTION 选项，授予用户 Wanida 对 vEmployee 视图中 EmployeeID 列具有 REFERENCES 权限。

```
GRANT REFERENCES( EmployeeID) ON vEmployee
    TO Wanida WITH GRANT OPTION
```

（2）拒绝权限。拒绝用户具有某权限使用的是 DENY 语句，在 T-SQL 中其简化语法格式如下：

```
DENY <permission> [ ,…n ] ON
  [ OBJECT :: ][ schema_name ]. object_name [ ( column [ ,…n ] ) ]
    TO <database_principal> [ ,…n ]
  [ CASCADE ]
  [ AS <database_principal> ]
```

其中，CASCADE 表示要拒绝的权限也会被对此主体授予该权限的其他主体拒绝。其他各参数含义同 GRANT 语句。

[例 13] 拒绝用户 RosaQdM 对 Person. Address 表具有 SELECT 权限。

```
DENY SELECT ON OBJECT::Person. Address TO RosaQdM
```

[例 14] 拒绝用户 RosaQdM 对 HumanResources. EmployeeInfo 存储过程具有 EXECUTE 权限。

```
DENY EXECUTE ON HumanResources. EmployeeInfo TO RosaQdM
```

[例 15] 使用 CASCADE 选项。拒绝用户 Wanida 对 HumanResources. vEmployee 视图中 EmployeeID 列具有 REFERENCES 权限。

```
DENY REFERENCES(EmployeeID) ON OBJECT::HumanResources. vEmployee
    TO Wanida CASCADE;
```

(3) 收权语句。收权也就是将已授给用户的权限收回来,即不允许用户再具有该权限。收权语句使用 REVOKE,在 T-SQL 中该语句的简化语法格式如下:

```
REVOKE[ ALL [ PRIVILEGES ] ] | <permission> [ ,…n ]
  ON
    [ OBJECT :: ][ schema_name ]. object_name [ ( column [ ,…n ] ) ]
    { FROM | TO} <database_principal> [ ,…n ]
    [ CASCADE ] [ AS <role_name> ]
```

其中:

- CASCADE:对应 GRANT 语句中的 WITH GRANT OPTION,表示要撤销的权限也会从此主体授予或拒绝该权限的其他主体中撤销。
- AS <role_name>:指定要基于哪个角色发出这个命令。
- 其他参数含义同 GRANT 语句。

[例 16] 撤销用户 RosaQdM 对 Person. Address 表的 SELECT 权限。

```
REVOKE SELECT ON OBJECT::Person. Address FROM RosaQdM
```

[例 17] 撤销用户 RosaQdM 对 HumanResources. EmployeeInfo 存储过程的 EXECUTE 权限。

```
REVOKE EXECUTE ON HumanResources. EmployeeInfo FROM RosaQdM
```

2. 语句级别的权限

在数据库中,不但可以将用户权限与数据库中的对象关联起来,而且还可以将用户权限与特定对象的语句关联起来。SQL Sever 允许对执行不同的语句进行权限控制,这些语句主要包括:

- CREATE DATABASE
- CREATE PROCEDURE
- CREATE TABLE
- CREATE VIEW
- CREATE FUNCTION
- BACKUP DATABASE
- BACKUP LOG

其中 BACKUP DATABASE 和 BACKUP LOG 是备份数据库和日志的权限。关于备份数据库的概念及内容,参见第 12 章。

(1) 授权语句。在 T-SQL 中,授予语句级别权限的 GRANT 语句的简化语法格式如下:

```
GRANT { ALL | <statement_permission> [ ,…n ] }
    TO <database_principal> [ ,…n ]
```

其中<statement_permission>权限如上所列,其他参数同对象级别授权的 GRANT 语句。

[例 18] 授予用户 RosaQdM 具有创建表的权限。

```
GRANT CREATE TABLE TO RosaQdM
```

[例 19] 授予用户 user1 和 user2 都具有创建表和视图的权限。

```
GRANT CREATE TABLE, CREATE VIEW TO user1 , user2
```

(2) 拒绝权限。拒绝语句级别权限的 DENY 语句的简化语法格式如下:

```
DENY { ALL | <statement_permission> [ ,…n ] }
    TO <database_principal> [ ,…n ]
```

[例 20] 拒绝用户 user1 具有创建视图的权限。

```
DENY CREATE VIEW TO user1
```

(3) 收权语句。收回授予的语句级别的权限的 REVOKE 语句的简化语法格式如下:

```
REVOKE { ALL | <statement_permission> [ ,…n ] }
    { FROM | TO } <database_principal> [ ,…n ]
```

[例 21] 收回用户 RosaQdM 创建表的权限。

```
REVOKE CREATE TABLE FROM RosaQdM
```

9.5.5 角色

在数据库中,为便于对用户及权限进行管理,可以将一组具有相同权限的用户组织在一起,这一组具有相同权限的用户就称为角色(Role)。角色类似于 Windows 操作系统安全体系中组的概念。在实际工作中,有大量的用户其权限是一样的,如果让数据库管理员在每次创建完用户后都对每个用户分别授权,则是一件非常麻烦的事情。但如果把具有相同权限的用户集中在角色中进行管理,则会方便很多。

为一个角色进行权限管理就相当于对该角色中的所有成员进行操作。可以为有相同权限的一类用户建立一个角色,然后为角色授予合适的权限。使用角色的好处是系统管理员只需对权限的种类进行划分,然后将不同的权限授予不同的角色,而不必关心有哪些具体的用户。而且当角色中的成员发生变化时,比如添加成员或删除成员,系统管理员都无须做任何关于权限的操作。

在 SQL Server 2008 中,角色分为预定义的系统角色和用户定义角色两种。同时,根据角色作用范围的不同,系统角色又分为服务器级角色(称为固定服务器角色)和数据库级角色(称为固定数据库角色)。用户定义的角色均是数据库级角色。

1. 固定服务器角色

固定服务器角色的作用域属于服务器范围,这些角色具有完成特定服务器级管理活动的权限。用户不能添加、删除或更改固定服务器角色。可以将登录账户添加到固定服务器角色中,使其成为服务器角色中的成员,从而具有服务器角色的权限。固定服务器角色中的每个成员都具有向其所属角色添加其他登录账户的权限。

表 9.2 列出了 SQL Server 2008 支持的固定服务器角色及其所具有的权限。

表 9.2 固定服务器角色及其权限

固定服务器角色	描述
bulkadmin	具有执行 BULK INSERT 语句的权限。需要说明的是,即使某个用户被加到了 bulkadmin 角色中,他也只具有执行 BULK INSERT 语句的权限,而没有访问需要执行该语句的表的权限,这意味着,除了要把用户加到 bulkadmin 角色中外,还需要授予用户在执行 BULK INSERT 语句的表上具有 INSERT 权限。此外,还需要保证用户在 BULK INSERT 语句所引用的表上具有恰当的 SELECT 权限
dbcreator	具有创建、修改、删除和还原数据库的权限
diskadmin	具有管理磁盘文件(数据被指派给哪个文件组、附加和分离数据库等)的权限
processadmin	具有管理运行在 SQL Server 中的进程的权限,这个角色可以根据需要终止长时间运行的进程
securityadmin	对于专门管理登录账户、读取错误日志以及执行 CREATE DATABASE 权限的账户来说,这个角色是非常便捷的。该角色是能够处理大多数的日常事务,但没有系统管理员的超级权限
serveradmin	该角色具有设置服务器级别的配置选项和关闭服务器的权限
setupadmin	该角色的权限仅局限于添加和删除链接服务器
sysadmin	系统管理员角色。具有在服务器及数据库上执行任何操作的权限。需要注意的是,Windows 的 Administrators 组被自动映射为 sysadmin 角色中的成员,即 Administrators 组中的所有成员都对 SQL Server 具有系统管理员权限

除了表 9.2 列出的固定服务器角色外,还有一个系统预定义服务器角色 public。每个 SQL Server 登录名都是 public 服务器角色中的成员。如果未向某个服务器主体授予或拒绝对某个安全对象的特定权限,则该用户将具有授予 public 角色的权限。

(1) 为固定服务器角色添加成员。在固定服务器角色中添加成员使用的是 sp_addsrvrolemember 系统存储过程。该存储过程的语法格式如下:

```
sp_addsrvrolemember [ @ loginame = ] 'login',
        [ @ rolename = ] 'role'
```

其中各参数为:

- [@ loginame =] 'login':要添加到固定服务器角色中的登录名。login 可以是 SQL Server 身份验证的登录名,也可以是 Windows 身份验证的登录名。如果该 Windows 登录名没有 SQL Server 的访问权限,则该操作将自动授予该登录名对 SQL Server 的访问权限。
- [@ rolename =] 'role':要添加到的固定服务器角色的名称,默认值为 NULL。

该存储过程的返回值为:0(成功)或1(失败)。

[例22] 将Windows身份验证的TEST\Win_User1登录名添加到sysadmin角色中。

```
EXEC sp_addsrvrolemember 'TEST\Win_User1', 'sysadmin'
```

[例23] 将SQL身份验证的SQL_User2登录名添加到dbcreator角色中。

```
EXEC sp_addsrvrolemember 'SQL_User2', 'dbcreator'
```

(2) 删除固定服务器角色成员。从固定服务器角色中删除成员使用的是sp_dropsrvrolemember系统存储过程。该存储过程的语法格式如下:

```
sp_dropsrvrolemember [@loginame=] 'login',
    [@rolename=] 'role'
```

其中各参数为:

- [@loginame=] 'login':要从固定服务器角色中删除的登录名。
- [@rolename=] 'role':固定服务器角色名称。

该存储过程的返回值为:0(成功)或1(失败)。

[例24] 从dbcreator角色中删除SQL_User2。

```
EXEC sp_dropsrvrolemember 'SQL_User2', 'dbcreator'
```

2. 固定数据库角色

固定数据库角色是定义在数据库级别上的,而且存在于每个数据库中。用户不能添加、删除或更改固定数据库角色,但可以将数据库用户添加到固定数据库角色中,使其成为数据库角色中的成员,从而具有数据库角色的权限。固定数据库角色的成员来自每个数据库中的用户。固定数据库角色为管理数据库一级的权限提供了方便。

表9.3列出了SQL Server 2008支持的固定数据库角色及其具有的权限。

表9.3 固定数据库角色及其权限

固定数据库角色	描述
db_accessadmin	具有添加或删除数据库用户的权限
db_backupoperator	具有备份数据库、备份日志的权限
db_datareader	具有查询数据库中所有用户数据的权限
db_datawriter	具有插入、删除和更改数据库中所有用户数据的权限
db_ddladmin	具有执行数据定义语言(DDL)的权限
db_denydatareader	不允许具有查询数据库中所有用户数据的权限,等同于对所有的表和视图授予了DENY SELECT权限
db_denydatawriter	不允许具有INSERT、DELETE和UDPATE数据库中所有用户数据的权限
db_owner	具有在数据库中进行全部操作的权限,包括配置、维护数据库及删除数据库
db_securityadmin	具有管理数据库角色、角色成员以及数据库中的语句和对象的权限

除了表9.3列出的数据库角色外,还有一个特殊的系统预定义的数据库角色public。每个数据库用户都是public数据库角色中的成员。如果未向某个用户授予或拒绝对安全对象的特定权限,则该用户将具有public角色的权限。

(1) 为固定数据库角色添加成员。数据库角色成员的来源是数据库中的用户。在当前数据库的数据库角色中添加成员使用的是sp_addrolemember系统存储过程,该存储过程的语法格式如下:

```
sp_addrolemember [ @ rolename = ] 'role',
    [ @ membername = ] 'security_account'
```

其中各参数为:

- [@ rolename =] 'role':当前数据库中的数据库角色名。
- [@ membername =] 'security_account':要添加到角色中的数据库用户名。security_account可以是数据库用户、数据库角色、Windows登录名或Windows组。如果新成员是没有相应数据库用户的Windows登录名,则将为其创建一个对应的数据库用户。

该存储过程的返回值为:0(成功)或1(失败)。

[例25] 将Windows登录名TEST\Win_User1添加到当前数据库的db_datareader角色中。

```
EXEC sp_addrolemember 'db_datareader', 'TEST\Win_User1'
```

[例26] 将SQL_User2添加到当前数据库的db_datawriter角色中。

```
EXEC sp_addrolemember 'db_datawriter', 'SQL_User2'
```

(2) 删除固定数据库角色成员。从固定数据库角色中删除成员使用的是sp_droprolemember系统存储过程。该存储过程的语法格式如下:

```
sp_droprolemember [ @ rolename = ] 'role',
        [ @ membername = ] 'security_account'
```

其中各参数的含义同sp_addrolemember。

该存储过程的返回值为:0(成功)或1(失败)。

[例27] 在当前数据库中,删除db_datawriter角色中的SQL_User2成员。

```
EXEC sp_droprolemember 'db_datawriter', 'SQL_User2'
```

3. 用户定义的角色

用户定义的角色属于数据库一级的角色。数据库管理员可以根据用户实际对数据库的操作情况,将用户分为不同的组,每个组具有相同的操作权限,这些具有相同权限的组在数据库中就称为用户定义的角色。用户定义的角色的成员可以是数据库的用户,也可以是用户定义的角色。只要权限没有被拒绝过,则角色中成员的权限就是其所在角色的权限加上他们自己所具有的权限。如果某个权限在角色中被拒绝,则角色中的成员就不能再拥有此权限,即使为此成员授予了此权限。

用户定义的角色主要是为简化用户在使用数据库时的权限管理。

(1) 创建用户定义的角色。创建用户自定义角色的T-SQL语句是CREATE ROLE。其语法格式为：

```
CREATE ROLE role_name [ AUTHORIZATION owner_name ]
```

其中各参数为：

- role_name：待创建角色的名称。
- AUTHORIZATION owner_name：将拥有新角色的数据库用户或角色。如果未指定用户，则执行 CREATE ROLE 的用户将拥有该角色。

[例 28] 在当前数据库中创建用户自定义角色 CompDept，其拥有者为创建该角色的用户。

```
CREATE ROLE CompDept
```

[例 29] 在当前数据库中创建用户自定义角色 InfoDept，其拥有者为 SQL_User1。

```
CREATE ROLE InfoDept AUTHORIZATION SQL_User1
```

[例 30] 在当前数据库中创建用户自定义角色 MathDept，其拥有者为 Software 角色。

```
CREATE ROLE MathDept AUTHORIZATION Software
```

（2）为用户定义的角色授权。为用户定义的角色授权使用的 T-SQL 语句与实现对数据库用户授权完全一样。

（3）添加和删除用户定义的角色中的成员。为用户定义的角色添加和删除成员使用的语句与为固定数据库角色添加和删除成员完全一样。

（4）删除用户定义的角色。删除用户定义的角色的 T-SQL 语句是 DROP ROLE。其语法格式如下：

```
DROP ROLE role_name
```

注意：不能从数据库中删除拥有安全对象的角色。若要删除拥有安全对象的数据库角色，必须首先转移这些安全对象的所有权，或从数据库中删除这些安全对象；不能从数据库中删除拥有成员的角色。若要删除有成员的角色，必须首先删除角色中的成员。

[例 31] 在当前数据库中删除用户定义的角色 InfoDept。

```
DROP ROLE InfoDept
```

9.6 Oracle 的安全管理

Oracle 的安全控制机制可分为数据库级的安全控制、表级、行级、列级的安全控制。数据库级的安全性通过用户身份认证和授予用户相应系统权限来保证，而表级、行级、列级的安全性是通过授予或回收对象特权保证的。

Oracle 不仅支持集中式应用，也支持跨平台、分布式数据库应用，即用户数据物理上可以被分布存储在网络的多个结点（场地）中，而逻辑上是一个整体。用户可以在一条 SQL 语句或一个程序中同时涉及上百个结点中的数据。因此，对于一个实际可运行的系统来说，通常可设置两级安全管理员:全局数据安全管理员和场地数据安全管理员。全局数据安全管理员负责管理、协调,维护全局数据的一致性和安全性,各场地的安全管理员负责维护本结点数据库的安全性,包括用户管理、系统特权与角色的管理。

然而,由于 Oracle 分布式数据库系统没有全局数据库管理系统,没有全局数据字典,没有全局死锁检测及全局管理调度程序,其结点之间的互操作是由 Oracle 的通信模块和数据库服务器共同完成的,即网络中的每个数据库服务器都是全局事务的协调者。例如,当一个数据库服务器接收到一个分布查询后,首先分析这个查询,如果此查询涉及多个结点,则由接收服务器分解这个复合查询为多个简单查询,在本场地执行涉及的本地事务,并把涉及全局的其他查询交由通信管理模块处理。Oracle 通信管理模块中的透明网络服务层(Transparent Network Service ,TNS)接收和处理各种网络请求,如:确定远程数据库服务器的位置;判断本次连接涉及单协议还是多协议,如果是多协议,Oracle 的协议适配器(Oracle Protocol Adapter)将 TNS 服务映像到相应的工业标准协议。当参与分布事务的全部结点都返回查询结果后,接收查询服务器会按照连接条件将结果汇总后返回给用户。

每当一个分布事务在提交过程中出现故障,如网络故障、软件等故障时,每个 Oracle 实例会利用每个数据库挂起事务表(Pending Transaction Table)中的信息以及每个数据库服务器的 RECO(Recover)后台进程,自动、透明地在全局范围内进行故障处理,保证一个分布事务所涉及的所有结点在网络或系统恢复时,要么全部提交,要么全部回滚。

Oracle 系统的以上特点决定了 Oracle 分布式数据库环境中的每个数据库服务器被分别管理。即每个场地的 DBMS 管理自己的数据,维护其数据字典。每个场地的 DBA 负责为使用数据库的用户建立用户名,并授予相应的系统特权。场地 DBA 根据其数据库的使用情况负责定期做数据库备份,以应对各种故障。Oracle 的分布式数据库结构将保证一个分布事务在提交过程中的故障处理。

以下简要介绍 Oracle 数据库系统安全管理的内容与实现方法。

9.6.1 用户与资源管理

Oracle 数据库中的用户按其操作权限的大小可分为 DBA 用户和普通用户。

• DBA 用户:DBA 用户是在数据库系统安装时由 DBMS 自动创建生成的,它们是 sys 和 system 用户,拥有全部的系统特权(权限)。

• 普通用户:普通用户是由 DBA 用户或具有相应特权的用户创建,并授予系统特权的用户。

(1) 建立用户。

[**例 32**] 建立一个 Oracle 数据库用户 user1。

```
CREATE USER user1 IDENTIFIED  BY u66771
DEFAULT  TABLESPACE  student
QUOTA 5M  ON  student
```

命令中的 user1 是新建的用户名,密码是 u66771;DEFAULT 子句指定新用户创建的数据库对象,如表、视图等将被存储在 student 表空间中;QUOTA 子句限制 user1 使用 student 表空间中的空间限额为 5 MB。命令中除了语句 CREATE USER user1 IDENTIFIED BY u66771 外,其他内容都是可选的,即如果不指定 DEFAULT 子句,则新用户创建的数据库对象默认被存储在系统表空间 system 中,如果不指定 QUOTA 子句,则表示不限制用户使用数据库空间。

(2) 管理用户和资源。具有 DBA 特权的用户可以改变一个用户对系统资源的使用限额,并对用户密码进行管理, 如设置用户密码的有效期,指定一个用户多长时间必须修改一次密码,设置一个用户连续不成功注册 Oracle 数据库的次数等。

[**例 33**] 将 user1 用户对 student 表空间的空间使用限额增至 60 MB。

```
ALTER USER user1
QUOTA 60M ON student
```

DBA 用户可以用下面的命令修改任何用户的密码,普通用户也可以用此命令修改自己的密码,如将自己的密码改为 w12345,用命令:

```
ALTER USER user1 IDENTIFIED BY w12345    -- w12345 为新的密码
```

(3) 删除用户。

[**例 34**] 从数据库中删除 user1 用户及其所拥有的全部数据库对象。

```
DROP USER user1 CASCADE
```

命令中的 CASCADE 选项指定在删除用户的同时,删除其所拥有的全部数据库对象,否则仅删除 user1 用户名。

9.6.2 权限管理

1. 系统特权

当用户使用合法的用户名注册到数据库之后,Oracle DBMS 还会进一步检查一个用户是否具有对相应数据库资源的操作权。Oracle 数据库系统预定义了几十种系统权限,如 Create any Table、Create Table、Create View、Create Index、Create Cluster、Create Procedure、Create Snapshot 等,DBA 可以根据具体情况为用户授予相应的权限。

为了兼容以前的版本,Oracle 提供了三种默认的角色(一组特权),分别为:

- Connect:具有这种角色的用户不能在数据库中建立任何对象,但可以查询数据字典及访问有权限的数据库对象。
- Resource:具有这种角色的用户可以在数据库中建立关系表、视图、序列、索引、聚集、存储过程、存储函数、触发器、数据库链路。
- DBA:这种角色拥有 Oracle 预定义的所有系统特权。

(1) 授予系统特权和角色。

[**例 35**] 授予用户 user1 具有建立表和视图的权限。

```
GRANT  create table, create view TO user1 WITH  ADMIN OPTION
```

如果在授权命令中加上了 WITH ADMIN OPTION 选项,表示允许传递权限,这意味着允许 user1 把 create table、create view 的权限授予其他用户。

为了简化特权管理,DBA 可以根据用户对数据库资源的使用需求,把用户分成组,为不同的用户组建立不同的角色,然后把相应的特权授予角色,再把角色授予用户或用户组。

[例 36] 建立一个名为 test 的角色。

```
CREATE ROLE test
```

[例 37] 为角色 test 授予 create table、create index、create procedure 权限。

```
GRANT create table,create index,create procedure TO test
```

角色建立好以后,就可以利用角色为用户授权了。

[例 38] 把角色 test 授予用户 us1、us2 和 us3,使用下面的命令:

```
GRANT test TO us1, us2, us3
```

(2) 回收系统特权和角色。

[例 39] 回收角色 test 的系统特权 create procedure。

```
REVOKE create procedure FROM test
```

[例 40] 回收 user1 用户的 create table 特权。

```
REVOKE  create table  FROM  user1
```

2. 对象特权

对象特权用于维护表级、行级与列级数据的安全性。表 9.4 列出了数据库对象——表、视图、序列、快照、存储过程与函数各对象上允许的操作权限(√表示操作允许)。

表 9.4 对象特权

数据库对象 / 操作权限	表	视图	序列	快照	存储过程与函数
alter	√		√		
delete	√	√			
execute					√
index	√				
insert	√	√			
references	√				
select	√	√	√	√	
update	√	√			

(1) 授予对象权限。

[例 41] 将 dep 表上的全部操作权授予 user1 用户。

```
GRANT all ON dep TO user1
```

其中 all 代表表 9.4 中列出的全部对象特权。

[例 42] 仅允许 user2 具有查询 teacher 表中 tno、tname 和 sal 列的权限。

```
GRANT select (tno,tname,sal) ON teacher TO user2
```

如果仅允许 user1 查询 teacher 表中计算机系的信息。为了实现行级数据的保护,可先建立一个包含计算机系教师信息的视图,然后把对新建视图的 select 权限授予 user1 即可。

（2）回收对象特权。表的拥有者根据需要可以随时回收曾经授予的对象特权。如回收用户user1在dep表上的全部权限，语句如下：

```
REVOKE all ON dep FROM user1
```

9.6.3 审计功能

Oracle数据库系统提供了审计功能。对于安全性要求较高的应用场合，DBA或有相应权限的用户可以启用审计系统。当数据库中的数据在某段时间出现了安全问题，DBA可通过审计系统记录的信息，分析这个时段哪些用户对数据库的相关数据进行过操作，曾做过什么操作，操作者是否有操作特权等，从而找出问题所在。

由于篇幅所限，对Oracle数据库系统感兴趣的读者可进一步参考Oracle相关的资料。

小结

数据库的安全管理是数据库系统中非常重要的部分，安全管理设置的好坏直接影响数据库数据的安全。因此，作为一个数据库系统管理员一定要仔细研究数据的安全性问题，并进行合适的设置。

本章介绍了安全控制的基本概念、SQL Server 2008的安全控制实现过程，主要介绍了如何建立合法的服务器登录账户；如何建立数据库的合法用户；如何为数据库用户授予合适的操作权限。可以为用户授予的权限有两种：一种是对数据进行操作到对象级权限，即对数据的增、删、改、查等权限；另一种是创建对象的语句级权限，如创建表和创建视图等对象的权限。为便于对用户和权限进行管理，SQL Server 2008采用角色的概念来管理具有相同权限的一组用户。除了可以根据实际操作情况创建用户定义的角色之外，系统还提供了一些预定义好的角色，包括管理服务器级设置的固定服务器角色和在数据库一级进行操作的固定数据库角色。本章主要介绍了实现这些功能的T-SQL语句。

本章还简要介绍了Oracle分布式数据库系统安全控制的特点，并通过一些示例介绍了维护Oracle数据库级、表级、行级和列级数据安全的方法，以使读者从多个视角理解数据库系统安全控制的概念和内容。

习题

一、选择题

1. 下列关于SQL Server数据库用户权限的说法中，错误的是

A. 数据库用户自动具有该数据库中全部用户数据的查询权

B. 通常情况下，数据库用户都来源于服务器的登录账户

C. 一个登录账户可以对应多个数据库中的用户

D. 数据库用户都自动具有该数据库中public角色的权限

2. 下列关于SQL Server数据库服务器登录账户的说法中，错误的是

A. 登录账户的来源可以是Windows用户，也可以是非Windows用户

B. 所有的 Windows 用户都自动是 SQL Server 的合法账户

C. 在 Windows 身份验证模式下,不允许非 Windows 身份的用户登录到 SQL Server 服务器

D. sa 是 SQL Server 提供的一个具有系统管理员权限的默认登录账户

3. 下列 SQL Server 提供的系统角色中,具有数据库服务器上全部操作权限的角色是

A. db_owner　　B. dbcreator　　C. db_datawriter　　D. sysadmin

4. 下列角色中,具有数据库中全部用户表数据的插入、删除、修改权限且只具有这些权限的角色是

A. db_owner　　B. db_datareader　　C. db_datawriter　　D. public

5. 创建 SQL Server 登录账户的 SQL 语句是

A. CREATE LOGIN　　B. CREATE USER　　C. ADD LOGIN　　D. ADD USER

二、填空题

1. 数据库中的用户按操作权限的不同,通常分为________、________和________ 3 种。

2. 在 SQL Server 2008 中,系统提供的具有管理员权限的角色是________。

3. SQL Server 的身份验证模式有________和________两种。

4. SQL Server 的登录账户来源有________和________两种。

5. 在 SQL Server 2008 中,系统提供的具有创建数据库权限的服务器角色是________。

6. SQL Server 2008 将权限分为________、________和________ 3 种。

7. 在 SQL Server 2008 中,角色分为________和________两大类。

第10章 数据库运行维护与优化

完成数据库应用系统的设计并实施后，数据库系统则进入运行维护阶段。这个阶段的主要任务是保证数据库系统安全、可靠且高效率地运行。

通常，随着系统的使用，会产生数据库性能问题，本章结合数据库系统的日常运行维护工作，介绍一些常用的数据库优化方法。

10.1 数据库运行维护基本工作

在数据库设计并试运行后，如果试运行结果符合设计目标，就意味着数据库可以真正投入运行了，同时也标志着开发任务的基本结束和维护工作的开始。在数据库系统运行过程中必须不断地对其进行监控、评价、调整与修改，以保证数据库系统正常和高效地运行。

一般来说，维护工作主要包括：数据库的转储和恢复；数据库的安全性和完整性控制；数据库性能的监控分析和改进；数据库的重组和重构。

1. 数据库的转储与恢复

数据库的转储和恢复是系统正式运行后最重要的维护工作之一。作为数据库管理员，应该针对各种数据制订合理的转储计划，定期对数据库和日志文件进行备份，保证数据库一旦出现故障，也有能力恢复到正常状态。为了保证转储数据能够正常进行恢复，通常情况下，数据库管理员需要定期对转储的数据进行恢复测试工作。恢复测试工作一般情况下是在与正式运行环境类似的环境中，利用转储数据进行数据库数据的恢复，恢复完成后对数据库中数据进行检查，确认数据的完整性、可靠性和一致性。

2. 数据库的安全性、完整性控制

保证数据库的安全性和完整性是数据库管理员的另一项重要任务。数据库管理员可以通过行政手段制订规范，同时，通过权限管理、口令、跟踪及审计等来保证数据库的安全性。另外，数据库管理员应该维护多个数据副本，可能的话将这些副本存放在不同的安全地点。并采取有效措施预防和及时清除病毒，避免其对数据库的威胁。

同时，在数据库运行过程中，由于应用环境的变化，安全性要求也会发生变化，例如有的数据原来是机密的，经过一段时间后变成了公开的数据，而新加入的数据可能仍然处于机密状态。系统中的用户安全要求也会发生变化。这些变化都需要数据库管理员根据实际情况修改原有的安全控制策略。

同样,数据库的完整性约束条件也会发生变化,也需要数据库管理员不断修正,以满足用户的需求。

3. 检测并改善数据库的性能

数据库管理员应该经常检测数据库系统的运行,观察数据库的动态变化情况,以便在数据库出现故障时能够及时恢复或者采取其他有效措施保护数据库。目前,大部分数据库管理系统都提供了检测系统性能参数的工具,数据库管理员可以利用这些工具方便地得到系统运行过程中的一系列性能参数值。数据库管理员应仔细分析这些数据,判断当前系统运行状况是否满足应用和用户的需求,应当进行哪些改进。例如调整系统的物理参数,或对数据库进行重组或重构等。同时,由于性能优化本身是无止境的,在进行系统性能调整过程中,数据库管理员要平衡性能调整的投入和产出比,以满足应用系统需求为基准进行性能优化。

4. 数据库的重组和重构

数据库管理员应该定期对数据库进行重组,即按照系统设计要求对数据库存储空间进行全面调整,如调整磁盘分区方法和存储空间,重新安排数据的存储,整理回收碎块等,以提高数据库性能。这是因为在数据库长期运行过程中,由于对数据表内容的反复增、删、改使得存储空间的分配过于零散,导致存取效率下降,所以定期重组数据库是十分必要的。

数据库的重新组织并不修改数据库原有设计的逻辑结构和物理结构,而数据库的重构则不同,它是指部分修改数据库的模式和内模式。由于数据库应用环境的不断变化,增加了新的应用或新的实体,取消了某些应用,有的实体与实体间的联系也发生了变化等,使得原有的数据库设计不能满足新的需求,此时需要调整数据库的模式和内模式。例如,当业务应用需求出现小范围变化时,可能会要求对数据库的逻辑结构做必要的改变,要求在原来的数据库设计的基础上做适当的扩充或修改(如为一个表增加一个字段,改变某列数据类型等)。当然,数据库的重构也是有限的,只能做部分修改,如果应用需求变动太大,重构也不能达到系统要求,则应该考虑重新设计数据库及相应的应用程序。

10.2 运行状态监控与分析

所谓数据库的监控分析,是指管理员借助相应工具在数据库运行过程中监测数据库系统的运行情况,掌握系统当前或以往的负荷、配置、应用和其他相关信息,并对监测数据进行分析,分析数据库的性能参数和环境信息,评估系统的整体运行状态,为系统的安全运行和性能调优提供依据,并提出相应的改善措施,帮助管理人员尽早清除数据库的性能隐患。

根据监控分析实现方法的不同,监控分析机制分为两种,一种是由数据库系统建立的自动监控机制,另一种是由管理员手动实施的监控机制。

1. 自动监控机制

该机制由 DBMS 自动监测数据库的运行情况,并在数据库出现问题时自动采取有效措施,防止出现的问题对数据库运行产生不良影响。

2. 手动监控机制

数据库管理员要随时观察数据库的动态变化,并在数据库出现错误、故障或产生不适应的情况(如数据库死锁、对数据库的误操作等)时能够随时采取有效措施保护数据库。

根据监控对象的不同,监控分析又可以分为对数据库构架体系的监控和对数据库性能的监控。

3. 对数据库构架体系的监控

主要监控内容:空间基本信息、空间使用率与剩余空间大小、空间是否具有自动扩展的能力、哪些表的扩展将引起空间的扩展,以及段的占用空间与区间数等。

4. 对数据库性能的监控

主要监控内容:数据缓冲区的命中率、库缓冲、用户锁、锁与等待、回滚段、临时段使用情况、索引的使用情况、等待事件和共享池等。

10.3 数据库存储空间管理

在数据库系统的运行过程中,对数据库空间使用情况,特别是空间的增长情况进行监控,并采取相应措施对数据库使用空间进行管理是一项非常重要的工作。

对数据库的使用空间进行管理是十分必要的,这是因为在数据库系统运行过程中,随着用户程序对数据库的操作,会带来数据量的变化,使数据库出现许多数据碎片。一般情况下,数据库所需空间是不断增长的,硬盘可用存储空间会逐步缩小。空间使用情况的变化会带来许多问题,例如,数据量增大和碎片会导致数据库系统服务性能降低,系统空间的溢出有时会带来灾难性的停机故障,不少国内外知名大企业的在线服务系统都曾出现过因空间管理不到位而导致的灾难性停机事故,导致大面积服务停止,给企业和社会带来巨大的损失。所以数据库空间的监控和有效管理对整个数据库系统的正常运行以及性能优化具有十分重要的作用。

数据库的存储结构一般分为逻辑存储结构和物理存储结构,其物理存储结构决定了数据库存储数据时数据文件所占用空间的大小及分布。

针对不同的数据库产品,其逻辑存储结构和物理存储结构的对应方式是不同的。例如在Oracle和DB2数据库中,在逻辑上一个数据库由一个或多个表空间组成,表空间由段组成,段由区(extents)组成,区由若干个数据块构成;在物理上数据库由数据文件、重做日志文件、控制文件组成,任何一个表空间至少对应一个或者多个数据文件,如图10.1所示。而在SQL Server数据库中,两者的对应方式则有所不同,一个逻辑上的数据库直接和一组物理上的数据文件对应,没有表空间的概念。所以,不同的数据库对空间的管理也是不一样的。

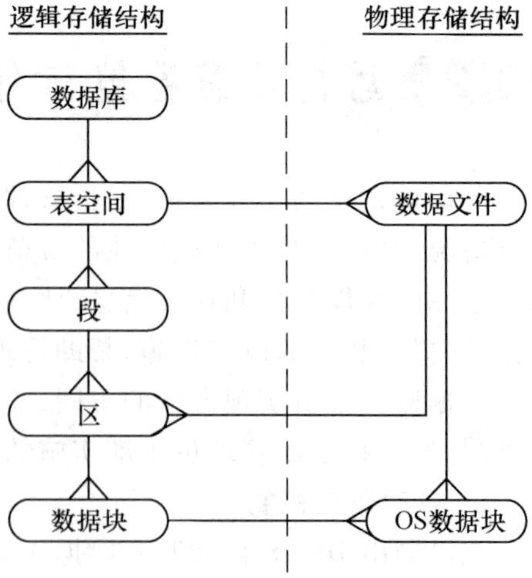

图10.1 Oracle数据库的存储结构示意图

尽管如此,无论是何种数据库产品,通常对空间的管理主要包括创建数据库空间，更改空间大小，删除空间，修改空间状态，新建、移动、关联数据文件等。一旦数据库的存取性能降低、速度减慢，在整体存储量尚可满足数据文件存放需求的情况下，可通过观测一定的表或视图来了解当前空间的使用状况，进而作出可能的调整决定。

除此之外，在进行数据库设计时，需要根据数据库的数据保存期要求、数据结构信息和数据预期增长速度等因素，对数据库所需使用的空间进行预测，这也是一项十分重要的工作。预测出数据库中初始阶段要存放的数据量，并计算出数据库近两年所需要的空间以后，在实施阶段就必须以这些空间量为参数，在软硬件环境中为数据库预留出足够的空间。

随着数据库系统的不断运行，数据库中所存放的数据会因企业业务的不断开展而不断增长，企业业务开展情况也会与设计时估计的情况有所不同。因此，对数据库空间实际增长情况进行监控是非常重要的。应重点监控数据增长较快的数据表，并统计这些表的实际数据增长率，及时制订数据备份与转储策略，在数据量超过数据库存储能力前，及时增加这些表的存储空间。如果现有硬件空间已快不足以支持数据量拓展的要求，应该考虑是否做硬件上的扩容或者将一些与目前应用不是很紧密的历史数据及时转移到其他廉价数据存储介质中，或者转移到其他数据体系如数据仓库体系中，为数据库腾出足够的空间存放未来的数据。

以本书商场经营管理系统应用为例，在商场业务系统使用之初，假设该系统是随开业同时启用的。此时，数据库中没有销售细节数据，仅有一些初始数据，如商品目录、人员信息、供应商信息等，不需太多的存储空间。在数据库实施时，必须为一定时间期限内的数据预留足够的空间，以保证业务系统的正常运行。

随着商场的运作，商场业务数据库系统的多个表中各种信息在不断增加和变动，但其中有些表的空间占有量基本没变或增幅较小，如人员信息表、供应商信息表等，可能一天增加几条记录甚至是数天才增加一条记录。但是其他的一些数据表如商品销售细节表、商品入库明细表数据增长速度很快。如销售明细表中存放了商场每天销售的所有商品的详细记录，每天会增加上万条甚至数十万条记录。对于前一种数据增长速度很慢的数据表，无须过分关注其空间占用量的增长；但是对于后一种数据增长速度很快的表，管理员应格外关注其空间使用情况，因为一旦没有及时预留出足够的空间，就很可能会出现因为数据库空间不足而使系统停止运转，影响商场的正常运作。

为了防止空间异常情况的发生，数据库管理员应结合商场销售的历史记录，预测未来一段时间内每天会增长多少条记录，从而预测出目前数据库中的剩余空间能够继续使用多长时间，如果发现空间不足，可以考虑扩大存储容量。如若不能进行硬件扩展，应考虑制订合理的数据备份和转储策略，调整数据保存期，将远期的历史数据，如几年前的数据，转移到其他廉价存储介质中去，如光盘、磁带等，从而为新的业务数据腾出足够的存储空间。

10.4 数据库性能优化

数据库性能优化是数据库应用系统上线后最常见的运行维护任务之一。但是，数据库性能优化对数据库管理员的要求也比较高。调整一个数据库应用系统的性能要求熟悉系统环境、数据库管理系统、应用程序以及应用程序所使用的数据。甚至一个具有丰富经验的数据库管理员，在进行数据库优化过程中都可能遭受到很严峻的考验。同时，在进行数据库性能优化时，需要首先确定优化目标。由于优化本身是无止境的，如果在不明确优化目标的情况下不断进行优化，就可能导致投入过多的成本，造成优化项目的失败。

数据库性能优化一般可以从数据库运行环境、数据库参数调整、模式调整、数据库存储优化及查询优化几个方面考虑。

10.4.1 数据库运行环境与参数调整

数据库系统运行需要依赖服务器、操作系统、存储、网络等多种因素。当这些数据库环境出现瓶颈时就会导致数据库运行变慢，甚至是无法完成正常业务。一般来说，在数据库发现性能问题时，首先需要对数据库运行环境进行检查。

一般来说，可以从外部环境、调整内存分配、调整磁盘 I/O、调整资源竞争等几个方面着手来改变数据库的参数，提高其性能。

1. 外部调整

数据库并不是脱离于外部环境单独运行的。也就是说，数据库的性能和外部环境有很大的关系，如果外部环境出现瓶颈，再多的数据库调整都是没有帮助的。

这些外部的条件主要包括：

① CPU。

当数据库操作对 CPU 性能的要求超过数据库服务器的 CPU 性能时，数据库性能就受到 CPU 的限制，使数据库操作变慢。所以，在任何机器中，CPU 的数据处理能力往往是衡量计算机性能的一个标志。如果运行队列数目超过了 CPU 处理的数目，服务器性能就会受到 CPU 的限制而下降。解决方法是为服务器适当增加 CPU 的数量或者是终止需要许多资源的进程。

对于一台数据库服务器来说，如果其在业务空闲时使用率超过 90%，说明服务器缺乏 CPU 资源；如果工作高峰时 CPU 使用率仍然很低，则说明服务器 CPU 资源充足。据此，可以判断一个数据库系统 CPU 的使用情况。

② 网络。

大量的 SQL 数据在网络上传输会导致网速变慢。网卡、交换机、集线器等网络设备的性能对网络的影响很明显。所以，通过调整网络设备，也可以在一定程度上提高数据库系统的性能。

2. 调整内存分配

通过调整相关参数控制数据库的内存分配，也可以在很大程度上改善数据库系统的性能。

3. 调整磁盘 I/O

数据库性能优劣的一个重要度量是响应时间，而 I/O 时间是响应时间的最大组成部分。因此，可以通过令 I/O 时间最小化，减少磁盘上的文件竞争带来的瓶颈等方法来改善数据库系统的性能。

4. 调整竞争

资源是有限的，多个进程对相同的资源发出申请时，导致了竞争的产生。为了解决这个问题，可以采用以下几种方法：

① 修改参数以控制连接到数据库的最大进程数。

② 减少调度进程的竞争。

③ 减少多线程服务进程竞争。

④ 减少重做日志缓冲区竞争。

⑤ 减少回滚段竞争。

10.4.2 模式调整与优化

在数据库设计阶段,主要强调的是高效率利用存储空间,减少数据的冗余,减少数据的不一致,这个过程也就是规范化的过程。大多数情况下,数据库系统需要考虑的第二个目标是高效率地进行数据处理。通常情况下,一个关系中出现的所有属性并不被一起使用,而来自不同关系的数据则可能需要一起使用来进行查询或生成报表。因此,虽然规范化关系解决了数据维护的异常,并使冗余最小化,然而,可能会出现数据处理性能下降的问题。

完全规范化的数据库通常会产生很多表。对于一个频繁使用的查询,如果它要求操作多个相关表中的数据,则每次为生成需要的查询结果而在连接多个表中相关行时,数据库管理系统就会消耗更多的计算机资源。因为连接操作非常耗时,所以完全规范化数据库和部分规范化数据库之间处理性能会有很大差别。

反规范化是将规范化的关系转换为非规范化的关系的过程。常用的反规范化方法有增加派生冗余列、增加冗余列、重新组表、分割表和新增汇总表等方法。

1. 增加派生性冗余列

派生性冗余列是指表中增加的列由表中的一些数据项经过计算生成。它的作用是在查询时减少连接操作,避免使用聚合函数。例如:销售单据明细表(销售单据编号,商品编号,单价,数量,总价,折扣率,折扣总价)中,由于“总价”字段值可以由“单价×数量”得到,说明“总价”是派生性冗余列。按照规范化理论在设计此表时是不应要“总价”字段的。若不要该字段,那么每次使用到总价时,都要先执行代码计算后才能使用,如果商品的数量较多,而且要频繁使用到总价数据时,计算总价代码的执行次数也随着增加,这显然会影响到数据库的运行效率;若增加“总价”这个派生性冗余字段,虽然破坏了规范化原则,但只需执行一次计算总价代码就可以把商品金额存到数据库中,以后不管什么时候使用总价字段,只需提取其值即可,不必再执行计算代码。不难看出,增加“总价”字段后,可以提高查询统计的处理速度,从而达到以空间换时间的目的。在此例子中“折扣总价”也属于派生性冗余列。

2. 增加冗余列

增加冗余列是指在多个表中增加具有相同语义的列,它常用来在查询时避免连接操作。值得一提的是,主码与外码在多表中的重复出现不属于冗余列,这里所指的冗余列是非键字段的在多表中的重复出现。例如,假设教学管理数据库中所含的数据项如下:学号、姓名、生日、系别、系主任姓名、课程号、成绩;若按照规范化设计则该数据库涉及的信息应分解成 3 个关系模式:

学生(学号、姓名、出生日期、系别)

系(系别、系主任姓名)

选课(学号、课程号、成绩)

很显然,这个数据库设计是规范的、合理的。假如在这个数据库中我们想通过学生的学号来查询其所在系的系主任姓名,那么这个操作必然要进行“学生”和“系”两个表的连接操作,若在数据库使用过程中,这类查询操作需要频繁提交,由于表的连接操作是比较费时的,因此按规范化要求设计出来的这样一个数据库却发挥不出最好的性能。

如果在“学生”关系中增加“系主任姓名”这个冗余列,这显然破坏了规范化规则,然而在进行以上查询操作时不用进行表的连接操作,从而提高了查询速度,使系统得到优化。值得一提的是,增加冗余列可以在查询时避免连接操作,但它需要更多的磁盘空间,同时也增加了维护表的工作量。因此不是任何情况下使用增加冗余列都能解决问题的,使用这种方法的前提条件是要保证冗余列及其对应列数据的一致性。

3. 重新组表

当用户经常查看的某些数据是由多个表连接之后才能得到,就可以考虑先把这些数据重新组成一个表,这样在查询时会减少连接从而提高性能。例如,在以上的数据库例子中用户经常需要同时查看姓名、系别、课程号、成绩,则可把“学生”表和“选课”表合并成一个表 P(姓名、系别、课程号、成绩),只需对表 P 进行查询。这样可提高性能,但需要更多的磁盘空间,同时,要考虑每当相关表中的数据变化时,刷新表 P 的代价。

4. 分割表

在一些数据库中有些表的设计已经很合理,但是由于表中的数据过于庞大,或表中的数据具有使用独立性,有时为了提高性能,对表进行分割,这虽然破坏了数据表的整体性,但却使系统得到优化。表分割有两种方式:水平分割和垂直分割。

水平分割是根据数据行的使用特点进行分割,分割之后所得的所有表的结构都相同,而存储的数据不同。当表中分别记录各个地区的数据或不同时期的数据的情况下可对表进行水平分割。例如我国的身份证号码若放在一个表中,由于我国人口众多,因此数据量大,进行身份证查询时效率低。这时可以按省份对它进行水平分割,把不同区域的身份证号分别存储在不同的表中,查询时只需根据省份代码检索相应的表,这显然能提高查询速度。水平分割会给应用增加复杂度,特别在查询所有数据时需要 Union(并)操作。在许多数据库应用中,这种复杂性会超过它带来的优点,因此,只有当表中的数据具有很好的使用独立性,即大部分情况是局部使用,只有很少情况才全局查询时适合使用此方法。

垂直分割是根据数据列的特点进行分割,分割之后所得的所有表中除了都含有主码列外其余列都不相同。一般在一个表中某些列常用,而另外一些列不常用的情况下可以采用垂直分割,分割时把操作时常用与不常用的列分别放入不同的表中,这就使得数据行变小,一个数据页就能存放更多的数据,在查询时就会减少 I/O 次数,而且大多数据操作只在少数或者一个表中进行,从而提高系统性能,但其缺点是查询所有数据时需要 Join(连接)操作。

5. 新增汇总表

在很多情况下,数据库出现性能问题是因为大量执行报表等汇总操作造成的。因为汇总过程可能需要同时对大批量数据进行实时访问,同时对数据进行加和、取平均等操作。这些操作占用数据库服务器 CPU 大、持续时间长。为了降低这些操作的时间,可以根据统计操作的使用情况,将频繁使用的统计操作的中间结果或最终结果存储在汇总表中,当用户发出汇总需求时,即可直接从汇总表中获取数据,降低了数据访问量以及汇总操作的 CPU 计算量。例如在“商场经营管理系统”中,经常要对销售额进行统计,为了方便统计,可以将每天的销售额统计后放入日销售额统计表,在进行统计时,直接从日销售额统计表中读取数据,提高数据统计速度。

数据库的反规范化是为了减少表间的连接,提高查询性能,但并非所有经反规范的数据库都是高效的,这与实际的应用有关,只有满足一定条件的数据库采用反规范化方法才能提高性能。特别强调的是,无论使用何种反规范化技术,都可能破坏数据的完整性,因此,反规范化技术需要维护数据的完整,所以采用反规范化技术时,一定要权衡利弊,仔细分析应用的数据存取需求和实际的性能特点,从实际出发,选用适合当前应用的反规范化技术,只有这样才能达到提高性能、优化系统的目的。

10.4.3 存储优化

1. 物化视图

物化视图是包括一个查询结果的数据库对象(可由系统定期刷新其中的数据),物化视图不是在使用时才读取,而是预先计算并保存表连接或聚集等耗时较多的操作结果,这样在查询时大大提高了读取速度,特别适用于多个数据量较大的表进行连接操作及分布式数据库中需要进行分布在多站点的表进行连接操作时使用。

物化视图还可以进行远程数据的本地复制,此时物化视图的存储也可以称为快照。主要用于实施数据库间的同步。

物化视图对于数据库客户端的使用者来说如同一个实际的表,具有和表相同的一般 select 操作,而其实际上是一个视图,一个定期刷新数据的视图。物化视图的刷新可采用自动刷新和人工刷新方式,具体刷新方式和刷新时间在定义物化视图的时候可以定义。使用物化视图可以实现视图的所有功能,因物化视图不是在使用时才读取,而大大提高了读取速度,特别适用抽取大数据量表中某些信息以及分布式环境中跨节点进行多表数据连接的场合。

2. 聚集

聚集(Cluster)是物理存储表中数据的可选择的方法。一个聚集是一组表,可将经常一起使用的具有同一公共列值的多个表中的数据行存储在一起,由它们的公共列构成聚集码。如果经常被同时访问,就可以创建一个聚集,通过聚集码存储或查询这些表中的数据,从而最小化必须执行的 I/O 次数,改善系统性能。

多表中相关的列称为聚集码(Cluster Key),在将记录插入聚集的表中之前,必须要为聚集对象建立一个聚集索引(Cluster Index),且按聚集码进行索引;对于聚集中的多个表,聚集值只存储一次。对于经常频繁一起查询的表,使用聚集比较方便。在聚集中,来自不同表的行存储在同一个数据块中。因此同将表分开存储相比,连接这些表的查询就可能执行更少的 I/O。不过,与对非聚集表的相同操作比较,聚集表的插入、更新和删除性能要差很多,因此要根据具体情况权衡利弊。

10.4.4 查询优化

在数据库运行初期,数据库对 SQL 语句各种写法的性能优劣还不敏感,但是随着数据库的正式使用,数据库中数据的不断增加,劣质 SQL 语句和好的 SQL 语句之间的速度差就逐渐显示出来了。

以商场应用为例,业务系统一旦运行,商场的业务子系统就会在数据库服务器上产生各种增删改的事务或数据查询服务请求,随着系统不断运行,系统中的数据会不断增长,就很有可能会出现系统效率下降的情况。效率低下的 SQL 语句常常是系统效率不佳的主要原因。

下面介绍几种优化查询的常用方法。

1. 合理使用索引

索引是数据库中重要的数据结构,建立索引的目的就是为了提高查询效率。查询的性能在很大程度上取决于存在什么样的索引来加快选择和连接的处理。同时,从另一方面看,在插入、删除或更新操作中,索引的存在又增加了系统的开销。因此,要在加快查询与事务处理效率方面获得的好处与增加开销之间进行权衡。

索引的物理设计决策涉及以下几类问题:

① 是否为一个属性建立索引。该属性必须是一个码,或者必须存在某个查询,其选择条件(等值或范围)或连接条件中使用了该属性。之所以会建立多个索引,其因素之一是有些查询只需扫描索引即可处理,而无须检索任何数据。

② 在哪些属性上建立索引。可以在一个或多个属性上构建索引。如果一个关系的多个属性共同出现在若干个查询中,则一般会使用多属性索引。而多属性索引中的属性顺序可以考虑按照其区分度进行排列。

③ 是否建立聚簇索引。一个表中最多只能有一个主索引或聚簇索引,因为该表必须按照这个属性物理排序。在大多数关系数据库中,都用关键词 CLUSTER 来指定聚簇索引(如果是码属性便创建主索引,如果不是码属性则创建聚簇索引)。如果一个表中需要多个索引,那么将哪个索引作为聚簇索引则取决于是否需要按照该属性排序。聚簇索引最适合用于范围查询。如果有多个属性需要范围查询,那么选择哪个索引作为聚簇索引则取决于是否要在该属性上对数据进行排序。如果一次查询只进行一次索引排序(没有数据记录存取过程),则相应的索引不应该被聚簇,因为聚簇的最大优点体现在数据记录存取过程中。当由复合键检索的范围用于报表创建时,聚簇索引就可能建立为多属性索引。

④ 使用散列索引还是树索引。通常,关系数据库管理系统中使用 B^+ 树作为索引,某些系统也提供散列索引。B^+ 树索引支持作为搜索码的属性上的等值查询和范围查询。散列索引适用于等值查询,尤其是在连接操作中查找匹配记录时。

索引的使用要恰到好处,其使用原则一般如下:

① 经常在查询中作为条件被使用的列,应为其建立索引。

② 频繁进行排序或分组(即进行 group by 或 order by 操作)的列,应为其建立索引。

③ 一个列的值域很大时,应为其建立索引。

④ 如果待排序的列有多个,应在这些列上建立复合索引。

⑤ 可以使用系统工具来检查索引的完整性,必要时进行修复。另外,当数据库表更新大量数据后,删除并重建索引也可以提高查询速度。

在索引建立完成后,数据库系统运行期间可能还需要对索引进行调整与修改,索引调整与修改主要基于以下一些原因:

- 由于缺少索引,某些查询语句执行时间过长。
- 某些索引自始至终没有使用,而索引占用了较多的磁盘空间。
- 某些索引建立在被频繁改变的属性上,导致系统的开销过大。

大部分关系数据库管理系统都提供了相应的命令或跟踪工具,借助这些工具,数据库管理员可以从系统获得关于查询执行过程的信息，包括以何种顺序执行何种操作、使用何种辅助存取结构（例如索引）等。通过分析这些执行计划可以得到上述问题的原因。基于调优分析，可能会删除某些索引，也可能要增加新的索引。

调优的目的是动态地评估需求。这些需求可能随时间变化，例如在每月或每周的不同时间有所变化，并对索引进行重组以获得最好的整体性能。虽然在删除或新建索引的过程中会增加系统开销，但与性能的改进相比，这些开销是值得的。在删除或创建索引过程中，通常会延迟表的更新，必须考虑到由此导致的服务损失。除了删除或创建索引，以及非聚簇索引和聚簇索引的相互转换之外，通过重建索引也可以改进系统的性能。大部分关系数据库管理系统使用 B^+树作为索引，如果在索引码上执行大量删除操作，索引页可能会出现空间的浪费，而这些被浪费的空间可能需要在重建索引后才可以被重用。同样，过多的插入操作也会导致聚簇索引的溢出，这也将影响到性能。而重建聚簇索引相当于重组按此码排序的整个表。

索引的可用选项以及它们的定义、创建和重组方式因数据库管理系统不同而有所不同。以稀疏索引和稠密索引为例，稀疏索引对于数据文件的每个页面（数据块）有一个索引指针；而稠密索引对于每个记录都有索引指针。不同的数据库管理系统对相关指针的处理方式也有所不同，在数据库管理员使用这些索引过程中，需要考虑这些不同和限制。

2. 避免或简化排序

通常，在运行 Order by 和 Group by 的 SQL 语句时，会涉及排序的操作，应当简化或避免对大型表进行重复的排序，因为磁盘排序的开销是很大的。与内存排序相比较，磁盘排序操作很慢，从而会花费很长时间，降低数据库性能，而且磁盘排序会消耗临时表空间中的资源。

当能够利用索引自动以适当的次序产生输出时，优化器就可以避免不必要的排序步骤。以下是一些影响因素：

① 由于现有索引的不足，导致排序时索引中不包括一个或几个待排序的列。

② group by 或 order by 子句中列的次序与索引的次序不一样。

③ 排序的列来自不同的表。

为了避免不必要的排序，就要正确地增建索引，合理地合并数据库表（尽管有时可能影响表的规范化，但相对于效率的提高是值得的）。如果排序不可避免，那么应当试图简化它，如缩小排序列的范围等。

3. 消除对大型表数据的顺序存取

在嵌套查询中，对表的顺序存取对查询效率可能产生致命的影响。避免这种情况的主要方法就是对连接的列进行索引。还可以使用并集来避免顺序存取。尽管在所有的检查列上都有索引，但某些形式的 where 子句强迫优化器使用顺序存取。

4. 避免复杂的正则表达式

在使用正则表达式进行条件查询时可能会消耗较多的 CPU 资源进行字符串匹配工作，因此应尽量避免。

5. 使用临时表加速查询

把表的一个子集进行排序并创建临时表，有时能加速查询。它有助于避免多重排序操作，而且在其他方面还能简化优化器的工作。临时表中的行比主表中的行要少，而且顺序就是所要求的顺序，减少了磁盘的 I/O 操作，所以查询工作量可以得到大幅减少。

6. 用排序来取代非顺序磁盘存取

非顺序磁盘存取是最慢的操作。但是在写 SQL 语句时往往忽略了这一点,使得在写应用程序时很容易写出要求存取大量非顺序页的查询,导致效率降低。有些时候,可以使用以数据库排序功能为基础的 SQL 来替代非顺序的存取,以改进查询效率。

7. 不充分的连接条件

左(右)连接消耗的资源非常之多,因为它们包含与 NULL(不存在)数据匹配的数据,其代价可能非常高。左(右)连接比内连接消耗资源更多,所以应尽可能不使用左(右)外连接的查询。

8. 存储过程

平时每次向数据库发送的 SQL 脚本,都需要先编译后执行。这样当使用相同的语句时效率就会很低,而存储过程则不需要编译就能直接执行,因此速度可以更快。所以,对于频繁使用的 SQL 语句建议使用存储过程。另外,要注意在存储过程中尽量使用 SQL 自带的返回参数,而非自定义的返回参数,减少不必要的参数,避免数据冗余。

9. 不要随意使用游标

游标会占用较多的系统资源,尤其是在大规模并发的情况下,很容易使得系统因资源耗尽而崩溃。所以,不要随意使用游标,而且游标使用完后应及时关闭和销毁,以释放资源。

10. 事务处理

为了同时操作多个表而保证数据库的一致性,往往会用到事务。但是一旦将多个处理放入事务当中,系统的处理速度会有所降低,所以应当在保证数据库一致性的前提下,将频繁操作的多个可分割的处理过程放入到多个存储过程当中,这样会大大提高系统的响应速度。

10.4.5 SQL Server 性能工具

Microsoft SQL Server 提供了一套综合的工具,用于监视 SQL Server 中的事件和优化物理数据库的设计。SQL Server 中最常用的两个性能优化工具是 SQL Server Profiler 和数据库引擎优化顾问。

1. SQL Server Profiler

SQL Server Profiler 是用来监视 SQL Server 事件的工具,其监视事件的结果可以存储到一个跟踪文件中。通过分析该跟踪文件,可以得知数据库运行中的性能瓶颈,也可以用来诊断数据库在运行当中所遇到的某些问题。

SQL Server Profiler 可以监视几乎所有在 SQL Server 中可能发生的事件,因此 SQL Server Profiler 是个多用途的性能监控工具,除监视系统性能状态外,还可以监视存储过程、T-SQL 语句的运行状态,以便程序除错、寻找 SQL Server 问题所在和监视用户操作等。

2. 数据库引擎优化顾问

数据库引擎优化顾问可以在不精通数据库结构的情况下,通过对数据库的工作负荷测试,由数据库引擎优化顾问给出优化建议,然后再通过管理员进行相应的修改,使数据库达到一个比较优化的状态。

数据库引擎优化顾问通过分析一个或多个数据库的工作负荷和物理架构,然后提出优化建议。所谓的工作负荷也就是一组在数据库中执行的 T-SQL 语句,数据库引擎优化顾问分析这些 T-SQL 语句执行效率来提出优化建议,因此在数据库引擎优化顾问优化数据库时,会要求输入跟踪文件、跟踪表或者 T-SQL 脚本。

在数据库引擎优化顾问对工作负荷进行分析后，数据库引擎优化顾问会建议添加、修改或删除数据库中的某些对象，如索引、视图等。

在使用数据库引擎优化顾问前，可以先运行 SQL Server Profiler 跟踪一些事件，然后将跟踪文件结果存储为文件供其使用。在产生跟踪文件时，应尽可能多地跟踪可能产生数据库运行瓶颈的事件，在运行跟踪时也应该尽可能多地运行存储过程和 T-SQL 语句。负荷文件越大、越详细，对数据库引擎优化顾问的分析越起作用。

小结

数据库建立并投入运行后，必须对系统的运行情况进行有效监控分析，以便在出现问题的时候对数据库进行维护和管理。本章结合数据库运行维护的日常工作，简要介绍了包括监控分析、空间管理、参数调整、系统性能优化以及查询优化涉及的一些方法和技术。

习题

一、选择题

1. 为了实现数据库的逻辑结构设计和物理结构设计结果，必须使用具体的 DBMS 提供的数据定义语言建立实际的数据库，此项操作又称为

A. 定义数据结构　　B. 数据装载　　C. 数据库运行　　D. 数据库的试运行

2. 数据库管理员作为数据库的主要维护者，其维护工作主要包括

① 数据库的转储和恢复　　② 数据库的安全性、完整性控制

③ 数据库性能的监控分析和改进　　④ 数据库的重组和重构

A. ① 和 ②　　B. ① 和 ③　　C. ② 和 ③　　C. ① ② ③ ④

3. 下列关于数据库重构的说法中，错误的是

A. 数据库的重构就是对数据库的逻辑结构做必要的小范围改变

B. 当存储空间的分配过于零散，导致存取效率下降，所以必须重构数据库

C. 数据库重构包括重新设计数据库及其应用程序

D. 如果能够重构数据库，尽量不要重新设计数据库及相应的应用程序

4. 下列哪些不是 SQL Server 数据库拥有的逻辑空间结构和物理空间结构

A. 表空间　　B. 段　　C. 区　　D. 数据文件

5. 下面哪些是参数调整中需要关注的对象

A. 内存分配　　B. 磁盘 I/O　　C. 资源竞争　　D. 以上全部

二、填空题

1. 数据库的实施主要包括以下四项工作：用 DDL 定义数据库结构、数据装载、编写与调试应用程序以及__________。

2. 监控分析按照实现方法的不同分为两种，一种是由数据库建立自动监控机制，另一种是__________。

3. SQL Server 数据管理系统中常用的性能工具包括__________和__________。

第11章 故障管理

任何一个数据库应用系统，特别是重要的应用系统，如果数据库发生故障导致数据遭到破坏或损坏，将带来巨大的甚至是灾难性损失。因此，如何从故障中恢复数据库，保证数据库中数据的安全性和正确性是一个至关重要的问题。本章将就数据库故障的恢复技术做比较详细的论述。

本章首先介绍数据库恢复的一般步骤，然后结合数据库中常见的四种故障，介绍每种故障的解决策略，之后介绍数据库恢复技术中最常用的几种恢复技术如数据转储技术、登记日志文件技术、数据库镜像技术和廉价冗余磁盘阵列(RAID)的恢复策略。

11.1 故障管理概述

11.1.1 故障类型及其解决方法

在数据库系统中大致存在四类故障，即事务内部的故障、系统故障、介质故障以及计算机病毒故障。每种故障需要不同的方法来处理。

1. 事务内部的故障

事务内部故障分为预期的和非预期的，其中大部分是非预期的。

(1) 预期的事务内部故障。预期的事务内部故障是指可以通过事务程序本身发现的事物内部故障。如校园一卡通中的转账业务：学生在校内消费时，需要把学生账户上的金额划到系统收入账上，这涉及两个更新操作，一是把学生账户余额减少，二是把系统收入账户的金额增加。它们要么全部完成，要么全部不做，否则就会使数据库处于不一致状态，例如学生的钱少了而系统收入账户的余额也没有增加。如果发生了预期的事务内部故障，可以通过将事务回滚，撤销其对数据库的修改，从而使数据库回到一致性的状态。

(2) 非预期的事务内部故障。非预期的事务内部故障是不能由事务程序处理的，如运算溢出故障、并发事务死锁故障、违反了某些完整性限制而导致的故障等。由于事务内部的故障大部分属于此类，所以以后的事务故障仅指这类故障。

事务故障表明事务没有提交或撤销就结束了，因此数据库可能处于不准确状态。所以，恢复程序必须强行回滚事务，在保证该事务对其他事务没有影响的条件下，利用日志文件撤销其对数据库的修改,使数据库恢复到该事务运行之前的状态。事务故障的恢复是由系统自动完成的,对用户是透明的。

2. 系统故障

系统故障又称软故障,是指数据库在运行过程中,由于硬件故障、数据库软件及操作系统的漏洞、突然停电等情况,导致系统停止运转,所有正在运行的事务以非正常方式终止,需要系统重新启动的一类故障。这类故障影响正在运行的所有事务。

系统故障将导致易失性存储器内容的丢失,而非易失性存储器内容仍然完好。所以,当发生系统故障时,由于数据库系统会将部分数据缓冲在内存中,一些尚未完成的事务可能已经修改了数据库,还有可能一些已完成的事务的结果尚在内存,没有来得及写回数据库中,从而造成数据库中的数据可能处于不正确的状态。

所以,要消除这些事务对数据库的影响,保证数据库中数据的一致性。办法是在计算机系统重新启动后,对于未完成的事务可能已经写入数据库的内容,回滚所有未完成的事务写的结果,以保证数据库中数据的一致性;对于已完成的事务可能部分或全部留在缓冲区的结果,需要重做所有已提交的事务,以将数据库真正恢复到一致状态。也就是说,当数据库发生系统故障时,容错对策是在重新启动系统后,撤销(UNDO)所有未提交的事务,重做(REDO)所有已提交的事务,以达到容错目的。

3. 介质故障

介质故障又称硬故障,主要指数据库在运行过程中,由于磁头碰撞、磁盘损坏、强磁干扰、天灾人祸等情况,使得数据库中的数据部分或全部丢失的一类故障。

这类故障可能导致物理存储设备损坏,使数据库文件及数据全部丢失。所以,虽然它比前几类故障发生的可能性小,但破坏性最大。

介质故障的容错对策采用两种方式,一种是软件容错,一种是硬件容错。

软件容错是使用数据库备份及事务日志文件,通过恢复技术,恢复数据库到备份结束时的状态。如果介质故障真的导致数据库物理存储设备损坏,事务日志文件丢失,采用这种方式几乎不能达到数据库的完全恢复,只能恢复到备份数据库后的某个时间点。对于重要的数据,软件容错有其局限性。

为了保证介质故障下的数据库能够完全恢复,应采用硬件容错方法。硬件容错目前常用的方法是采用双物理存储设备,如双硬盘镜像,使两个硬盘存储内容相同,当一个硬盘出现介质故障时,另一个硬盘中的数据没有被破坏,从而达到数据库完全恢复的效果。这种方式有一个缺点,即如果出现较严重的自然灾害或机房环境出现火灾、水灾等情况,导致双硬盘同时损坏,则失去保护作用。

因此,在较高级别的硬件容错方案中需要使用专用的存储设备,由存储设备对其存储的内容实施同步,同时需要考虑将存储设备放置在异地,防止由于自然灾害导致两个存储同时损坏。

硬件容错的另外一种方式是设计两套相同的数据库系统,通过数据库软件机制,同步变化数据,两套系统空间上有一定的距离,这样当发生自然灾害时,由于两套数据库系统具有空间距离,因此同时破坏两套系统的概率极低,这样就能达到数据库的完全安全。

4. 计算机病毒故障

计算机病毒是一种恶意的计算机程序,它可以像病毒一样繁殖和传播,在对计算机系统造成破坏的同时也可能对数据库系统造成破坏(破坏方式以破坏数据库文件为主)。

虽然计算机病毒大小各异,潜伏期不等,针对的对象和破坏性也不同,但它已经成为计算机系统和数据库系统的主要威胁。为此,计算机安全工作者已经研究了许多方法防止计算机病毒的破坏,如使用防火墙软件防止病毒侵入,对于已感染病毒的数据库文件使用目前常用的杀毒软件进行查杀,如果杀毒的同时,破坏了数据库文件,则杀毒失败。此时只能使用最后的方法即用数据库备份文件,以软件容错的方式恢复数据库文件,达到数据库正常工作状态。

这四类故障虽然各有不同,但其对数据库的影响无外乎两种可能,即对数据库本身的破坏或是对数据库中数据的破坏。其恢复的基本原理概括起来也只有两个字,即冗余。这就是说,数据库中所有数据都可以根据存储在别处的冗余数据来重建。

下面几节将在这个基本原理——冗余的指导下,着重介绍数据库的几种恢复技术。

11.1.2 数据库恢复技术概述

使用一个数据库时,总是希望数据库的内容是可靠的、正确的。但是,计算机系统不可避免地会出现各种故障,如磁盘故障、电源故障、软件错误、自然灾害导致的故障、操作员的失误以及黑客攻击导致的故障等,它们经常非预期地造成运行事务的非正常中断,影响数据库甚至破坏数据库,导致数据库中数据的破坏和丢失。

因此,数据库系统必须具备如下功能,即在故障发生时,能够利用存储在系统其他地方的冗余数据来重建数据库中被破坏的或不正确的数据,把数据库从错误状态恢复到某一已知的正确状态,从而重新建立一个完整的数据库,这就是数据库恢复。在 DBMS 中,数据库恢复子系统通常占整个系统代码的10%以上,是其十分重要的组成部分。在数据库恢复时,通常要考虑恢复技术,因为数据库系统所采用的恢复技术,对系统的可靠性和运行效率有很大影响,同时也是衡量系统性能优劣的重要指标。

因此,恢复机制涉及的两个关键问题是:第一,如何建立冗余数据;第二,如何利用这些冗余数据实施数据库恢复。

建立冗余数据的技术有很多,例如为数据备份、登记日志文件、数据库复制、数据库镜像、为段设立保存点以及使用后备段与现行页表来支持对段的保存等。但其中最常用的还是数据备份和登录日志文件,在一个数据库系统中,这两种技术通常是结合起来使用的。

11.2 数据转储

所谓数据转储,就是指数据库管理员(DBA)或数据库管理系统定期复制数据库,并将复制得到的数据存放到其他介质中的过程,数据转储也称为数据备份。这些保存在其他介质上的副本常被称为后援副本或后备副本。数据库管理员可以在数据库系统发生故障后,利用这些副本恢复数据库。但要注意的是,此时数据库只能恢复到转储时的状态,要想恢复到故障之前的状态,需要参考日志文件,重新运行转储后到故障前的所有事务才可以。

例如,在商品经营管理数据库中,销售细节和采购细节都是非常重要的数据,数据库管理员应定期或者非定期地将这些数据存储到其他的介质中,从而保证这些重要数据的安全。

1. 静态转储和动态转储

(1) 静态转储。在静态转储过程中系统不能运行其他事务，不允许在转储期间对数据库有任何的存取、修改活动，即转储前后系统必须处于一个一致性的状态。

对于非 24 小时营业的商场来说，静态转储极易实现，数据库管理员可以利用商场非营业时段将重要数据导出来，不会影响商场的正常运作。

静态转储虽然很简单，但是转储操作必须等待旧事务的结束，而新事务也必须等待转储操作的完成，转储操作和事务是互斥的，一个时间段内要么转储要么运行事务，因此会降低数据库的可用性。为了克服这个缺点，出现了动态转储。

(2) 动态转储。动态转储是指允许转储操作和用户事务并发执行，即允许在转储过程中对数据库进行存取和修改操作。

动态转储克服了静态转储的一些缺点，但是由于动态转储中可能存在事务对数据库中的数据进行修改操作，因此动态转储并不能保证转储数据的一致性，因为转储文件只保存了转储期间某一刻的数据，若下一时刻事务修改该数据，这个变动的数据并不会反映在转储文件上。也就是说，在转储结束后，转储文件上的数据并非是某个时间点的数据，而可能是多个时间点的混合数据。

例如，在商场中，在某顾客购买了物品后，数据库管理员开始对数据进行动态转储，但是在转储过程中，这名顾客对该商品不满意，退了货，而这个退货的记录并没有来得及被转储。换句话说，转储的记录中，只保存着该顾客购买物品的信息，而没有其退货的信息。如果在这次转储结束到下一次转储之间数据库恰好发生了故障，那么用这个转储记录恢复的数据将是不正确的，若是商场的点货人员使用这个不正确的信息，盘点货物时将会发现该商品“多出了一件”。

综上所述，静态转储虽然保证了数据的有效性，但是却是以降低数据库的可用性为代价的；而动态转储虽然提高了数据库的可用性，但数据的有效性却可能得不到保证。

那么有没有一种方法既能够保证数据的有效性又不会降低数据库的可用性呢？这就需要引入日志文件(Log File)，用它记录转储期间各事务对数据库的修改活动记录，然后使用动态转储的备份副本加上日志文件就可以将数据库恢复到某一时刻的正确状态。

2. 数据转储机制

(1) 完全转储。完全转储是对数据库中所有数据进行转储。这种转储方式需占用较多的时间和空间，但在系统失败时恢复的时间较短。完全转储可用作系统失败时恢复数据库的基础。

(2) 增量转储。增量转储只复制上次转储后发生变化的文件或数据块。转储软件将检查文件或数据块的状态，以确定文件或数据块是否被修改，如果已经被修改，则将这些文件或数据块复制到转储设备。增量转储所需的时间和空间都比较短，但增量转储数据只能和完全转储配合，才能对数据库进行恢复。增量转储的恢复时间要比仅使用完全转储要长。

(3) 差量转储。差量转储是对最近一次数据库完全转储以来发生的数据变化进行转储，差量转储也被称为差异转储。差量转储和完全转储相比速度快，占用较小的空间；差量转储和增量转储相比，速度慢、占用空间较多，但恢复速度比增量转储快。

3. 多种转储方法结合使用

(1) 仅使用完全转储。仅使用完全转储会产生大量数据移动，占用时间和空间较多，对数据库性能可能产生较大影响，这种方法代价比较大。

(2) 完全转储加增量转储。完全转储加增量转储是每隔一段时间进行一次完全转储,在完全转储中间执行多次增量转储,这样避免了全部使用完全转储所导致的大量数据移动。然而,在完全加增量方法下,完整的恢复过程首先需要恢复完全转储,然后再覆盖自完全转储以来所有的增量转储。在这种转储方式下,恢复中使用的转储文件较多,其中任何一次转储出了问题都会导致恢复的失败,同时恢复时间较长。

(3) 完全转储加差量转储。由于完全加增量方法中数据恢复很困难,所以有了完全转储加差量转储方法。尽管差量转储比增量转储移动和存储更多的数据,但恢复操作简单,恢复时间也较短。

11.3 日志文件

11.3.1 日志文件的概念

日志文件记录每个事务对数据库的修改操作。数据库系统在运行过程中,将所有事务的修改操作登记到日志文件中。

日志文件平常并没有太多的作用,但是当数据库系统出问题时就会显示出它的重要性。例如,它可以用来进行事务故障恢复和系统故障恢复,协助转储文件进行介质故障恢复;另外,它记录对数据的操作过程,如果数据出现问题,可以使用日志文件,分析数据出现问题的原因。

日志文件的具体作用为:

1. 事务故障恢复和系统故障恢复必须使用日志文件

(1) 故障恢复的两个基本操作。利用日志文件进行故障恢复时有两个基本操作:UNDO(T_i)和 REDO(T_i)。

UNDO(T_i)的作用是撤销事务 T_i,其具体步骤为:

① 反向扫描日志文件,找到需要撤销的事务的更新操作。

② 对事务 T_i 的更新操作执行逆操作,即将日志文件中"更新前的值"写入数据库。如果日志记录中是插入操作,撤销时就做删除操作;如果日志记录中是删除操作,撤销时就做插入操作;如果日志记录中是修改操作,撤销时就用修改前的值代替修改后的值;

③ 继续反向查找该事务的其他更新操作,并执行相应的逆操作。

④ 重复执行步骤③,直至遇到该事务的开始记录。

REDO(T_i)的作用是重做事务 T_i,其具体步骤为:

① 正向扫描日志文件,找到需要重做的事务的更新操作。

② 对事务 T_i 重新执行日志文件登记的操作,即将日志文件中"更新后的值"写入数据库。

③ 继续正向查找该事务的其他更新操作,并重新执行,将日志文件中"更新后的值"写入数据库。

④ 重复执行步骤③,直至遇到该事务的提交记录。

(2) 事务故障恢复。事务是一个完整的工作单元,事务中的操作要么全做,要么全不做,否则数据库会出现不一致的状态,因此事务故障恢复时只需把相应的事务作撤销操作 UNDO(T_i)

即可。

（3）系统故障恢复。系统故障恢复比事务故障恢复稍显复杂，因为系统故障时受影响的可能是正在运行的多个事务，远不像事务故障时只涉及一个事务的操作。

这些事务中，分两种情况讨论。有些事务已经开始但是还没有提交，即在日志文件中有开始记录 BEGIN TRANSACTION，而没有结束记录，即没有 COMMIT 或者 ROLLBACK，处理这种事务的方法是使其撤销。另一种是事务已经完成了事务的所有操作并提交，但其对数据库的修改还保留在缓冲区中，没有写到数据库中，其表现是在日志文件中既有 BEGIN TRANSACTION 记录，又有 COMMIT 记录，对于这种情况，这些事务应该重做。

具体步骤如下：

① 正向扫描日志文件，找到系统故障前发生的所有事务，如果该事务没有完成，将其事务标记加入撤销队列；如果该事务已经完成，则将其事务标记加入重做队列。

② 对撤销队列中的所有事务作撤销操作 UNDO。

③ 对重做队列中的所有事务作重做操作 REDO。

2. 在动态转储方式中必须建立日志文件

在动态转储中，利用转储文件只能将数据库恢复到转储过程中的某个状态，且转储文件中的数据可能处于不一致状态，只有和日志文件综合起来使用，才能将数据库恢复一致状态，或将数据库恢复到故障发生前的状态，从而有效地恢复数据库。

3. 在静态转储方式中，也可以使用日志文件

在静态转储方式中，当数据库毁坏后可使用转储文件把数据库恢复到转储结束时刻的状态，然后利用日志文件，把已经完成的事务进行重做处理，对故障发生时尚未完成的事务进行撤销处理。这样不必重新运行已完成的事务程序就可以把数据库恢复到故障前某一时刻的正确状态，如图 11.1 所示。

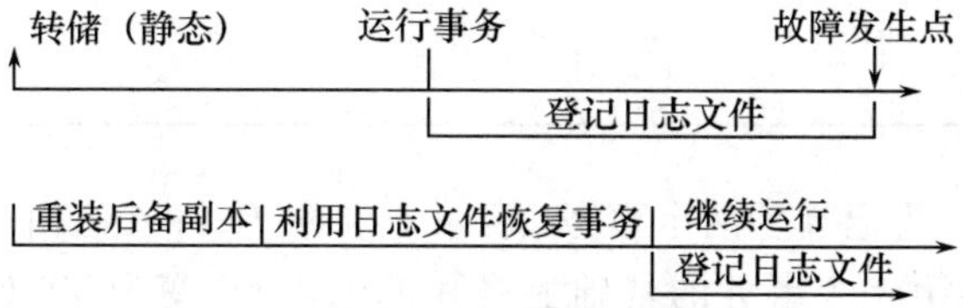

图 11.1 利用日志文件恢复

11.3.2 日志文件的格式与内容

不同的数据库系统采用的日志文件格式并不完全一样，但概括起来日志文件主要有两种格式：以记录为单位的日志文件和以数据块为单位的日志文件。

1. 以记录为单位的日志文件

以记录为单位的日志文件内容包括每个事务的开始标记（BEGIN TRANSACTION）、每个事务的结束标记（包括事务提交记录或事务终止记录），以及每个事务的所有修改操作（位于开始标记和结束标记之间），其详细列表 11.1 所示。

其中每个事务的开始标记、每个事务的结束标记和每个事务的更新操作均作为日志文件中的一个日志记录,如表 11.2 所示。

表 11.1 日志文件的组成

<table>
<tr><th colspan="2">日志记录</th><th>形式化表示</th><th>含义</th></tr>
<tr><td colspan="2">事务开始记录</td><td><T_i BEGIN TRANSACTION></td><td>事务 T_i 开始执行</td></tr>
<tr><td rowspan="2">事务结束记录</td><td>事务提交记录</td><td><T_i COMMIT></td><td>事务 T_i 执行提交操作</td></tr>
<tr><td>事务终止记录</td><td><T_i ROLLBACK></td><td>事务 T_i 终止执行</td></tr>
<tr><td colspan="2">事务更新操作记录</td><td><T_i,A_j, V_1, V_2></td><td>事务 T_i 对数据对象 A_j 进行更新操作,更新前的值为 V_1(对插入操作而言,此项为空值),更新后的值为 V_2(对删除操作而言,此项为空值)</td></tr>
</table>

表 11.2 日志记录

日志记录
<T_1 BEGIN TRANSACTION>
<T_1,A,50,60>
<T_1,B,100,120>
<T_1 COMMIT>
<T_2 BEGIN TRANSACTION>
<T_2,A,60,80>
<T_2,B,120,160>
<T_2 COMMIT>

在这个日志记录中一共记录了两个事务,第一个事务 T_1 将 A 值由 50 变为 60,B 值由 100 变为 120;第一个事务 T_2 在第一个事务的基础上将 A 的值由 60 变为 80,B 值由 120 变为 160。

由此可见,每个日志记录的内容主要包括:事务标识(标明是哪个事务,在上例中为 T_1 或 T_2)、操作类型(插入、删除、修改)、操作对象(记录内部标识如上例中的 A 和 B)、更新前数据的旧值(对插入操作而言,此项为空值),以及更新后数据的新值(对删除操作而言,此项为空值)。

2. 以数据块为单位的日志文件

这种机制将更新前的整个块和更新后的整个块全都放在了日志文件中。所以,日志记录的内容只需包括事务标识和被更新的数据块,而不需要包括操作类型和操作对象等信息。

11.3.3 登记日志文件的原则

为保证数据库是可恢复的,登记日志文件必须遵循两条原则:

① 登记的次序严格按并行事务执行的时间次序。

② 必须先写日志文件,后写数据库。

第一条原则保证了事务对数据库操作的可再现性和正确性。例如，故障发生前，有顺序执行的两个事务 T_1 和 T_2，T_1 把 A 值 20 乘以 2，T_2 将 A 值加 5，A 的结果是 45；如果日志文件中 T_1 和 T_2 的顺序不正确，故障恢复时，则变成 A 先加 5 后再乘以 2，结果为 50，与故障前的 A 的值不一致。

第二条原则的规定也是必然的。因为把事务登记到日志文件和把事务对数据的修改写到数据库是两个不同的过程，必然存在先后顺序。故障的发生时刻是不可预料的，如果恰好发生在这两个操作之间，那么如果先写了数据库，而没有来得及登记日志文件，以后就无法恢复这个修改了。如果先写日志文件，没有修改数据库，那只需将相应事务在日志中的记录做 UNDO 操作即可，不会影响数据库的正确性和可恢复性。所以为了数据库的安全，一定要先写日志文件，再写数据库。

在前面提到的商场转储的例子中，如果使用了动态转储，不能保证数据的有效性。但是如果结合使用了日志文件，这个问题就解决了。因为转储的时候所有对数据库的修改操作日志文件中都有记录，一旦数据库发生了故障，首先可以利用转储文件恢复转储之前的数据。然后，利用日志文件重做转储结束时到故障发生前的操作，即可以达到数据的完全恢复。

11.3.4 检查点

1. 检查点的作用

在利用日志文件恢复数据库数据的过程中，恢复子系统需要搜索日志，检查所有日志记录，把故障发生时没有提交的事务撤销，把已经提交的事务重做。但是，在实际应用中，系统故障发生时，许多日志中的事务实际上已经将它们的更新操作结果写到数据库中了，然而恢复子系统仍需搜索整个日志，重做这些不必要的事务操作，浪费了大量时间。为了解决这些问题，发展了具有检查点的恢复技术。

检查点最大限度地减少了数据库完全恢复时所必须执行的日志部分。

2. 检查点的引入

这种技术的思想是在日志文件中增加一类新的记录——检查点记录，增加一个“重新开始文件”，并让恢复子系统在登录日志文件期间动态地维护日志。

检查点记录的内容包括：

① 建立检查点时刻所有正在执行的事务清单。

② 这些事务最近一个日志记录的地址。

重新开始文件用来记录各个检查点记录在日志文件中的地址。

动态维护日志文件的方法是周期性地执行如下操作：建立检查点，保存数据库状态。具体步骤是：

① 将当前日志缓冲中的所有日志记录写入磁盘的日志文件上；

② 在日志文件中写入一个检查点记录；

③ 将当前数据缓冲的所有数据记录写入磁盘的数据库中；

④ 把检查点记录在日志文件中的地址写入一个“重新开始文件”。

恢复子系统可以定期或不定期地建立检查点来保存数据库状态。检查点可以按照预定的一个时间间隔建立，如每隔一小时建立一个检查点；也可以按照某种规则来建立检查点，如日志文件写满一半时建立一个检查点。

使用检查点方法可以改善恢复效率。当事务 T 在一个检查点之前提交,T 对数据库所做的修改一定都已经写入数据库,写入时间是在这个检查点建立之前或这个检查点建立之时。这样,在进行恢复处理时,没有必要对事务 T 执行 REDO 操作。

系统出现故障时恢复子系统将根据事务的不同状态采取不同的恢复策略,如果事务在故障发生时未完成,应该予以撤销;如果事务在检查点之后才提交,它们对数据库所做的修改在故障发生时可能还在缓冲区中,尚未写入数据库,所以要 REDO;如果事务在检查点之前已经提交,所以不必执行 REDO 操作。

3. 基于检查点的恢复步骤

系统使用检查点的方法进行恢复的步骤是:

(1) 从"重新开始文件"中找到最后一个检查点记录在日志文件中的地址,由该地址在日志文件中找到最后一个检查点记录。

(2) 由该检查点记录得到检查点建立时刻所有正在执行的事务清单 ACTIVE-LIST。

这里要建立两个事务队列:

① UNDO-LIST:需要执行 UNDO 操作的事务集合。

② REDO-LIST:需要执行 REDO 操作的事务集合。

把 ACTIVE-LIST 暂时放入 UNDO-LIST 队列,REDO 队列暂为空。

(3) 从检查点开始正向扫描日志文件。

① 如有新开始的事务 T_i,把 T_i 暂时放入 UNDO-LIST 队列。

② 如有提交的事务 T_j,把 T_j 从 UNDO-LIST 队列移到 REDO-LIST 队列。

直到日志文件结束。

(4) 对 UNDO-LIST 中每个事务执行 UNDO 操作,对 REDO-LIST 中的每个事务执行 REDO 操作。

11.4 硬件容错方案

11.4.1 概述

随着基于数据库的应用系统不断普及,应用系统的业务连续性要求不断提高,数据库系统如何能够持续地为应用系统提供数据支持成为关键问题。为了保证数据库系统的连续运行,仅仅依靠数据库系统软件是不能够满足需求的,例如数据库运行的硬件故障、机房电力故障或机房出现火灾、自然灾害等情况可能会导致业务系统完全瘫痪。因此,需要从硬件级别对数据库系统进行保护。

硬件容错的方案需要从数据库系统运行所需要的各种环境出发,分析支撑数据库系统运行的环节,例如机房的电力、机房空调环境、网络、存储、服务器,综合考虑,否则某一个环节出现故障都可能导致数据库系统不可运行。例如,机房电力出现故障就可能导致所有机房设备均不能正常运转,严重时可能导致运行系统损坏,数据丢失。

由于数据库运行环境涉及的硬件资源很多,本节只介绍与数据库运行相关性最紧密的数据库存储保护技术、服务器容错技术以及数据库镜像与容灾技术。

11.4.2 磁盘保护技术

随着信息技术的飞速发展和数据库的广泛应用,人们对数据库的数据安全性能提出了更高的要求,为了满足这些要求,人们开发研究了 RAID 系统并得到了广泛的应用。

所谓 RAID 就是廉价冗余磁盘阵列,它是由多块磁盘构成的一个整体,但这并不等于是简单的磁盘容量叠加,而是相对于其他存储设备在容量、管理、性能、可靠性和可用性上都有了进一步的提高。尤其独特的是,当从这些磁盘中抽出一块出来,利用其他磁盘上的信息,可以恢复出这块磁盘的信息。

RAID 系统可以连接在主机系统上,作为其存储数据的介质,与一般的单独磁盘存储设备不同的是,它具有设备虚拟化的能力。换句话说,RAID 系统内部可以包含很多个磁盘驱动器,但是在主机系统是看不到这些磁盘成员的,主机系统只能通过一个子系统 RAID 控制器与这些磁盘构成的虚拟设备进行交互,如图 11.2 所示。

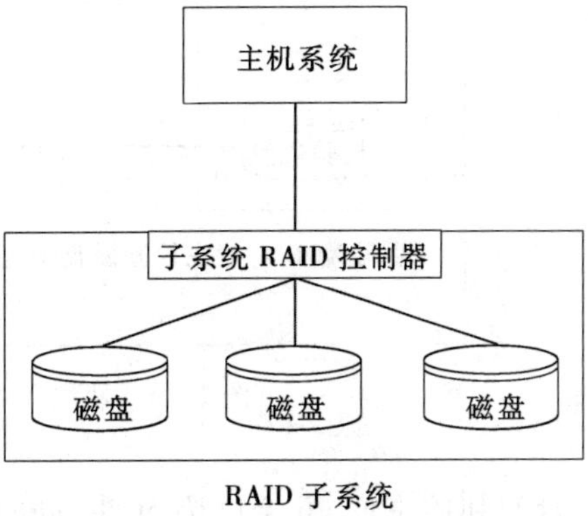

图 11.2 RAID 磁盘子系统

一般来说,把多个磁盘组合在一起,将使失败的潜在危险随着磁盘数量的增加呈线性增长。然而,RAID 依靠其冗余技术顺利地解决了这一点,并提供了比单个驱动器更优越的可靠性,即在个别驱动器失败的情况下,数据仍然维持可访问性。

RAID 的冗余技术主要有两个:

(1) 镜像冗余。镜像冗余就是把所有的数据复制到其他的设备上或其他地方。这个技术实现起来很简单,但是额外开销却很大,需要更多的磁盘、控制器和电缆。

(2) 校验冗余。校验冗余就是通过对成员磁盘上的数据执行异或(XOR)操作,得到其校验值,并存放在另外的校验磁盘上。校验冗余技术实现起来稍显复杂,但是它占用的磁盘比镜像冗余少。事实上,没有必要使用一个专门的校验磁盘,校验数据和数据也可以分布在整个阵列中。当某个磁盘成员发生故障时,只需计算其他磁盘上的校验数据和数据的异或,重新得到该磁盘的数据,从而达到恢复的目的,如图 11.3 所示。

磁盘阵列 RAID 所采用的方法不同,可以将其分为很多级别,常见的 RAID 级别有 RAID0、RAID1、RAID5 等。下面分别对不同级别 RAID 的特点进行介绍。

(1) RAID0。向 RAID 写入数据时,RAID 将数据分成许多块,然后并行地将它们写到 RAID 中的各个硬盘上;读出数据时,RAID 从各个硬盘上读取数据,把这些数据恢复为原来顺序后传给主机。RAID0 的优点是采用数据分块、并行传送方式,能够提高读写速度。但 RAID 中存储空间没有冗余,对系统的可靠性没有任何提高,任一个硬盘介质出现故障时,数据将无法恢复。

(2) RAID1。RAID1 通常也被称为 Mirror,RAID 中的硬盘分成相同的两组,互为镜像,当其中一块磁盘出现故障时,可以利用其镜像上的数据恢复,从而提高系统的容错能力。RAID1 对数据的操作仍采用分块后并行传输方式。RAID1 提高了读速度,加强了系统的可靠性。但其缺点

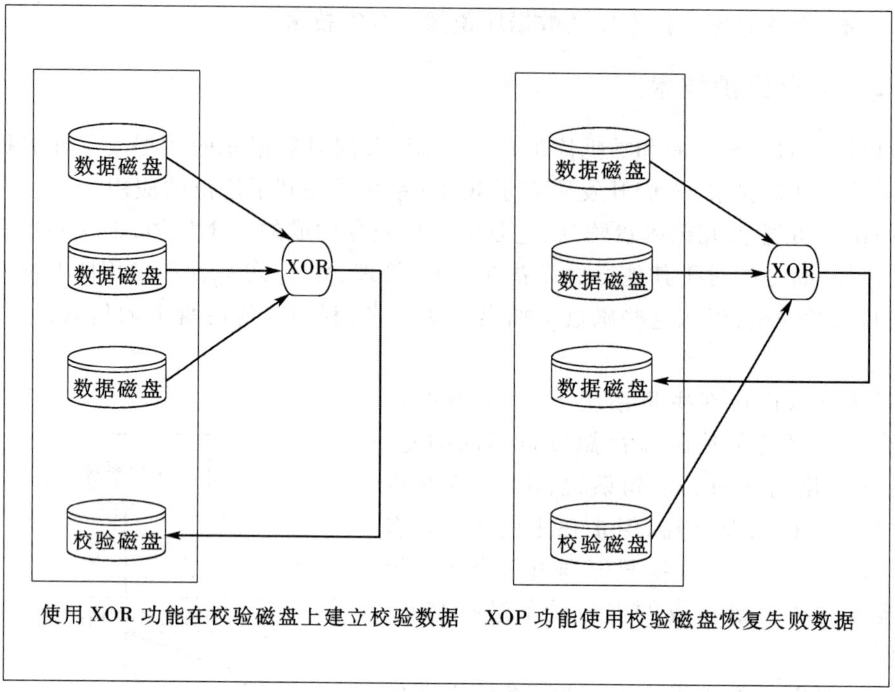

图 11.3 使用 XOR 功能建立校验数据和恢复丢失数据

是硬盘的利用率低,冗余度为 50%,同时写速度并未提高。

(3) RAID5。RAID5 也采用数据分块并行传送的方法,但它在数据分块之后计算它们的奇偶校验和,然后把分块数据和奇偶校验信息一并写到硬盘阵列中。在写入时 RAID5 把奇偶校验信息交叉写到阵列中的每个硬盘上。RAID5 可以为系统提供数据安全保障,但保障程度要比 RAID1 低而磁盘空间利用率要比 RAID1 高。RAID5 具有和 RAID0 相近似的数据读取速度,只是多了一个奇偶校验信息,写入数据的速度比对单个磁盘进行写入操作稍慢。同时由于多个数据对应一个奇偶校验信息,RAID5 的磁盘空间利用率要比 RAID1 高,存储成本相对较低。

(4) RAID10。RAID10 是一个 RAID0 与 RAID1 的组合体,它继承了 RAID0 的快速和 RAID1 的安全。RAID10 的冗余度为 50%,同时读写速度均提高。

RAID 从实现上一般可以分为软 RAID 和硬 RAID 两种,软 RAID 是由操作系统或操作系统内专用的软件实现的 RAID;硬 RAID 是由专用的硬件设备实现的 RAID。在数据库系统的服务器上,一般选择使用硬 RAID,因为硬 RAID 一般采用专用的硬件芯片,计算速度快,性能高,维护简单,当磁盘出现故障时可以在不停机的情况下方便更换。同时在高端的硬 RAID 中,一般带有专用的缓存芯片,可以将部分操作数据缓存在 RAID 卡的内存中,以提高读写速度。

在数据库系统的数据存储中,在成本可以承受的情况下,一般建议采用 RAID10,同时建议采用带有缓存的硬 RAID。

11.4.3 服务器容错技术

1. 引入服务器容错原因

前面介绍了有关磁盘的RAID技术,可以防止磁盘损坏导致数据库系统异常停止工作。数据库系统的正常运行除了需要使用磁盘外,还需要其运行的服务器有一定的可靠性,否则如果出现服务器硬件故障或操作系统软件出现故障也可能造成数据库系统的异常,导致数据库系统不能对外提供服务。服务器容错技术就是为了解决服务器硬件异常问题而出现的解决方案。

2. 服务器容错技术简介

服务器容错技术一般是采用两台相同的服务器,两台服务器共享存储设备,其中一台服务器运行数据库系统,数据库数据存储在存储设备中。两台服务器之间使用专用的网络进行检测,当运行服务器出现问题时,由备用服务器接管数据库。由于数据库数据存储在存储设备中,因此,在备用服务器接管数据库业务时,数据库数据保持一致状态。此种工作模式一般称为Active-Standby模式。Active-Standby模式的架构如图11.4所示。

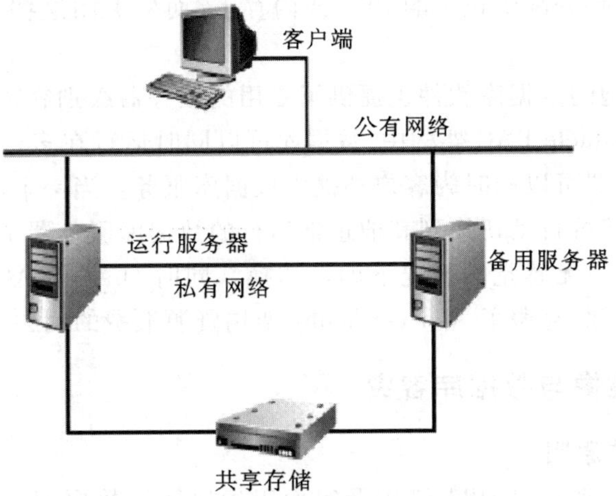

图11.4 数据库Active-Standby模式架构图

3. 服务器接管过程

在Active-Standby工作模式中,公有网络为客户端和数据库服务器连接的网络,私有网络为两台数据库服务器之间检测状态的网络。当运行服务器出现故障时,备用服务器将自身角色转换为运行服务器,接管原有运行服务器的资源,一般情况下需要接管的资源有:共享存储资源、服务器IP地址。通过接管服务器IP地址,客户端无须进行任何更改即可连接到原有的备用服务器。

但是,在Active-Standby工作模式中存在一种异常情况,当作为心跳检测的私有网络出现故障时就会出现问题。由于两台服务器运行状态均正常,但私有网络异常,备用服务器由于无法连接到运行服务器,因此,其认为运行服务器异常。于是,备用服务器会启动接管过程,强行接管服务器IP地址和共享存储。这就会造成系统运行出现异常,此种现象一般称为“脑裂”。而当备用服务器接管相关资源后,主服务器转变为备用服务器后,又会重复上述过程,出现再次的强行切换,导致服务器状态循环转变。为了防止此种现象的发生,一般在Active-Standby工作模式中,除了使用私有网络外,还会采用其他方式进行状态检测,例如使用共享存储、使用第二条私有网络、使用串口等方式检测对方服务器状态。

Active-Standby 工作模式是最常用的服务器容错技术。此种技术一般和数据库系统无关,数据库系统无须了解自己运行于什么模式中,因此适用性比较好。不过此种模式的弊端也比较明显,首先是计算资源浪费比较严重,备用服务器在日常工作中处于 Standby 状态。另外,Active-Standby 模式下,运行服务器和备用服务器之间的切换从本质上讲可以认为是数据库重新启动的过程,重新启动过程中,所有数据库连接将会中断,并且重新启动需要一段时间,一般需要几分钟到十几分钟,运行级别较高的系统来说,十几分钟的中断可能是不可接受的。

4. 其他服务器容错技术简介

服务器容错技术除了 Active-Standby 之外,还有一些软件和硬件级别的专用技术,这些技术不具有通用性,一般只适合某类硬件或某种数据库。

在硬件级别,一些小型机为了提供硬件级别的高稳定性,采用了自行设计制造的专用软硬件架构,例如当 CPU 或内存出现硬件故障时,如果操作系统内核并未运行在此 CPU 或内存上时,操作系统内核可以将任务直接分配到正常的 CPU 或内存上,而后关闭这些 CPU 或内存,保证系统运行稳定。

在软件级别,一些大型的数据库软件也提供了专用的服务器级别容错技术,例如 Oracle 数据库提供了 RAC 架构。在 Oracle RAC 架构中,数据库可以同时运行在多台服务器上,这些服务器共享一个存储。这些服务器可以同时为客户端提供数据库服务。当一个数据库服务器出现故障时,连接到此服务器的连接可自动切换到其他正常运行的数据库服务器中,这种切换时间一般可以控制在几秒钟甚至是用户无感觉的情况下即可切换。同时 Oracle RAC 架构可以比较充分的利用多台服务器的计算资源,克服了 Active-Standby 架构资源浪费的问题。

11.4.4 数据库镜像与数据库容灾

1. 引入数据库镜像的原因

前面介绍的恢复技术,都需要 DBA 必须及时而正确地转储数据库。否则,一旦数据库发生介质故障,所有用户应用都会被强行中断,数据恢复需要很长时间并可能造成很大损失。

然而,随着企业信息化程度的不断加深,企业日常工作对服务的依赖性也在不断增加。因此,企业对数据库服务器的可靠性、稳定性提出了更高的要求。因服务器系统的介质故障所造成的应用中断会严重影响公司内部的正常生产工作,甚至带来很大的经济损失,是企业不能忍受的。

因此,为了避免介质故障对数据库可用性的影响,许多数据库管理系统都提供了数据库镜像的功能。

2. 数据库镜像简介

数据库镜像是一种用于提高数据库可用性的解决方案,它根据 DBA 的要求,自动把整个数据库或其中的关键数据复制到另一个磁盘上。不同的磁盘上有不同的数据库服务器,它们通过相应的软、硬件技术手段,实现应用和数据的相互备份。服务器之间能够相互侦测彼此的运行状态,保证在某台机器出现故障时,其应用能够迅速被另外一台服务器接管,并能够继续提供服务,保证系统服务的可靠性和稳定性。客户端不知道也无须知道目前是由另一个服务器在做相应的工作。

数据库镜像有许多优点，具体如下：

① 数据库镜像提供完整或接近完整的数据冗余，增强数据保护功能。

② 发生灾难时，数据库镜像可快速使数据库的备用副本提供服务，使数据不会丢失，提高数据库的可用性。

③ 提高镜像数据库在升级期间的可用性。

3. 数据库镜像分类

数据库镜像的基本架构共分两种模式：双机互备援模式和双机热备份模式。

（1）双机互备援模式。所谓双机互备援就是两台主机均为工作机，在正常情况下，两台工作机均为信息系统提供支持，并互相监视对方的运行情况。当一台主机出现异常时，另一主机则主动接管异常机的工作，从而保证信息系统能够不间断地运行，但正常运行的主机的负载会有所增加。

工作机切换时机：

① 系统软件或应用软件造成服务器宕机。

② 服务器没有宕机，但系统软件或应用软件工作不正常。

③ SCSI 卡损坏，造成服务器与磁盘阵列无法存取数据。

④ 服务器内硬件损坏，造成服务器宕机。

⑤ 服务器不正常关机。

（2）双机热备份模式。所谓双机热备份就是一台主机为工作机，另一台主机为备份机。在系统正常运行情况下，工作机为信息系统提供支持，备份机监视工作机的运行情况（工作机也同时监视备份机是否正常，有时备份机因某种原因出现异常，工作机会通知系统管理员解决，确保下一次切换的可靠性）。

当工作机出现异常时，备份机主动接管工作机工作，从而保证信息系统能够不间断地运行。当工作机经过修复正常后，系统管理员通过管理命令或经由人工或自动的方式将进行换回；也可以激活监视程序，监视备份机的运行情况，此时，原来的备份机改为工作机，而原来的工作机改为备份机。

双机热备份模式的切换时机与双机互备援模式的切换时机一致。

4. 工作方式

在“数据库镜像会话”中，主体服务器和镜像服务器作为“伙伴”进行通信和协作。这两个伙伴在会话中扮演互补的角色：“主体角色”和“镜像角色”，即在任何给定的时间，都是一个扮演主体角色，另一个扮演镜像角色。拥有主体角色的伙伴称为“主体服务器”，其数据库副本为当前的主体数据库。拥有镜像角色的伙伴称为“镜像服务器”，其数据库副本为当前的镜像数据库。如果数据库镜像部署在生产环境中，则主体数据库即为生产数据库。

数据库镜像涉及尽快将对主体数据库执行的每项插入、更新和删除操作重做到镜像数据库中。重做通过将每个活动事务日志记录发送到镜像服务器来完成，这会尽快将日志记录按顺序应用到镜像数据库中。这样，每当数据库更新时，DBMS 将自动保证镜像数据与主数据的一致性。

数据库正常运行时，数据库镜像可以用于并发操作。当某用户对主数据库进行写操作时，需要对主数据库加排它锁。在该锁释放之前，其他用户虽然不能操作主数据库，但是仍然可以通过读镜像数据库获得想要的数据。

在出现介质故障时,可由镜像数据库继续提供使用,同时 DBMS 自动利用镜像磁盘数据进行主数据库的恢复,不需要关闭系统和重装数据库副本。

一旦出现介质故障,通常使用一个称为“角色切换”的过程来互换主体服务器和镜像服务器,镜像服务器将接管主体服务器角色,并使其数据库的副本在线以作为新的主体数据库,以前的主体服务器将充当镜像角色,同时 DBMS 自动利用镜像磁盘数据进行主数据库的恢复,而不需要关闭系统和重装数据库副本。这些角色可以反复地来回切换。

由于数据库镜像是通过复制数据实现的,频繁地复制数据自然会降低系统运行效率,因此在实际应用中,用户往往只选择对关键数据和日志文件进行镜像,而不是对整个数据库进行镜像。

在大型的商场经营管理系统中,有时要用到数据库镜像技术。例如,一个商场有许多连锁店,而每一个店又有很多收银台,若是只有一台服务器,一旦这台机器出现了某种故障,整个商场的经营将瘫痪,所有终端都不能结账,即使这种瘫痪是暂时性的,也将为商场带来巨大的经济损失。所以,商场需要使用一台备份服务器,平时由服务器 A 为终端的业务服务,并将服务器 A 的数据实时备份到服务器 B 中去,如图 11.5 所示。一旦系统出现故障,B 马上从后备机的角色转变为工作机,工作人员应迅速对 A 机进行故障排查和修复,直到 A 机恢复工作能力为止,然后 B 机的数据将复制到 A 机上,然后再一次切换角色,A 机变为工作机,B 机变为备份机,如图 11.6 所示。

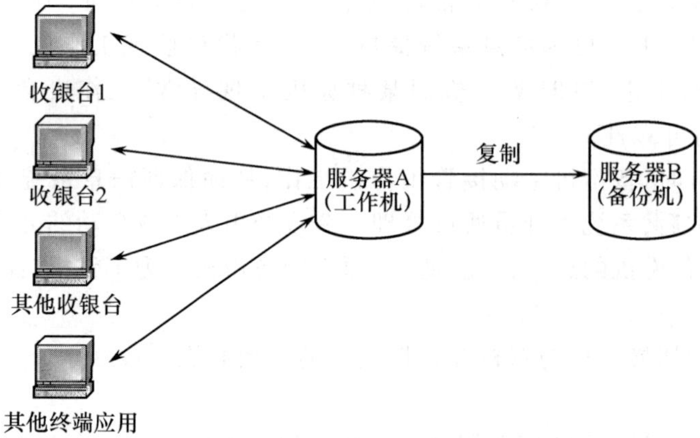

图 11.5 数据库镜像在正常状态下的工作情况

5. SQL Server 数据库镜像简介

SQL Server 数据库镜像是将数据库事务处理从一个 SQL Server 数据库移动到不同 SQL Server 环境中的另一个 SQL Server 数据库中。镜像的复制是一个备用的复制,不能直接访问,只用来进行错误恢复。要进行数据库镜像所需的最小需求包括两个不同的 SQL Server 运行环境。当事务写入运行数据库的时候,也同样被传送并写入镜像数据库中。除了运行数据库和镜像数据库之外,还可以引入另一个可选的组件,名为“见证服务器”。见证服务器是 SQL Server 的一个可选实例,它能使镜像服务器识别何时要启动自动故障转移,它判断什么时候进行错误恢复。

数据库镜像会话以同步操作或异步操作运行。在异步操作下,事务不需要等待镜像服务器将日志写入磁盘便可提交,这种方式可以最大限度地提高性能。在同步操作下,事务将在伙伴双

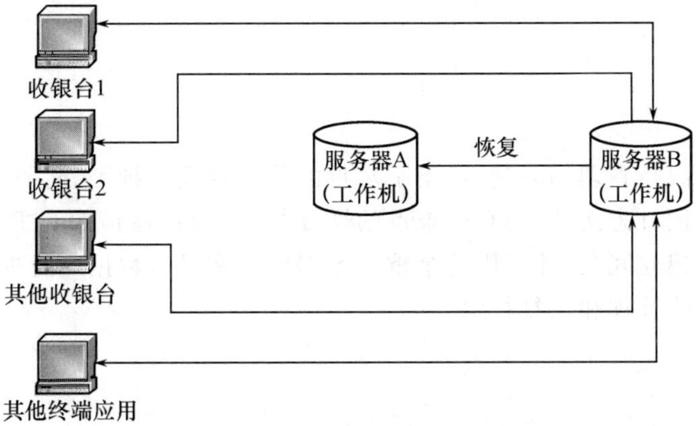

图 11.6 数据库镜像在系统故障状态下的工作情况

方处提交,但会延长事务滞后时间。有两种镜像运行模式,一种是“高安全性模式”,它支持同步操作;另一种是“高性能模式”。在高安全性模式下,当会话开始时,镜像服务器将使镜像数据库尽快与主体数据库同步。一旦同步了数据库,事务将在伙伴双方处提交,这会延长事务滞后时间。镜像服务器尝试与主体服务器发送的日志记录保持同步。镜像数据库可能稍微滞后于主体数据库。但是,数据库之间的时间间隔通常很小。但如果主体服务器的工作负荷过高或镜像服务器系统的负荷过高,则时间间隔会增大。

在高性能模式中,主体服务器向镜像服务器发送日志记录之后,会立即再向客户端发送一条确认消息。它不会等待镜像服务器的确认。这意味着事务不需要等待镜像服务器将日志写入磁盘便可提交。此异步操作允许主体服务器在事务滞后时间最小的条件下运行,但可能会丢失某些数据。所有数据库镜像会话都只支持一台主体服务器和一台镜像服务器。

具有自动故障转移功能的高安全性模式要求使用第 3 个服务器实例,即见证服务器。与这两个伙伴不同的是,见证服务器并不是数据库。见证服务器通过验证主体服务器是否已启用并运行来支持自动故障转移。只有在镜像服务器和见证服务器与主体服务器断开连接之后但保持相互连接时,镜像服务器才启动自动故障转移。

数据库镜像提供了三种实现方式:

① 高可用性:两台服务器上同步事务写入,并支持自动错误恢复。

② 高保护:两台服务器上同步事物写入,但是错误恢复是手工的。

③ 高性能:两台服务器上的写入可以不同步的,因此在性能上有所提高,只允许手工的错误恢复。

在一般的镜像会话期间,如果生产服务器出现故障,客户端应用程序可以通过重新连接到备用服务器来快速进行恢复。在使用 ADO.NET 或者 SQL Native Client 时,可以配置主体数据库和镜像数据库的 IP 地址,当主体数据库出现而启用镜像数据库时,客户端能够自动连接到故障转移后的数据库。

小结

本章针对数据库故障管理的问题，给出了常见的故障管理的种类，简要介绍了数据库恢复技术，包括数据转储、登记日志文件、具有检查点的恢复技术、数据库镜像和 RAID 技术。特别要注意的是恢复的关键是建立冗余，并利用冗余重建数据库。在日常数据库管理工作，需要学会掌握和应用这些常用的故障管理和恢复技术。

习题

一、选择题

1. 发生的可能性小，但破坏性最大，可能导致物理存储设备损坏，使数据库文件及数据全部丢失的故障类型是

A. 事务内部的故障　　B. 系统故障　　C. 介质故障　　D. 计算机病毒

2. 关于数据转储，下列说法中不正确的是

A. 完全转储是对所有数据库进行备份

B. 增量转储只复制上次备份后发生变化的文件

C. 差量转储是对最近一次数据库完全备份以来发生的数据变化进行备份

D. 增量转储是对最近一次数据库完全备份以来发生的数据变化进行备份

3. 关于检查点，下列说法中不正确的是

A. 检查点最大限度地减少数据库完全恢复时所必须执行的日志部分

B. 使用检查点方法可以改善恢复效率

C. 可以定期建立检查点，也可以按照某种规则建立检查点

D. 无论事务在检查点之前还是之后提交，都需执行 REDO 操作

4. 数据库镜像有很多优点，但不包括

A. 数据库镜像提供完整或接近完整的数据冗余，增强数据保护功能

B. 发生灾难时，数据库镜像可快速使数据库的备用副本提供服务

C. 数据库镜像可以降低应用成本

D. 提高生产数据库在升级期间的可用性

二、填空题

1. 数据库系统中大致存在四类故障，即__________、__________、__________，以及__________。

2. 恢复机制涉及的两个关键问题是：第一，如何建立__________；第二，如何利用它实施数据库恢复。

3. 数据转储按操作可分为__________和__________。

4. 以记录为单位的日志文件的内容包括三部分，即__________、__________以及每个事务的所有更新操作。

5. 登记日志文件必须遵循两条原则：登记的次序严格按并行事务执行的时间次序和__________。

6. 在数据库镜像中的两种模式中，两台主机均为工作机，并为信息系统提供支持的是__________；一台主机为工作机，另一台主机为备份机的是__________。

7. RAID 的冗余技术主要有两个：镜像冗余和__________。

第12章 备份与恢复数据库

计算机同其他任何设备一样，都有可能发生故障。故障的原因有多种多样，包括磁盘故障、电源故障、软件故障、灾害故障、人为破坏等。这些情况一旦发生，就有可能造成数据的丢失。因此，数据库系统必须采取必要的措施，以保证即使发生故障，也不会或尽可能减少数据的丢失。

数据库中的数据是有价值的信息资源，数据库中的数据是不允许丢失或损坏的。因此，在维护数据库时，一项重要的任务就是如何保证数据库中的数据不损坏和不丢失，即使是在存放数据库的物理介质损坏的情况下，也应该能够保证这一点。

本章主要介绍 SQL Server 2008 的备份和恢复机制，并简要介绍 Oracle 提供的备份和恢复机制。

12.1 备份与恢复的概念

随着计算机技术的发展，很多企业的日常工作也越来越多地与计算机紧密相连。一个依靠计算机运转的企业，在享受计算机带来的高工作效率的同时，还要承受因为计算机的崩溃而造成的数据丢失甚至企业瘫痪的风险。为了防止这种灾难的发生，数据的备份和恢复工作就成为一项非常重要的系统管理工作。

备份数据库就是将数据库中的数据以及保证数据库系统正常运行的有关信息保存起来，以备系统出现问题时恢复数据库时使用。

12.1.1 备份数据库

备份是制作数据库的副本，包括数据库结构、对象和数据。备份数据库的主要目的是为了防止数据丢失。造成数据丢失的原因主要包括如下几种情况：

(1) 存储介质故障。无论是早期的使用磁带存储数据还是现在的使用磁盘、光盘存储数据，这些存储介质都有一定的寿命。在长时间使用之后，存储介质可能会出现损坏或者是彻底崩溃的现象，这势必会造成数据的丢失。

(2) 用户的操作错误。不管是管理人员还是普通用户，都很难避免没有操作错误。如果用户无意或恶意在数据库中进行非法操作，如删除或更改重要数据等，也会造成数据损坏。

(3) 服务器故障。虽然大型服务器的可靠性比较好,但终究是机器,都有可能出现损坏或崩溃的现象,这可以由硬件造成,也可能由软件造成。如果数据库服务器出现故障,其造成的损失将是非常巨大的。

(4) 由于病毒的侵害而造成的数据丢失或损坏。

(5) 由于自然灾害而造成的数据丢失或损坏。

总之,由于各种各样的外在因素,有可能造成数据库数据的损坏和不可用,因此备份数据库是数据库管理员非常重要的一个任务。一旦数据库出现问题,就可以利用数据库的备份恢复数据库,从而将数据恢复到正确的状态。

备份数据库的另一个作用是进行数据转移,可以先对一台服务器上的数据库进行备份,然后在另一台服务器上进行恢复,从而使这两台服务器上具有相同的数据库。

12.1.2 恢复数据库

恢复数据库是指数据库系统在出现故障时利用先前建立的冗余数据(备份副本)把数据库恢复到某个正确、一致的状态的过程。根据故障对数据库系统的影响和故障的可修复程度,数据库系统的故障恢复可归为下列两种类型:

(1) 介质故障恢复。介质故障也称为灾难性故障,如磁盘崩溃引发大范围数据库数据的损坏和丢失,应对这类故障的主要方法是还原最近的一个数据库副本,并利用备份日志重做(REDO)已提交事务的操作,使数据库还原到故障前的某个工作状态。

(2) 非介质故障恢复。非介质故障也称为可修复性故障,很多数据库管理系统解决此类故障的基本方法是由DBMS的某个进程在数据库系统重新启动后,根据检测到的数据库不一致的状况,使用在线日志文件中的信息进行必要的REDO和UNDO操作来恢复数据库。非介质故障一般不需要数据库的后备副本,其恢复工作是由数据库管理系统自动完成的。

至于其他类型的故障,如人为破坏、用户的误操作导致某些数据丢失,DBA可视具体情况选择合适的恢复策略恢复受损数据。

12.2 SQL Server 的备份与恢复机制

12.2.1 恢复模式

SQL Server的恢复模式决定了数据库支持的备份类型和还原方案,而数据库的备份类型决定了数据库备份的内容。SQL Server 2008支持三种恢复模式:简单恢复模式、完整恢复模式和大容量日志恢复模式。恢复模式的作用旨在控制对事务日志的维护,通常数据库使用完整恢复模式或简单恢复模式。

1. 简单恢复模式

简单恢复模式可最大限度地减少事务日志的管理开销,因为这种恢复模式不备份事务日志。但如果数据库损坏,则简单恢复模式将面临极大的数据丢失风险。在这种恢复模式下,数据只能恢复到最新备份状态。因此,在简单恢复模式下,备份间隔应尽可能短,以防止数据大量丢失。

通常，对于用户数据库，简单恢复模式只用于测试和开发数据库，或用于主要包含只读数据的数据库（如数据仓库），这种模式并不适合生产系统，因为对生产系统而言，丢失最新的更改是无法接受的。

2. 完整恢复模式

完整恢复模式完整地记录所有的事务，并将事务日志记录保留到对其备份完毕为止。如果能够在出现故障后备份日志尾部，则可以使用完整恢复模式将数据库恢复到故障点。完整恢复模式还支持还原单个数据页。

3. 大容量日志恢复模式

大容量日志恢复模式只对大容量操作进行最小记录，使事务日志不会被大容量加载操作所填充。但最小记录是有限定的。例如，如果被大容量加载的表已经有数据了，并且有一个聚集索引，则即使使用大容量日志恢复模式，系统也会将该大容量加载完整地记录下来。

大容量日志恢复模式保护大容量操作不受媒体故障的危害，提供最佳性能并占用最小日志空间。

大容量日志恢复模式一般只作为完整恢复模式的附加模式。对于某些大规模大容量操作（如大容量导入或索引创建），暂时切换到大容量日志恢复模式可提高这些操作的性能，并可减少日志空间使用量。与完整恢复模式相同，大容量日志恢复模式也将事务日志记录保留到对其备份完毕为止。由于大容量日志恢复模式不支持时点恢复，因此必须在增大日志备份与增加工作丢失风险之间进行权衡。

在大容量日志恢复模式下，如果日志备份覆盖了某些大容量操作，则日志备份将包含由大容量操作所更改的日志记录和数据页，这对于捕获大容量日志操作的结果至关重要。日志备份将这些被更改的数据区合并在一起进行备份，备份这些数据区可能会使日志备份变得非常庞大。此外，备份日志需要访问包含大容量日志事务的数据文件。如果无法访问任何受影响的数据库文件，则事务日志将无法备份，并且在此日志中提交的所有操作都会丢失。

图 12.1 显示了在大容量日志恢复模式下日志备份的构造方式，图中的“区”是 SQL Server 管理空间的基本单位，一个区由 8 个物理上连续的页组成，因此一个区的大小是 64 KB。

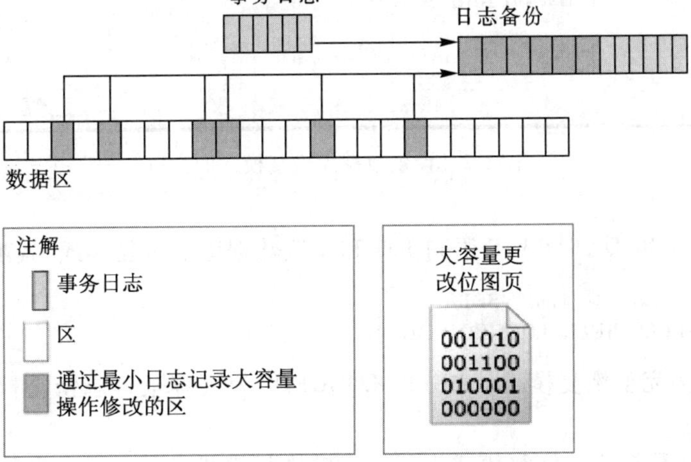

图 12.1　日志备份内容示意图

4. 查看和更改恢复模式

在 SQL Server 2008 中,更改恢复模式可以在 SSMS 工具中用图形化的方法实现,具体方法如下:

① 连接到相应的 SQL Server 实例后,在对象资源管理器中,展开要更改恢复模式的实例。

② 展开"数据库",然后选择要查看或更改恢复模式的数据库,右键单击该数据库,在弹出的菜单中选择"属性"命令,打开"数据库属性"对话框。

③ 在"选择页"窗格中,单击"选项"。在"恢复模式"下拉列表框中可以看到当前设置的恢复模式。通过从下拉列表中选择不同的模式可以更改数据库的恢复模式,可以选择"完整""大容量日志"或"简单"。如图 12.2 所示。

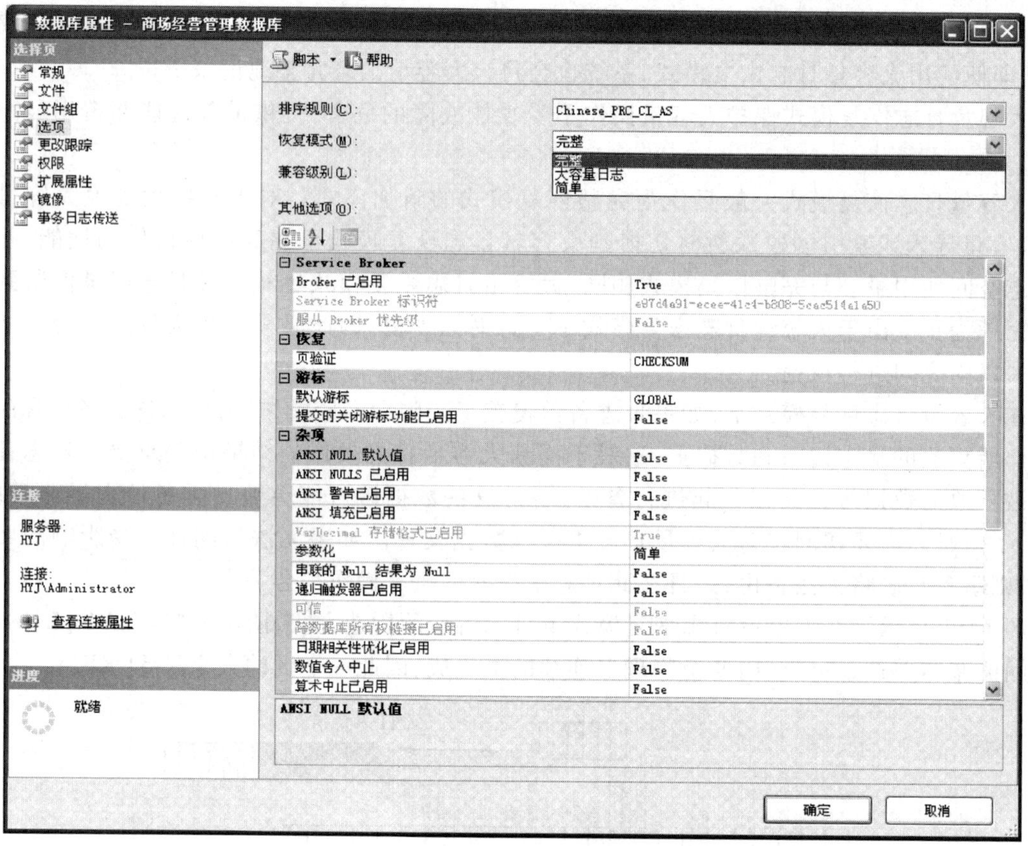

图 12.2 设置数据库恢复模式的窗口

也可以使用 ALTER DATABASE 语句更改和设置数据库的恢复模式,其基本格式如下:

```
ALTER DATABASE database_name  SET
    RECOVERY{FULL|BULK_LOGGED|SIMPLE}
```

其中,"FULL"为完整恢复模式,"BULK_LOGGED"为大容量日志恢复模式,"SIMPLE"为简单恢复模式。

[**例 1**] 将 test 数据库的恢复模式设置为完整恢复模式。

```
ALTER DATABASE test  SET RECOVERY FULL
```

12.2.2 备份内容及时间

1. 备份内容

在一个正常运行的数据库系统中,除了用户数据之外,还有维护系统正常运行的系统数据。因此,在备份数据库时,不但要备份用户数据,同时还要备份系统数据,以保证在系统出现故障时,能够完全地恢复数据库。

2. 备份时间

不同类型的数据库对备份的要求是不同的,对于 SQL Server 的系统数据库(不包括 tempdb 数据),一般是在进行了修改之后立即做备份比较合适。比如对 master 数据库的备份,通常在执行了创建、修改或删除数据库的操作,或是更改了服务器或数据库的配置、建立或更改登录账户等操作后,都应该对它进行备份。

对用户数据库则不能采用立即备份的方式,因为系统数据库中的数据是不经常变化的,而用户数据库中的数据是随系统的运行变化的,特别是对于联机事务处理型的应用系统,比如处理银行业务的数据库。因此,对用户数据库应该采取周期性的备份方法。至于多长时间备份一次,与数据的更改频率和用户能够允许的数据丢失多少有关。如果数据修改比较少,或者用户可以忍受的数据丢失时间比较长,则可以让备份的时间间隔长一些,否则可以让备份的时间间隔短一些。

但在进行了下列操作后,最好能立刻对用户数据库进行备份:

- 创建数据库之后,或者在数据库中批量加载了数据之后。
- 创建索引之后。因为创建索引时,系统要重新排列一些数据,这个过程需要消耗时间和系统资源。
- 执行了清理事务日志的操作之后。比如在执行了 BACKUP LOG WITH TRUNCATION ONLY 或 BACKUP LOG WITH NO_LOG 语句后,系统会自动清空数据库日志,因此这时应对数据库进行一次备份,因为此时的事务日志已经没有了用于恢复数据库的日志信息,因此也就不能通过日志来恢复数据库。
- 执行了大容量数据操作之后,比如执行了 SELECT INTO 语句或 BULK INSERT 语句批量加载了大量数据。

SQL Server 数据库管理系统在备份过程中允许用户操作数据库(不同的数据库管理系统在这方面的处理方式是有差别的),因此对用户数据库的备份一般都选在数据操作相对比较少的时间进行,比如在夜间进行,这样可以尽可能减少对备份和数据库操作性能的影响。

12.2.3 SQL Server 的备份机制

1. 备份设备

备份设备即备份数据库的文件,这些文件可以建立在磁带上,也可以建立在磁盘上。备份设备在操作系统一级实际上就是物理存在的磁带或磁盘上的文件。SQL Server 支持两种备份方式,一种是先建立备份设备,然后再将数据库备份到备份设备上,称这样的备份设备为永久备份设备;另一种是直接将数据库备份到物理文件上,称这样的备份设备为临时备份设备。

创建备份设备时,需要指定备份设备(逻辑备份设备)对应的操作系统文件名和文件的存放位置(物理备份文件)。创建备份设备可以通过 SQL Server Management Studio 工具图形化地实现,也可以使用 T-SQL 语句实现。

创建备份设备的 T-SQL 语句是 sp_addumpdevice 系统存储过程,其语法格式如下:

```
sp_addumpdevice [ @ devtype = ]' device_type '
        '[ @ logicalname = ]' logical_name '
        '[ @ physicalname = ]' physical_name '
```

其中各参数含义为:

- [@ devtype =]' device_type ':备份设备的类型。device_type 可以是下列值之一:
  - Disk:备份设备为磁盘上的文件。
  - Type:备份设备为 Windows 支持的任何磁带设备。

说明:在 SQL Server 的未来版本中将不再支持磁带备份设备。因此应避免在新的开发工作中使用该功能。

- [@ logicalname =]' logical_name ':在 BACKUP(备份)和 RESTORE(恢复)语句中使用的备份设备的逻辑名称。logical_name 无默认值,且不能为 NULL。
- [@ physicalname =]' physical_name ':备份设备的物理文件名。物理文件名必须遵从操作系统文件名规则或网络设备的通用命名约定,并且必须包含完整路径。physical_name 不能为 NULL。

注意:在远程网络位置上创建备份设备时,注意要确保启动数据库引擎时所用的名称对远程计算机有相应的写权限。

该存储过程返回:0(成功)或 1(失败)。

[例 2] 建立一个名为 bk 的磁盘备份设备,其物理存储位置及文件名为 D:\dump\bk. bak。

```
EXEC sp_addumpdevice ' disk ',' bk2 ',' D:\dump\bk. bak ';
```

2. 备份类型

数据库的恢复模式决定了可以使用的备份类型,而数据库的备份类型决定了备份的内容。SQL Server 2008 支持的备份类型包括数据库备份、文件备份以及事务日志备份几种方式。下面分别介绍这些备份方式。

(1) 数据库备份。对数据库备份,SQL Server 支持完整数据库备份和差异数据库备份两种类型。

① 完整数据库备份。

完整数据库备份(也称为完全转储)将备份特定数据库中的所有数据,以及可以恢复这些数据的足够的日志。

完整数据库备份是所有备份方法中最基本也是最重要的备份,是备份的基础。完整数据库备份备份了数据库中的全部信息,是恢复的基线。在进行完整备份时,不仅备份数据库的数据文件、日志文件,而且还备份文件的存储位置信息以及数据库中的全部对象。

当数据库比较大时,完整数据库备份需要消耗比较长的时间和资源。SQL Server 2008 支持在备份数据库的过程中,用户可以对数据库数据进行增、删、改等操作,因此,备份并不影响用户对数据库的操作，而且在备份数据库时还能将在备份过程中所发生的操作也全部备份下来。例如，假设在上午 10：00 开始对某数据库进行完整数据库备份，到 11：00 备份结束，则用户在 10：00～11：00 之间对该数据库进行的更改操作均被备份下来。

② 差异数据库备份。

差异数据库备份（也称为差异转储）是备份从最近的完整备份之后数据库的全部变化内容，它以前一次完整备份为基准点（称为差异基准），备份完整备份之后变化了的数据文件、日志文件以及数据库中其他被修改的内容。因此，差异数据库备份通常比完整数据库备份占用的空间小，且执行速度快，但会增加备份的复杂程度。对于大型数据库，差异备份的间隔通常比完整数据库备份的间隔更短，这可降低数据丢失风险。

差异备份也备份差异备份过程中用户对数据库进行的操作。

差异备份的大小取决于自建立差异基准后更改的数据量。通常，差异基准越旧，新的差异备份就越大。差异备份将在创建备份时捕获已更改的区的状态。如果创建一系列差异备份，则频繁更新的区可能在每个差异中包含不同的数据。当差异备份的大小增大时，还原差异备份会显著延长还原数据库所需的时间。因此，建议在间隔一段时间后要执行一次新的完整备份，以便为数据建立新的差异基准。例如，可以每周对数据库进行一次完整数据库备份，然后在该周内每隔一天对数据库进行一次差异数据库备份。

在建立差异基准（完整备份）之后立即执行的差异备份所需的存储空间和时间通常明显小于完整备份所需的存储空间和时间。但随着时间的推移，在数据库中发生的更改越来越多时，数据库与特定差异基准之间的差异也越来越大，差异备份的内容也就越来越多。因此，差异备份与其基准间隔的时间越长，完成差异备份所需的空间可能就越大，时间也会越长。这意味着较大的差异备份将失去其备份较快、占用空间较小的优势。

在还原过程中，在还原差异备份之前，通常应先还原最新的完整备份，然后再还原基于该完整备份的最新差异备份。

图 12.3 显示了差异备份的工作原理，其中每个矩形块表示一个区，有填充色的块表示自上次完整备份后被修改的区。该图显示了 24 个数据区，其中有 6 个区已发生更改，因此差异备份只包含这 6 个区的内容。

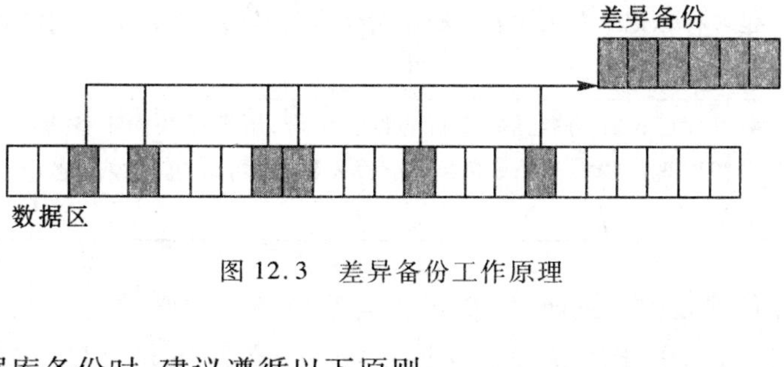

图 12.3 差异备份工作原理

在使用差异数据库备份时，建议遵循以下原则：

- 在每次完整数据库备份后，定期安排差异数据库备份。例如，可以每天执行一次差异数据库备份，对于活动性较高的系统，此频率可以更高。
- 在确保差异备份不会太大的情况下，定期安排新的完整数据库备份。例如，可以每周备份一次完整数据库。

（2）文件备份。针对数据库中的文件进行备份。使用文件备份方式用户可以只还原损坏的文件，而不用还原数据库的其余部分，从而加快了恢复速度。例如，如果某数据库由位于不同磁盘上的若干个文件组成，当其中一个磁盘发生故障时，只需还原故障磁盘上的文件。但使用文件备份方式的备份计划以及还原文件备份可能会比较复杂。因此，只有在文件备份能够为还原计划带来明显价值时，才应使用这种备份方式。

SQL Server 支持文件备份和差异文件备份两种方式。

- 文件备份。一个或多个文件或文件组中所有数据的完整备份。

说明：在简单恢复模式下，文件备份基本上仅限于只读辅助文件组。用户可以创建读/写文件组的文件备份，但必须先将文件组设置为只读，并执行对只读文件进行一次差异文件备份，然后才能还原读/写文件备份。

- 差异文件备份。差异文件备份包含自每个文件的最新完整备份之后发生了更改的数据区。

（3）事务日志备份。事务日志备份仅用于完整恢复模式和大容量日志恢复模式。

事务日志备份并不备份数据库本身，它只备份日志记录，而且只备份从上次备份之后到当前备份时间发生变化的日志内容。

使用事务日志备份，可以将数据库恢复到故障点或特定的某个时间点。一般情况下，事务日志备份比完整备份和差异备份使用的资源少，因此，可以更频繁地使用事务日志备份，以减少数据丢失的风险，而且还有助于事务日志的截断。通常，在每次常规日志备份之后都要截断事务日志。

在 SQL Server 2008 中，有三种类型的事务日志备份，分别是：纯日志备份、大容量操作日志备份和结尾日志备份，这几种备份类型的区别如表12.1所示。

表12.1 事务日志类型

日志备份类型	说明
纯日志备份	仅包含一定间隔的事务日志记录，不包含在大容量日志恢复模式下执行的任何大容量更改的备份
大容量操作日志备份	包含日志记录及由大容量操作更改的数据页的备份。不允许对大容量操作日志备份进行时点恢复
结尾日志备份	对可能已损坏的数据库进行的日志备份，用于捕获尚未备份的日志记录。结尾日志备份在出现故障时进行，用于防止丢失数据，可以包含纯日志记录或者大容量操作日志记录

只有当启动事务日志备份序列时，完整备份或差异备份才必须与事务日志备份同步。每个事务日志备份的序列都必须在执行完整备份或差异备份之后启动。

连续的日志备份序列称为“日志链”。日志链从数据库的完整备份开始。通常，仅当第一次进行完整数据库备份，或者将数据库恢复模式从简单恢复模式切换到完整恢复模式或大容量日志恢复模式之后，才会开始一个新的日志链。

若要将数据库还原到故障点，必须保证日志链是完整的。也就是说，事务日志备份的连续序列必须能够延续到故障点。此日志序列的开始位置取决于还原的数据库备份类型:数据库备份或文件备份。对于数据库备份,日志备份序列必须从数据库备份的结尾处开始延续。对于一组文件备份,日志备份序列必须从整组文件备份的开头开始延续。

对于大多数情况,在完整恢复模式或大容量日志恢复模式下,SQL Server 2008 要求用户备份日志结尾以捕获尚未备份的日志记录。在进行还原操作之前对日志尾部执行的备份称为"结尾日志备份",结尾日志备份可以防止数据丢失并确保日志链的完整性。在将数据库恢复到故障点的过程中,结尾日志备份是恢复计划中的最后一个相关备份。如果无法备份日志尾部,则只能将数据库恢复到故障发生之前创建的最后一个备份。

并非所有的还原方案都要求执行结尾日志备份。如果先前的日志备份中包含恢复点,或者希望移动或替换(覆盖)数据库,则不一定需要结尾日志备份。而且如果日志文件受损且无法创建结尾日志备份,则必须在不使用结尾日志备份的情况下还原数据库,这种情况下,在最新日志备份之后提交的所有事务都将丢失。

值得注意的是,简单恢复模式不支持事务日志备份。

3. 常用备份策略

建立备份的目的是为了恢复已损坏的数据库。但是,备份和还原数据必须根据特定环境进行定义,并且必须使用可用资源。因此,在设计良好的备份策略时,除了要考虑特定业务要求外,同时还应尽量提高数据的可用性并尽量减少数据的丢失。

需要注意的是,一般应将数据库和备份放置在不同的设备上,否则,如果包含数据库的设备失败,则备份也将不可用。而且,将数据库和备份放置在不同的设备上,还可以提高写入备份和使用数据库时的 I/O 性能。

备份策略的制定包括定义备份的类型和频率、备份所需硬件的特性和速度、备份的测试方法以及备份媒体的存储位置和方法。

设计有效的备份策略需要仔细规划、实现和测试,而且测试是必需的环节。在成功还原了备份策略中的所有备份后,才能生成备份策略。在制定备份和恢复策略时必须考虑各种因素,其中包括:

- 使用数据库的企业对数据库的目标,尤其是对可用性和防止数据丢失的要求。
- 每个数据库的特性,包括大小、使用方式、内容特性以及故障恢复要求等。
- 对资源的约束,例如硬件、人员、备份媒体的存储空间以及所存储媒体的物理安全性等。

(1) 完整数据库备份。完整数据库备份策略适合数据库数据不是很大,而且数据更改不是很频繁的情况。完整备份一般可以几天进行一次或几周进行一次。

当对数据库数据的修改不是很频繁,数据库比较小,且允许一定量的数据丢失时,使用完整数据库备份是一种比较好的策略。

在简单恢复模式下,每次备份后,如果出现严重故障,则数据库可能会丢失一些工作,而且每次更新都会增加丢失工作的风险,这种情况将一直持续到下一次完整备份。图 12.4 所示为只采用完整备份策略的备份示意图。如果系统在周三出现故障,则数据库只能恢复到周二零点时刻的状态。

(2) 完整数据库备份加日志备份。如果用户不允许丢失太多的数据,而且又不希望经常进行完整备份(因为完整备份占用的时间比较长),则可以将恢复模式设置为完整恢复模式或大容

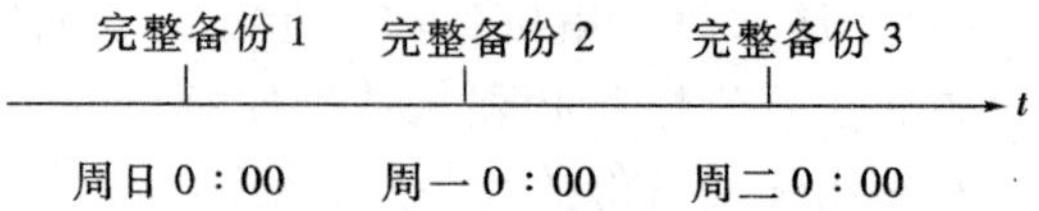

图 12.4 完整备份策略

量日志恢复模式,这样就可在完整备份中间加入若干次日志备份。例如,可以每天 0 : 00 进行一次完整备份,然后每隔几小时进行一次日志备份。

图 12.5 显示了在完整恢复模式下采用完整数据库备份加日志备份的策略。在此图中,已完成了完整数据库备份 1 以及 3 个例行日志备份:日志备份 1、日志备份 2 和日志备份 3。假设在日志备份 3 后的某个时刻数据库出现数据丢失。在利用已有备份还原数据库前,可先对日志进行一次尾部备份,然后再还原数据库,这样可把数据库恢复到故障点,从而恢复出所有数据。

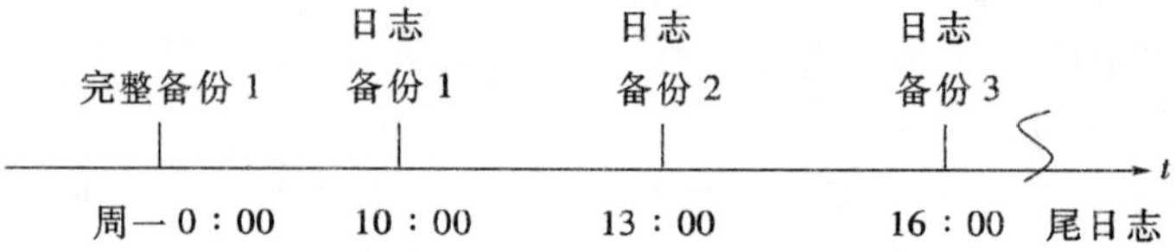

图 12.5 完整备份加日志备份策略

(3) 完整数据库备份加差异数据库备份再加日志备份。如果进行一次完整备份的时间比较长,用户可能希望将进行完整备份的时间间隔再加大一些,比如每周的周日进行一次。如果还采用完整备份加日志备份的方法,则恢复起来比较耗费时间。因为,在利用日志备份进行恢复时,系统是将日志记录的操作重做一遍。

这时可以采取第三种备份策略,即完整备份加差异备份和日志备份的策略。在完整备份中间加一些差异备份,比如每周周日 0 : 00 进行一次完整备份,然后每天 0 : 00 进行一次差异备份,然后再在两次差异备份之间增加一些日志备份。这种策略的优点是备份和恢复的速度都比较快,而且当系统出现故障时,丢失的数据也非常少。

完整备份加差异备份再加日志备份策略的示意图如图 12.6 所示。

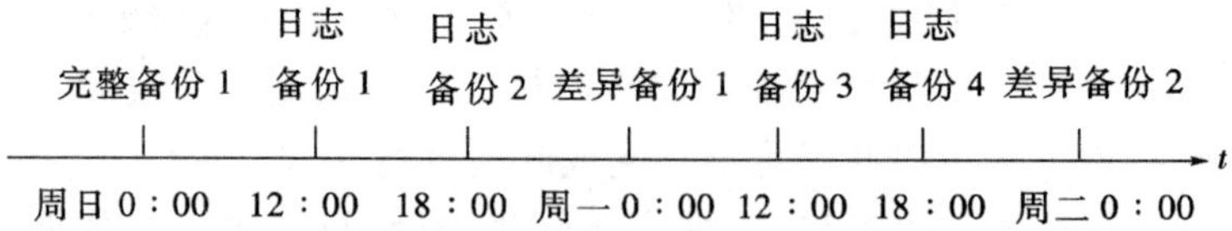

图 12.6 完整备份加差异备份再加日志备份策略

如果系统在周二的差异备份之前出现故障,则应首先尝试备份活动日志(日志尾部),然后再按顺序恢复完整备份 1、差异备份 1、日志备份 3 和日志备份 4,最后再恢复备份的尾部日志。如果尾部日志备份成功,则数据库可以还原到故障点。

4. 实现备份

在 SQL Server 2008 中,可以在 SSMS 工具中用图形化的方法实现备份,也可以使用 T-SQL

语句实现备份,这里只介绍用 T-SQL 语句实现备份的方法。

备份数据库使用的是 BACKUP 语句,该语句分为备份数据库和备份日志两种语法格式。备份数据库语句的基本语法格式为:

```
BACKUP DATABASE database_name
  TO <backup_device>[,…n]
  [WITH{DIFFERENTIAL|<general_WITH_options>[,…n]}]
[;]
<backup_device>::=
{
    logical_device_name
|{DISK|TAPE}='physical_device_name'
}
<general_WITH_options>[,…n]::=
    NAME=backup_set_name
|{EXPIREDATE='date'
|RETAINDAYS=days
```

其中:

- {database_name|@database_name_var}:要备份的数据库名。
- <backup_device>:指定用于备份操作的逻辑备份设备或物理备份设备。
- {logical_device_name}:要将数据库备份到的备份设备的逻辑名称。
- {DISK|TAPE}={'physical_device_name'}:指定磁盘文件或磁带设备。如果磁盘设备不存在,也可以在 BACKUP 语句中指定它。如果存在物理设备且 BACKUP 语句中未指定 INIT 选项,则备份将追加到该设备。
- DIFFERENTIAL:表示进行差异数据库备份。默认情况下,BACKUP DATABASE 创建的是完整数据库备份。
- [,…n]:可以为一个 backup database 指定最多 64 个备份设备名称。
- NAME=backup_set_name:指定备份集的名称。名称最多可包含 128 个字符。如果未指定 NAME,它将为空。
- EXPIREDATE='date':指定备份集到期和允许被覆盖的日期。
- RETAINDAYS=days:指定必须经过多少天才可以覆盖该备份媒体集。

备份文件或文件组的 backup 语句的基本格式为:

```
BACKUP DATABASE database_name
<file_or_filegroup>[,…n]
  TO<backup_device>[,…n]
  [WITH{DIFFERENTIAL|<general_WITH_options>[,…n]}]
[;]
<file_or_filegroup>::=
{
  FILE=logical_file_name
|FILEGROUP=logical_filegroup_name
}
```

其中，<file_or_filegroup>[,…n]用于指定要进行备份的数据库文件或文件组。

- FILE = logical_file_name：要进行备份的文件的逻辑名称。
- FILEGROUP = logical_filegroup_name：要进行备份的文件组的逻辑名称。

其他各选项的含义同 BACKUP DATABASE。

备份日志的 backup 语句的基本语法格式为：

```
BACKUP LOG database_name
  TO<backup_device>[ ,…n]
  [WITH{<general_WITH_options>|<log-specific_optionspec>}[ ,…n]]
[;]
<log-specific_optionspec>::=
{NORECOVERY|STANDBY = standby_file_name}
|NO_TRUNCATE
```

其中：

- NORECOVERY：备份日志的尾部并使数据库处于 RESTORING 状态。当执行 RESTORE 操作前保存日志尾部时，NORECOVERY 很有用。
- STANDBY = standby_file_name：备份日志的尾部并使数据库处于只读和 STANDBY 状态。使用 STANDBY 选项等同于 BACKUP LOG WITH NORECOVERY 后跟 RESTORE WITH STANDBY。
- NO_TRUNCATE：指定不截断日志，并使数据库引擎不用考虑数据库的状态而执行备份。因此，使用 NO_TRUNCATE 执行的备份可能具有不完整的元数据。该选项允许在数据库损坏时备份日志。

其他选项同备份数据库语句的选项。

除了前边介绍的各选项外，SQL Server 还对备份提供了如下关于媒体集的一些选项，包括：

```
 {NOINIT|INIT}
|{NOSKIP|SKIP}
|{NOFORMAT|FORMAT}
```

其中：

- {NOINIT|INIT}：控制备份操作是追加到还是覆盖备份媒体中的现有备份集。默认为追加(NOINIT)。
  - NOINIT：表示将该次备份内容追加到指定的媒体集上，以保留原有的备份集。
  - INIT：指定覆盖媒体集上的所有备份内容，但是保留媒体标头。
- {NOSKIP|SKIP}：控制备份操作是否在覆盖媒体中的备份集之前检查它们的过期日期和时间。
  - NOSKIP：指示 BACKUP 语句在覆盖媒体上的所有备份集之前先检查它们的过期日期。这是默认行为。
  - SKIP：不进行备份集的过期和名称检查。
- {NOFORMAT|FORMAT}：指定是否应该在用于此备份操作的媒体集上写入媒体标头，以覆盖现有的媒体标头和备份集。
  - NOFORMAT：指定备份操作在用于此备份操作的媒体集上保留现有的媒体标头和备份

集。这是默认行为。

◆ FORMAT:指定创建新的媒体集。媒体集上的已有内容将变为无效。

注意:使用 FORMAT 时要谨慎,因为格式化媒体集的任何一个卷都将使整个媒体集不可用。

[例 3] 对"students"数据库进行一次完整数据库备份,备份到 MyBK_1 备份设备上(假设此备份设备已创建好),并覆盖掉该备份设备上已有的备份集。

```
BACKUP DATABASE students TO MyBK_1 WITH INIT
```

[例 4] 对"students"数据库进行一次差异数据库备份,也备份到 MyBK_1 备份设备上,并保留该备份设备上已有的内容。

```
BACKUP DATABASE students TO MyBK_1 WITH DIFFERENTIAL,NOINIT
```

[例 5] 对"students"进行一次事务日志备份,直接备份到 D:\LogData 文件夹下(假设此文件夹已存在)的 Students_log. bak 文件上。

```
BACKUP LOG students TO DISK='D:\LogData\Students_log.bak'
```

[例 6] 对"Sales"数据库中的两个辅助文件组所包含的文件进行一次完整文件备份。

```
BACKUP DATABASE Sales
  FILEGROUP='SalesGroup1',
  FILEGROUP='SalesGroup2'
  TO DISK='D:\SQLServerBackups\SalesFiles.bck'
```

[例 7] 对"Sales"数据库中的两个辅助文件组所包含的文件进行一次差异文件备份。

```
BACKUP DATABASE Sales
  FILEGROUP='SalesGroup1',
  FILEGROUP='SalesGroup2'
  TO DISK='D:\SQLServerBackups\SalesFiles.bck'
WITH DIFFERENTIAL
```

12.2.4 SQL Server 的恢复机制

SQL Server 支持在以下级别恢复(还原)数据:

- 数据库(数据库完整还原)。还原和恢复整个数据库,并且数据库在还原和恢复操作期间处于脱机状态。
- 数据文件(文件还原)。还原和恢复一个数据文件或一组文件。在文件还原过程中,包含相应文件的文件组在还原过程中自动变为脱机状态。

1. 还原的顺序

在还原数据库之前,如果数据库的日志文件没有损坏,则为尽可能减少数据的丢失,可在恢复之前对数据库进行一次尾部日志备份,这样可将数据的损失减少到最小。

恢复数据库要有一定的顺序,具体如下:

① 还原最新完整数据库备份而不恢复数据库(即数据库仍处于还原状态,相当于在 RESTORE DATABASE 语句中使用 WITH NORECOVERY 选项)。

② 如果存在差异备份,则还原最新的差异备份而不恢复数据库(相当于在 RESTORE

DATABASE 语句中使用 WITH NORECOVERY 选项)。

③ 从最后一次还原备份后创建的第一个事务日志备份开始,使用 NORECOVERY 选项依次还原日志。

④ 恢复数据库(相当于在 RESTORE DATABASE 语句中使用 WITH RECOVERY 选项)。此步骤也可以与还原上一次日志备份结合使用。

表 12.2 所示为对某个数据库的备份操作序列。

表 12.2 数据库备份操作

时间	事件
上午 8 : 00	进行完整数据库备份
中午 12 : 00	进行事务日志备份
下午 16 : 00	进行事务日志备份
下午 18 : 00	进行完整数据库备份
晚上 20 : 00	进行事务日志备份
晚上 21 : 45	出现故障

如果要将数据库还原到晚上 21 : 45(故障点)时的状态,可以使用以下两种备选过程:

- 备选过程 1。使用最新的完整数据库备份还原数据库。实现过程如下:

首先进行一次尾部事务日志备份;然后只还原下午 18 : 00 进行的完整数据库备份;之后还原晚上 20 : 00 进行的日志备份;最后再还原尾部日志备份。

- 备选过程 2。使用较早的完整数据库备份还原数据库。

如果出现某些问题,使得下午 18 : 00 进行的完整数据库备份无法使用,则可选择该备选过程。此过程比从下午 18 : 00 的完整数据库备份还原所需的时间长。具体实现过程如下:

首先进行一次尾部事务日志备份;然后还原上午 8 : 00 进行的完整备份;之后再按顺序还原所有的事务日志备份,包括尾部日志备份。还原完成后将数据库恢复到晚上 21 : 45 的状态。

备选过程 2 的还原过程说明了冗余的安全性,该安全性通过维护一系列完整数据库备份后的事务日志链备份来获得。

2. 实现还原

还原数据库可以在 SSMS 工具中用图形化的方法实现,也可以使用 T-SQL 语句实现。我们这里只介绍用 T-SQL 语句进行还原的方法。

还原数据库和事务日志的 T-SQL 语句分别是 RESTORE DATABASE 和 RESTORE LOG。

从完整数据库备份还原数据库的 RESTORE 语句的简单语法格式为:

```
RESTORE DATABASE database_name
[FROM<backup_device>[,…n]]
[WITH
  {[FILE=backup_set_file_number
    |[RECOVERY|NORECOVERY|STANDBY=standby_file_name   ]
      |,   <general_WITH_options>[,…n]
      |,<point_in_time_WITH_options>
```

```
    }[,…n]
  ]
  [;]  ]
  <general_WITH_options>[,…n]::=
    MOVE 'logical_file_name_in_backup' TO 'operating_system_file_name'
            [,…n]
  |REPLACE
  |RESTART
  |RESTRICTED_USER
  <point_in_time_WITH_options>::=
  |{
      STOPAT={'datetime'|@ datetime_var}
```

其中:

- NORECOVERY:表示数据库的还原操作还没有完成,数据库处于不可用状态,但可以对后续的备份进行还原操作。
- RECOVERY:默认值。表示恢复数据库的操作已经完成,数据库处于可用状态,但不能再对后续的备份(如果有)进行还原操作。
- STANDBY=standby_file_name:指定一个允许撤销恢复效果的备用文件。STANDBY 选项可以用于脱机还原,但不能用于联机还原。standby_file_name 指定一个备用文件,其位置存储在数据库的日志中。如果指定的文件名已存在,则将覆盖该文件,否则数据库引擎会创建该文件。
- MOVE 'logical_file_name_in_backup' TO 'operating_system_file_name'[…n]:说明由 logical_file_name_in_backup 指定的数据或日志文件的逻辑名称,将被还原到由 operating_system_file_name 指定的位置,以达到移动文件的目的。创建备份集时,备份集中的数据或日志文件的逻辑文件名与其在数据库中的逻辑名称必须匹配。
- […n]:在还原时可以指定多个 MOVE 子句。
- REPLACE:指定即使存在另一个相同名字的数据库,SQL Server 也要创建指定的数据库及其相关文件。在这种情况下将删除现有的同名数据库。如果没有指定 REPLACE 选项,则 SQL Server 将执行安全检查,查看是否存在相同名字的数据库,如果存在则不进行还原操作。这样可以防止意外覆盖其他数据库。
- RESTART:指定 SQL Server 应重新启动被中断的还原操作。RESTART 从中断点重新启动还原操作。
- RESTRICTED_USER:限制只有 db_owner、dbcreator 或 sysadmin 角色中的成员才能访问新还原的数据库。
- STOPAT='datetime':指定将数据库还原到 datetime 参数指定的日期和时间的状态。

说明:如果 STOPAT 指定的时间在最后的日志备份之后,则数据库将继续处于未恢复状态,如同运行 RESTORE LOG 时使用 NORECOVERY 选项。

还原日志的 RESTORE 语句与还原数据库的语句基本相同,其基本语法格式为:

```
RESTORE LOG database_name
[FROM <backup_device>[,…n]]
[WITH
```

```
    }
      [ RECOVERY | NORECOVERY | STANDBY = standby_file_name
        ]
      | ,   <general_WITH_options>[ ,…n]
            | ,<point_in_time_WITH_options>
          }[ ,…n]
]
[ ;]
<point_in_time_WITH_options>: : = STOPAT = ' datetime '
```

各选项的含义与还原数据库的语句相同。

[例 8] 还原完整数据库备份。设在简单恢复模式下已对 students 数据库进行了完整数据库备份，并且是备份到 MyBK_1 设备上，假设此备份设备只含有 students 数据库的完整备份。则还原 students 数据库的语句为：

```
RESTORE DATABASE students FROM MyBK_1
```

[例 9] 还原完整数据库备份和差异数据库备份。设对 Students 数据库进行了如图 12.7 所示的备份过程。设完整数据库备份是备份设备上的第 2 个备份集（FILE=2），差异数据库备份是设备上的第 4 个备份集（FILE=4）。

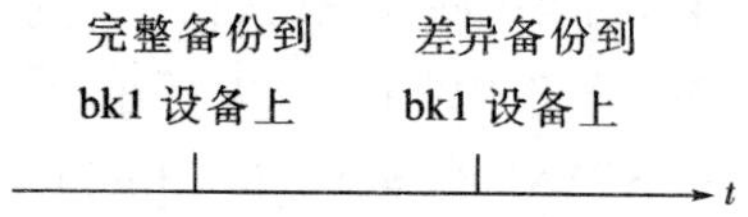

图 12.7 students 数据库的备份过程

恢复过程如下：

```
RESTORE DATABASE Students
  FROM bk1   WITH FILE = 2 NORECOVERY
RESTORE DATABASE Students
  FROM bk1   WITH FILE = 4 RECOVERY
```

[例 10] 使用 RESTART 选项还原数据库。以下示例使用 RESTART 选项重新启动因服务器电源故障而中断的 RESTORE 操作。

--在执行下述还原过程中由于电源故障导致还原没有完成

```
RESTORE DATABASE Students
  FROM Students Backup
```

--重新开始还原数据库的操作

```
RESTORE DATABASE Students
  FROM StudentsBackup WITH RESTART
```

[例 11] 还原数据库并移动文件。本示例还原完整数据库备份和事务日志备份，并将还原后的数据库移动到 D:\Students_Data 文件夹下。

```
RESTORE DATABASE Students
  FROM Students Backup
  WITH NORECOVERY,
  MOVE 'Students_Data' TO 'D:\Students_Data\Students.mdf',
  MOVE 'Students_Log' TO 'D:\Students_Data\Students.ldf'
RESTORE LOG Students FROM StudentsBackup
```

WITH RECOVERY

12.3 Oracle 的备份与恢复机制

作为企业级数据库,为了保证数据库中数据的安全性和可靠性,Oracle 数据库为数据库管理员提供了多种数据库备份方式。

Oracle 数据库将数据库系统常见的故障类型归纳为:SQL 语句错误(Statement Error)、进程失效(Process Failure)、实例失效(Database Instance Failure)、网络失效(Network Failure)、用户错误(User Error)、介质失效(Media(Disk) Failure *)。前四种类型的故障由 Oracle 内部恢复机制自动进行处理和解决,无须数据库管理员干预,即处理过程对数据库管理员而言是透明的;对于用户的误操作或由存储介质(磁盘)故障导致数据库文件损坏,必须由数据库管理员干预,利用故障前的备份数据进行相应的故障恢复。

Oracle 数据库的备份方式主要分为逻辑备份和物理备份,本节将介绍 Oracle 数据库的主要备份工具、备份方法及数据库出现故障时的恢复方法。

12.3.1 Oracle 数据库逻辑备份与恢复

逻辑备份是指通过工具将数据库中的数据转换成专用或通用格式的文件,保存在文件系统中。Oracle 提供了 EXP/IMP(Export/Import 导入、导出工具)和 EXPDP/IMPDP(Data Pump)两组工具进行数据库的逻辑备份。其中 EXP/IMP 工具是 Oracle 传统的导入、导出工具,可以在大部分 Oracle 版本上使用,而 EXPDP/IMPDP 工具仅能在 Oracle 10g 及其后的版本上使用。此部分主要介绍 EXP/IMP 工具。

EXP 导出工具将数据库中数据备份压缩成一个二进制系统文件,可以在不同 OS 间迁移,它有三种模式:

- 用户模式。导出用户所拥有的所有对象。
- 表模式。导出用户指定的表。
- 整个数据库。导出数据库中所有对象。

下面结合一些实例介绍 Oracle 的 EXP/IMP 工具的用法。

[例 12] 将 scott 用户中的数据导出到 scott. dmp 文件,日志记录在 scott. log 文件中,缓冲区大小为10240000B的操作命令为:

```
exp owner=scott file=scott.dmp log=scott.log buffer=10240000
```

[例 13] 将 scott 用户的 emp 表导出到 scott_table. dmp 文件,日志记录在 scott_table. log 文件中,缓冲区大小为1024 0000B的操作命令为:

```
exp tables=(scott.emp) file=scott_table.dmp log=scott_table.log buffer=10240000
```

[例 14] 导出完整数据库到 full. dmp,日志存放在 full. log 文件中,缓冲区大小为1024 0000B的操作命令为:

```
exp full=y file=full.dmp log=full.log buffer=10240000
```

IMP 导入工具可以将 EXP 导出的文件导入到数据库中，例如将导出的 scott.dmp 文件中数据导入到数据库中的操作命令为：

```
Imp file=scott.dmp log=scott_imp.log buffer=10240000 full=y
```

由于 EXP/IMP 工具使用方便，受到广大数据库管理员的喜爱，但是其也有很大的不足，例如：从 Oracle 9i 开始，EXP/IMP 工具只能全量备份，不能进行增量备份，导致备份数据较大，备份时间也较长；工具无法设置备份文件失效策略，只能通过第三方程序定期删除备份数据。同时，由于 EXP 工具导出的是数据库的数据和相关的对象定义，而不包含完整物理结构信息，因此在将数据重新导入数据库后，只能保证数据库内对象定义及数据和源数据库是一致的，但是存储结构可能有很大区别。另外，导入过程相当于将数据插入数据库的过程，因此在进行大批量导入时，时间可能较长。为了克服逻辑备份工具的不足，Oracle 同时提供了数据库物理备份和恢复工具。

12.3.2 Oracle 数据库物理备份与恢复

1. 物理备份

物理备份是对数据库物理文件所实施的备份，包括数据库的数据文件、控制文件、重做日志文件、归档日志文件、初始化参数文件、密码文件等。

物理备份管理方式主要包括：

- 用户管理的备份。使用操作系统的复制命令，并结合 SQL * Plus 命令来完成备份和管理工作。
- Recover Manager（简称 RMAN）备份。利用 Oracle 的 RMAN 工具实现备份及管理过程。
- 第三方备份软件。应用第三方备份管理软件（例如 Symantec NetBackup、EMC NetWorker）实现备份。一般来说，第三方厂商软件一般是调用 Oracle RMAN 工具进行备份，但其备份过程和备份数据由第三方备份软件进行管理。

在使用过程中，由于用户管理的备份需要数据库管理员编写较复杂的脚本制定备份周期、备份策略及备份数据的保留策略，所以一般数据库管理员会使用 Oracle RMAN 工具或第三方备份软件实施 Oracle 数据库物理备份。本节主要介绍使用 Oracle RMAN 工具实施物理备份的简要过程。

RMAN 是 Oracle 提供的一个备份与恢复的工具，可以用来备份和还原数据库文件、归档日志和控制文件。它也可以用来执行完全或不完全的数据库恢复。RMAN 可以由命令行接口或者 OEM 来控制。

RMAN 主要包括以下组件：

- Target Database（目标数据库）：指需要用 RMAN 进行备份与恢复的数据库，RMAN 可以备份数据文件、控制文件、归档日志、参数文件。
- Server Session（服务器会话）：RMAN 建立一个与目标数据库的会话，启动数据库服务器上的 Oracle 服务器进程，由目标数据库上的服务器进程进行备份、还原、恢复的实际操作。
- 服务器进程：RMAN 启动的服务进程是一个 Oracle 后台进程，用于与 RMAN 工具与数据库之间的通信，也用于 RMAN 工具与磁盘/磁带等 I/O 设置之间的通信，服务进程负责备份与恢复的所有工作。

- Channel（通道）：一个通道是 RMAN 和目标数据库之间的一个连接，"allocate channel"命令在目标数据库启动一个服务器进程，同时必须定义服务器进程执行备份或者恢复操作使用的 I/O 类型。
- recovery catalog（恢复目录）：用来保存备份与恢复信息的一个数据库，不建议创建在目标数据库上。RMAN 利用恢复目录记载的信息去判断如何执行需要的备份恢复操作。如果不采用恢复目录，备份信息可以存在于目标数据库的 control file 中。如果存放在目标数据库的控制文件中，控制文件会不断增长。使用恢复目录可以存储脚本，记载较长时间的备份恢复操作。
- MML（媒体管理库）：Media Management Layer（MML）是第三方工具或软件，用于管理对磁带的读写与文件的跟踪管理。如果想直接通过 RMAN 备份数据到磁带上，就必须配置媒体管理层，媒体管理层的工具如备份软件可以调用 RMAN 来进行备份与恢复。

RMAN 工具的使用：

（1）开始或退出 RMAN。RMAN 必须以 SYSDBA 权限用户连接到目标数据库才能进行备份和恢复。如果存在一个恢复目录，RMAN 也可连接到恢复目录。使用 CONNECT 命令来连接 RMAN 和目标数据库。

- 启动 RMAN。

如果使用恢复目录，同时连接一个目标数据库使用命令：

```
RMAN TARGET/CATALOG cat_usr/pwd@ cat_str
```

如果不使用恢复目录而直接连接到目标数据库使用命令：

```
RMAN TARGET/
```

- 退出 RMAN 客户端，使用命令：

```
RMAN>EXIT
```

（2）配置 RMAN 持久设置环境。RMAN 可以保存一定的配置信息，以便每次执行时可以不必重复书写相关命令，可以使用下列命令显示所有配置信息：

```
RMAN>SHOW ALL;
```

由于备份数据量很大，因此需要设置备份数据的保持策略，保证一段时间后，无用的备份数据可以自动清除。保持策略用于管理数据库备份需要保持长时间，和可以恢复多久以前的数据库。保持策略可以按照恢复窗口（恢复多久以前的数据库）或者冗余备份数（对于每个文件有多少备份必须保留）。

以下命令保证 RMAN 保持所有可恢复到某一时间点上必要的备份至少 7 天：

```
RMAN>CONFIGURE RETENTION POLICY TO RECOVERY WINDOW OF 7 DAYS;
```

以下命令保证 RMAN 为每一个数据文件的备份为 3 个：

```
RMAN>CONFIGURE RETENTION POLICY TO REDUNDANCY 3;
```

在设置了保留策略后，可以使用 DELETE OBSOLETE 快速删除保持策略不再需要的备份。

同时，RMAN 还可以使用 BACKUP 和 CHANGE 命令的 KEEP 选项，使得配置的保持策略对个别指定的备份失效。

（3）备份数据库。

① 备份数据库文件。

可以使用 BACKUP AS COPY 来备份文件，RMAN 将文件作为镜像复制（Image Copies）进行复制。即按照磁盘上数据库文件进行每比特（bit）的复制。通过使用 BACKUP AS COPY 会将相关信息记录在 RMAN 恢复目录中，并且 RMAN 可以使用其进行恢复操作。镜像复制不能建立在磁带上。

以下命令建立全数据库所有数据文件的镜像复制：

```
RMAN>BACKUP AS COPY DATABASE;
```

如果使用 BACKUP AS BACKUPSET，那么 RMAN 存储其备份到备份集（Backup Sets）。一个 Backup Set 包含超过一个的备份片（Backup Pieces），是包含备份数据的、只有 RMAN 能够识别其格式的物理文件。备份集（Backup Sets）能够写在磁盘或磁带上，并且只能由 RMAN 写到磁带上。

以下命令使用默认的 CHANNELS 以备份集格式，在磁带设备上建立对数据库的备份并归档日志：

```
RMAN>BACKUP DATABASE PLUS ARCHIVELOG;
```

注意：以备份集格式在磁盘上备份数据文件可以节省磁盘空间和时间。因为 RMAN 可以跳过一些不需要备份的数据文件块。备份集一旦在磁盘上建立，仍可以使用 BACKUP BACKUPSET 移动到磁带上。

② 备份个别数据库文件。

RMAN 还可以使用不同选项备份个别的表空间、数据文件、控制文件、SPFILE 和备份集：

```
RMAN>BACKUP ARCHIVELOG COMPLETION TIME BETWEEN 'SYSDATE-31' AND 'SYSDATE-7';
RMAN>BACKUP TABLESPACE system,users,tools;
RMAN>BACKUP AS BACKUPSET DATAFILE 'ORACLE_HOME/oradata/trgt/users01.dbf',
'ORACLE_HOME/oradata/trgt/tools01.dbf';
RMAN>BACKUP DATAFILE 1,3,5;
RMAN>BACKUP CURRENT CONTROLFILE TO '/backup/curr_cf.copy';
RMAN>BACKUP SPFILE;
RMAN>BACKUP BACKUPSET ALL;
```

（4）增量备份（Incremental Backups）。如果使用增量备份，RMAN 将建立数据库的增量备份（Incremental Backups）。增量备份记录数据库中每一个数据块的自上次增量备份后的改变。但增量备份的开始点必须是 0 级增量备份，即备份数据库中所有的块。然后开始日常的级别 1 的增量备份，只是记录自上次增量备份的数据块改变。该备份包括了累计（Cumulative）（自上次 0 级备份后的所有数据块改变）和改变（Differential）（自上次增量备份后的数据块改变，不管是 0 级还是 1 级备份）增量备份通常更小更快的建立全库备份。并且从一个增量备份中恢复数据库快于单独使用日志（Redo Logs）的方法。只要增量备份可用，RMAN 就会在恢复中使用。

（5）备份的校验（Validating Backups）。备份校验操作通过检查当前数据库备份文件是否存在,文件的位置,物理空间剩余量和逻辑是否错误来确认备份是否可用。

```
RMAN>BACKUP VALIDATE DATABASE ARCHIVELOG ALL;
```

2. 恢复数据库

数据库恢复操作一般包括两个过程:restore 和 recover。Restore 是从备份数据中找到完整备份文件(全备),恢复完整文件的过程。Recover 是将日志和增量备份的改变应用到数据文件,使得数据文件恢复到指定时间点上的过程。

(1) 恢复整个数据库。使用 RESTORE DATABASE 和 RECOVER DATABASE 命令恢复整个数据库。

```
RMAN>STARTUP FORCE MOUNT;
RMAN>RESTORE DATABASE;
RMAN>RECOVER DATABASE;
RMAN>ALTER DATABASE OPEN;
```

注意:当恢复整个数据库时,数据库必须不能处于打开(Open)状态。

(2) 恢复当前表空间。当数据库打开时,使用 RESTORE TABLESPACE 和 RECOVER TABLESPACE 恢复个别表空间。首先让需要恢复的表空间处于 Offline 状态,然后在恢复(Restore 和 Recover)表空间。

使用下列命令恢复 users 表空间:

```
RMAN>SQL 'ALTER TABLESPACE users OFFLINE';
RMAN>RESTORE TABLESPACE users;
RMAN>RECOVER TABLESPACE users;
RMAN>SQL 'ALTER TABLESPACE users ONLINE';
```

(3) 恢复当前数据文件。当数据库打开时,使用 RESTORE DATAFILE 和 RECOVERDATAFILE 命令恢复指定数据文件。首先将需要恢复的文件下线,然后在恢复(Restore 和 Recover)然后开始恢复数据文件。

使用下列命令恢复数据文件 7:

```
RMAN>SQL 'ALTER DATABASE DATAFILE 7 OFFLINE';
RMAN>RESTORE DATAFILE 7;
RMAN>RECOVER DATAFILE 7;
RMAN>SQL 'ALTER DATABASE DATAFILE 7 ONLINE';
```

(4) 恢复个别数据块。RMAN 可以恢复数据文件中的个别块。当 RMAN 执行完整的需要备份的文件扫描后,任何损毁的块信息都会出现在 V $ DATABASE_BLOCK_CORRUPTION 视图中。损毁信息通常会在告警日志(Alert Logs),跟踪文件和查询 SQL 结果中出现。

使用 BLOCKRECOVER 命令修正所有的坏块:

```
RMAN>BLOCKRECOVER CORRUPTION LIST;
```

还可以恢复指定的数据块:

```
RMAN>BLOCKRECOVER DATAFILE 7 BLOCK 233,235 DATAFILE 4 BLOCK 101;
```

(5) RMAN 操作报告。RMAN 的 LIST 和 REPORT 命令可以产生基于 RMAN 恢复目录的多种报告。

使用 LIST BACKUP 和 LIST COPY 命令显示恢复目录中备份和数据文件复制的信息：

```
RMAN>LIST BACKUP OF DATABASE;
RMAN>LIST COPY OF DATAFILE 1,2,3;
RMAN>LIST BACKUP OF ARCHIVELOG FROM SEQUENCE 1437;
RMAN>LIST CONTROLFILECOPY "/tmp/cf.cpy";
RMAN>LIST BACKUPSET OF DATAFILE 1;
```

小结

本章介绍了维护数据库很重要的工作：备份和恢复数据库。SQL Server 2008 支持四种备份方式，即完整备份、差异备份、日志备份、文件和文件组备份。完整备份是将数据库的全部内容均备份下来，对数据库进行的第一个备份必须是完整备份；差异备份是备份数据库中相对最近的完整备份之后对数据库的修改部分；日志备份是备份自前一次备份之后的日志内容，而且日志备份要求数据库的恢复模式不能是“简单”模式，因为“简单”恢复模式下，系统会自动清空不活动的日志。完整备份和差异备份均对日志进行备份。数据库的恢复是从还原完整备份开始，然后还原最近的差异备份，最后再按备份的顺序还原后续的日志备份。在数据库恢复的过程中，在还原最后一个备份之前，应保持数据库为不可用状态（使用 NORECOVERY 选项）。SQL Server 2008 支持在备份的同时允许用户访问数据库，但在恢复数据库过程中是不允许用户访问数据库的。

本章还简要介绍了 Oracle 的备份与恢复机制，内容包括 Oracle 数据库逻辑备份与恢复、Oracle 数据库物理备份与恢复，使读者在掌握 SQL Server 备份与恢复技术的同时，也了解 Oracle 数据库系统备份与恢复的实现。

习题

一、选择题

1. 下列关于数据库备份的说法中，正确的是

A. 对系统数据库和用户数据库都应采用定期备份的策略

B. 对系统数据库和用户数据库都应采用修改后即备份的策略

C. 对系统数据库应采用修改后即备份的策略，对用户数据库应采用定期备份的策略

D. 对系统数据库应采用定期备份的策略，对用户数据库应采用修改后即备份的策略

2. 下列关于 SQL Server 备份设备的说法中，正确的是

A. 备份设备可以是磁盘上的一个文件

B. 备份设备是一个逻辑设备，它只能建立在磁盘上

C. 备份设备是一台物理存在的有特定要求的设备

D. 一个备份设备只能用于一个数据库的一次备份

3. 下列关于差异备份的说法中，正确的是

A. 差异备份备份的是从上次备份到当前时间数据库变化的内容

B. 差异备份备份的是从上次完整备份到当前时间数据库变化的内容

C. 差异备份仅备份数据,不备份日志

D. 两次完整备份之间进行的各差异备份的备份时间都是一样的

4. 下列关于日志备份的说法中,错误的是

A. 日志备份仅备份日志,不备份数据

B. 日志备份的执行效率通常比差异备份和完整备份高

C. 日志备份的时间间隔通常比差异备份短

D. 第一次对数据库进行的备份可以是日志备份

5. 设有如下备份操作:

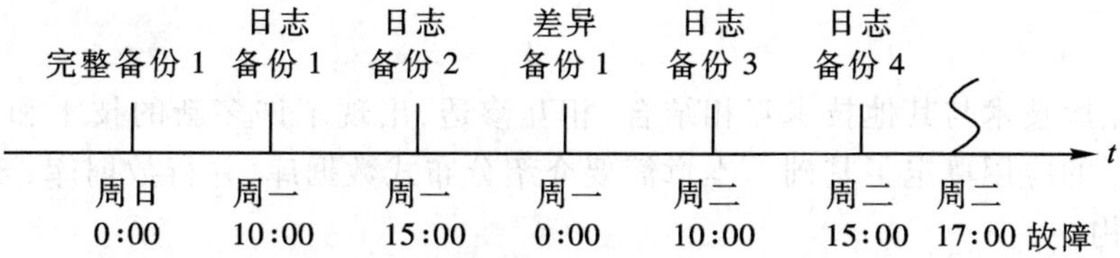

现从备份中对数据库进行恢复,正确的恢复顺序为

A. 完整备份 1,日志备份 1,日志备份 2,差异备份 1,日志备份 3,日志备份 4

B. 完整备份 1,差异备份 1,日志备份 3,日志备份 4

C. 完整备份 1,差异备份 1

D. 完整备份 1,日志备份 4

二、填空题

1. SQL Server 2008 支持的三种恢复模式是________、________和________。

2. 对于数据库备份,SQL Server 2008 支持的三种数据库备份方式是________、________和________。

3. 第一次对数据库进行的备份必须是________备份。

4. SQL Server 2008 中,当恢复模式为简单模式时,不能进行________备份。

5. SQL Server 2008 中,在进行数据库备份时(允许/不允许)________用户操作数据库。

第13章 大规模数据库架构

近年来数据库技术与其他技术互相结合、相互渗透，出现了许多新的技术和成果，这为数据库技术更加广泛的应用奠定了基础。本章简要介绍分布式数据库、并行数据库、云计算数据库及XML数据库架构。

13.1 分布式数据库

13.1.1 分布式数据库系统概述

随着计算机网络技术的迅速发展，许多数据库应用已经普遍建立于计算机网络之上，传统的集中式数据库已无法适应地理上的分布，由此，分布式数据库应运而生。

在进一步讲述分布式数据库之前，必须分清分布式数据库系统和分布式数据库的概念。分布式数据库系统是物理上分散、逻辑上集中的数据库系统。系统中的数据分布在物理位置不同的计算机上（通常称为场地、站点或结点，本章均用场地来描述），由通信网络将这些场地连接起来，每个场地既具有独立处理的能力，也可以和其他场地协同工作。

分布式数据库则是分布式数据库系统中各场地上数据库的逻辑集合。

以本书中商场管理系统的分布式应用为例，商场经营模式可以是连锁经营管理模式这个分布式的应用，该商场可能有许多分散在各地的子商场，每个子商场有该商场的销售和存货数据库，每个商场既可以对本地的销售及出入库进行单独处理，也可以协同其他商场进行全局事务的处理，比如调拨货物、统计总体销售情况等。

13.1.2 分布式数据库目标与数据分布策略

1. 分布式数据库目标

1987年，关系数据库技术领域非常著名的学者同时也是关系数据库的最早设计者之一的C. J. Date，提出了分布式数据库要达到的12个目标：

- 本地自治。
- 非集中式管理。

- 高可用性。
- 位置独立性。
- 数据分片独立性。
- 数据复制独立性。
- 分布式查询处理。
- 分布式事务管理。
- 硬件独立性。
- 操作系统独立性。
- 网络独立性。
- 数据库管理系统独立性。

本地自治、非集中式管理以及高可用性是分布式数据库最基本的特征;位置独立性、数据分片独立性和数据复制独立性形成了分布式数据库系统中的分布透明性,使用户完全感觉不到数据是分布的,与使用集中式数据库完全一样;分布式查询和事务管理给分布式数据库系统带来了一定的复杂性,这也是分布式数据库领域中比较热门的技术话题。

2. 数据分布策略

分布式数据库中数据分布策略可以从数据分片和数据分配两个角度来考虑,一般先数据分片,再数据分配。数据分片按照一定规则将某一个全局关系划分为片段,数据分配则在此基础上将这些片段分配存储在各个场地上。由此可知,分片是对关系的操作,而分配则是对分片结果的操作。

(1) 数据分片。对某一个关系进行分片是将关系划分为多个片段,这些片段中包含足够的信息可以使关系重构。数据分片有四种基本方法。

- 水平分片是在关系中从行的角度(元组)依据一定条件划分为不同的片段,关系中的每一行必须至少属于一个片段,以便在需要时可以重构关系。
- 垂直分片是在关系中从列的角度(属性)依据一定条件分为不同的片段,各片段中应该包含关系的主码属性,以便通过连接方法恢复关系。
- 导出分片是导出水平分片,分片的依据不是本关系属性的条件,而是其他关系属性的条件。
- 混合分片是指以上三种方法的混合。

(2) 数据分配。数据分配是分布式数据库的特征,解决数据分配有以下几种方法。

- 集中式:所有数据片段都安排在一个场地上。
- 分割式:所有全局数据有且只有一份,它们被分割成若干片段,每个片段被分配在一个特定场地上。
- 全复制式:全局数据有多个副本,每个场地上都有一个完整的数据副本。
- 混合式:全局数据被分为若干个数据子集,每个子集被安排在一个或多个不同的场地上,但是每个场地未必保存所有数据。这是一种介于分割式和全复制式之间的一种分布方式。

以上四种分配方式各有千秋。集中式分配策略便于控制,但数据过于集中,负载过重,易形成瓶颈,可靠性较差;分割式策略对局部数据控制灵活,但对全局数据存取效率较低;全复制式策略可靠性高,响应速度快,但数据冗余量大,同步维护复杂;混合式策略灵活性较大,可依据不同情况扬长避短,取得较高效率。

13.1.3 分布式数据库系统的体系结构

1. 分布式数据库的参考模式结构

图 13.1 是分布式数据库的一种参考模式结构示意图,其中包括:

- 全局外模式:是全局应用的用户视图,即终端用户看到的逻辑上并未分布的表、视图等。
- 全局概念模式:描述全体数据的逻辑结构和特征。
- 分片模式:描述每个数据片段以及全局关系到片段的映像,是分布式数据库系统中全局数据的逻辑划分视图。
- 分配模式:描述各片段到物理存放场地的映像。
- 局部概念模式:描述全局关系在场地上存储的物理片段的逻辑结构以及特征。
- 局部内模式:描述局部概念模式涉及的数据在本场地的物理存储。

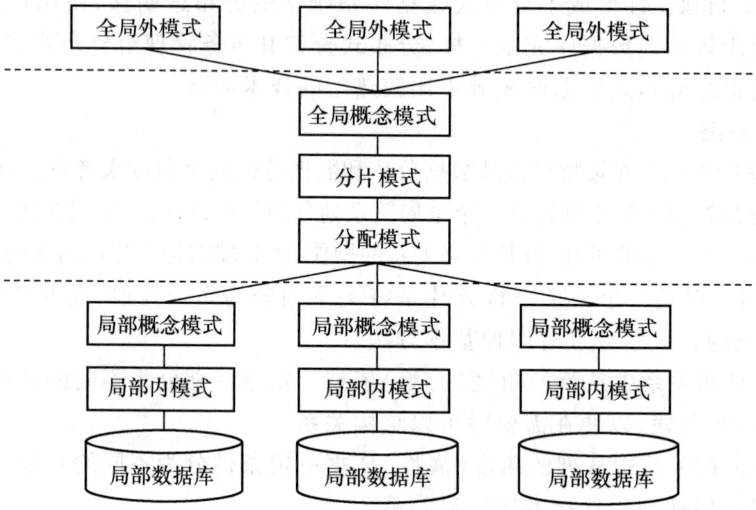

图 13.1 一种分布式数据库的参考模式结构

2. 分布透明性

分布透明性有如下几种级别:

(1) 分片透明性。分片透明性是最高级别的透明性,位于全局概念模式与分片模式之间。分片透明性是指数据分片是用户无须考虑的,完全透明的,在编写程序时用户只需要对全局关系进行操作,这样简化了应用程序的维护,当数据分片有所改变时,应用程序不会受到影响。

(2) 位置透明性。位置透明性是指数据分片的分配位置对用户是透明的,用户编写程序时只需要考虑数据分片情况,不需要了解各分片在各个场地的分配情况。

(3) 局部数据模型透明性。局部数据模型透明性处于分配模式与局部概念模式之间,它使用户在编写应用程序时不但要了解全局数据的分片情况,还要了解各片段的副本复制情况及各片段和它们副本的场地位置分配情况,但是不需要了解各场地上数据库的数据模型。

3. 分布式数据库管理系统

分布式数据库管理系统是用于支持分布式数据库的创建、运行、管理和维护的一种数据库管理软件,它能够对各个场地的软硬件资源进行管理,为用户提供数据接口。

如图 13.2 所示是一个典型的分布式数据库管理系统的结构图,包括 4 个部分:全局数据库管理系统 GDBMS、全局数据字典 GDD、局部数据库管理系统 LDBMS 和通信管理 CM。

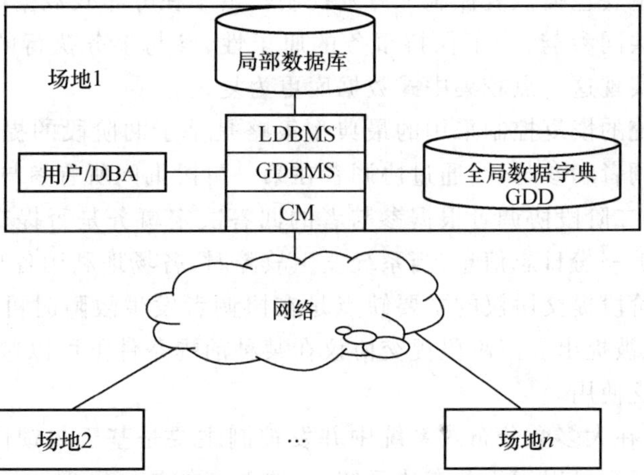

图 13.2　分布式数据库管理系统的结构图

全局数据库管理系统是分布式数据库管理系统的核心,它为终端用户提供分布透明性,协调全局事务在各个场地的执行,为全局应用提供支持。

全局数据字典提供系统的各种描述、管理和控制信息,如为系统提供各级模式描述、存取权限定义、事务优先级、完整性约束与相容性约束、数据的分割及其定义、副本数据及其所在场地、存取路径、死锁检测、预防及故障恢复,以及与数据库运行质量有关的统计信息等。

局部数据库管理系统负责创建和管理局部数据库,提供场地自治能力,执行全局应用以及全局查询的子查询。

通信管理负责在各个场地之间传送数据和消息,为各场地的协同工作提供可靠通信。

13.1.4　分布式数据库的相关技术

1. 分布式查询

分布式数据库系统的查询处理是用户与分布式数据库系统的接口,也是分布式数据库系统中研究的主要问题之一。

在集中式数据库系统中,查询代价主要是由 CPU 代价和 I/O 代价来衡量的,在分布式数据库系统中,由于数据分布在多个不同的场地上,使得查询处理中还要考虑站点间传输数据的通信代价。

一般来说,分布式查询优化主要考虑以下策略:

① 操作执行的顺序。

② 操作的执行算法(主要是连接操作和并操作)。

③ 不同场地间数据流动的顺序。

在分布式数据库的查询中,导致数据传输量大的主要原因是数据间的连接操作和并操作,因此有必要对这两种操作进行优化。目前,针对连接操作广泛使用的优化策略有两种:基于半连接的优化策略和基于连接的优化策略。

2. 分布式事务管理

分布式事务管理主要包括恢复控制和并发控制。由于在分布式数据库系统中一个全局事务的完成需要多个场地共同参与,为了保持事务的原子性,参与事务执行的所有场地或者全部提交,或者全部撤销,要实现这一点较集中式数据库更为复杂。

分布式数据库系统的恢复控制采用的最典型策略是基于两阶段的提交协议,该协议将场地的事务管理器分为协调者和参与者,通过协调者在第一阶段询问所有参与者事务是否可以提交,参与者做出应答,在第二阶段协调者根据参与者的回答决定事务是否提交。协调者与参与者都在稳定的存储器中维护一份日志信息,当系统发生故障时,各场地利用各自有关的日志信息便可以执行恢复操作。两阶段提交协议的主要缺点是在协调者发生故障时可能导致阻塞,针对这个缺点,三阶段提交协议被提出。三阶段提交协议在某种前提条件下可以避免阻塞问题,但是由于其开销较大而没有广泛使用。

对并发控制而言,在大多数分布式系统中并发控制主要是基于封锁协议的。集中式数据库系统中的各种封锁协议都可以用于分布式系统,需要改变的是锁管理器处理复制数据的方式。

13.2 并行数据库

13.2.1 并行数据库概述

随着计算机应用领域的不断扩大,数据库规模越来越大,联机访问的用户越来越多,数据查询也越来越复杂,提高数据库系统吞吐率和减少事务响应时间成为数据库系统发展的关键问题,数据库应用的发展对数据库的性能和可用性提出了更高的要求。以并行计算机为基础的并行数据库系统的出现为高性能数据库管理系统的实现带来了希望。

并行数据库的出现不只在于软件需求的推动,在硬件方面,微处理器的性能愈来愈高,而价格日益下降,以多处理器并行处理提高速度很自然地成为新技术条件下的合理选择,使用多个处理器构造的廉价并行计算机比传统的大型计算机具有更好的性能。最近几年,通用并行计算机上并行数据库系统的研究出现了高潮,很多数据库厂商也都成功地打开了并行数据库产品的市场。

目前,并行数据库系统的研究基本围绕着关系数据库进行,本节将对并行数据库的系统结构以及核心技术进行简单介绍。

13.2.2 并行数据库系统结构

并行数据库有多种体系结构,主要可分为以下 4 种(图 13.3 ~ 图 13.6 中均以 P 表示处理机,M 表示内存,D 表示磁盘)。

(1) 共享内存结构(Shared Memory):所有的处理机通过互联网共享一个公共的主存储器,如图 13.3 所示。

这种并行结构与单机系统的差别只是在于以多个处理器代替单个处理器,并行执行事务,通过共享内存传送消息和数据,实现对一个或多个磁盘的访问。这种结构的优势是实现简单,尤其是当用户想从原来的单机系统直接扩展到并行系统时,这是一种最简单经济的解决方案。但是,由于共享内存,如果处理器数量过多,容易造成访问内存冲突,因此处理器数量必须限制在 32 或 64 个之内,这就在一定程度上限制了并行能力的扩展。

(2) 共享磁盘结构(Shared Disk):所有的处理机拥有独立的主存储器,通过互联网共享磁盘。如图 13.4 所示。

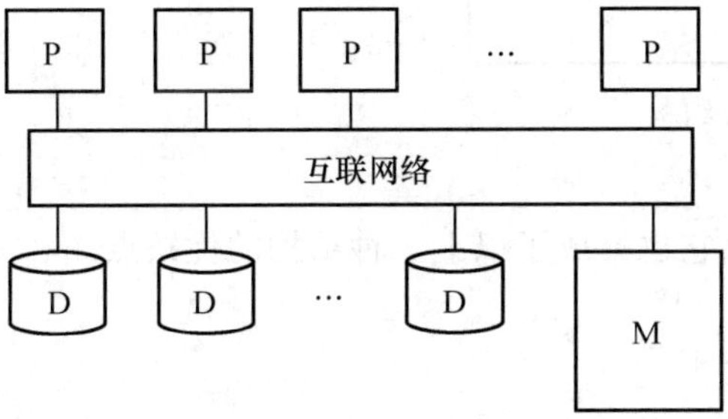

图 13.3 共享内存结构

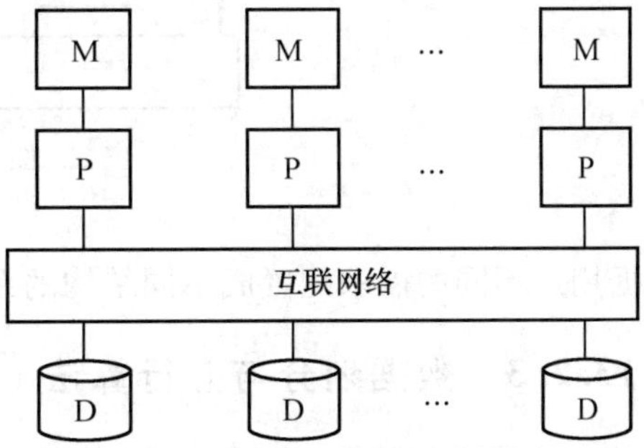

图 13.4 共享磁盘结构

共享磁盘结构相比共享内存结构具有更大的优势,由于每个处理器都有独立内存,因此访问内存不再会产生冲突。而且从一定程度上克服了由于内存发生故障时系统崩溃的问题,一旦某个处理器内存发生故障,其他处理器可以代替它工作,提高了系统可用性。但是,这种结构是通过互联网实现各个处理器之间的信息和数据交换,会产生一定的通信代价。

(3) 无共享结构(Shared Nothing):每个处理机拥有独立的主存储器和磁盘,不共享任何资源。如图 13.5 所示。

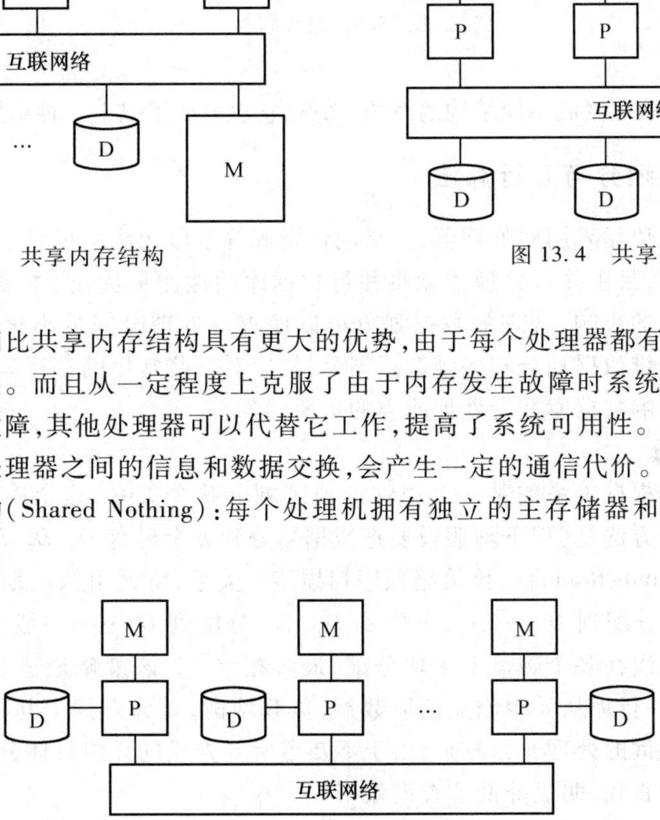

图 13.5 无共享结构

无共享结构被认为是支持并行数据库系统的最好并行结构,它通过最小化共享资源来降低资源竞争的概率,具有极高的可扩展性,处理器数量可多达几千甚至上万个,并可在复杂数据库查询处理和联机事务处理过程中达到近线性的加速比。因此,无共享结构比较适用于如银行出纳、民航售票等 OLTP 之类的应用。这种结构的主要缺点是通信的代价和非本地磁盘访问的代价高。

(4) 层次结构(Hierarchical):这种结构是前三种体系结构的结合。如图 13.6 所示。

该结构综合了共享内存、共享磁盘和无共享结构的特点,从全局角度来考虑,可以分为两层,顶层是由若干节点组成的无共享结构,底层是共享内存或共享磁盘结构。这种结构的灵活性很大,可

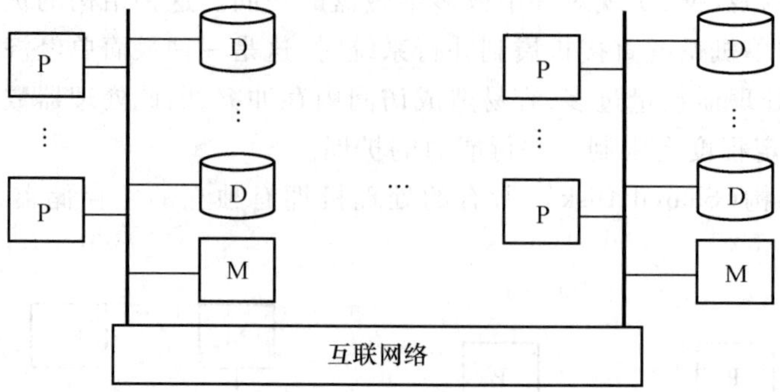

图 13.6 层次结构

以根据用户不同的需求配置成不同结构的系统，当然，它也集成了以上 3 种结构的优缺点。

13.2.3 数据划分与并行算法

并行数据库仅仅依靠采用多处理器、共享硬件资源等手段无法实现真正意义上的并行处理，只有当数据分布合理，易于并行处理才能将并行数据库的性能最优化。数据划分对于并行数据库系统的性能有很大的影响，合理的数据划分可以使查询处理时间最小化，并行处理性能最大化。下面首先介绍一维数据划分和多维数据划分，然后对一些常用的并行算法进行简单介绍，优化的并行算法也是影响数据库并行处理能力的重要因素。

1. 一维数据划分

一维数据划分是根据关系的某一个属性的值来划分整个关系，这个属性称之为划分属性。主要有以下几种划分方法。（以下均假设要把数据划分到 n 个磁盘 $D_0, D_1, D_2, \cdots, D_{n-1}$ 上）

（1）轮转法（Round-Robin）。该策略顺序扫描整个关系，将元组依次划分到 n 个磁盘上，即元组 r_0 分配到 D_0，r_1 分配到 D_1，…，r_{n-1} 分配到 D_{n-1}，r_n 分配到 D_0……一般来讲，r_i 分配到 $D_{i \bmod n}$ 上。轮转法保证了元组在多个磁盘上平均分配，最多相差 1。该策略最适合于扫描整个关系的应用，在扫描时可以并行地从 n 个磁盘读取数据，负载均衡，充分发挥了并行性。但是这种策略对于点查询和范围查询的处理非常复杂，由于不知道所要查找的元组具体分布在哪个磁盘上，必须对所有磁盘都进行查找，明显降低了查询效率。

（2）散列划分（Hash Partitioning）。该策略使用一个值域为 $\{0,1,2,\cdots,n-1\}$ 的散列函数，选取关系中的一个或多个属性作为划分属性，根据这个划分属性进行散列，如果散列函数返回 i，就把这个元组分配到磁盘 D_i 中。散列划分方法能够比轮转法更加适合于点查询。对于顺序扫描关系也是非常高效的。该方法的缺点在于，如果散列函数选的不合理，则可能会引起数据划分的不均衡，因此，选择一个优良的散列函数是该策略的关键。

（3）范围划分（Range Partitioning）。该策略按照关系中某个属性的取值范围将数据文件划分为 n 部分，分别存放到磁盘上。举例来讲，对于划分属性为整型的关系来讲，可以将属性值小于 10 的元组分配到磁盘 0，将属性值大于 10 小于 50 的元组分配到磁盘 1，将属性值大于 100 小于 200 的划分到磁盘 2，依此类推，直至按范围将所有元组分配到 n 个磁盘上。这种划分方法明显利于范围查询以及点查询。但是，范围划分也可能会引起数据分布不均匀，导致并行处理能力下降。

综上所述，每种划分方法各有千秋，一般来讲，散列划分和范围划分使用更普遍。

2. 多维数据划分

一维数据划分方法有一个共同的问题，它们都不能有效地支持非划分属性上具有选择谓词的查询。为了尽可能准确地找到数据所在位置，人们提出了几种多维数据划分方法。例如 CMD 多维划分法、BERD 多维划分法、MAGIC 多维划分法等，下面以 BERD 方法为例简要介绍，其他方法可参考相关文献。

BERD 划分方法将关系 $\boldsymbol{R}$ 的属性分为主划分属性和辅助划分属性。主划分属性只有一个，设为 A。首先按其进行范围划分。然后对每个次划分属性 B_i，构造一个具有 3 个属性的辅助关系 $\boldsymbol{RB}_i(B_i, TID, ProcID)$，$\boldsymbol{RB}_i$ 中的元组与 $\boldsymbol{R}$ 中的元组一一对应，其中 TID 为记录的元组标识符，$ProcID$ 为其实际存储节点，将 $\boldsymbol{RB}_i$ 按属性 B_i 进行范围划分至各节点。如果用户提交一个基于辅助划分属性上的条件查询，查询处理器则首先利用辅助关系 $\boldsymbol{RB}_i$ 确定元组所处的节点位置，然后令这些节点并行处理该查询。

3. 并行算法

排序和连接是数据库系统中开销较大的运算，本节主要围绕这两种运算介绍一些并行算法。

(1) 并行排序。如果关系是按照范围划分的方法分配到各个磁盘之上，而且排序属性恰好为划分属性，那么就可以直接将各个划分中的数据串接起来，便可得到完全排好序的关系。如果关系是以其他方式划分的，则可以用下面的方法之一来进行排序。

① 重新按排序属性进行范围划分，然后分别对每一个划分进行排序，最后将结果直接合并。

② 采用并行外排序归并算法，即每个处理器首先对本地数据进行排序，然后，系统对每个处理器上已排序的数据进行合并，得到最终排好序的关系。

(2) 并行连接。

① 划分连接。

对于等值连接和自然连接，可以将输入的两个关系划分到多个处理器中，然后在每个处理器上进行本地连接。例如，假设有两个关系 $\boldsymbol{R}$ 和 $\boldsymbol{S}$ 进行等值连接，首先将 $\boldsymbol{R}$ 和 $\boldsymbol{S}$ 分别按照连接属性进行范围划分或散列划分，当然，所选取的范围划分向量和散列函数必须相同，这样才能保证连接属性上相同范围的元组划分到同一处理器上，然后每一处理器分别进行本地连接，此时可以选用散列连接、归并连接或嵌套连接中的任一方法。

② 分片-复制连接。

上述划分连接不适用于普遍的 θ 连接，可能具有不同连接属性的元组也可以匹配，分片-复制连接很好地解决了这个问题。分片-复制一般是分别将关系 $\boldsymbol{R}$ 和 $\boldsymbol{S}$ 划分为 $\boldsymbol{R}_0$，$\boldsymbol{R}_1$，…，$\boldsymbol{R}_{n-1}$ 以及 $\boldsymbol{S}_0$，$\boldsymbol{S}_1$，…，$\boldsymbol{S}_{m-1}$，对 $\boldsymbol{R}$ 和 $\boldsymbol{S}$ 可以采用任意划分技术，m 和 n 可以不同，但必须保证有至少 $m\times n$ 个处理器，设为 $P_{0,0}$，$P_{0,1}$，…，$P_{0,m-1}$ $P_{1,0}$，…，$P_{n-1,m-1}$，处理器 $P_{i,j}$ 负责计算 $\boldsymbol{R}_i$ 和 $\boldsymbol{S}_j$ 的连接，然后将连接结果合并即可。

特殊情况，当 $\boldsymbol{R}$ 和 $\boldsymbol{S}$ 相比，其中 $\boldsymbol{R}$ 要小得多的时候，可以不对 $\boldsymbol{R}$ 进行划分，只对 $\boldsymbol{S}$ 划分，然后直接将 $\boldsymbol{R}$ 复制到所有处理器与 $\boldsymbol{S}_i$ 进行连接，最终合并得到结果。

(3) 其他的关系操作。

① 选择。

由于关系已经通过某种划分方法分散到各个处理器中,因此选择操作可以在所有处理器上并行执行。特殊情况,当选择具有某个属性值或某一范围属性值的元组时,如果关系采用了基于该属性的范围划分或散列划分,则可以只有一个或少数几个处理器参与选择。

② 消除重复。

消除重复可以嵌入到排序过程中,一旦发现重复就消除掉。因此,可以结合并行排序算法来实现消除重复的并行化。

③ 投影。

不进行消除重复的投影可以在元组从磁盘读入时并行的进行,如果需要消除重复,则可以采用上述消除重复的方法,消除重复同时进行投影。

④ 聚集。

聚集函数的并行化计算可以采取“先分后合”的方法。对于聚集函数 SUM,MIN,MAX,各结点先并行计算部分结果,然后再对各部分结果按同一聚集函数计算一次即可。对于 COUNT 按聚集函数 SUM 对部分结果计算一次即可。对于聚集函数 AVG,在并行计算时保留 AVG 部分结果和 COUNT 的部分结果,然后计算出最终的 AVG 结果。

13.3 云计算数据库架构

13.3.1 云计算概述

说到云数据库,首先要从云计算说起。云计算(Cloud Computing)是分布式计算(Distributed Computing)、并行计算(Parallel Computing)和网格计算(Grid Computing)的发展,或者说是这些计算机科学概念的商业实现。云计算是一种商业计算模型,它通过集中所有的计算资源,采用硬件虚拟化技术,为云计算使用者提供强大的计算能力、存储和带宽等资源,它将计算任务分布在大量计算机构成的资源池上,使各种应用系统能够根据需要获取计算力、存储空间和信息服务,获得与传统大型服务器相同或者更高的计算能力。企业数据中心的运行将更与互联网相似,这使得企业能够将资源切换到需要的应用上,根据需求访问计算机和存储系统。

云计算包含互联网上的应用服务及在数据中心提供这些服务的软硬件设施,通常包括软件即服务(Software as a Service,SaaS)、平台即服务(Platform as a Service,PaaS)、基础设施即服务(Infrastructure as a Service,IaaS)。互联网上的应用服务一直被称作软件即服务(SaaS),它是一种软件分配模式。其中,应用程序由供应商或服务供应商托管,并通过网络(通常是因特网)提供给用户。平台即服务是指通过网络提供操作系统和相关服务,而无须下载或安装。基础设施即服务指将用于支持运作的设备对外提供服务,这些设备包括存储、硬件、服务器和网络组件。云计算的目标就是通过网络提供越来越多的服务,实现一切即服务(XaaS)的目标。

云计算提供商的数据中心的软硬件设施就是所谓的云(Cloud)。云可分为公共云、私有云、混合云。当云以即用即付的方式提供给公众的时候,称其为公共云,这里出售的是效用计算以及各种服务。当前典型的效用计算有 Amazon Web Services、Google AppEngine 和微软的 Azure。不对公众开放的企业或组织内部数据中心的资源称作私有云。因此,云计算就是 XaaS 和效用计算，但通常不包括私有云。

从硬件上看，云计算在三方面突破了传统：

① 云计算能为应用系统提供似乎无限的计算资源，云计算终端用户无须再为计算力准备计划或预算。

② SaaS 的服务供应商可以根据需要逐步追加硬件资源，而不需要预先给出承诺。

③ 云计算具有为其用户提供短期使用资源的灵活性（例如：按小时购买处理器或按天购买存储）。当不再需要这些资源的时候，用户可以方便地释放这些资源。

这三方面的突破，都可使云计算对技术和经济造成重要的变革。

13.3.2 云数据库体系结构

云计算作为一种基于互联网的超级计算模式，同时也构建起一种全新的商业模式。虽然在运行方式上与现有应用存在很大差别，但它们仍有许多共同点。云环境下，计算的主要对象仍是数据，因此“云+数据库”的结合产生了云数据库（CloudDB，简称为“云库”）。

由于云计算是新兴技术，有着很强的应用前景以及商业价值，因此各大软件厂商纷纷提出自己的云计算平台。目前主要的云计算平台有 Amazon 的 AWS（Amazon Web Services）、Google 的 GAE（Google AppEngine）以及开放的云计算平台 Hadoop。目前，云计算技术仍处于发展中，尚不存在标准的体系结构。各个云计算提供商都有各自的解决方案，并有各自所解决问题的侧重点。而 Google 的云数据库 BigTable、Hadoop、Hbase 以及 Amazon 的 simpleDB 在实现上虽然有所不同，但其体系结构基本相似。因此，这里只简要介绍一下 Google 的云数据库构架。

Google 一直从事于云计算的研究与应用，近几年来其框架已基本成型，然而其云的体系结构是为 Google 本身的应用程序而设计的。Google 使用的云计算基础架构模式包括 4 个相互独立又紧密结合在一起的系统。它包括 Google 建立在集群之上的文件系统 Google File System，分布式编程环境 Map/Reduce，分布式的锁机制 Chubby 以及 Google 开发的模型简化的大规模分布式数据库 BigTable。其结构框架如图 13.7 所示。

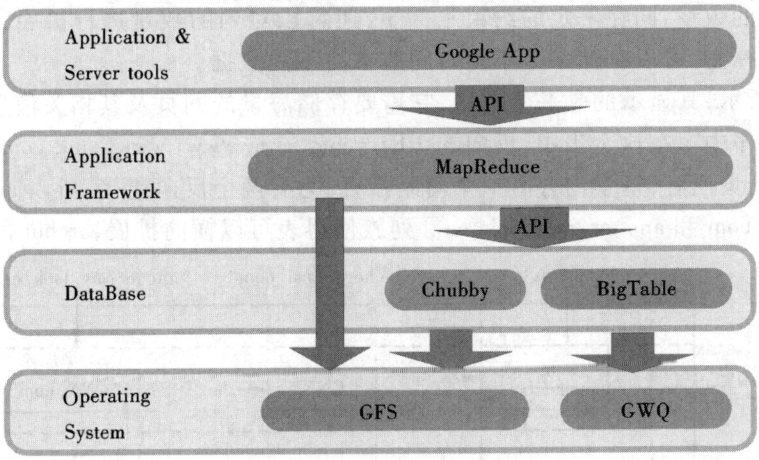

图 13.7 Google 云计算体系结构

在应用层上，Google 是云计算的最大实践者，Google 在云计算基础设施之上建立了一系列新型网络应用程序。Google 提供的应用程序接口，将 Google 的云计算的硬件基础设施分享给用户使用，例如 GWT(Google Web Toolkit)以及 Google Map API 等，但 Google 并没有将其设施全部共享出来，大部分基础设施仍然是私有的。因此，提供给用户的设施是有限的。

作为分布式编程环境，MapReduce 提供了一种在大规模集群基础上编写大型分布式应用程序的机制，Google 还设计并实现了一套大规模数据处理的编程规范 MapReduce 系统。这样非分布式专业的程序编写人员也能够为大规模的集群编写应用程序而不用去顾虑集群的可靠性、可扩展性等问题。应用程序编写人员只需要将精力放在应用程序本身，而关于集群的处理问题则交由平台来处理。

Google 文件系统(Google File System，GFS)是为了满足 Google 迅速增长的数据处理需求而产生的，Google 设计并实现了 GFS。GFS 与分布式文件系统在许多方面具有相同的性质，例如性能、可伸缩性、可靠性以及可用性。然而，它的设计还受到 Google 应用负载和自身技术环境的影响。它充分地考虑到云集群中单节点失效、文件规模、I/O 负载以及文件系统操作不透明等因素。

BigTable 是 Google 的云数据库，是一个分布式的结构化数据存储系统，它用于对海量数据进行处理、存储和查询。它的数据一般分布在不同地域内的大量集群服务器上。目前，Google 的许多应用都使用 BigTable 存储数据，其中就包括 Web 索引、Google Earth、Google Finance 等。无论是在数据量上还是在响应速度上，针对这些应用对数据的不同需求，Bigtable 都能提供一个有效的解决方案。

1. BigTable 数据模型

BigTable 表的索引是行关键字(Row Key)、列关键字(Column Key)和时间戳(Timestamp)，每个单元(Cell)由行关键字、列关键字和时间戳共同定位，即(row, column, timestamp) cell contents。用户在表格中存储的数据，每一行都有且仅有一个可排序的主键和任意多的列。由于 BigTable 是稀疏存储的，所以表里的每行数据的列都可能是截然不同的。在 BigTable 中，不仅可以随意地增减行的数量，同在一定的约束条件下，还可以对列的数量进行扩展，而且在每个单元还引入一个时间标签，可以存储多个不同时间版本的不同数据。

如图 13.8 所示，其显示的是一个应用，它需要存储海量的网页及其相关信息，这些数据可能应用在不同的程序中。在这个表中，反向的 URL“com. cnn. www(www. cnn. com)”是行关键字；contents 列存储网页内容，每个内容有一个时间戳；因为有两个反向连接，所以 archor 列族有两个列：anchor：cnnsi. com 和 anchor：my. look. ca。列族使得表可以横向扩展，archor 的列数并不固定。

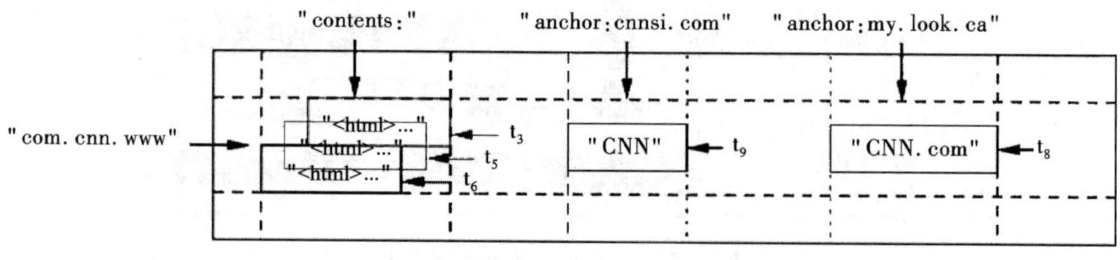

图 13.8 table 示例

BigTable 数据模型的特点是：

（1）表中的行关键字可以是任意的字符串。对同一个行关键字的读或者写操作都是原子操作，这个设计能够使用户很容易地理解程序在对同一行进行并发更新操作时的行为。

BigTable 通过行关键字的字典顺序来组织数据。表中的每个行都可以动态分区。每个分区叫作一个“Tablet”，Tablet 是数据分布和负载均衡调整的最小单位。通过使用这种方法，当只读取行中较少几列的数据时，效率很高，通常只需要几次机器间的通信即可完成数据的读取。用户可以通过选择合适的行关键字，在数据访问时，有效利用数据的位置相关性，从而更好地利用这个特性。

（2）列族是由列关键字组成的集合，是访问控制的基本单位。在同一列族下，通常存放属于同一类型的数据。根据设计的需求，要适当地设计列族，在同一张表中，列族不能过多。在列族层面上分别进行着访问控制、磁盘和内存的使用统计。在图 13.8 的例子中，上述的控制权限能帮助我们管理不同类型的应用：允许一些应用可以添加新的基本数据，一些应用可以读取基本数据并创建继承的列族，一些应用则只允许浏览数据。

（3）时间戳记录了 BigTable 中每一个数据项所包含的不同版本的数据的时间标识。通过时间戳可以实现对不同版本的数据的索引。BigTable 可以设置时间戳的值，用来表示相应数据的准确时间，可以精确到毫秒；用户程序也可以给时间戳进行赋值，以表示数据的版本信息。数据项中，系统按照时间戳顺序对数据进行排序，即最新的数据排在最前面。

2. BigTable 的体系结构

BigTable 就像是一个巨大的表格，与 Excel 相似，其架构与传统的 DBMS 不同。BigTable 的体系结构如图 13.9 所示。在 Bigtable 中，包含了多个 Table，每个 Table 是一个多维的稀疏表。为了对巨大的 Table 实现高效的管理，系统将 Table 进行水平分片，分片后的表单元称为 Tablet。每个 Tablet 的大小不定，每个机器存储多个 Tablet。Bigtable 使用 SSTable 作为底层存储数据的格式，它按照列优先的方式进行存储。SSTable 文件是不可修改的，当 SSTable 被创建后，如果要写入新的数据，只能重新合并生成一个更大的 SSTable 文件。

SSTable 由 Google 文件系统（GFS）组织存储，GFS 负责存储日志文件和数据文件。由于 GFS 是一种分布式的文件系统，其本身就具有一定的负载均衡能力，因此 BigTable 也具有一定的负载均衡能力。

BigTable 使用了 Chubby 服务实现锁功能。Chubby 是一个高可用性的、序列化的分布式锁服务组件。一个 Chubby 服务包括了多个活动副本，其中的一个副本被选为 Master，处理各种请求。Chubby 提供一个包含目录和小文件的名字空间。每个目录或者文件可以当成一个锁，读写文件都是原子操作。Chubby 客户程序库提供对 Chubby 文件的一致性缓存。每个 Chubby 客户程序都维护一个与 Chubby 服务的会话。

BigTable 服务器分为一个 Master 服务器和多个 Tablet 服务器。根据系统工作负载的变化情况，BigTable 可以动态地向集群中添加（或者删除）Tablet 服务器。

Master 服务器主要负责为 Tablet 服务器分配 Tablets、检测新加入的或者过期失效的 Tablet 服务器、对 Tablet 服务器进行负载均衡以及对保存在 GFS 上的文件进行垃圾收集。

每个 Tablet 服务器都管理一个 Tablet 的集合。每个 Tablet 服务器负责处理它所加载的 Tablet 的读写操作，以及在 Tablets 过大时对其进行分割。

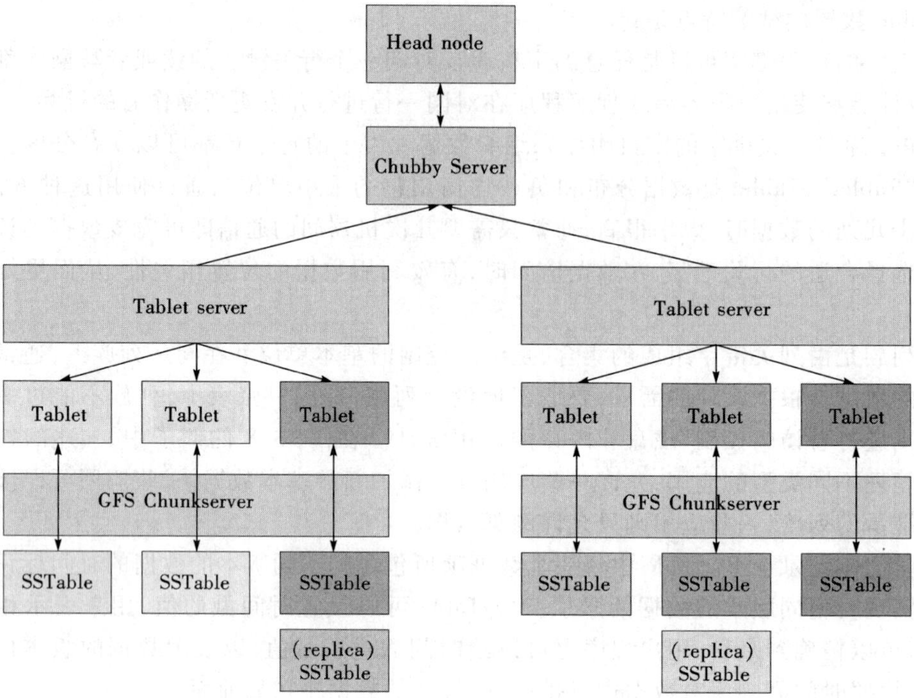

图 13.9 BigTable 体系结构

一个 BigTable 集群存储了很多表,每个表包含了一个 Tablet 的集合,而每个 Tablet 包含了某个范围内行的所有相关数据。初始状态下,一个表只有一个 Tablet。随着表中数据的增长,它被自动分割成多个 Tablet。

对于 Tablet 的位置信息,其使用三层结构存储。如图 13.10 所示。

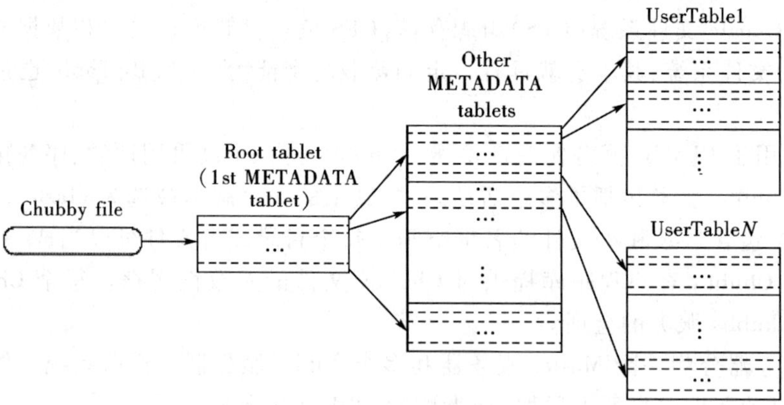

图 13.10 Tablet 位置信息的三层结构

第一层是一个存储在 Chubby 中的文件,它包含了 Root Tablet 的位置信息。Root Tablet 包含了一个特殊的 METADATA 表的所有 Tablet 的位置信息。而 METADATA 表的每个 Tablet 包含了一个用户 Tablet 的集合。通过这三层结构,系统可以快速地找到对应的 Tablet。

13.3.3　云数据库与传统数据库比较

云数据库与现有的 RDBMS 存在较大差别,虽然都是关系数据模型,但通常的云数据库就是一系列的二维表格,操作方式也是基于简化版本的类 SQL 或访问对象。云数据库解决了数据集中与共享的问题,剩下的是前端设计、应用逻辑和各种应用层开发资源的问题。作为广义云计算的一种高级应用,云数据库蕴涵着前所未有的数据服务交付能力,它倡导类似于自来水取用一般的服务机制,在理想状态下,它能够支持无限的并发用户,提供永不枯竭的数据应用资源。

虽然云数据库看似相对“简陋”,但在使用上它的扩展性却更好。数据库实例对于并发用户的支持是有限的,即便是在基于近乎无限的云存储环境中进行操作;云数据库的使用使我们不必购买托管服务器、自己安装和维护数据库,也不用关心服务器的地理位置以及其他信息,只需存取所要的信息。但是云数据库不是无所不能,它还是存在以下缺点:

(1) 数据安全问题。由于数据都是存储在云端,数据脱离了用户的控制。这就产生了数据安全与隐私的问题。因此在云数据库中,能否确保数据的完整性是一个重要的问题。

(2) 对云的管理问题。云是对硬件进行虚拟化,这就使管理员不能直接对硬件进行管理,从而加大了管理的难度。

(3) 对因特网的依赖。由于用户的数据都是存储在云端,但用户使用数据时必须从云数据库中获得,这就对网络有较高的要求。如果网速过慢,甚至没有网络,在数据获取时会有很大的问题。

总之,云数据库有它自身的优点,也有其缺点,要正确地认识它。但作为新生事物,我们必须去接受它,相信它会慢慢发展得更加完美。

13.3.4　云数据库展望

云计算经过数年的发展与积累,正在成为一种全球 IT 产业的潮流,即将进入蓬勃发展期。在可见的未来,云服务将能够提供应用程序、计算能力、存储容量、联网、编程工具,甚至是通信服务和协作工具等几乎所有的 IT 资源。云计算与云数据库必然对数据存储方式带来革命性的变革,云数据库把以往数据库中的逻辑设计简化为基于一个地址的简单访问模型。但是,正如上面所说,云数据库仍然存在着很多问题,这些问题直接影响了云数据库的应用。只有将这些问题解决,云数据库才有可能得到广泛的应用。

13.4　XML 数据库

13.4.1　XML 数据库概述

XML 是 eXtensible Markup Language 的缩写,中文翻译为“可扩展标识语言”。XML 的语法与 HTML 类似,都是用标签来描述数据。XML 一般用于标记电子文件,使其具有结构性,可以用来标记数据、定义数据类型,是一种允许用户对自己的标记语言进行定义的源语言。XML 是标准通用标记语言（SGML）的子集,非常适合 Web 传输。XML 提供统一的方法来描述和交换独立于应用程序或供应商的结构化数据。XML 与数据库不同,数据库提供了更强有力的数据存储和分析能力,例如数据索引、排序、查找等,而 XML 仅仅是存储数据。XML 被设计用来传送及携带数据信息,而不是用来表现或展示数据,HTML 语言则用来表现数据,所以 XML 用途的焦点是它说明数据是什么以及携带的数据信息。

XML 数据库是一种支持对 XML 格式文档进行存储和查询等操作的数据库管理系统。在系统中,开发人员可以对数据库中的 XML 文档进行查询、导出和指定格式的序列化。XML 数据库是 XML 文档及其部件的集合,并通过一个具有能力管理和控制这个文档集合本身及其所表示信息的系统来维护。XML 数据库不仅是结构化数据和半结构化数据的存储库,像管理其他数据一样,持久的 XML 数据管理包括数据的独立性、集成性、访问权限、视图、完备性、冗余性、一致性以及数据恢复等。这些文档是持久的并且是可以操作的。

当前着重于页面显示格式的 HTML 标记语言和基于它的关键词检索等技术已经不能满足用户管理日益增长的信息需求。近年来的研究致力于将数据库技术应用于网上数据的管理和查询,使查询可以在更细的粒度上进行,并集成多个数据源的数据。但困难在于网上数据缺乏统一、固定的模式,数据往往是不规则且经常变动的。因此,XML 数据作为一种自描述的半结构化数据为 Web 的数据管理提供了新的数据模型,如果将 XML 标记数据放入一定的结构中,对数据的检索、分析、更新和输出就能够在更加容易管理的、系统的和较为熟悉的环境下进行,因而人们将数据库技术应用于 XML 数据处理领域,通过 XML 数据模型与数据库模型的映射来存储、提取、综合和分析 XML 文档的内容。这为数据库研究开拓了一个新的方向,将数据库技术的研究扩展到对 Web 数据的管理。

目前 XML 数据库有三种类型：

（1）XML Enabled Database（XEDB）,即能处理 XML 的数据库。其特点是在原有的数据库系统上扩充对 XML 数据的处理功能,使之能适应 XML 数据存储和查询的需要。一般的做法是在数据库系统之上增加 XML 映射层,这可以由数据库供应商提供,也可以由第三方厂商提供。映射层管理 XML 数据的存储和检索,但原始的 XML 元数据和结构可能会丢失,而且数据检索的结果不能保证是原始的 XML 形式。XEDB 的基本存储单位与具体的实现紧密相关。

（2）Native XML Database（NXD）,即纯 XML 数据库。其特点是以自然的方式处理 XML 数据,以 XML 文档作为基本的逻辑存储单位,针对 XML 的数据存储和查询特点专门设计适用的数据模型和处理方法。

（3）Hybrid XML Database（HXD）,即混合 XML 数据库。根据应用的需求,可以视其为 XEDB 或 NXD 数据库。

与传统数据库相比,XML 数据库具有以下优势：

（1）XML 数据库能够对半结构化数据进行有效的存取和管理。如网页内容就是一种半结构化数据,而传统的关系数据库对于类似网页内容这类半结构化数据无法进行有效的管理。

（2）提供对标签和路径的操作。传统数据库语言允许对数据元素的值进行操作,但不能对元素名称进行操作,半结构化数据库提供了对标签名称的操作,包括对路径的操作。

（3）当数据本身具有层次特征时,由于 XML 数据格式能够清晰表达数据的层次特征,因此

XML 数据库便于对层次化的数据进行操作。XML 数据库适合管理复杂数据结构的数据集，如果已经以 XML 格式存储信息，则 XML 数据库利于文档存储和检索；可以用方便实用的方式检索文档，并能够提供高质量的全文搜索引擎。另外，XML 数据库能够存储和查询异种的文档结构，提供对异种信息存取的支持。

虽然 XML 数据库中的纯 XML 数据库和混合型 XML 数据库已经有了商用产品，但是相对关系数据库的市场占有率和使用情况，仍然存在很大的距离。现阶段在现实环境中，一般使用的是原有的关系数据库厂商在其传统商业产品中进行了相关的扩充，使其能够处理 XML 数据的产品。本节将以 SQL Server 2008 为例，简单介绍其 XML 扩展功能。

13.4.2 SQL Server 2008 与 XML

微软在 SQL Server 2000 中推出了与 XML 相关的功能，以及相关的 T-SQL 关键字 FOR XML 和 OPENXML，这使得开发人员可以编写 T-SQL 代码来获取 XML 流形式的查询结果，并将一个 XML 文档分割成一个 rowset。SQL Server 2005 显著地扩展了这些 XML 功能，推出了一个支持 XSD schema 验证、基于 XQuery 的操作和 XML 索引的本地的 XML 数据类型。SQL Server 2008 建立在之前版本的 XML 功能基础之上，对 XML 功能进行了进一步改进。

1. SQL Server 中的 XML 语句

在关系数据库中，SELECT 语句返回的查询结果是一个标准的行集(rowset)，也就是由字段与记录组成的数据表格式的数据集。如果希望将查询结果以 XML 形式返回，那么可以在 SELECT 语句中加入 FOR XML 子句，将返回结果变为 XML 格式。另外，在 SQL Server 2008 中还提供了一个 OPENXML 的函数用于处理 XML 数据流。

在 SELECT 语句里加入 FOR XML 子句可以以 XML 格式返回查询结果，此子句的语法如下：

```
[ FOR { BROWSE | <XML> } ]
<XML> ::=
XML
  {
    { RAW [ ('ElementName') ] | AUTO }
      [
        <CommonDirectives>
        [ , { XMLDATA | XMLSCHEMA [ ('TargetNameSpaceURI') ]} ]
        [ , ELEMENTS [ XSINIL | ABSENT ]
      ]
    | EXPLICIT
      [
        <CommonDirectives>
        [ , XMLDATA ]
      ]
    | PATH [ ('ElementName') ]
      [
        <CommonDirectives>
```

```
            [ , ELEMENTS [ XSINIL | ABSENT ] ]
          ]
      }
<CommonDirectives> ::=
[ , BINARY BASE64 ]
[ , TYPE ]
[ , ROOT [ ('RootName') ] ]
```

其中的参数为：

• RAW[('ElementName')]：采用查询结果并将结果集中的每一行转换为将通用标识符<row/>作为元素标记的 XML 元素。使用此指令时，可以选择指定行元素的名称。产生的 XML 将把指定的 ElementName 作为每行生成的行元素。

• AUTO：以简单的嵌套 XML 树返回查询结果。FROM 子句中的每个表（在 SELECT 子句中至少为其列出了一列）都表示为一个 XML 元素。SELECT 子句中列出的列映射到适当的元素属性。

• EXPLICIT：指定显式定义产生的 XML 树的形状。使用此模式时，必须以一种特定的方式编写查询，以便显式指定所需嵌套的其他信息。

• PATH：提供一种更简单的方式来混合元素和属性，并引入表示复杂属性的其他嵌套。可以使用 FOR XML EXPLICIT 模式查询从行集中构造这种 XML，但 PATH 模式针对可能很烦琐的 EXPLICIT 模式查询提供了一种更简单的替代方式。通过 PATH 模式，以及用于编写嵌套 FOR XML 查询的功能和返回 XML 类型实例的 TYPE 指令，可以编写简单的查询。它为编写大多数 EXPLICIT 模式查询提供了一个替代方式。默认情况下，PATH 模式为结果集中的每一行生成一个 <row> 元素包装。用户还可以选择指定元素名称。如果指定了元素名称，则指定的名称将作为包装元素名称。如果提供空字符串（FOR XML PATH ('') ），则不会生成任何包装元素。

• XMLDATA：指定应返回内联 XML 数据简化（XDR）架构。文档的架构被预置为内联架构。

• XMLSCHEMA：返回内联 W3C XML 架构（XSD）。指定此指令时，可以选择指定目标命名空间 URI，这样将返回架构中指定的命名空间。

• ELEMENTS：如果指定 ELEMENTS 选项，则列作为子元素返回。否则，列将映射到 XML 属性。只在 RAW、AUTO 和 PATH 模式中支持此选项。使用此指令时，可以选择指定 XSINIL 或 ABSENT。XSINIL 指定为 NULL 列值创建 xsi:nil 属性设置为 True 的元素。默认情况下，或者与 ELEMENTS 一起指定了 ABSENT 时，不会为 NULL 值创建任何元素。

• BINARY BASE64：如果指定 BINARY BASE64 选项，则查询所返回的任何二进制数据都用 base64 编码格式表示。若要使用 RAW 和 EXPLICIT 模式检索二进制数据，必须指定此选项。在 AUTO 模式中，默认情况下将二进制数据作为引用返回。

• TYPE：指定查询以 XML 类型返回结果。

• ROOT [('RootName')]：指定向产生的 XML 中添加单个顶级元素。可以选择指定要生成的根元素名称。默认值为“root”。

[例 1] 使用 FOR XML RAW 参数，查询年龄在 20 ~ 30 岁之间的顾客的姓名、性别和所在

地址。

```
SELECT CName, Sex, Address FROM Table_Customer
  WHERE datediff(year,BirthDate,Getdate()) BETWEEN 20 AND 30 FOR XML RAW
```

［例 2］　使用 FOR XML AUTO 参数,查询年龄在 20～30 岁之间的顾客的姓名、性别和所在地址。

```
SELECT CName, Sex, Address FROM Table_Customer
  WHERE datediff(year,BirthDate,Getdate()) BETWEEN 20 AND 30 FOR XML AUTO
```

［例 3］　使用 FOR XML AUTO 参数,查询年龄在 20～30 岁之间的顾客的姓名、性别和所在地址,同时输出 XML 的 XSD。

```
SELECT CName, Sex, Address FROM Table_Customer
  WHERE datediff(year,BirthDate,Getdate()) BETWEEN 20 AND 30 FOR XML AUTO, XMLSCHEMA
```

2. SQL Server 中的 XML 数据类型

在 SQL Server 2008 中,可以使用 XML 数据类型,也可以将 XML 文档或片段存储在 SQL Server 数据库中。XML 片段是没有根元素的 XML 实例。数据库管理员可以创建 XML 类型的列和变量并将 XML 实例存放在列和变量中。在创建数据表时,可以定义 XML 类型的字段,声明 XML 数据类型字段的方法与声明其他数据类型字段的方法一样。

［例 4］　创建一个包含 XML 字段类型的表。

```
CREATE TABLE 文档表
(
    文档编号 int,
    文档标题 nvarchar(50),
    文档内容 xml
)
```

［例 5］　声明一个 XML 数据类型的变量。

```
DECLARE @myXML xml
```

［例 6］　将 FOR XML 的查询结果赋值给 XML 变量并进行查询显示。

```
SET @myXML = (SELECT 文档内容 FROM 文档表 WHERE 文档编号=1)
SELECT @myXML
```

XML 实例通常较大,因此是作为二进制大型对象(BLOB)存储在数据库中的,存储在 XML 类型列中的 XML 数据最大可以达到 2 GB,如果没有索引,在查询 XML 数据时将会非常耗时。因此需要在 XML 类型字段上建立索引。XML 索引与普通索引不同,可以分为两种类型:主 XML 索引和辅助 XML 索引。主 XML 索引是 XML 数据类型字段中的 XML BLOB 的已拆分和持久的表示形式。对于字段中每个 XML 实例,索引都会创建几个数据行,数据行数大约等于 XML 实例中的结点数。数据行中存储了 XML 实例的结点信息,其中包括:

- 元素名或属性名。

- 区别元素结点、属性结点、文本结点的结点类型。
- 结点的值。
- 由内部结点标示符标示的文档顺序信息。
- 从根结点到每个结点的路径。
- 其他信息。

XML字段的第一个索引必须是主XML索引。为了增强搜索性能，在使用了主XML索引的基础上还可以使用辅助XML索引。辅助XML索引可以分为PATH（路径）辅助XML索引、VALUE（值）辅助XML索引和PROPERTY（属性）辅助XML索引三种类型。

- 如果对XML字段中的实例经常进行指定路径的查询，使用PATH辅助索引可以提高搜索速度。
- 如果对XML字段中的实例经常进行基于值的查询，使用VALUE辅助索引可以提高搜索速度。
- 如果对XML字段中的实例经常进行一个或多个属性值的查询，使用PROPERTY辅助索引可以提高搜索速度。

3. 操作XML

SQL Server 2008中支持使用XQuery语言来查询XML数据类型，其常用的方法主要包括：用于查询XML实例中XML结点的Query方法；用于描述XML实例中获取结点或元素值的Value方法；用于判断查询是否返回空结果的Exist方法；用于在XML实例中插入、修改和删除结点的Modify方法。XQuery语言本身内容较多，由于篇幅限制，本章不对相关方法进行详细的介绍，读者可以查询SQL Server 2008联机丛书获得相关操作的使用方法。

小结

数据库技术从20世纪60年代中期产生到今天仅仅几十年，但是其发展速度之快，使用范围之广是其他技术所不能及的。近年来，数据库技术与网络技术、面向对象程序设计技术、并行计算技术等互相渗透、互相结合，不断推动数据库技术的革新与进步，本章仅针对这些新技术进行了简要概述。这几种技术将会在各自应用领域需求的不断推动下，成为当前数据库技术发展的主要方向。

习题

一、选择题

1. 在关系中，从列的角度（属性）依据一定条件将关系分为不同的片段，这种方法属于

A. 水平分片　　B. 垂直分片　　C. 导出分片　　D. 混合分片

2. 在分布式数据库的数据分配中，若全局数据存在多个副本，在每个物理场地中都保存一个完整的数据副本，该策略属于

A. 集中式　　B. 分割式　　C. 全复制式　　D. 混合式

3. 最高级别的分布透明性是

A. 分片透明性　　B. 位置透明性　　C. 局部数据模型透明性　　D. 分布透明性

4. 在分布式数据库系统中,用来衡量查询代价的是

A. CPU 代价　　B. I/O 代价　　C. 通信代价　　D. 存储代价

5. 在分布式数据库的查询中,导致数据传输量大的主要原因是数据间的

A. 连接操作　　B. 与操作　　C. 并操作　　D. 选择操作

6. 在云计算中,当云以即用即付的方式提供给公众的时候,我们称其为

A. 公共云　　B. 私有云　　C. 共享云　　D. 混合云

二、填空题

1. 一个典型的分布式数据库管理系统应该包括__________、__________、__________、__________4个部分。

2. 分布式数据库的模式结构一般包括__________、__________、__________、__________、__________和__________六部分,其中__________是全局应用的用户视图。

3. 云计算是新兴技术,目前主要的云计算平台有________、________以及开放的云计算平台________。

4. Google 使用的云计算基础架构模式包括________、________、________、________4 个相互独立又紧密结合在一起的系统。

5. 并行数据库有多种体系结构,主要可分为__________、__________、__________和__________四种。

6. 在并行数据库中,一维数据划分方法主要包括__________、__________和__________。其中______和__________适合于扫描整个关系的应用,__________适合于点查询的应用。

第 14 章 数据仓库与数据挖掘

随着支撑企业基本业务的数据库系统及应用的运行，许多企业都积累了大量的数据，如何利用这些数据为企业的管理和决策服务，是许多企业非常关心的问题。为了利用企业业务系统所产生的数据，人们在数据的组织技术和分析技术两方面展开了研究和实践，由此而产生了数据仓库技术和数据挖掘技术。

随着多年的研究和应用，人们对企业中所产生的数据及其处理的多层次性也有了更清晰的认识，现在人们一般将数据分成操作型数据和分析型数据，将数据处理也分成操作型处理和分析型处理。

数据仓库技术所解决的问题是如何更合理和更有效地组织企业的数据体系，以更好地满足企业信息型应用对数据的要求，降低企业的数据管理、数据获取和数据集成的成本，提高数据系统响应速度，提高数据质量和数据的一致性。数据挖掘技术所解决的问题是如何针对具体的分析对象和分析需求，尝试通过智能和自动化的手段把数据转换为有用的信息和知识。

本章针对数据仓库和数据挖掘技术，通过介绍决策支持系统的发展过程引出数据仓库技术，进而对数据仓库技术进行简要的概述，介绍数据仓库设计、建造、运行、维护等相关知识。在数据利用方面，简要介绍联机分析处理和数据挖掘技术。

14.1 决策支持系统的发展

操作型数据（Operational Data）是指由企业的基本业务系统所产生的数据，操作型数据及相应数据处理所处的环境，即用于支持企业基本业务应用的环境，一般被称为联机事务处理（OnLine Transaction Processing，OLTP）环境，OLTP 环境中的企业各种基本业务应用系统称为操作型系统。为了利用 OLTP 环境所生成的数据，早期的决策支持系统（Decision Support System，DSS）一般直接建立在事务处理环境中。以业务处理为主的联机事务处理（OLTP）和以分析处理为主的 DSS 应用的不同性质，以及两者在实际应用中发生的冲突，使人们意识到，直接在事务处理环境中建立 DSS 是不可行的。为此，人们希望能为企业 DSS 应用建立一个集成的、易于访问的、一致的、包含大量历史数据的和经过优化处理的数据环境。这样，就促使了数据仓库技术的产生。

14.1.1 决策支持系统及其演化

“决策支持”这个术语大约是在20世纪70年代由美国麻省理工学院的一些学者提出来的。可以说,决策支持系统DSS是综合利用大量数据,有机组合众多模型(数学模型和数据处理模型),通过人机交互,辅助各级决策者实现科学决策的系统。

DSS借助于分析模型对数据进行处理,用于协助管理人员在解决半结构化和非结构化问题的过程中做出决策;需要注意的是,DSS是协助而不是取代管理者进行决策;一般来说,使用DSS的目的是为了增加决策的有效性,而不是为了提高做出决策的效率。

从20世纪60年代初期开始到现在,计算机的数据存储形式从磁带发展到大容量的直接存取设备,随着DASD技术出现和发展,出现了数据库管理系统(DBMS),并相应出现了数据库的概念。在DBMS系统中,数据不再以文件的方式与应用程序捆绑在一起,而是以关系表的方式提供给应用共享。

可以说,关系数据模型促进了关系数据库及联机事务处理(OLTP)系统的发展,OLTP使得访问数据可以更快速地进行,OLTP以后台数据库系统为核心,以联机方式开展企业的日常事务处理、商业处理、工业控制等,从而大大推进了企业信息系统开发和应用。采用高性能的联机事务处理,计算机可用来完成许多以前无法完成的工作。

到了20世纪80年代,个人计算机和第四代编程语言这些技术的出现使得最终用户可以对数据和系统进行直接控制,很多管理信息系统(MIS)开始出现,用以支持企业管理决策。许多用户和开发人员把MIS改称为决策支持系统,即DSS。

这些传统的DSS一般都建立在OLTP环境下,许多用户也习惯于将OLTP应用与分析型应用共享相同的数据资源和硬件。对于一些小型应用而言,如果数据量不大,分析功能不复杂,并且企业业务对实时性要求不高,则这种模式是可行的。数据库技术也一直力图使自己能胜任从事务处理、批处理到分析处理的各种类型的信息处理任务。但是,尽管数据库在OLTP方面的应用获得了巨大的成功,但是,对分析型应用的支持能力还是很有限的。

对于一些大中型的企业,它们的信息体系结构复杂、数据量大,而数据量大本身也说明数据产生的周期短,即业务繁忙,OLTP系统的实时性要求也很高。这时,如果要将以业务处理为主的联机事务处理应用与以分析处理为主的DSS应用放在同一个数据库系统中,很有可能会产生很大的冲突。

总之,事务处理和分析处理的性能特性的不同,以及两种处理所涉及的数据的不同,使得人们认识到事务处理环境并不适宜开展DSS应用。

在大型OLTP系统出现后不久,为了解决性能和历史数据的问题,即在不影响联机事务处理系统的前提下,实现一些较为复杂的DSS系统或MIS系统的分析应用,人们开始从OLTP系统中抽取出数据,再对抽取出的数据进行处理和分析。抽取程序从文件或数据库中查找有用的信息,然后将数据传送到其他文件或数据库中去,供用户分析处理。

抽取程序解决了性能方面的冲突问题,也使最终用户可以控制数据。然而,实践证明,如果对抽取程序不加控制的话,系统内数据间就可能会形成错综复杂的网状结构。最后,整个企业或机构的数据有可能会形成一种蜘蛛网式的结构。企业的规模越大,这种可能性就越大。

这种存在于企业或机构中的失控抽取处理模式很常见,人们将通过这种演化模式得到企业信息系统的体系结构称为“自然演化式体系结构”。如果一个企业以这种放任自流的形式去处理整个硬、软件体系结构时，就会出现这种情况。企业或机构越庞大、越成熟，自然演化式体系结构问题就变得越严重。

在自然演化的蜘蛛网式的体系结构中，一个最大的问题就是数据缺乏集成，并由此引发其他许多的问题。这些非集成的数据无法构成一个统一的整体，难以在企业范围内对某个问题构成一个统一数据视图，以支持需要集成数据的 DSS 应用。

在蜘蛛网结构中，有可能因为抽取的多层性、数据和算法的不同使得数据在整个企业范围内缺乏可信性。同时，数据缺少集成还会带来数据处理效率低下的问题，特别是需要在整个企业范围内进行某种数据分析时，数据处理效率或生产率也是相当低下的。这就难以将企业 OLTP 系统所生成的数据转化成有用的决策信息。

因此，为了解决这些问题，人们开始思索和实践更好的数据组织和管理方式，建立合理的企业信息资源体系结构，以此为基础来建立和完善企业的各层信息系统。以数据仓库为核心的企业数据架构，就是应此要求而产生的信息资源体系结构。

14.1.2　基于数据仓库的决策支持系统

为了解决上述问题，人们提出了基于数据仓库的决策支持系统。这种体系结构以数据仓库为核心，数据仓库将企业决策支持所需的数据集成在一起，构成一个集成的、一致而稳定的数据源。企业内部的操作型系统和一些外部数据源构成了数据仓库的数据源。这种体系结构如图 14.1 所示。

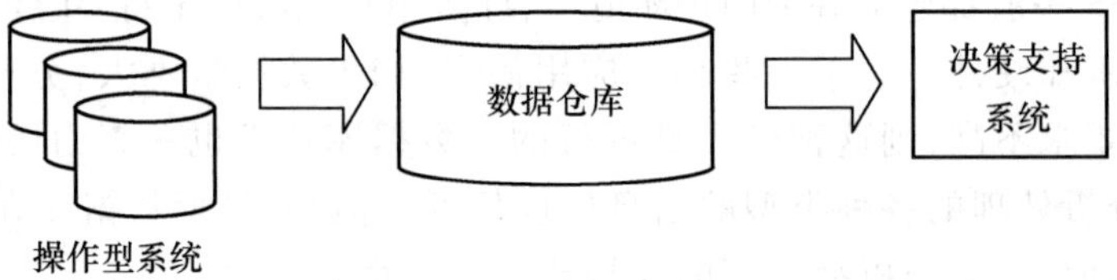

图 14.1　以数据仓库为核心的体系结构

在这种体系结构中，数据仓库是核心，操作型系统是基本数据源，决策支持系统是数据的需求者。其中主要存在两类数据：原始数据和导出数据。原始数据一般来自企业操作型系统，因此，也可以称之为操作型数据。导出数据则是为了提高数据查询和管理效率，根据操作型数据计算得到的数据，常用于支持分析型应用。因此，一般将这种数据称为分析型数据。

W. H. Inmon 给出了原始数据与导出数据之间的一些主要区别，如表 14.1 所示。

表 14.1　原始数据与导出数据的主要区别

原始数据/操作型数据	导出数据/DSS 型数据
面向应用	面向主题
详细的	综合的，或提炼的
在存取瞬间是准确的	代表过去的数据
为日常工作服务	为管理者服务

续表

原始数据/操作型数据	导出数据/DSS 型数据
可更新	不更新
重复运行	启发式运行
处理需求事先可知	处理需求事先不知道
生命周期符合 SDLC	完全不同的生命周期
对性能要求高	对性能要求宽松
一个时刻存取一个单元	一个时刻存取一个集合
事务处理驱动	分析处理驱动
更新控制主要涉及所有权	无更新控制问题
高可用性	松弛的可用性
整体管理	以子集管理
非冗余性	时常有冗余
静态结构,可变的内容	结构灵活
一次处理数据量小	一次处理数据量大
支持日常操作	支持管理需求
访问的高可能性	访问的低可能性或适度可能性

14.2 数据仓库技术概述

14.2.1 数据仓库的概念与特性

建立数据仓库的主要目的在于根据决策需求对企业的数据采取适当的手段进行集成,形成一个综合的、面向分析的数据环境,用于支持企业的信息型、决策型的分析应用。对于什么是数据仓库,人们提出了许多不同的概念。W. H. Inmon 在《Building the Data Warehouse》一书中提出的概念比较具有代表性:数据仓库是一个面向主题的、集成的、非易失的,且随时间变化的数据集合,用来支持管理人员的决策。

这个概念指出了数据仓库的几个重要的特性,即面向主题性、集成性、不可更新性和时间特性等。

1. 主题与面向主题

在传统的 OLTP 环境下,数据库系统的数据一般是以面向企业基本业务应用的方式进行组织的。例如,对于一个商场而言,它的操作型应用一般按照业务应用的要求,需要建立销售、采购、库存以及人事管理子系统。

而数据仓库中的数据是以面向主题的方式进行组织的,主题是一个抽象的概念,主题也可以称为分析主题或分析领域,用于表示某一宏观的分析领域所涉及的对象,以及与对象有关的数据的集合。如对于一个生产企业来说,它的信息系统中的主要主题一般有产品、订单、销售商、材料等。对于商场来说,主要主题一般包括商品、库存、销售、销售商等。不同类型的企业或机构其主题集合是不同的。

目前,数据仓库主题数据的实现一般还是采用关系型数据库技术,即主题的对象以及对象所相关的数据还是通过一组关系表来实现的。下面用本书中的商场经营管理模型来说明面向主题的数据组织与传统的面向应用的数据组织方式的不同之处。

就本书的例子而言,基本业务系统根据商场业务的要求,需要建立销售、采购、库存管理和人事管理子系统,在进行系统数据库设计的时候,主要针对各个应用子系统的需要,组织数据,建立数据模型,如采购系统中有供应商信息、采购入库单据、入库明细表;销售系统中销售人员、商品目录、顾客、会员卡、收银台、销售细节表等数据。

本书前述各章节例子中业务系统数据库的组织方法是典型的面向业务应用的数据组织方法,这种数据组织方法首先对企业的某项应用(如库存管理)的需求进行详细的调查、收集、建立数据库的基础数据,按照业务的要求(如库存管理过程的要求),进行数据的组织和数据处理过程的组织。这种数据组织方法必须反映一个企业内的数据的动态特征,要便于表达企业各部门内的数据流动情况,即反映部门的数据处理流程,以实现联机事务处理。

在实际中,这种数据组织方式与实际业务的各种单据或电子文档一般都有很好的对应。这样,便于业务的管理和业务员的操作,也容易建立起相应的业务处理系统。

面向业务应用的数据组织方式有一个很大的缺点,就是将数据和应用逻辑紧密地捆绑在一起,使得描述同一对象的数据可能以不同的表示方式存在于多个不同的业务应用系统中,缺乏一致性。但是,这种方式可以很好地将企业的各种业务与数据库的结构对应起来,系统的建立和业务的运行都具有较好的操作性。

在面向分析主题的数据组织方式中,首先,需先确定系统中所涉及的主题。主题是对应于某一个分析范围内的分析对象。因此,确定主题应按照分析需求进行确定。数据分析需求与业务应用需求是有很大的不同的。例如,在商场中,人们建立采购系统时,用户所关心的是系统如何能更方便、更快捷地进行商品的采购业务。但是,商场的管理人员在进行采购业务决策时,更关心的是商场应该采购什么商品,应该从哪个供应商采购某种商品等问题。

在采购系统中,需要记录每一笔采购业务的情况。因此就需要有订单表、订单明细表和供应商表来完整地表示所有采购业务。然而,在进行商品采购渠道选择时,更需要了解各供应商的情况。此时,并不一定需要订单和订单明细这样的数据。但仅有供应商数据也显然是不够的,可能还会需要各供应商所供应的商品质量、价格、销售情况等信息。因此,需要组织供应商相关的历史数据,用于支持此类分析。

通过类似的主题确定过程,在企业的分析应用需求中,一般都可以确定出多个分析主题。如商场中商品主题、顾客主题、供应商主题、员工主题等。并且,根据分析需求可以确定出各主题分析应用所涉及的数据模式,从而对数据按照面向分析主题的方式进行组织和管理。如商品主题,可能需要包括如下信息:

① 商品固有信息:商品编码、商品名称、商品类别等。

② 商品采购信息:商品编码、供应商编码、供应价格、供应日期、供应量等。

③ 商品销售信息:商品编码、顾客编码、销售日期、销售价格、销售量、折扣等。

④ 商品库存信息:商品编码、库存量、日期等。

2. 数据仓库的其他特征

集成是数据仓库数据的第二个特性,也是最为重要的特性。数据仓库中的数据来自不同的数据源。当这些数据进入数据仓库时,需要根据数据仓库的模型要求进行转换、重新格式化、重新排列以及汇总等操作。一般情况下,企业现有各个操作型系统的建设时间和人员都不相同,而且不同的系统可能因为缺少企业或行业标准,再加上各种工程项目的特点,使得设计人员一般很少也很难考虑未来的数据集成与数据服务问题。因此,不同的业务系统之间,必然在编码、命名、物理属性、度量单位等多方面存在不一致的现象。这样,在数据进入数据仓库时,要采用各种集成方法来消除应用层的许多不一致性。

人们一般把数据仓库的数据集成功能分成数据抽取、转换、清理(过滤)和装载这四项任务。数据集成主要完成从数据源获取数据,并按目标数据模型要求,如数据仓库核心层模型的要求对数据进行转换,并清除错误或无效数据,装载入目标数据体系中。

数据仓库的第3个重要特性是数据仓库是不可更新的。在操作型环境下,数据访问和处理一般以单条方式进行的,数据一般是会被更改或更新的。但是,数据仓库中的数据通常是以批量方式载入与访问的,在数据仓库环境中,并不进行一般意义上的数据更新。需要注意的是,不可更新并不意味着不再向数据仓库追加新的数据,只是表示一般不再对进入数据仓库的原始数据进行修改。

数据仓库的最后一个显著特性是它随时间变化。数据仓库的时变性是指数据仓库中的每个数据单元都有时间标志,记录一般都加有时戳,有时记录中可能包含有事务的发生时间。总之,在任何情况下,记录中都应包含有某种形式的时间标志。

同时,数据仓库随时间变化的特性还指数据仓库在运行中必须不断捕捉操作型环境中的数据,并将新的数据集成后追加到其中。另外,经过一定的时期以后,必然存在数据老化问题,因此,也存在需要将老化的数据导出系统的主要存储设备或永久删除的问题。而对于根据原始数据而导出的数据,随着新数据到来或旧数据的导出,也必然是不断变化的。

14.2.2 数据仓库的体系结构与环境

从数据层次角度来看,典型的数据仓库的数据体系结构主要包括操作型数据、操作型数据存储(Operational Data Store)、数据仓库(Data Warehouse)和数据集市(Data Mart),也可以包括个体层(Individual)数据。图14.2描述了一种典型的数据仓库体系结构。因为个体层数据一般属于临时数据,并没有在这个图中给出。

从功能结构上看,整个体系中的功能可以分为数据处理、数据管理和数据应用3个层次。数据处理功能主要完成各层数据之间的流转功能,主要包括数据集成和数据维护等功能;数据管理对数据仓库中的数据进行安全控制、监控和元数据管理等功能;数据应用层次根据企业情况,可以包括各种类型的信息型应用或分析应用。

14.2.3 数据仓库的数据组织

本小节将对数据仓库的数据组织问题做一个简单介绍。

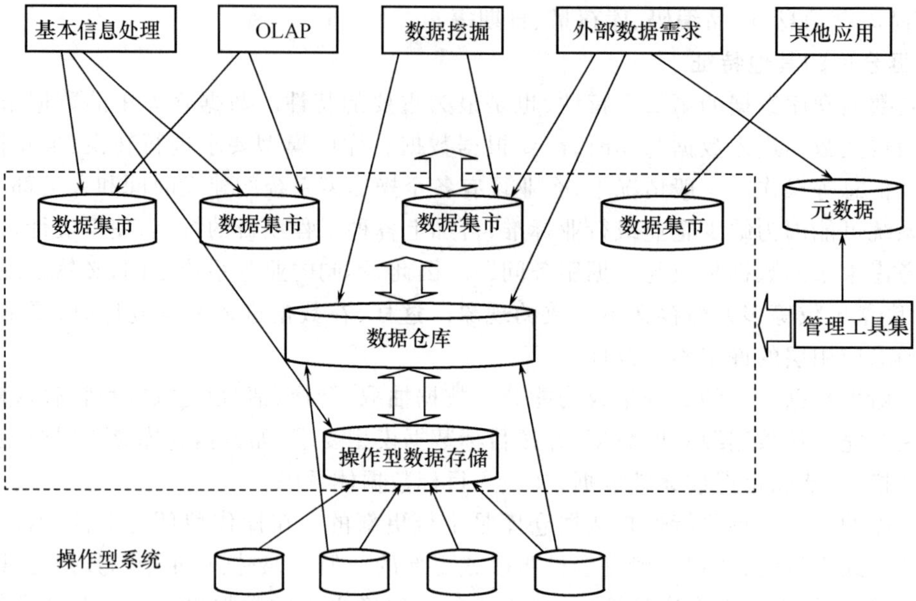

图 14.2 数据仓库体系结构图

1. 数据组织结构

图 14.3 给出了一个典型的数据仓库的数据组织结构图及其例子。在这个结构中,数据仓库中的数据分为早期细节级、当前细节级、轻度综合级和高度综合级 4 个级别。来自操作型环境中的源数据经过集成后,进入当前细节级。根据系统的需要,可能需要对当前细节级的数据进行轻度的综合(汇总)或进一步的高度综合,从而得到轻度综合级数据和高度综合级数据。老化以后的细节数据将进入早期细节级。

2. 粒度

在图 14.3 的组织结构图中,可以看到,系统中存在不同综合级别的数据,一般将综合级别称为粒度。粒度越大,表示综合程度越高;粒度越小,表示综合程度越低。如图 14.4 所示,可以将数据看成有黏性的沙粒,粒度小的沙粒比较细,粒度大的沙粒是由细沙粒黏合而成,即粒度高的数据是由粒度低的数据综合而成的。例如,若要为本书的商场经营管理系统案例设计建立数据仓库,商品的销售明细数据是低粒度数据,对某段时间范围内商品销售情况的统计则是高粒度数据;商品的采购、销售价格是低粒度数据,而商品的采购、销售价格走势则是高粒度数据。

在数据仓库环境中,粒度是一个重要的设计问题,它影响到数据仓库的数据量以及系统能回答的查询的类型。显然,粒度越小,细节程度越高,能回答的查询就越多。但是,因为需要存储低粒度级的细节数据,数据量就比较大,空间代价也大。反之,如果数据仓库不保存低粒度级数据,只有粗粒度级的数据,则需要存储的数据量较少,但这样就无法回答一些细节问题,查询代价就大。

一般,在进行数据仓库的数据组织时,需要根据当前应用的需求来进行多粒度级设计。所谓多粒度级设计,就是针对某一主题,在可用的存储空间中保存粗细程度不同的主题数据,以尽可能满足各种应用的多角度、多层次数据查询要求,同时在总体上提高查询的计算效率。

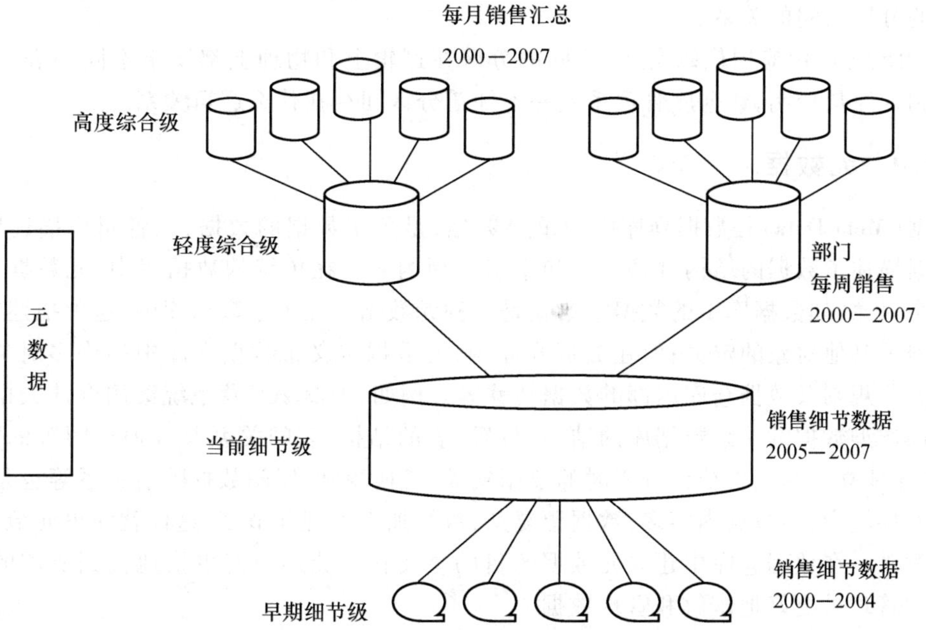

图 14.3 数据仓库的数据组织结构

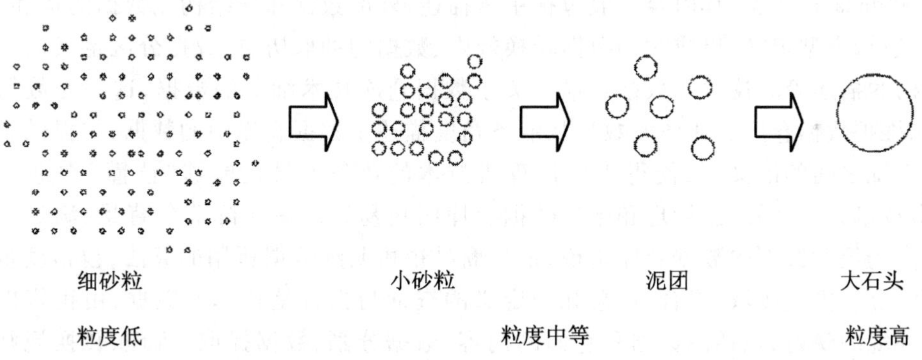

图 14.4 粒度的比拟

3. 数据分区

数据分区(分割)问题是数据仓库的另一个重要问题。数据仓库中数据表的数据量一般都比较大,如果只用一个物理数据表来存储这些模式相同的数据,则可能造成数据管理和查询效率低下。为了提高数据管理和查询的效率,分区是很有效的办法,恰当的数据分区能有效提高数据仓库各种数据处理功能的效率。合适的分区能使数据的增长和管理都容易实现。

对数据进行分区时,最常见的是按照时间标准来进行划分,也可以按照其他标准进行分区,还可以将多个分区标准组合起来对数据进行分割。分区的选择一般是由开发者来决定的,但是,对于大的数据表,一般至少必须按日期进行划分。

数据分区的方式可以分成系统层分区和应用层分区两种,两者之间存在一定的区别:

① 系统层分区是数据库系统提供的机制,各个分区在逻辑上是一个表,在物理上属于不同的分区。数据库管理系统知道各分区间的逻辑关系,也就是说数据库管理系统管理逻辑上的表

和物理上的分区之间的关系。

② 应用层分区由应用代码实现,不同的分区在逻辑上和物理上都属于不同的表,如何分区由开发者和程序员控制,数据库管理系统并不知道分区间存在什么逻辑关系。

14.2.4 元数据

元数据(Meta Data)是数据仓库中的重要数据,是关于数据的数据,或者叫作描述数据的数据。元数据描述了数据的结构、内容、链和索引等项内容。在传统的数据库中,元数据描述了数据库中各个对象,如数据库中的数据字典就是一种元数据。在关系数据库中,这种描述就是对数据库、表、列等其他对象的定义;但在数据仓库中,元数据定义了数据仓库中的许多对象——表、列、查询、商业规则及数据仓库内部的数据转移等。例如,为商场经营系统案例设计数据仓库时,描述存储操作型数据的关系数据库的结构、位置、表的结构、表间关系及各种视图等的数据都是元数据;描述建立商品销售统计分析时的数据集成、转换规则、层间数据映射关系等也是元数据。在数据仓库环境中,因数据内容多,数据源复杂,数据加工处理环节多,这样就使得元数据具有更为重要的意义。在数据仓库中建立元数据的目的主要在于让用户能更快地找到所需的数据,让前台工具和管理员更好地理解和管理数据。

在数据仓库中,元数据一般分成技术型元数据(Technical Metadata)和业务型元数据(Business Metadata)两类,其内容一般包括主题描述、外部数据和非结构化数据的描述、层间数据映射关系、逻辑模型定义、集成时的数据转换规则、数据的抽取历史、数据分区定义以及有关存储路径和结构的描述等。技术元数据是描述关于数据仓库技术细节的数据,这些元数据应用于开发、管理和维护数据仓库。业务元数据从业务角度描述了数据仓库中的数据,它提供了介于使用者和实际系统之间的语义层,使得不懂计算机技术的业务人员也能够“读懂”数据仓库中的数据,也使得技术人员在开发、管理和维护数据仓库时更易于理解实际业务背景、满足实际业务需求。对于商场经营案例的数据仓库来说,汇总商品销售明细数据所用的算法,包括度量和维定义算法,数据粒度、主题领域、聚合、汇总和预定义的查询与报告是技术元数据,由销售操作环境到数据仓库环境的映射,包括源数据和它们的内容、数据分割、数据提取、清理、转换规则和数据刷新规则及安全(用户授权和存取控制)也是技术元数据;而使用业务术语所表达的数据模型、对象名和属性名,访问数据的原则和数据的来源则是业务元数据。

从元数据的类型和作用来看,元数据实际上是要解决何人在何时何地为了什么原因及如何使用数据仓库的问题。更明了地说,元数据在数据仓库管理员眼中是数据仓库中的包含了所有内容和过程的完整知识库和文档,而在最终用户(即数据分析人员)眼中,元数据则是数据仓库的信息地图。

14.2.5 操作型数据存储

在图 14.2 中,在作为数据源的操作型系统与数据仓库之间存在着一个称为“操作型数据存储”(ODS)的数据层,在现今的多数数据仓库工程实践中一般都设立 ODS 这个数据存储层。人们提出这个数据存储层的最初目的是支持一些特殊的应用功能。主要包括即时(up-to-second)OLAP(OnLine Analytical Processing)和全局型 OLTP 应用。

在最初提出 ODS 时,是考虑到在很多情况下,操作型环境-数据仓库环境的这种两层体系结构并不能涵盖企业所有的数据处理要求。因为企业的数据处理虽然可以较为粗略地划分成操作型和分析型两部分，但有时这两种处理之间并没非常明晰的界限。实际应用中往往是多层次的。

在企业的实际应用中，有些数据处理过程是操作型的，但不适合在操作型环境中进行。另外，又存在着一些分析型处理，这种处理可能并不适合在数据仓库环境中进行。例如，本书商场例子应用中的一个常见的管理问题：某商品是否要继续进货？进多少货？这种问题是商场的中低层管理人员几乎每天都要面对的问题。为了回答这个问题，管理人员需要了解该商品的库存量和近期销售情况、商场的资金情况、商场其他商品的库存和销售情况等因素。在实际工作中，管理人员需要结合这些因素综合考虑，才能做出较为合理、可行的决策。因此，对于商场希望建立一个能自动回答这种查询的系统，以满足管理的要求这样的需求，必然会涉及多个业务应用子系统中的数据。

实现这样的系统可以有两种方案，一种方案是将系统的处理分别放在分散的各个操作型环境中去做。这样可能会因为各个部门间的信息存在不一致的现象（本书的例子是统一设计的简化商场业务系统模型，因此子系统间信息不一致的地方几乎没有，但实际企业许多都存在这样的问题），所以，有可能需要进行大量的部门间协调配合，工作量会很大。

另一种方案是将这种处理放在数据量巨大的数据仓库环境中去处理，显然，这时不存在不一致的问题。但是，数据仓库中的多数数据是很长历史时期内的数据，对于这种短期（几天）内的普通决策问题，更有效的方式是考察近期的而非远期的历史数据来进行决策。如果在数据仓库中去开展这种业务，必然会因为数据量的问题对业务速度造成影响。

这种决策在性质上既不是联机事务处理（OLTP），也算不上是高层决策分析。这种问题属于企业的中低层管理者经常需要解决的日常管理和决策问题。为此，人们提出了 ODS 这种数据环境来解决这个问题，从而形成操作型环境-操作型数据存储-数据仓库环境这样的三层体系结构。ODS 所支持的应用既可以是前述的全局型日常快速决策支持应用，也可以是企业级 OLTP 业务，企业级 OLTP 是指在实际数据处理中，一个事务同时涉及多个部门的数据。如今，业界也有观点认为可以以 ODS 为基础，在其上建立企业绩效管理（BPM）或 ERP 系统等全局型或企业级信息系统。

在这个三层体系结构中，ODS 是一个中间层次。一方面，它类似于操作型环境，它包含企业全局一致的、细节的、当前或接近当前的数据，可以进行企业全局性联机操作型处理；另外一方面，它又是一个面向主题的、集成的数据环境，但不同于数据仓库，它的数据量较小，适合于辅助企业完成日常决策的数据分析处理。人们对保存在 ODS 中的数据归结出 4 个基本特点，即面向主题的、集成的、可变的、数据是当前或接近当前的。分别与 OLTP 环境和数据仓库环境中的数据互有异同。

在研究和实践中，人们将 ODS 分成四类，首先，根据从数据源到 ODS 的数据传送更新频率的高低，ODS 被分成了如下三类：

① ODS Ⅰ：第一类 ODS 数据更新频率是秒级的，即操作型系统中的数据发生改变以后，几乎是立即传送到 ODS 中，这类 ODS 建设难度很大，但随着软硬件技术的进展，越来越多的企业在开始尝试建立这种 ODS。

② ODS Ⅱ：第二类 ODS 的数据更新频率是小时级，如 4 小时更新一次，这类 ODS 建设难度低。

③ ODS Ⅲ:第三类 ODS 的数据更新频率是天级,一般隔夜后将数据更新到 ODS 中。

以上三类 ODS 是根据数据更新的速度划分的,第四类 ODS,即 ODS Ⅳ是根据数据来源方向和类型区分的。第四类 ODS 的数据不仅包含来自操作型环境的数据,也包含由数据仓库层和数据集市层的应用反馈给 ODS 的一些决策结果或一些报表信息,这样可以由这类 ODS 向企业内外部提供相关的一些信息服务。

在各种数据仓库项目的实践中,ODS 起的作用各不相同,对于一些成熟的企业,如电信企业,在原有系统基础上建立数据仓库应用体系的时候,因为现有信息难以或无法修改,所以无法支持全局性 OLTP 企业,多数用来支持决策型和信息服务型业务,也有许多实践将 ODS 简化为数据仓库数据集成中的数据过渡层。根据企业性质和信息化程度的不同,建立 ODS 方法也分成自顶向下法和自底向上法。

14.3 设计与建造数据仓库

14.3.1 数据仓库设计的需求与方法

1. 数据仓库设计需求

对于数据仓库的需求,业界存在着一定的争议,有些观点认为,对于数据仓库的前端应用来说,不是以非常确切的物流、数据处理流和信息流的需求的形式出现,它的需求是不稳定的。另外,数据的分析处理需求更灵活,没有固定的模式,在进行数据仓库设计时,很难把握用户的确切需求。因此,有人说不可能从用户需求出发来进行数据仓库的设计。

然而,从数据仓库项目建设的角度而言,如果用户或企业没有相对明确需求,难以做项目估算和验收,也就无法开展数据仓库项目。

编者认为,从总体上来说,数据仓库的设计可以分成数据体系的设计和应用体系的设计。这两者是密切相关的,数据仓库的应用体系是指数据仓库决策支持应用程序的集合,为企业提供决策支持。应用体系的需求最终将反映为对数据的需求,构成数据体系的建设需求。应用需求一般被划分成不同主题的应用功能需求,这些主题功能需求反映为数据体系中的对应主题数据集。

在实践中,决策支持系统的概念其实并不局限于高级的数据分析和挖掘功能,企业建立数据仓库的重要目的在于实现大量的以数据仓库各层数据为基础的基本信息处理功能。这些功能都是有明确需求的。另外,即使是应用功能变化比较大的应用系统,如多维分析系统和数据挖掘系统,这些系统对数据的需求也不可能跳出企业基本数据模型之外。

应该说,对数据仓库设计的过程,用户的需求体现为对企业基本数据模型的建立和基于企业的基本数据模型的不断变化的数据需求。在常见的数据仓库项目中,用户需求主要表现为用户要求建立哪些主要主题,以及基于这些主题,要求设计者和开发者建立哪些重要的基本信息处理应用和分析型应用。同时,用户对数据仓库的性能、一致性和数据保存期等各方面内容都会存在一定的需求,而这些需求也必定要用于指导数据仓库的数据设计。

因此,数据仓库设计,包括应用体系和数据体系的设计,必然存在用户的需求。如粒度设计,面向应用的查询优化设计,数据分区,数据维护周期,数据集成,数据清理,数据间一致性处理等,这些方面都与用户的需求有关,用户需求会影响主题划分和主题的建立顺序。同时,根据用户的需求,得到各个子系统的设计需求,才有可能实现整个系统。

2. 设计方法

一般情况下,数据仓库的建立过程是从企业最基本的分析主题开始,得到一定的应用以后,再根据企业和系统的需要不断建立新的主题,与此同时,尽可能完善现有的主题,最终建立起一个以主题数据集为基础信息的应用和分析环境。

数据仓库的数据组织是面向主题的,按照一定的主题域分别设计,而不是面向报表的,要对各个报表进行统计分析、归类,划分为不同的主题进行建模。主题是抽象的概念,是用户使用决策系统所关心的主要矛盾,所以是概念设计时的重点。一个主题通常与多个操作型信息系统相关。

既然数据仓库的设计过程是按逐个主题逐步建立的过程,那么就需要进行主题域选择。主题域既要足够大,使其能建设成为可用系统,又要足够小,便于开发和较快实施。针对每个选定的主题域,都需要进行分析(分析主题在整个企业中的角色以及建立主题的意义与作用)。例如,对大型商场的商场经营管理系统,可以划分为产品销售情况,顾客购买情况,原料采购与库存情况等主题进行建模。

在数据仓库数据应用过程,可以把握应用的数据需求,从而动态调整数据仓库的主题设计。即数据需求的变化,产生了主题数据调整的需求。建立每一个主题的过程中所涉及的各种基本步骤,例如各层数据转换功能、数据装载功能、数据维护代码功能等的实现工作,都属于普通的工程范围,与普通的项目开发并没有太大的区别。

数据仓库系统设计目标主要在于建立主题数据环境,强调的是数据的集成性,目标在于建立一个全局的一致的数据环境,建立企业的信息资源体系结构的数据核心,并在此基础上,建立基本的决策支持分析应用。

Inmon 认为,数据仓库的建立过程一般采用 CLDS(SDLC 的逆序)方法,这种方法与 SDLC(Systems Development Life Cycle)方法有很大的不同。实际上,CLDS 方法主要是针对需求变化比较大的数据仓库应用系统的建立过程而言的。编者认为,对于数据仓库中大量的基本信息处理应用来说,并不需要采用 CLDS 方法来建立。

现在,商务智能界一般通过 OLAP 产品中多维分析功能,通过动态的数据综合引擎来提高数据仓库的数据体系对动态变化的数据需求的响应。对于无法通过这些日趋标准化的工具得到新数据的应用来说,则要编写新的数据获取代码从企业数据仓库中获取数据。只要当数据仓库中当前主题集无法满足新的数据需求时,才有必要重新建立新的主题来满足新的数据需求。另外,需要注意的是,任何数据需求一般都不能超出企业数据模型之外,否则都是无法满足的需求。

14.3.2 数据仓库的数据模型

数据仓库的数据模型与普通数据库系统的数据模型一样,一般划分为概念、逻辑和物理这三级数据模型。但这两种三级模型之间有如下区别:

① 数据仓库的数据模型中一般不包含纯操作型数据。

② 数据仓库的数据模型一般需要扩充关键字结构,在其中加入时间属性。

③ 数据仓库的数据模型中常常需要增加导出数据。

1. 概念模型

概念模型是用于描述客观世界中的对象及其属性的一种概念性工具。现实世界的对象通过概念模型的抽象,进入到信息世界中,信息世界中的对象再通过转化进入到机器世界,最后实现了在机器世界中对现实世界中的对象的描述。数据仓库中的概念模型常见的表示方法还是实体关系图,即 ER 图,用于描述实体以及实体之间的联系。

例如,对应于第 1 章简化的某大型商场的商场经营管理系统,可设计关于销售主题的 ER 图,如图 14.5 所示,其中属性组只列出主要属性,全部的属性见附录 2。

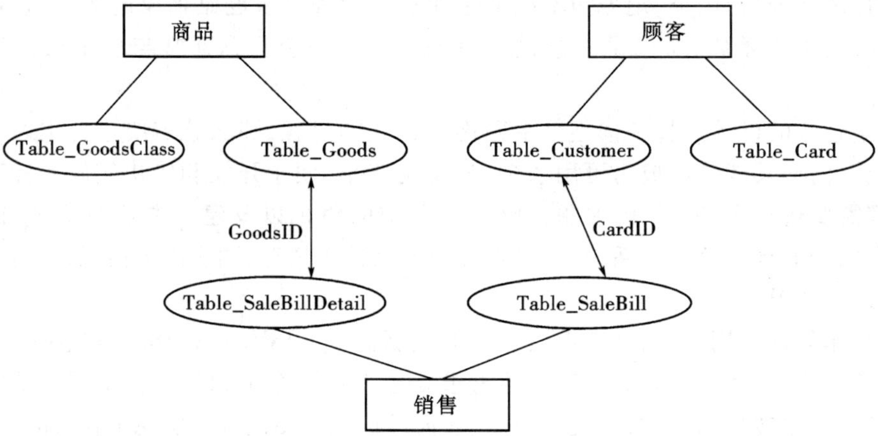

图 14.5 销售主题 ER 图

2. 逻辑模型

数据仓库的逻辑模型既可以采用关系型模型,也可以采用多维数据模型,也可以通过关系型模型来表示多维模型。传统的关系模型概念简单、清晰、易于理解,并具有相当成熟的关系数据库理论,再加上传统的关系型数据库厂商的强大实力,因此,在常见的数据仓库系统中,多数还是采用关系型模型作为关系逻辑描述工具。

3. 物理模型

物理模型就是逻辑模型在具体的数据存储平台上的物理定义,也就是逻辑模型在数据仓库中的实现,主要包括物理存取方式、数据存储结构、数据存放位置和存储分配。在建立物理模型时,需要考虑的因素主要有各种操作的存取时间和数据仓库存储空间利用率和数据仓库主题维护代价。常见的用来优化物理模型的设计技术包括引入冗余措施、分区、生成导出数据、表合并、细分数据和索引等。

14.3.3 数据仓库设计步骤

OLTP 系统的数据库设计有一套非常严格的应用需求,可以采用标准应用开发步骤加以实现。对于一个数据仓库的工程或项目来说,最终总能确定出一个需求集合,但是用户在项目起始阶段所能提出的需求都较为模糊。因此,一般用户最基本的需求就是将企业的各个主题数据集成起来,构成一个有效的信息处理和决策支持数据源,并在这基础上开发各种应用,包括基本信息处理应用、OLAP、企业常用的、例行性的中高级信息处理工作以及一些分析型、挖掘性的应用。

数据集成(Data Integration)是将源自不同数据源的数据经过抽取、转换、清理、装载等操作载入数据仓库的过程,是实施数据仓库的重要步骤。由于对大量的原始数据要加以提炼,要减轻分析工作给处理业务数据的服务器带来的压力,要规范各源数据,以及要处理那些难以直接使用的数据,数据集成在数据仓库设计中是必不可少的一环。一个简单的数据集成过程如图 14.6 所示。

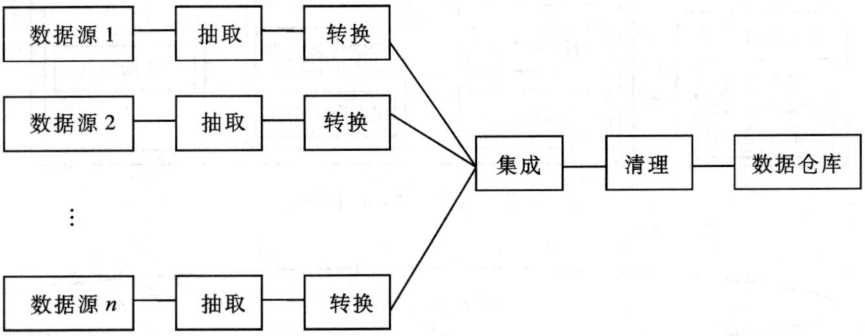

图 14.6 数据集成流程图

ETL(Extract Transform Load)是实现数据集成的主要技术,即填充更新数据仓库的数据抽取、转换、装载的数据采集过程。用户只有从数据源中抽取出所需数据,再经过数据清洗,并加载到按照先前所设计的数据仓库中去以后,才能对数据仓库中的数据进行报表分析、多维分析和数据挖掘等。

一般常见的方法还有 ELT(Extract Load Transform),越大量的资料、越复杂的转换逻辑越倾向于使用 ELT。对于复杂的数据抽取转换载入过程,一般使用工具协助 ETL 开发,并运用内建的元数据机制来储存源于目的的映射和转换函数。

数据清洗(Data Cleaning)是一个减少错误和不一致性的过程,过滤掉那些不符合要求的数据,不符合要求的数据主要是有不完整的数据、错误的数据和重复的数据。

对于有些应用来说,用户和开发人员本身很难准确预见到以后的需求,因此,只有从主题数据模型着手,不停地完善和丰富系统的数据和设计,从不同角度提供各种不同的数据,满足决策支持应用端对不同的数据需求。从这个角度来说,数据仓库系统的开发又是一个需要不断循环、不断反馈和不断完善的系统。也可以说,数据仓库开发项目并没有一个绝对步骤,很多情况下要针对实现情况,根据系统的目标来决定开发步骤。本书所介绍的步骤也不是绝对的。

数据仓库设计是以数据仓库的主题数据模型设计和实现为核心,因此数据仓库的设计过程大致可以分为概念模型设计、技术评估与环境准备工作、逻辑模型设计、物理模型设计、数据生成与应用实现以及数据仓库运行与维护。数据仓库的设计步骤如图 14.7 所示。

在《DW2.0:下一代数据仓库的构架》一书中阐述了下一代数据仓库的构建思路,即 Larissa T. Moss 的关于构建数据仓库的三螺旋平行发展轨迹,如图 14.8 所示。

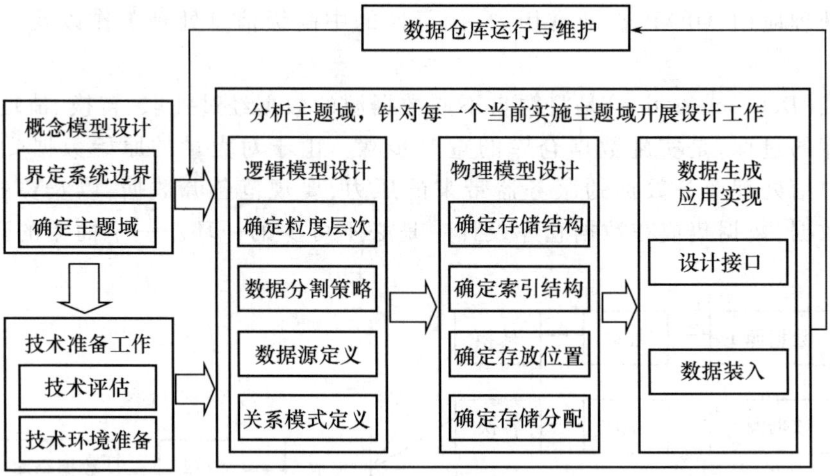

图 14.7 数据仓库设计步骤

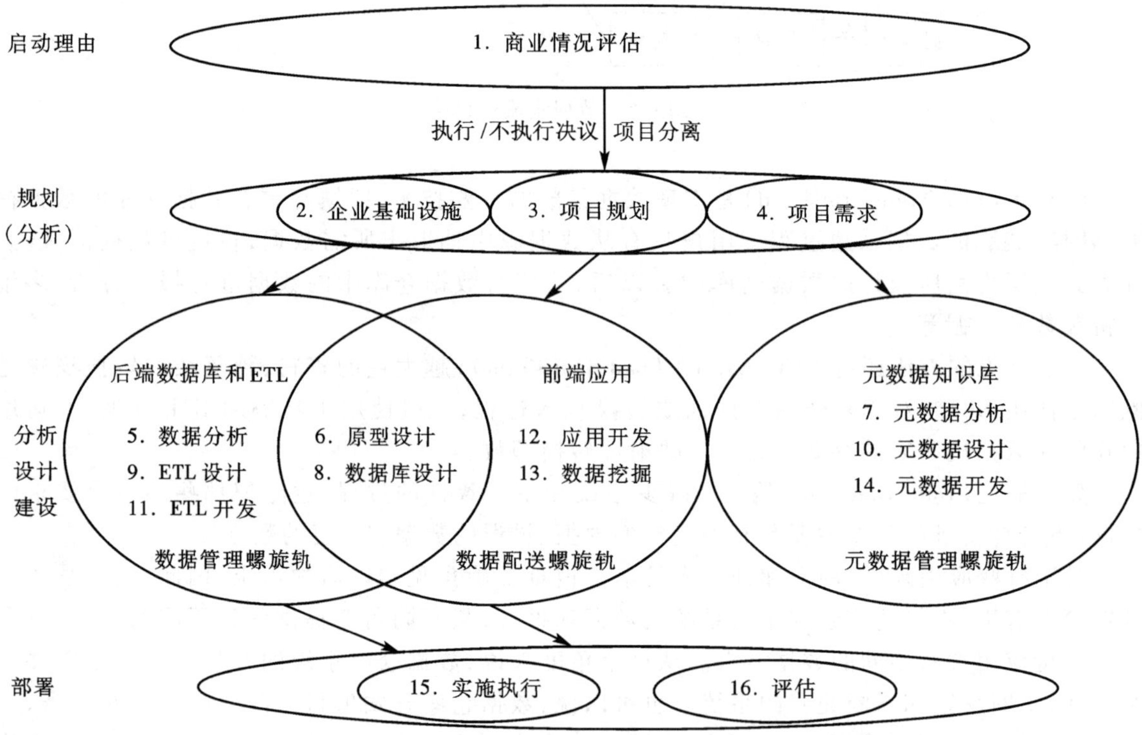

图 14.8 三螺旋平行发展轨迹图

14.4 数据仓库的运行与维护

数据仓库环境建立以后，需要对数据仓库进行日常管理工作，这些工作主要包括操作型数据环境中新生成的数据的集成、载入、刷新数据仓库中的细节数据和导出数据(物化视图)、将过时的数据转移到磁带等存储设备上、清除不再使用的数据、对元数据进行管理等。

14.4.1 数据仓库数据的更新维护

集成工具将新的数据装入数据仓库以后,数据仓库系统需要对数据仓库的主题数据进行刷新。对数据仓库主题数据的刷新,主要分为对细节数据的刷新和对导出数据的刷新两部分。细节数据的刷新在多数种情况下只需进行数据合并就行了。

除了粒度与操作型环境中的数据相近的细节数据以外,在数据仓库环境中,一般都需要建立用于提高查询和应用支持效率的导出数据,这些数据是根据细节数据或称为基本事实数据生成的。这些数据的表现形式有多种,对于关系型存储,常见的形式为系统的普通数据表、快照和物化视图(或称实视图,Materialized View)等。如果系统采用多维存储机制来存储主题数据,则刷新方法和机制依赖于系统采用的存储平台及其所能提供的刷新机制。

数据仓库维护的基本思路是:根据某种维护策略,在一定条件下触发维护操作;维护操作捕捉到数据源中的数据变化;通过一定策略对数据仓库中的数据进行相应的更新操作,以保持两者的一致性。

1. 维护策略

数据仓库中数据的维护策略分为三种:实时维护、延时维护和快照维护。

实时维护在数据源发生变化时,立即更新数据仓库中数据。实时维护操作的触发条件是数据源进行了数据的更新操作。这种策略能够保证用户总查到最新的数据。这种策略对数据源系统和数据仓库端的软件硬件性能要求很高,因此在很多情况下难以实现。

延时维护工作并不是在数据源的更新事务中完成,而是在数据仓库中的视图被查询时完成更新。也就是说,延时维护操作的触发条件是用户在数据源发生变化后首次对数据仓库执行查询操作。与实时维护相反,延时维护减少了对数据源的更新时间,但视图查询时间相对比较长。

快照维护策略定期对数据仓库进行维护,维护操作的触发条件是时间。这种策略不会给源数据的更新事务或者数据仓库的查询事务增加任何负担,但通常无法提供最新的数据。而事实上,由于数据仓库主要用于数据分析和决策支持,通常不要求数据具有实时性,因此目前这种策略得到了广泛的应用。

2. 捕捉数据源的变化

当数据源发生变化时,数据仓库中的相关数据就需要进行更新。这样,就需要有某种机制来告知数据仓库源数据发生了变化,这就是源数据变化的监听及捕获问题。比较典型方法的有以下几种:

① 触发器。通过数据源所在数据库系统中的触发器设置,当数据源发生更新操作时,触发器被触发,对更改的数据进行处理。当数据源系统是一个带有触发器的关系型数据库系统时,就可以使用这种方法。

② 修改数据源应用程序。当它对数据源发出更新操作的同时,向数据仓库端发送源数据变化的通告以及变化的内容。

③ 通过日志文件。大部分的数据库系统都提供了日志的功能,对数据库的所有更新操作都会记录到日志文件中去,所以可以采用定期查看日志文件的方法来发现数据库的变化。

④ 快照比较法。通过比较数据源当前时刻和前一时刻的快照,来发现数据源的变化,然后通告给数据仓库端,这种方法效率太低,一般不可行。

上面所介绍的四种源数据变化及捕捉方法各有优缺点,选取哪一种方法要根据实际情况而定。

3. 导出数据的刷新

对数据仓库中导出数据的维护方法有两种:一是根据维护对象的数据源对其进行重新计算;二是根据数据源的变化量在维护对象原有数据的基础上进行数据添加和修改,即增量式维护。

虽然导出数据的增量式维护算法复杂得多,但鉴于数据仓库中庞大的数据量,增量式维护的性能在多数情况下明显高于重新计算维护。要提高增量式维护算法的效率,可以采用分离更新过程的方法和利用数据表间可能存在的数据计算关系逐级计算的方法。

数据仓库的数据更新维护操作通常放在夜间完成,维护过程必须在第二天清晨完成。这是因为该操作需要执行大量的表数据更新工作,在此过程中用户无法获取数据仓库中的数据。用户不可存取数据仓库时间的长短是衡量数据维护效率的重要指标。一个有效的方法是将维护过程分为“聚集”和“更新”两部分。“聚集”操作预先生成一部分更新用的聚集数据,存放在附加表中,不涉及对数据修改,这样用户仍能存取导出数据表。“更新”操作具体执行维护对象的更新。这样,用户不可存取数据仓库时间缩短为“更新”操作所消耗的时间。

对于分析合并查询多个连接表的业务,数据仓库必须提供查询优化和快速评估。数据仓库的性能调节是通过将网络流通,磁盘存取和 CPU 占用时间最短化,使每个查询的响应时间最短化,提高数据库吞吐量,从而最大限度地优化查询。而且对性能的优化应该贯穿在设计建立数据仓库的全过程并尽量提前考虑,例如对粒度的考虑,以及在数据分区和多维设计中等。实践证明,开始设计时仔细分析研究会使性能提升最多的区域和会引起性能瓶颈的区域,对以后运行时性能的提高是事半功倍的。我们可以使用数据库的工具来优化分析查询的性能,例如可以在处理多维数据集时通过调整预先计算好的聚合量分析使用模式来避免架构里不必要的链接。

使用数据仓库中存放着的大量物化视图可以优化查询。物化视图查询是将给定查询转变为基于物化视图的查询,然后使用若干个物化视图确定所有可能的查询计划,在估算每个执行计划的开销后,选择最小代价的计划执行查询,从而优化查询性能。

在性能优化中,粒度与聚集程度需要根据具体情况认真分析,粒度要适中,针对常用的分析用优化的方法逐步增加聚集的数量。使用数据分区和临时表均可加快数据的分析。在事实数据表和维表上使用数据库的索引优化向导,建立有效的索引,可以提高数据的读取和分析速度。配合数据库的事件探查器,定期对索引进行分析和修改,完成对索引的再优化,达到整体数据仓库不随数据的更新维护而长期保持性能上的优化。

14.4.2 数据仓库监控与元数据管理

1. 数据仓库监控

对于数据仓库环境来说,设计者和使用者必须共同制订有效的、可实施的数据日常监控和周期性监控方案,以充分了解数据仓库环境下的各种活动,以及这些活动对各种对象所带来的变化和影响。并针对这些变化和可能发生的问题,制订相应的应对策略,以解决数据仓库监控所发现的各种问题。

首先,数据仓库的存储容量是有限,数据仓库中的数据量可能会由于不断增长而超过存储限量,因此需要对数据仓库的数据量进行监控,而后再根据监控情况对数据仓库的存储和设计进行必要的调整,例如增加一些设备,减少一些视图,导出一些数据等措施。

对于数据仓库管理员来说,有必要对数据仓库各种数据的使用率进行监控,以了解不同数据的用户和使用情况,并根据这些情况对设计进行调整,如物化一些经常被访问的视图,删除一些很少使用的导出数据,导出一些使用率不高的数据等。

数据仓库的数据和对象的安全性对一个企业的信息核心来说是一个至关重要的问题,数据仓库环境必须有一套完备的数据安全解决方案,系统和管理人员也需要对数据仓库的用户和安全状况进行定期监控,在保证数据安全性的同时保证有效的访问支持。

同时,对数据仓库环境的网络通信情况、网络数据流量、数据源数据变化情况、集成和维护工具运行效率、查询响应时间、应用支持效率等各种工具、对象的状态、参数等,都需要进行必要的监控,以维持数据仓库的有效运行。

2. 元数据管理

数据仓库监控的过程代码和结果都是属于技术元数据的一部分,技术元数据描述数据仓库结构,存储关于数据仓库系统技术细节的数据;业务元数据提供企业概念模型和多维数据模型,表示出了数据的业务视图,在元数据知识库中体现了这些视图与实际的数据仓库中的表、字段、维、层次等之间的对应关系。在数据仓库中必须建立元数据管理机制,以合理的管理数据仓库中的数据。

在实践中,一般采用元数据库(Metadata Repository)来存储和管理元数据。在设计、安装、使用、操作和管理数据仓库的工具和处理过程中,共享元数据库中的数据。具有共享元数据的数据仓库,因其共享和重用元数据的能力减少了建立、使用和管理数据仓库的费用和复杂度,信息目录集成了技术元数据和业务元数据,使查找和装入已有的查询、报告和数据仓库应用更加便捷。

对于复杂的企业数据环境,以安全、高效的方式进行管理和访问的关键是对元数据进行科学有效的管理和元数据库标准化。标准化的内容包括对所有数据仓库功能的元数据定义出详细的元模型和交换方式,包括技术元数据和业务元数据;定义出所有数据源和数据目标之间的转换规则;对所有的数据仓库运行元素以及主要的分析型或操作型数据模型定义元模型和交换方式。

元数据记录企业详细信息,保存数据存储位置,生成维护数据之间的关系以及数据的转换过程,保证了数据仓库数据的一致性和准确性,支持强大的查询和报表生成工具,为企业进行数据质量管理提供数据依据和决策支持信息。数据仓库环境下的元数据管理系统的建设非常重要,必须在实际项目实施中排除困难去实现好。

14.5 联机分析处理与多维数据模型

14.5.1 OLAP 简介

联机分析处理或称为在线分析处理的概念最早是由关系数据库之父 E. F. Codd 于 1993 年提出的。

OLAP 主要用于支持复杂的分析操作,侧重对决策人员和高层管理人员的决策支持。可以针对分析人员的要求,快速、灵活地进行大数据量的复杂查询处理,并以直观易懂的形式将查询结果提供给决策人员,使他们准确掌握企业的经营状况,了解市场需求,制订正确方案,提高效益。

根据 OLAP 产品的实际应用情况和用户对 OLAP 产品的需求,一般要求 OLAP 工具具有快速、可分析和多维的特点。

14.5.2 多维分析的基本概念

在数据仓库应用中,数据的多维分析是指针对数据仓库中以多维形式组织起来的数据,从多个角度、不同层次,采用各种数据分析技术,对数据进行剖析,以使用户能从不同角度和不同层次观察和分析数据。

“维”可以看成是人们观察数据的角度。例如,当人们从时间的角度来观察一个企业的产品销售数据时,数据可以分为 2005 年的销售额、2006 年的销售额和 2007 年的销售额等;当人们从地区的角度来观察一个企业的产品销售数据时,数据就又可以看成是北京市的销售额、上海市的销售额和广州市的销售额等。观察数据的角度(即维)往往有多个,例子中的时间、地区都各是一个维。

人们一般用多维视图的概念来描述多维分析系统中用户所看到的数据。多维模型的数据视图或数据集为多维空间中的点集,这样的数据视图被称为多维视图。多维视图中的属性分为维属性和度量属性,一个多维视图 MDV 的模式一般是(d_1, d_2, …, d_n, m_1, m_2, …, m_m),前面 n 个维属性构成一个多维空间,后面 m 个度量属性是多维空间中的指标集。例如,(地区,月份,销售额)就是一个多维数据模式。

人们通过某个特定角度(维)观察数据时,对数据进行描述的细节程度可能是不同的,这些细节程度不同的描述形成了维的层次。如可以从日、月、季、年等不同层次来描述时间维。如今,在许多主流 RDBMS 中,已经增加了许多与多维分析有关的一些新对象,如层次结构(Hierarchy)、层次(Level)、维(Dimension)、立方体(Cube)和物化视图(Materialized Views)等。

14.5.3 多维分析的基本操作

多维分析的基本操作有:

① 钻取(Drill-Down)与卷起(Roll-Up)。钻取与卷起是 OLAP 分析的两个最基本操作。所谓钻取是指对应于某一维逐步向更细节层方向观察数据,而卷起则反之。钻取和卷起为 OLAP 用户提供了足够灵活、多角度的观察数据的方法。

② 切片(Slice)和切块(Dice)。在多维数据结构中,切片和切块实现局部数据的显示。帮助用户从众多混杂的数据中进行选择。

③ 旋转。旋转是改变一个报告或页面显示的维方向,通过旋转可以得到不同视角的数据。最简单的旋转就是数据交叉。

注意,这些活动是多维分析工具应该具有的最为基本的多维空间切换活动和单个空间内数据选择和角度变换活动,并不包括在数据之上其他分析功能。一般的 OLAP 工具都会在这些基本活动的基础之上再提供相当数量的数据分析功能。

14.5.4 OLAP 的实现方式

OLAP 的实现方式有三种:基于多维数据库的 OLAP(MOLAP)、基于关系数据库的 OLAP(ROLAP)和混合型的 OLAP(HOLAP)。

1. 基于多维数据库的 OLAP(MOLAP)

MOLAP 称为基于多维数据库的 OLAP,这种 OLAP 的核心是多维数据库技术。MOLAP 工具以多维数据库的形式将元数据、基础事实数据和导出数据存储在以多维数组为基本存储结构的多维数据库中。这种结构将应用逻辑层和数据服务层结合在一起。数据一般通过批处理过程被载入多维数据库,数据装入后,系统自动建立相关索引,并进行相应的数据物化以提高查询处理功能。多维数据库目前最大的问题就是缺乏标准。另外多维存储数据库的扩展性能差,所能存储的数据规模有限,也难以实现数据维护。

2. 基于关系数据库的 OLAP(ROLAP)

ROLAP 称为基于关系数据库的 OLAP,所有基础事实数据及维表都采用关系表来表示和存储。这样,查询和数据管理都可以用传统的标准工具和接口实现,其中既可以存细节数据,也可以存汇总数据。在使用这种技术时,将多维数据库中的多维结构划分为两类:一类是基础事实表,用来存储事实的度量值及各维的码值;另一类是维表,对于每一个维来说,至少有一个表用来保存该维的描述信息,包括维的层次及成员类别等。基础事实表是通过每一个维的值和维表联系在一起的,维内的层次结构通过一个表内属性间的函数依赖来体现,该结构被称为“星形模式”。在实际中,也可以用规范的形式用多个表来描述一个具有多个层次的维,这样在“星”的角上又出现了分支,这种变形的“星形模式”被称为“雪花模式”。

星形模式可以为复杂的查询提供更快的反应时间,所访问的信息已经经过预聚集和概括总结来提高查询优化。星形模式可以提高性能,简化数据仓库设计,提供更友好更方便的界面。

对于海量数据的事实数据表的查询,为了提高分析速度,度量值的类型应尽量使用查询速度快的数据类型,较多地使用短整型成员关键字。设计数据立方时,应尽量减少不必要的维和维中不必要的层次,应尽量将两个或多个立方中具有相同信息的维设计成共享维。

基于关系型数据库的 OLAP 的优势是技术成熟,有现成的产品可以借鉴,开发过程快,风险小。ROLAP 的问题是表连接和索引处理会降低系统性能,另外一个缺点是多数分析型的操作必须在前端应用中进行。

3. 混合型的 OLAP(HOLAP)

混合型的 OLAP 是将基于多维数据库的 OLAP 和基于关系型的 OLAP 结合起来,汲取它们各自的优势。对于操作型细节数据使用关系型数据库进行管理,而对于综合性的数据则使用多维数据库实现 OLAP 操作。可以看成是对 MOLAP 的一种改进,但结构较为复杂。

在 ROLAP、MOLAP 和 HOLAP 三种数据存储模式中,MOLAP 具有最好的整体查询性能。MOLAP 的多维数据集的查询分析性能不受关系数据库的制约,聚合数据存储于数据立方中,而叶子级的数据仍按 ROLAP 结构存放在 OLTP 数据库中,从而在节省存储的同时提高查询速度。

14.6 数据挖掘技术

近年来,数据挖掘已经引起了信息产业界和各行业包括铁路行业的强烈关注,其主要原因在于大量数据中存在很多有用的数据,并且急需将这些数据转换成信息和知识。这些有用的信息和知识可以广泛应用于各个领域,如客户细分、客户流失预测、客户价值分析、异常发现、个性化服务、预警、科学探索等。这就使得数据挖掘的应用变得越来越广泛,对社会的影响也越来越大,研究数据挖掘也很自然地成了当今的一大研究与应用开发热点。

数据挖掘可以简单地理解为从大量数据中提取或挖掘知识,许多人把数据挖掘视为数据库知识发现(KDD)的同义词,更准确的观点应该是把数据挖掘视为数据库知识发现的一个步骤。数据挖掘应用了众多领域的思想,包括来自统计学的抽样、估计和假设检验;来自人工智能、模式识别和机器学习的搜索算法、建模技术和学习理论等。同时,数据挖掘也迅速地接纳了来自其他领域的思想,这些领域包括最优化、进化计算、信息论、信号处理、可视化和信息检索,其他一些领域也起到了很重要的支撑作用。

14.6.1 数据挖掘步骤

数据挖掘作为知识发现的过程,一般由 3 个主要阶段组成:数据准备、数据挖掘、结果的解释评估。知识的发现可以描述为这 3 个阶段的反复过程,如图 14.9 所示。

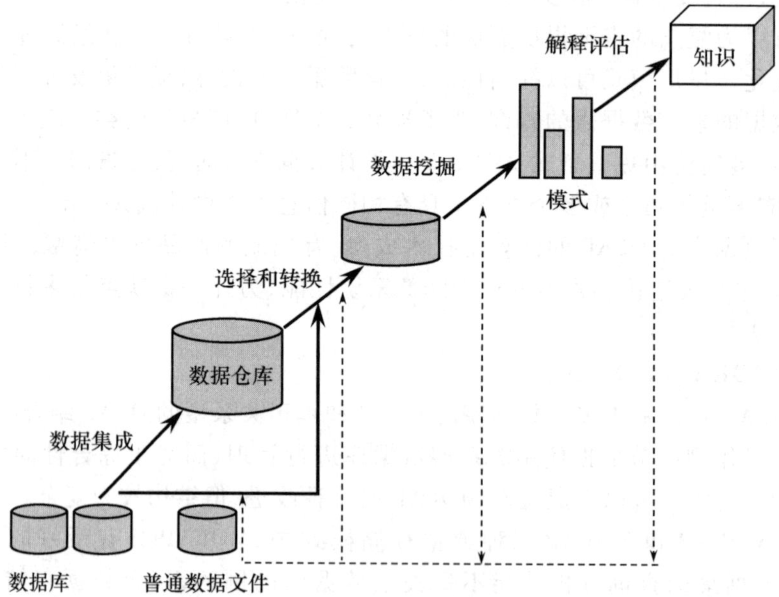

图 14.9 数据挖掘过程

1. 数据准备

数据准备过程可以针对数据仓库也可以是普通数据文件。数据准备分为 3 个子步骤:

① 数据选取。目的是确定挖掘任务的操作对象,根据用户的需要从原始数据库中抽取一组数据。

② 数据预处理。一般包括消除噪声、推导计算缺值数据、消除重复记录、完成数据类型转换等。当数据挖掘的对象是数据仓库时,一般数据预处理已经在生成数据仓库时完成了。

③ 数据变换。目的是将数据转换成适合数据挖掘需要的形式。例如将文档信息转换成数值向量形式,另外还包括数据维数的削减即降维处理,即从初始特征中找出真正有用的特征以减少数据挖掘时要考虑的特征或变量个数。

2. 数据挖掘

数据挖掘阶段首先要确定挖掘的任务或目的,如分类、聚类、关联规则发现或序列模式发现等。确定了挖掘任务后,就要决定使用什么样的挖掘算法。选择实现算法有两个考虑因素:一是数据特点;二是用户或实际运行系统的要求。需要指出的是,尽管数据挖掘算法是 KDD 的核心,也是目前研究人员主要努力的方向,但要获得好的挖掘效果,必须对各种挖掘算法的要求或前提假设有充分的理解。

3. 结果解释评估

数据挖掘阶段发现的模式,经过用户或机器的评估,可能存在冗余或无关的模式,这时需要将其剔除。也有可能模式不满足用户要求,这时则需要将整个发现过程退回到发现阶段之前,如重新选取数据,采用新的数据变换方法,设定新的数据挖掘参数值,甚至换一种挖掘算法。另外,由于数据挖掘最终是面向用户的,因此可能要对发现的模式进行可视化,或者把结果转换为用户易懂的另一种表示,如把分类决策树转换为“if…then…”规则,或者把关联规则转换成为某种易于用户理解和解释的形式。

常见的数据挖掘任务包括分类、估计、预测、相关性分组或关联规则、聚类和描述等,同时包括针对复杂数据类型的挖掘任务,如文本、网络、图形图像、视频、音频等,多数数据挖掘任务也涉及可视化任务。总体上,这些数据挖掘任务可以分成两大类任务:分类预测任务和描述型任务。

分类预测任务从已经分类的数据中学习模型,并使用学习出来的模型去解决新的未分类的数据。一个典型的分类型任务的例子是:给出一个顾客的消费情况,判断其是重要客户的可能性。

在分类预测任务中,需要用到的数据包括训练集、测试集和验证集。训练集用于训练学习算法和建立分类模型。测试集用于验证所生成的模型是否正确。训练集与测试集中的每一条数据都为带有给定标签的数据,而验证集为实际应用中的数据,不具有类标签。常见的分类预测型方法有决策树、神经网络、规则归纳、支持向量机、贝叶斯、粗糙集、回归分析、K-最近邻等。

描述型任务根据数据内部具有的固有联系,生成对数据集中的数据关系或整个数据集的概要描述。典型的描述型任务包括摘要、聚类和依赖分析等。摘要任务用于对数据集进行总结或摘要式的描述数据或子集。聚类则是把没有预定类别的数据划分成几个合理的类别,依赖分析任务主要用于发现数据项之间的关系。如下是一个典型的聚类描述型任务:根据客户的行为特征和基本属性,将不同的客户划分不同类别的相似群体。描述型任务的典型方法包括聚类、关联分析等。

14.6.2 关联规则挖掘

众所周知,沃尔玛超市"啤酒和尿布"的故事是营销界的神话。"啤酒"和"尿布"这两个看上去没有关系的商品摆放在一起进行销售并获得了很好的销售收益,这种现象就是卖场中商品之间的关联性。而关联规则就是用于发现数据库中数据间的这种联系的。它的主要对象是事务型数据库,其中针对的应用则是售货数据,也称货篮数据。如果对这些历史事务数据进行分析,则可为顾客的购买行为提供极有价值的信息。例如,它既可以帮助超市的售货员摆放货架上的商品,如把顾客经常同时买的商品放在一起等,又可以帮助管理者规划市场,如怎样相互搭配进货等。由此可见,从事务数据中发现关联规则,对改进零售业等商业活动的决策起着非常重要的作用。

定义 设 $\boldsymbol{I}=\{I_1,I_2,\cdots,I_m\}$ 是由 m 个不同的属性(谓词或项目)组成的集合。给定一个数据库 $\boldsymbol{D}$,其中的每一个记录 $\boldsymbol{T}$ 是 $\boldsymbol{I}$ 中一组属性的集合,即 $\boldsymbol{T}\subseteq\boldsymbol{I}$,有一个唯一的标识符 TID。若集合 $\boldsymbol{X}\subseteq\boldsymbol{I}$ 且 $\boldsymbol{X}\subseteq\boldsymbol{T}$,则记录 $\boldsymbol{T}$ 包含集合 $\boldsymbol{X}$。我们把形如 $\boldsymbol{X}\Rightarrow\boldsymbol{Y}$ 的蕴涵式称为关联规则,其中 $\boldsymbol{X}\subseteq\boldsymbol{I},\boldsymbol{Y}\subseteq\boldsymbol{I},\boldsymbol{X}\cap\boldsymbol{Y}=\boldsymbol{\Phi}$。

但是,关联规则 $\boldsymbol{X}\Rightarrow\boldsymbol{Y}$ 的成立有两个条件:

① 它具有支持度 s,即数据库 $\boldsymbol{D}$ 中有 $s\%$ 的记录包含 $\boldsymbol{X}\cup\boldsymbol{Y}$;

② 它具有置信度 c,即数据库 $\boldsymbol{D}$ 中包含 $\boldsymbol{X}$ 的记录里有 $c\%$ 的记录包含 $\boldsymbol{Y}$。习惯上,将关联规则表示为 $\boldsymbol{X}\Rightarrow\boldsymbol{Y}(s\%,c\%)$。下面分别是支持度和置信度的计算公式:

$$s\%=\frac{|\{\boldsymbol{T}:\boldsymbol{X}\cup\boldsymbol{Y}\subseteq\boldsymbol{T},\boldsymbol{T}\in\boldsymbol{D}\}|}{|\boldsymbol{D}|}$$

$$c\%=\frac{|\{\boldsymbol{T}:\boldsymbol{X}\cup\boldsymbol{Y}\subseteq\boldsymbol{T},\boldsymbol{T}\in\boldsymbol{D}\}|}{|\{\boldsymbol{T}:\boldsymbol{X}\subseteq\boldsymbol{T},\boldsymbol{T}\in\boldsymbol{D}\}|}$$

其中,$|\boldsymbol{D}|$ 表示数据库 $\boldsymbol{D}$ 的记录总数。支持度定义了属性在整个数据库中所占的比例;置信度定义了发现规则的强度。

如果不考虑关联规则的支持度和可信度,那么在事务数据库中存在无穷多的关联规则。事实上,人们一般只对满足一定的支持度和可信度的关联规则感兴趣。因此,为了发现有意义的关联规则,需要给定两个阈值:最小支持度和最小可信度。前者是用户规定的关联规则必须满足的最小支持度,它表示了一组物品集在统计意义上需要满足的最低程度;后者即用户规定的关联规则必须满足的最小可信度,它反映了关联规则的最低可靠程度。同时满足最小可信度阈值和最小支持度阈值的关联规则被称为强关联规则。

就沃尔玛超市案例而言,先设定支持度阈值和可信度阈值,在这里分别设为 5% 和 70%。因此,符合要求的关联规则必须满足这两个条件。若在数据挖掘的过程中,找到关联规则(尿布,啤酒)满足这两个条件,那么就可以接受这个关联规则,它表示在购买尿布的顾客中,有 70% 的顾客同时还会购买啤酒,并且同时购买尿布和啤酒的顾客占了全部顾客的 50%。因此,这条关联规则显示:根据历史的记录,购买尿布的大部分顾客同时会购买啤酒。在商品摆放的时候,应该把尿布和啤酒放在一起。

14.6.3 分类挖掘

分类在数据挖掘中是一项非常重要的任务,是目前在商业上应用最多的一种数据挖掘方法。

由于数据库中的每个数据项都有一个类别标记,因此,它的目的在于学会一个分类函数或分类模型(分类器),把这些数据项映射到给定类别标记中的某一个。与回归方法一样,可用于预测。预测是指从历史数据记录中推导出对给定数据的推广描述,从而达到对未来数据进行预测的目的。与回归方法不同的是,分类的输出是离散的类别值,而回归的输出则是连续数值。

分类的过程一般分为两个步骤:

① 通过已知数据集(训练集),建立分类函数,构造分类器。

② 利用所获得的分类函数对未知类别标记的数据项进行分类操作。

在构造分类器时,需要一个训练样本数据集作为输入。训练集由一组数据库记录或元组构成,每个元组是一个由有关字段(属性或特征)值组成的特征向量。一个具体样本的形式可以表示为:$(v_1, v_2, \cdots, v_n; c)$。其中,$v_i$ 表示字段值,c 表示类别。

分类器的构造方法有统计方法、机器学习方法、神经网络方法等。统计方法包括贝叶斯法和非参数法,对应的知识表示则为判别函数和原型事例。机器学习方法包括决策树法和规则归纳法,前者对应的表示为决策树或判别树,后者则一般为产生式规则。神经网络方法主要是 BP 算法,它的模型是一种由代表神经元的节点和代表连接权值的边组成的体系结构——前向反馈神经网络模型。从本质上来说,BP 算法是一种非线性判别函数。另外,最近又兴起了一种新的方法:粗糙集,其知识表示是产生式规则。

面对如此多种的分类器,需要对它们进行评价和比较。对各种分类器的评价可以根据以下几条标准进行:

① 预测准确率。指模型能够正确预测未知数据类别的能力。

② 速度。指构造和使用模型时的计算效率。

③ 健壮性。指在数据带有噪声或有数据遗失的情况下,模型仍能进行正确预测的能力。

④ 可扩展性。指对处理大量数据并构造相应有效模型的能力。

⑤ 易理解性。指所获模型提供的可理解程度。

而且,分类的效果还与数据的特点有关。有的数据噪声大,有的数据有缺值,有的数据分布稀疏,有的数据的字段或属性间相关性强,有的数据只有名义属性或者数字属性,而有的数据却两者兼有。目前,普遍认为不存在某种适合于各种特点的数据的方法。基于以上各种分类器,可以开发出不同功能的数据自动分类系统。

在沃尔玛这种大型商场中,购买商品的客户众多,可以使用数据自动分类系统对这些客户进行分类。这种分类可以帮助管理者做出一些类似留住重要顾客的决策。假设一位顾客,每月至少消费一次,并且每 10 次中平均有 7 次的消费金额都是 300 元以上,就可以视为重要客户。根据不同标准,可以把客户分为多个层次。利用这些数据作为训练数据,构造相应的分类器,可以把每位顾客都归入某个类别中。典型的分类器有贝叶斯分类器等。这样,就可以针对不同的客户,给予不同的优惠来留住顾客,达到双赢的目的。

14.6.4 聚类挖掘

前面提到了分类方法,现在来学习数据挖掘中的聚类方法。简单地说,聚类就是将一个数据集中的数据进行分组,使得每一组内的数据尽可能地相似而不同组间的数据尽可能地不同。它与分类的一个不同点在于,它强调同一个组中的对象之间具有较高的相似度,而在不同组中的对象之间有很大的差别。聚类方法包括统计方法、机器学习方法、神经网络方法和面向数据库的方法等。

定义 在数据空间 $\boldsymbol{A}$ 中，数据集 $\boldsymbol{X}$ 由许多数据点（或数据对象）组成，数据点 $X_i=\{X_{i1},X_{i2},\cdots,X_{id}\}\in\boldsymbol{A}$，$X_i$ 的每个属性（或特征、或维度）X_{ij}既可以是数值型，也可以是枚举型。因此，数据集 $\boldsymbol{X}$ 相当于一个 $n\times d$ 的矩阵。假设数据集 $\boldsymbol{X}$ 中有 n 个对象 $X_i(i=1,2,\cdots,n)$，聚类的最终目的就是把数据集 $\boldsymbol{X}$ 划分为 k 个分割 $\boldsymbol{C}_m(m=1,2,\cdots,k)$，也有可能有些对象不属于任何一个分割，这些对象就是噪声。所有分割的并集就是数据集 $\boldsymbol{X}$，并且这些分割之间没有交集，即

$$\begin{cases}\boldsymbol{X}=\boldsymbol{C}_1\cup\boldsymbol{C}_2\cup\cdots\cup\boldsymbol{C}_k,\\ \boldsymbol{C}_i\cap\boldsymbol{C}_j=\boldsymbol{\Phi}(i\neq j).\end{cases}$$

这样的 $\boldsymbol{C}_m$ 就称为聚类。

在统计方法中，聚类称为聚类分析，它是多元数据分析的三大方法之一。这种聚类方法是一种基于全局比较的聚类，它需要考察所有的个体才能决定类的划分。因此它要求所有的数据必须预先给定，而不能动态增加新的数据对象。而且，聚类分析方法不具有线性的计算复杂度，难以适用于数据库非常大的情况，这也是聚类的缺点所在。

在机器学习中，聚类称作无监督（或无教师）归纳。和分类相比，分类的例子或数据对象均有类别标记，而聚类的例子则没有标记，需要由聚类算法来自动确定。

在神经网络中，有一类无监督学习方法，即自组织神经网络方法，如 Kohonen 自组织特征映射网络、竞争学习网络等。在数据挖掘领域里，神经网络聚类方法主要是自组织特征映射方法。

通过上面的学习，对聚类算法的原理有了一定的了解。那么，如何把它应用到实际中呢？目前，在很多商场中流行着的各种会员卡，即为顾客分析打下了一定的基础。而且，现在很多大型商场都有 OLTP 数据库，如果使用数据仓库来处理这些数据，再加上顾客卡里的信息，就可以很方便地使用数据挖掘的聚类算法进行分析，例如顾客特征聚类分析、顾客特征与商品类别聚类分析等。根据聚类结果，管理者可以采取更加有效的决策，如增加适销商品，确定发行金卡的对象等。比如，针对某一商场，可以通过聚类分析发现：女顾客占了 70%，年龄在 30 岁的顾客占了 65% 等，而且她们的主要消费品为糖果饼干、日用百货、休闲食品等。这样的话，就可以适当地调整商品的进货比例，减少不必要的库存。

14.6.5 时间序列分析

在学习时间序列分析方法之前，需要知道什么是时间序列。所谓时间序列就是用时间排序的一组随机变量。国内生产总额（GDP）的变化、消费者价格指数（CPI）的变化、利率、汇率等都是时间序列数据。由于前后时刻数据的相关性，往往呈现某种规律性变化，因此时间序列里蕴藏着其他信息形式所不能代替的知识。因此，时间序列分析就成了数据挖掘的一部分。时间序列分析也可以称为数据演变分析，它能描述行为随时间变化的对象的规律或趋势，并对其进行建模。对于时间序列的数据类型，时间序列从不同的角度可以分为：一元时间序列和多元时间序列；等间隔时间序列和不等间隔时间序列；平稳时间序列和非平稳时间序列。

时间序列分析涉及很多方面：时间序列预测，时间序列数据变换，时间序列聚类/分类分析等。用时间序列预测的例子，如根据给出的某商场在某年的每个月的零售额、月初库存和流通费用，使用时间序列分析方法可以预测下个月的零售额、月初库存和流通费用。而且，预测的结果

与实际的结果会在一个很小的误差范围内。而且,也可以对某种的销售量进行预测。比如,根据某种商品前6个月的销售量来预测第7个月的销售量。这样,管理者可以根据预测值来确定第7个月这种商品的进货量。

小结

本章首先详细介绍了数据仓库的基本概念、如何设计和建造数据仓库、数据仓库的运行与维护,然后介绍了联机分析处理与多维数据模型,最后简要概述了数据挖掘技术,包括数据挖掘的步骤,数据挖掘中的关联规则挖掘、分类挖掘、聚类挖掘和时间序列分析。

数据仓库与数据挖掘是近年来计算机科学领域研究的热门话题,数据仓库技术所解决的问题是如何更合理和更有效地组织企业数据体系,以更好地满足企业信息型应用需求。对于日常的运行和维护,要重点关注数据仓库的查询效率和性能优化,及早发现和分析可能引起系统瓶颈导致性能恶化的问题,提高整体数据库的吞吐量。

多维分析侧重于从多个角度、不同层次,采用各种数据分析技术,对数据仓库中的以多维形式组织起来的数据进行剖析,使用户能从不同角度和不同层次观察和分析数据,以对高层管理人员提供决策支持。

而数据挖掘技术所解决的问题是如何更智能和更准确地分析企业数据,从而为企业信息应用系统提供辅助支持。

习题

一、选择题

1. 人们采用数据抽取程序从 OLTP 系统中抽取出数据的最主要原因是

A. 对数据进行整理　　B. 建立数据仓库

C. 解决不同类型应用程序之间的性能冲突问题　　D. 解决蜘蛛网问题

2. 下列 ODS 体系不是根据数据更新的速度来划分的是

A. ODS Ⅰ　　B. ODS Ⅱ　　C. ODS Ⅲ　　D. ODS Ⅳ

3. 以下说法中,不是建立数据仓库的恰当理由的是

A. 充分利用企业信息系统生成的数据

B. 把企业的各种应用集中在一起

C. 解决数据分析应用和企业基本业务应用之间的性能冲突的问题

D. 以面向主题、集成的方式合理组织数据,实现跨专业视图

二、填空题

1. 数据仓库具有__________、__________、__________和__________4 个重要特性。

2. 在数据仓库环境,粒度影响数据仓库的__________以及__________,粒度级设计越__________,能回答的查询越多,需要存储的数据量就越__________。

3. 数据仓库中数据的维护策略一般可分为__________、__________和__________三种维护策略。

4. 根据 OLAP 数据的存储形式,OLAP 的实现方式有__________、__________和混合型 OLAP 三种。

5. 数据挖掘由_________、_________和_________3 个主要阶段组成。

6. 数据集成一般包括_________、_________、_________和_________四项工作。

7. 建立 ODS 的目的一般是为支持_________和_________两类应用。

附录1 全国计算机等级考试三级数据库技术考试样题及参考答案

样题

一、选择题

下列各题A)、B)、C)、D)四个选项中，只有一个选项是正确的。

1. 下列有关数据库系统及相关内容的说法中，错误的是

A）数据库系统是由计算机软硬件组成的复杂系统，其体系结构与系统硬件平台密切相关

B）数据库管理系统提供了查询、插入、删除、更新等通用数据操作，但没有提供各种面向具体应用领域的业务处理功能

C）数据库中的数据是按照一定的数据模型组织和存储的、可供多个用户共享的、具有最小冗余度的相关数据的集合

D）数据字典记录数据库系统运行时数据库操作情况的日志信息，通常由数据库管理员管理和维护

2. 触发器是一种特殊的存储过程，它是由用户对数据的更改操作自动引发执行的。下列数据库控制中，适于用触发器实现的是

A）并发控制　　B）恢复控制　　C）可靠性控制　　D）完整性控制

3. 数据库概念设计是面向企业或组织中的数据需求的。下列有关概念模型设计的说法中，错误的是

A）按照具有相同属性特征原则对客观事物进行分类，在分类的基础上概括命名，得到实体集

B）分析和定义实体集中的每一个实例，并用有意义的符号或文字分别描述它们

C）从一个联系的两端（两个方向）确定实体集之间联系的基数，并把联系的基数标注在模型中

D）要保证一个实体集中定义的每一个属性有意义、不重名

4. 数据库物理设计的目标是为应用数据提供合适的数据存储结构，同时要保证数据库系统具有良好的性能。关于数据库物理设计，下列说法中错误的是

A）数据库物理设计需要考虑数据的存储方式、存取路径和具体的实现细节，还需要考虑数据的加载方式

B）数据库物理设计一般需要根据数据的存储需求和使用需求确定数据库管理系统的配置参数

C）数据库物理设计需要权衡系统的时间效率、空间效率、维护代价和各种用户要求，因此可能会产生多个备选方案

D）在数据库物理设计后期，可以根据实际需要适当降低某些关系模式的规范化程度，以提高查询效率

5. 下列有关三级模式结构和数据独立性的说法中，正确的是

A）在一个数据库中可以定义多个内模式，可利用不同的内模式来描述特定用户对数据的物理存储需求

B）外模式是用户与数据库系统的接口，用户可通过外模式来访问数据，在一个数据库中只能定义一个外模式

C）三级模式结构提供了数据独立性，即当数据的逻辑结构和存储结构发生变化时，应用程序不受影响

D）数据独立性使得数据的定义和描述与应用程序相分离，简化了数据库应用程序的开发，但增加了用户维护数据的代价

6. 设有教师表（教师号，姓名，年龄，性别，所在系号），系表（系号，系名）。用户将非常频繁地在这两张表上执行如下查询：

```
SELECT 教师号，姓名，系名
FROM 教师表 T JOIN 系表 D ON T.所在系号 =D.系号;
```

为了提高查询效率，下列最适合存储上述表数据的文件类型是

A）堆文件　　B）索引文件　　C）聚集文件　　D）散列文件

7. 利用游标机制可以实现对查询结果集的逐行操作。下列关于 SQL Server 2008 中游标的说法中，错误的是

A）每个游标都有一个当前行指针，当游标打开后，当前行指针自动指向结果集的第一行数据

B）如果在声明游标时未指定 INSENSITIVE 选项，则已提交的对基表的更新都会反映在后面的提取操作中

C）当@@FETCH_STATUS=0 时，表明游标当前行指针已经移出了结果集范围

D）关闭游标之后，可以通过 OPEN 语句再次打开该游标

8. 若某数据库系统中存在一个等待事务集{$T1$，$T2$，$T3$，$T4$，$T5$}，其中 $T1$ 正在等待被 $T2$ 锁住的数据项 $A2$，$T2$ 正在等待被 $T4$ 锁住的数据项 $A4$，$T3$ 正在等待被 $T4$ 锁住的数据项 $A4$，$T5$ 正在等待被 $T1$ 锁住的数据项 A。下列有关此系统所处状态及需要进行的操作的说法中，正确的是

A）系统处于死锁状态，需要撤销其中任意一个事务即可退出死锁状态

B）系统处于死锁状态，通过撤销 $T4$ 可使系统退出死锁状态

C）系统处于死锁状态，通过撤销 $T5$ 可使系统退出死锁状态

D）系统未处于死锁状态，不需要撤销其中的任何事务

9. 当数据库中某张表的数据量巨大时，可采用人工分割表的方法优化性能。下列有关分割表的说法中，错误的是

A）水平分割后，得到的表结构相同

B）水平分割后，查询表中所有数据时需使用 JOIN 操作

C）垂直分割后，所有表中均需保留原有表的主码

D）当查询表中所有数据时，使用分割表方法会增加查询表达的复杂度

10. 在并行数据库中，需要将表拆分到不同的磁盘上。下列最适合整表扫描的拆分方式是

A）轮转法　　B）散列划分　　C）范围划分　　D）等值划分

11. 为了保证数据库系统的连续运行，仅仅依靠数据库系统软件是不能满足需求的，需要从硬件级别对数据库系统进行保护。下列有关数据库硬件容错方案的说法中，错误的是

A）在数据库服务器的 Active-Standby 模式中，共享存储损坏时，数据库将无法对外提供服务

B）数据库服务器的 Active-Standby 模式可以实现一台数据库服务器损坏时快速恢复服务，但数据库服务需要中断一定时间

C）数据库服务器的 Active-Standby 模式一般使用私有网络实现状态检测，一条私有网络一般可以确保不出现“脑裂”现象

D）在 Oracle RAC 架构中，数据库可以同时运行在多台服务器上，可以克服 Active-Standby 架构资源浪费的问题

12. 下列有关基于 C/S 和基于 B/S 数据库应用系统体系结构的说法中，错误的是

A）在 C/S 结构中，应用业务规则主要是在客户端实现的

B）在 B/S 结构中，应用业务规则主要是在数据库服务器端实现的

C）在 C/S 结构中，客户端属于“胖客户端”；在 B/S 结构中，客户端属于“瘦客户端”

D）在 C/S 结构中，客户端需专门开发；在 B/S 结构中，客户端一般只需安装浏览器

13. 在数据建模阶段需要标识和定义联系。下列有关联系以及标识和命名联系的说法中，正确的是

A）一个联系描述一个实体集中属性之间的依赖关系，而联系实例表示一个联系中的两个实例之间有意义的关联

B）标识一个实体集中两个属性之间是否存在关联关系的简单方法是建立联系矩阵，通过联系矩阵分析和考察它们之间可能的关联

C）ER 图中一般只描述一个实体集中两个属性之间的直接联系，并不描述它们之间的间接联系

D）ER 图中一般使用动词或动词短语命名联系，并且要求联系名应该是具体的、简明的和有意义的

14. 某商场想根据购物记录找出倾向于购买高清电视的顾客所具有的属性特征，能够满足此需求的数据挖掘方法是

A）关联分析　　B）分类分析　　C）时间序列分析　　D）回归分析

15. 在一个分布式数据库中，表 R 被分片为 R1 和 R2，R1 存储在场地 1 上，R2 存储在场地 2 和场地 3 上。如果用户编写应用程序时可以直接访问 R，则称该系统具有

A）分片透明性　　B）位置透明性

C）局部数据模型透明性　　D）全局数据模型透明性

16. 类图技术是面向对象方法的核心技术。下列所示 UML 的类图中，正确的是

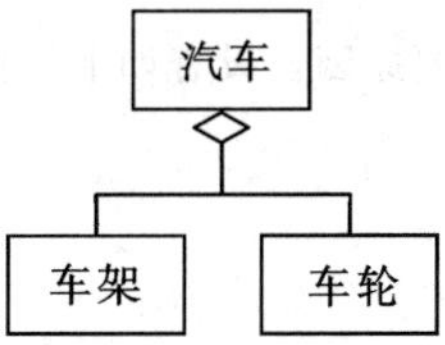

A）

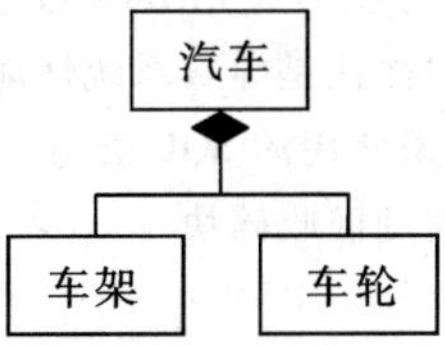

B）

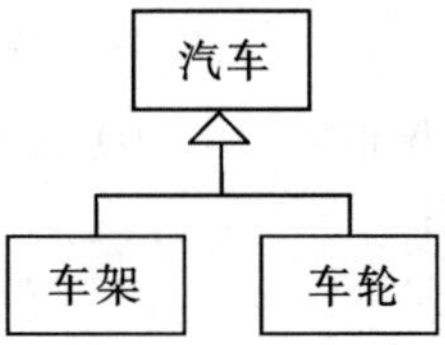

C）

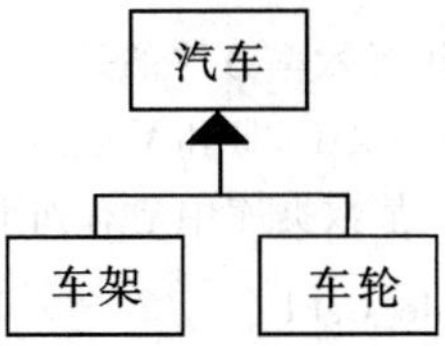

D）

17. 设某数据库中有学生表（学号，姓名，所在系）和选课表（学号，课程号，成绩）。现要查询没选课的学生姓名和所在系。下列语句中能够实现该查询要求的是

A）SELECT 姓名，所在系 FROM 学生表 a　LEFT JOIN 选课表 b

ON a. 学号 =b. 学号 WHERE a. 学号 IS NULL

B）SELECT 姓名，所在系 FROM 学生表 a　LEFT JOIN 选课表 b

ON a. 学号 =b. 学号 WHERE b. 学号 IS NULL

C）SELECT 姓名，所在系 FROM 学生表 a　RIGHT JOIN 选课表 b

ON a. 学号 =b. 学号 WHERE a. 学号 IS NULL

D）SELECT 姓名，所在系 FROM 学生表 a　RIGHT JOIN 选课表 b

ON a. 学号 =b. 学号 WHERE b. 学号 IS NULL

18. 在 SQL Server 2008 中,建立索引视图的目的是为了提高数据查询的效率。下列关于索引视图的说法中,错误的是

A）当很少对基础数据进行更改操作时,适合建立索引视图

B）索引视图的数据被物理地保存在数据库中,因此建立索引视图会占用更多的存储空间

C）对于经常执行连接和聚合操作的查询,不适合建立索引视图

D）如果 Group By 列具有高基数度的数据聚合,则不适合建立索引视图

19. 设在 SQL Server 2008 中,用户 U1 在 DB1 数据库中创建了#Temp 表。下列关于#Temp 表的说法中,正确的是

A）只有在创建#Temp 表的连接中才可以查询#Temp 表数据

B）在所有用户 U1 发起的连接中,都可以查询#Temp 表数据

C）在创建#Temp 表的连接未断开时,DB1 数据库的所有用户都可以查询#Temp 表数据

D）在创建#Temp 表的连接断开后,DB1 数据库的所有用户仍可以查询#Temp 表数据

20. 为便于管理数据库中的数据文件,SQL Server 2008 提供了文件组的机制。下列关于文件组的说法中,错误的是

A）每个数据库至少包含一个文件组

B）数据库的系统信息必须存储在 PRIMARY 文件组中

C）用户信息只能存储在用户定义的文件组中

D）数据库的默认文件组可以不是 PRIMARY 文件组

21. 效率低下的 SQL 语句往往是导致系统性能不佳的主要原因。设有如下优化系统性能的方法：

Ⅰ.利用存储过程封装频繁使用的 SQL 语句

Ⅱ.重新安排数据存储,整理回收碎块

Ⅲ.不要随意使用游标

Ⅳ.合理使用相关子查询

Ⅴ.调整表结构定义

以上属于优化 SQL 语句执行效率方法的是

A）仅Ⅰ、Ⅲ和Ⅳ　B）仅Ⅰ、Ⅲ和Ⅴ　C）仅Ⅱ、Ⅳ和Ⅴ　D）仅Ⅰ、Ⅳ和Ⅴ

22. 设在 SQL Server 2008 某数据库中建有如下会员卡表：

```
CREATE TABLE Table_Card (
    CardID      char(4)     PRIMARY KEY,
    StartDate   datetime    NOT NULL,
    Score       int         NOT NULL DEFAULT 0,
    State       int         NOT NULL CHECK (State in (0,1,2))
)
```

现表中无数据,某用户对此表依次进行了如下操作：

Ⅰ. INSERT INTO Table_Card

VALUES ('1001','2012-1-1 12:30:01',154,0)

Ⅱ. INSERT INTO Table_Card(CardID,StartDate,State)

VALUES ('1002','2012-1-1 12:30:02',1)

Ⅲ. INSERT INTO Table_Card

VALUES ('1003','2012-1-1 12:30:03',172,2)

Ⅳ. INSERT INTO Table_Card

VALUES ('1004','2012-1-1 12:30:04',135,3)

Ⅴ. UPDATE Table_Card SET State =3 WHERE CardID='1001'

Ⅵ. UPDATE Table_Card SET State =1 WHERE CardID='1004'

以上操作对 Table_Card 表数据产生影响的是

A）仅Ⅰ、Ⅱ和Ⅲ　　B）仅Ⅰ、Ⅴ和Ⅵ　　C）仅Ⅰ、Ⅱ、Ⅲ和Ⅵ　　D）仅Ⅲ、Ⅳ、Ⅴ和Ⅵ

23. 在数据库应用系统的实施、运行和维护阶段有下列工作：

Ⅰ. 定义数据库结构　　Ⅱ. 数据装载

Ⅲ. 编写和调试应用程序　　Ⅳ. 监控数据库运行性能

Ⅴ. 数据库的重组和重构　　Ⅵ. 数据库应用系统功能测试和性能测试

以上属于实施阶段工作的是

A）仅Ⅰ、Ⅱ、Ⅲ和Ⅴ　　B）仅Ⅰ、Ⅱ、Ⅲ和Ⅵ

C）仅Ⅱ、Ⅲ、Ⅳ和Ⅵ　　D）仅Ⅱ、Ⅳ、Ⅴ和Ⅵ

24. 设有关系模式 Teacher(Tno,Tname,Title,Dno,Dname,Cno,Cname,Credit)，满足函数依赖集：{Tno→Tname,Tno→Title,Tno→Dno,Dno→Dname,Tno→Cno,Cno→Cname,Cno→Credit}。下面Ⅰ～Ⅳ给出了这个关系模式的主码，Ⅴ～Ⅶ给出了这个关系模式的分解方案：

Ⅰ. <u>Tno</u>　　Ⅱ. <u>Tno,Dno</u>　　Ⅲ. <u>Tno,Cno</u>　　Ⅳ. <u>Tno,Dno,Cno</u>

Ⅴ. (Tno,Tname,Title,Dno,Cno),(Dno,Dname),(Cno, Cname, Credit)

Ⅵ. (Tno,Tname,Title),(Dno,Dname),(Cno,Cname,Credit)

Ⅶ. (Tno,Tname,Title,Dno),(Dno,Dname,Cno),(Cno,Cname,Credit)

以上是关系模式 Teacher 的主码，并且其分解满足 3NF 的是

A）仅Ⅰ和Ⅴ　　B）仅Ⅱ和Ⅶ　　C）仅Ⅲ和Ⅵ　　D）仅Ⅳ和Ⅶ

25. 设某数据库中有选课表(学号,课程号,成绩)。现要查询至少选了"C01"和"C02"两门课程的学生的学号和所选的课程号，有下列查询语句：

Ⅰ. SELECT 学号,课程号 FROM 选课表

WHERE 课程号 ='C01' OR 课程号 ='C02'

Ⅱ. SELECT 学号,课程号 FROM 选课表 WHERE 学号 IN(

SELECT 学号 FROM 选课表 WHERE 课程号 ='C01' OR 课程号 ='C02')

Ⅲ. SELECT 学号,课程号 FROM 选课表

WHERE 学号 IN(SELECT 学号 FROM 选课表 WHERE 课程号 ='C01')

AND 学号 IN(SELECT 学号 FROM 选课表 WHERE 课程号 ='C02')

Ⅳ. SELECT 学号,课程号 FROM 选课表 WHERE 课程号 ='C01'

INTERSECT

SELECT 学号,课程号 FROM 选课表 WHERE 课程号 ='C02'

上述语句中，能够实现该查询要求的是

A）仅Ⅰ和Ⅱ　　B）仅Ⅱ和Ⅲ　　C）仅Ⅲ和Ⅳ　　D）仅Ⅲ

26. 在 SQL Server 2008 中，设某数据库应用系统中有商品类别表(<u>商品类别号</u>,类别名称,类别描述信息)和商品表(<u>商品号</u>,商品类别号,商品名称,生产日期,单价,库存量)。该系统要求增加每种商品在入库的时候自动

检查其类别,禁止未归类商品入库的约束。下列实现此约束的语句中,正确的是

A) ALTER TABLE 商品类别表 ADD CHECK (商品类别号 IN

(SELECT 商品类别号 FROM 商品表))

B) ALTER TABLE 商品表 ADD CHECK (商品类别号 IN

(SELECT 商品类别号 FROM 商品类别表))

C) ALTER TABLE 商品表 ADD

FOREIGN KEY(商品类别号) REFERENCES 商品类别表(商品类别号)

D) ALTER TABLE 商品类别表 ADD

FOREIGN KEY(商品类别号) REFERENCES 商品表(商品类别号)

27. 设在 SQL Server 2008 中,有如下创建分区函数的语句:

```
CREATE PARTITION FUNCTION myRangePF1(int)
AS RANGE FOR VALUES(1,100,1000);
```

该分区函数的功能是

A) 创建2个分区,分区范围分别为:[1..100]、[101..1000]

B) 创建2个分区,分区范围分别为:[1..99]、[100..1000]

C) 创建4个分区,分区范围分别为:<1、[1..99]、[100..999]、>=1000

D) 创建4个分区,分区范围分别为:<=1、[2..100]、[101..1000]、>1000

28. 关于操作型数据和 DSS 型数据特征有如下说法

Ⅰ. 操作型数据更新频率高,DSS 型数据一般不更新

Ⅱ. 操作型数据对性能要求宽松,DSS 型数据对性能要求高

Ⅲ. 操作型数据是详细的,DSS 型数据是综合的

Ⅳ. 操作型数据有冗余,DSS 型数据无冗余

Ⅴ. 操作型数据处理需求事先可知,DSS 型数据处理需求事先不明确

上述说法中正确的是

A) 仅Ⅰ、Ⅱ和Ⅴ　　B) 仅Ⅱ、Ⅲ和Ⅳ

C) 仅Ⅰ、Ⅲ和Ⅴ　　D) 仅Ⅲ、Ⅳ和Ⅴ

29. 某商场经营管理系统在运行过程中数据库系统突然发生软故障,数据库管理员发现问题后重启了数据库。重启后,系统业务正常。设重启期间可能有如下操作:

Ⅰ. 使用日志文件重做已提交的事务

Ⅱ. 对未提交的事务进行回滚

Ⅲ. 使用 RAID 技术对数据进行恢复

Ⅳ. 使用镜像数据库对数据进行恢复

Ⅴ. 使用数据库备份对数据进行恢复

为了保证数据的一致性,系统可能进行的操作是

A) 仅Ⅰ　　B) 仅Ⅰ和Ⅱ　　C) 仅Ⅰ、Ⅱ和Ⅴ　　D) 以上都是

30. 我们用 $TB(T_i)$ 表示事务 T_i 的开始时间,$TC(T_i)$ 表示 T_i 的提交时间。现有如下5个事务:

$TB(T_1)=10, TC(T_1)=30$

$TB(T_2)=50, TC(T_2)=100$

$TB(T_3)=80, TC(T_3)=200$

$TB(T_4)=120, TC(T_4)=150$

$TB(T_5)=180, TC(T_5)=220$

系统在时间点90生成了一个检查点，在时间点190发生了系统故障，则在系统故障恢复过程中，需要

A）重做 T_1、T_2、T_4，撤销 T_3、T_5　　B）重做 T_1、T_2、T_3，撤销 T_4、T_5

C）重做 T_2、T_3，撤销 T_4、T_5　　D）重做 T_2、T_4，撤销 T_3、T_5

二、应用题

1. 用二维表结构在计算机中存储数据及数据之间联系的数据模型被称为__【1】__。

2. 在分布式数据库中，使用__【2】__模式来描述各片段到物理存放场地的映像。

3. 设有关系模式：图书借阅（读者号，图书号，借阅日期，还书日期），其中的读者号是这个关系模式的__【3】__属性。

4. 为避免活锁现象的发生，数据库管理系统采用__【4】__策略处理事务的加锁请求。

5. 对关系进行规范化处理属于数据库应用系统开发过程中数据库__【5】__设计阶段的任务。

6. 搜索引擎在用户输入一个关键词之后，会向用户推荐最近一段时间最可能和该关键词一起出现的其他关键词，这用到了数据挖掘中的__【6】__挖掘算法。

7. 在SQL Server 2008中，创建用户定义的角色MyRole。请补全下面语句：

__【7】__ MyRole;

8. 在SQL Server 2008中，现要在T1表的C1列上创建一个唯一的聚集索引。请补全下面语句：

CREATE __【8】__ INDEX ID_ind ON T1(C1);

9. 设在SQL Server 2008某数据库中有购买表（顾客号，商品号，购买时间），现要查询C01顾客购买过但C02顾客没有购买过的商品。请补全下面语句。

SELECT 商品号 FROM 购买表 WHERE 顾客号 ='C01'

__【9】__

SELECT 商品号 FROM 购买表 WHERE 顾客号 ='C02';

10. 设在SQL Server 2008某数据库中，要设置不允许用户U1获得对表T数据的删除权限。请补全实现该授权操作的SQL语句：

__【10】__ ON T TO U1;

11. 在动态转储中，利用转储文件只能将数据库恢复到转储过程中的某个状态，且转储文件中的数据可能不一致，只有和__【11】__文件综合起来使用，才能将数据库恢复到一致状态。

12. 在SQL Server 2008中，具有系统管理员权限的服务器角色是__【12】__。

13. 一个完整的事务概要设计包括事务名称、事务所访问的关系名及其属性名、事务的__【13】__以及事务用户。

14. 在数据仓库中，元数据主要分为__【14】__元数据和业务元数据两类。

15. 在SQL Server 2008中，数据库镜像分为高可用操作模式、高保护操作模式和__【15】__操作模式。

三、设计与应用题

1. 设某信息管理系统在需求分析阶段已经收集到下列信息：

学生信息：学号、姓名、性别、出生日期、所在系号、系名、系办公电话

学生学籍异动信息：学籍异动类型（如因病休学，任村干部保留学籍，农村任教保留学籍等）、异动类型说明、异动时间

教材信息：教材号、教材名、使用该教材的课程号、课程名、课程学分

该业务系统存在如下规则：

Ⅰ. 一个系管理多名学生，每个学生只由一个系管理

Ⅱ. 一本教材仅用于一门课程，一门课程可使用多本教材

Ⅲ. 一名学生可选修多门课程,一门课程可由多名学生选修

Ⅳ. 学生选修的课程要在数据库中记录课程成绩

Ⅴ. 一名学生可能会有多条学籍异动信息

① 请根据以上描述信息画出合适的 ER 图。

② 将 ER 图转换为满足 3NF 的关系模式,并标出每个关系模式的主码(用下画线标注)和外码。

2. 设在 SQL Server 2008 某数据库中,有图书表(书号,书名,单价)和销售表(书号,销售时间,销售数量),假设单价和销售数量均为 int 类型,书号和书名均为 varchar(50)类型,销售时间为 datetime 类型。请给出创建满足如下要求的多语句表值函数,该函数统计指定年份中每本书的销售总额。设函数名为:f_BookProfit(@year int),函数的返回结果格式如下:

书号	销售总额
B001	60000
…	…

3. 某商场新购了一套商品经营管理系统,此系统使用 SQL Server 2008 数据库管理系统。此系统上线运行前,需将商场原有的数据导入到新系统中。原有系统使用 SQL Server 2000,数据结构与新系统不完全一致。为了保证数据一致性,数据导入过程中要求暂停业务且必须在 2 小时内完成。

① 在原有数据导入新系统的过程中,实施人员发现原有数据量很大,导入数据需要 4 小时,业务无法接受。经分析某工程师认为,数据导入过程中数据库系统 IO 很高,但导入数据的程序本身对系统资源占用很低。该工程师建议将数据导入过程中的数据库恢复模式从“完整”模式改为“简单”模式以提高数据导入速度;而另一位工程师则认为此方法未必能提高数据导入速度,而且还可能导致数据丢失,不建议使用此方法。

请分析此方法是否能够提高数据导入速度并给出理由,同时请分析此操作的数据丢失风险。

② 在成功导入历史数据后,此系统顺利上线运行。在上线运行的第一周,发现数据库服务器 CPU 使用率很高,达到近 90%,高峰期间达到 100%,且系统内存使用率达到 90%,但系统 I/O 很轻。业务人员反映系统操作速度很慢。为了提高系统运行速度,在不修改应用程序的前提下,两位工程师提出了不同的解决方法:

i. 为服务器增加 2 颗 CPU,缓解 CPU 使用率很高的问题。

ii. 为服务器增加一倍内存,缓解内存使用率很高的问题。

考虑成本,现阶段只能按照一种方案实施。请指出在现有情况下,哪种方案更合理并给出理由。

参考答案

一、选择题

1. D	2. D	3. B	4. A	5. C	6. C	7. C	8. D	9. B	10. A
11. C	12. B	13. D	14. B	15. A	16. B	17. B	18. C	19. A	20. C
21. A	22. A	23. B	24. A	25. D	26. C	27. D	28. C	29. B	30. D

二、应用题

1. 【1】 关系数据模型 或 关系模型
2. 【2】 分配
3. 【3】 主 或 主码的一个成员
4. 【4】 先来先服务 或 FIFS
5. 【5】 逻辑 或 逻辑结构
6. 【6】 关联 或 关联规则
7. 【7】 CREATE ROLE

8. 【8】 UNIQUE CLUSTERED

9. 【9】 EXCEPT

10. 【10】 DENY DELETE

11. 【11】 日志 或 LOG

12. 【12】 sysadmin

13. 【13】 处理逻辑 或 处理

14. 【14】 技术 或 技术型

15. 【15】 高性能

三、设计与应用题

1.

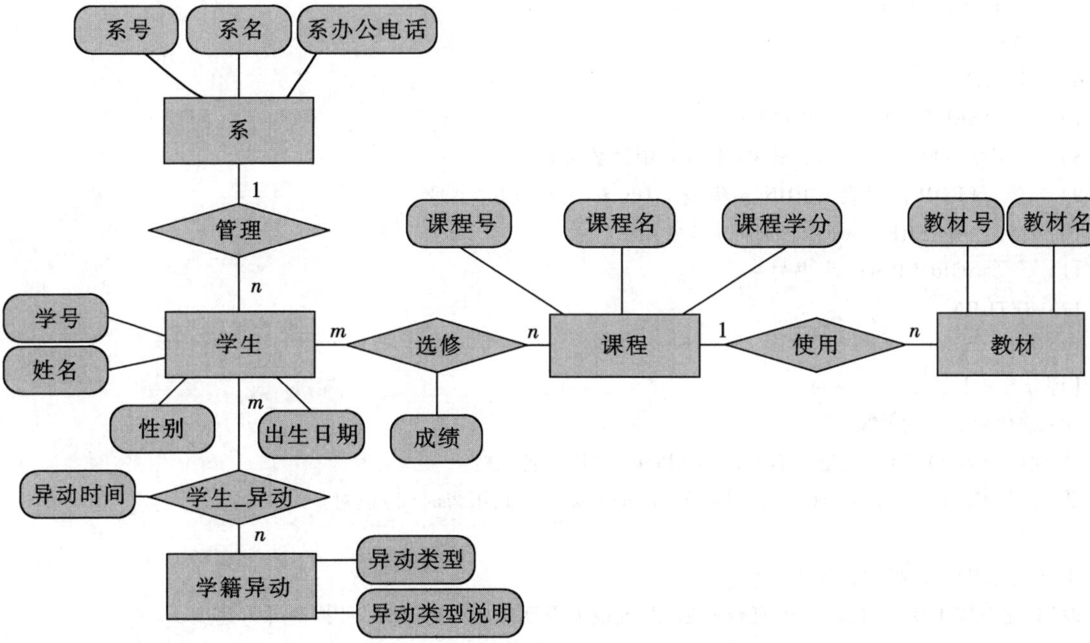

①【评分参考】

“管理”联系及联系的基数画对给分,有错不给分;

“系”“学生”“课程”“教材”实体集及属性全部画对给分,有错不给分;

“选修”联系及联系的属性、基数全部画对给分,有错不给分;

“使用”联系及联系的基数画对给分,有错不给分;

“学籍异动”实体集及属性全部画对给分,有错不给分;

“学生_异动”联系及联系的属性、基数全部画对给分,有错不给分。

②

系(<u>系号</u>,系名,系办公电话)

学生(<u>学号</u>,姓名,性别,出生日期,所在系号)

　　外码:所在系号

课程(<u>课程号</u>,课程名,课程学分)

教材(<u>教材号</u>、教材名,课程号)

　　外码:课程号

选修(学号,课程号,成绩)

外码:学号和课程号

学籍异动(异动类型,异动说明)

学生_异动(学号,异动类型,异动时间) 或 学生_异动(学号,异动类型,异动时间)

外码:学号,异动类型

注:关系模式全部正确(包括主码和外码)给分,有错不给分。

2.

```
1)   CREATE FUNCTION f_BookProfit(@ year int)
2)   RETURNS @ f_BookProfit table (
3)     书号 varchar(50),
4)     销售总额 int )
5)   AS
6)   BEGIN
7)     INSERT INTO @ f_BookProfit
8)       SELECT a. 书号, SUM(单价 * 销售数量)
9)       FROM 图书表 a JOIN 销售表 b ON a. 书号 =b. 书号
10)       WHERE year(销售时间) = @ year
11)       GROUP BY a. 书号
12) RETURN
13) END
```

【评分参考】

注:① 代码大小写均对;

② 代码中第 2)、7)行的变量名@ f_BookProfit 写其他名也对;

③ 代码中第 10)行的 year(销售时间)写成:datepart(year,销售时间)也对。

3.

① 此方法能够提高数据导入速度。

原因:此系统 I/O 很重,修改恢复模式后,系统最大限度减少日志开销,可提高导入速度。

由于仅在数据导入过程中修改恢复模式,并无数据丢失的风险。

② 第一种方案比较合理。

原因:由于 SQL Server 采用将数据缓冲在内存中的方式,因此内存使用率较高是正常情况,且现阶段 I/O 并不存在问题,说明内存满足需求。

此阶段 CPU 使用率很高,说明 CPU 计算资源不足,因此增加 CPU 数量对解决问题更有效。

附录2 商场经营管理系统数据库模式

1. 顾客表(Table_Customer)

字段	字段名称	数据类型	可否为空	计量单位	精度要求	备注
CustomerID	顾客编号	VARCHAR(8)	NOT NULL			
CardID	会员卡号	VARCHAR(8)				
CName	姓名	VARCHAR(10)	NOT NULL			
Sex	性别	CHAR(1)	NULL			M:男,F:女
BirthDate	出生日期	DATETIME	NULL			
IdentityCard	身份证号	VARCHAR(20)	NOT NULL			
Address	地址	VARCHAR(50)	NULL			
Postcode	邮编	VARCHAR(6)	NULL			
Tel	电话	VARCHAR(15)	NOT NULL			
E-mail	电子邮箱	VARCHAR(50)	NULL			
Password	客户密码	VARCHAR(20)	NOT NULL			

主码:CustomerID

外码:CardID reference Table_Card. CardID

2. 会员卡表(Table_Card)

字段	字段名称	数据类型	可否为空	计量单位	精度要求	备注
CardID	会员卡号	VARCHAR(8)	NOT NULL			
StartDate	有效起始日期	DATETIME	NOT NULL			
EndDate	有效截止日期	DATETIME	NOT NULL			
Score	积分	INT	NOT NULL			
State	状态	INT	NOT NULL			0:正常,1:禁用,2:挂失

主码:CardID

3. 商品类别表(Table_GoodsClass)

字段	字段名称	数据类型	可否为空	计量单位	精度要求	备注
GoodsClassID	商品类别编号	VARCHAR(8)	NOT NULL			
GoodsClassName	类别名称	VARCHAR(50)	NOT NULL			
Description	类别描述信息	VARCHAR(80)	NULL			

主码:GoodsClassID

4. 商品表(Table_Goods)

字段	字段名称	数据类型	可否为空	计量单位	精度要求	备注
GoodsID	商品编号	VARCHAR(8)	NOT NULL			
GoodsClassID	商品类别编号	VARCHAR(8)	NOT NULL			
GoodsName	商品名	VARCHAR(50)	NOT NULL			
ProductionDate	生产日期	DATETIME	NOT NULL			
SaleUnitPrice	销售单价	MONEY	NOT NULL	元	百分位	
TotalStorage	库存数量	DECIMAL(10,3)	NOT NULL			
Description	商品描述信息	VARCHAR(80)	NULL			

主码:GoodsID

外码:GoodsClassID reference Table_GoodsClass. GoodsClassID

5. 商品价格变动表(Table_PriceHistory)

字段	字段名称	数据类型	可否为空	计量单位	精度要求	备注
ID	商品编号	VARCHAR(8)	NOT NULL			
StartDate	价格生效日期	DATETIME	NOT NULL			
EndDate	价格失效日期	DATETIME	NOT NULL			
SaleUnitPrice	销售单价	MONEY	NOT NULL	元	百分位	
Notes	备注	VARCHAR(80)	NULL			

联合主码:ID,StartDate, EndDate

外码:ID reference Table_Goods. GoodsID

6. 员工信息表(Table_Employee)

字段	字段名称	数据类型	可否为空	计量单位	精度要求	备注
EMPID	员工编号	VARCHAR(8)	NOT NULL			
EName	姓名	VARCHAR(20)	NOT NULL			
Sex	性别	CHAR(1)	NULL			M:男,F:女
BirthDate	出生日期	DATETIME	NULL			
IdentityCard	身份证号	VARCHAR(20)	NOT NULL			
Address	地址	VARCHAR(50)	NULL			
Postcode	邮编	VARCHAR(6)	NULL			
Tel	电话	VARCHAR(15)	NOT NULL			

续表

字段	字段名称	数据类型	可否为空	计量单位	精度要求	备注
Job	工种名称	VARCHAR(12)	NULL			
Mgr	直接领导	VARCHAR (8)	NULL			NULL 或 EMPID
Salary	工资	MONEY	NULL			
Bonus	奖金	MONEY	NULL			
Performance	绩效考核	CHAR(1)	NULL			A、B、C
Hiredate	聘用时间	DATETIME	NULL			

主码:EMPID

外码:Mgr reference Table_ Employee. EMPID

工种名称为:销售人员、客服人员、采购人员、人事管理人员、财务人员

7. 收银台表(Table_Cashier)

字段	字段名称	数据类型	可否为空	计量单位	精度要求	备注
CashierID	收银台编号	VARCHAR(8)	NOT NULL			
State	状态	INT	NOT NULL			0:正常,1:禁用,2:故障
Description	收银台描述信息	VARCHAR(80)	NULL			

主码:CashierID

8. 销售单据表(Table_SaleBill)

字段	字段名称	数据类型	可否为空	计量单位	精度要求	备注
SaleBillID	销售单编号	VARCHAR(8)	NOT NULL			
CardID	会员卡号	VARCHAR(8)	NULL			普通顾客为空
Score	本次积分	INT	NULL			普通顾客为空
PayAmount	付款总金额	MONEY	NOT NULL	元	百分位	
SaleDate	销售日期	DATETIME	NOT NULL			
SalespersonID	销售人员编号	VARCHAR(8)	NOT NULL			
CashierID	收银台编号	VARCHAR(8)	NOT NULL			
Description	销售单据描述	VARCHAR(80)	NULL			

主码:SaleBillID

外码:CardID reference Table_Card. CardID, SalespersonID reference Table_ Employee. EMPID, CashierID reference Table_Cashier. CashierID

9. 销售单据明细表(Table_SaleBillDetail)

字段	字段名称	数据类型	可否为空	计量单位	精度要求	备注
SaleBillID	销售单据编号	VARCHAR(8)	NOT NULL			
GoodsID	商品编号	VARCHAR(8)	NOT NULL			
UnitPrice	单价	MONEY	NOT NULL	元	百分位	
Quantity	数量	DECIMAL(10,3)	NOT NULL	件		
Amount	总价	MONEY	NOT NULL	元	百分位	打折之前总价
Discount	折扣率	TINYINT	NOT NULL			取值范围[0,100]
DiscountAmount	折扣总价	MONEY	NOT NULL	元	百分位	打折之后总价

联合主码:SaleBillID,GoodsID

外码:SaleBillID reference Table_SaleBill. ID,GoodsID reference Table_Goods. ID

10. 供应商信息(Table_Provider)

字段	字段名称	数据类型	可否为空	计量单位	精度要求	备注
ProviderID	供应商编号	VARCHAR(8)	NOT NULL			
Name	名称	VARCHAR(50)	NOT NULL			
Address	地址	VARCHAR(50)	NULL			
Postcode	邮编	VARCHAR(6)	NULL			
Linkman	联系人	VARCHAR(20)	NULL			
Tel	电话	VARCHAR(15)	NULL			
Fax	传真	VARCHAR(15)	NULL			
Web	网址	VARCHAR(50)	NULL			
E-mail	电子邮箱	VARCHAR(50)	NULL			
Bank	开户银行	VARCHAR(20)	NULL			
AccountName	账户名称	VARCHAR(20)	NULL			
Account	账户账号	VARCHAR(20)	NULL			
Reputation	信誉	INT	NOT NULL			客户对商品质量反映

主码:ProviderID

11. 采购入库单据表(Table_InStockBill)

字段	字段名称	数据类型	可否为空	计量单位	精度要求	备注
InStockBillID	入库单据编号	VARCHAR(8)	NOT NULL			
InStockDate	入库日期	DATETIME	NOT NULL			
Operator	经手人	VARCHAR(8)	NOT NULL			
Description	入库单据描述	VARCHAR(80)	NULL			

主码:InStockBillID

外码:Operator reference Table_ Employee. EMPID

12. 采购入库单据明细表(Table_InStockBillDetail)

字段	字段名称	数据类型	可否为空	计量单位	精度要求	备注
InStockBillID	入库单据编号	VARCHAR(8)	NOT NULL			
GoodsID	商品编号	VARCHAR(8)	NOT NULL			
BuyPrice	进价	MONEY	NOT NULL	元	百分位	
Quantity	数量	DECIMAL(10,3)	NOT NULL	件		
ProviderID	供应商编号	VARCHAR(8)	NOT NULL			
BuyDate	购买日期	DATETIME	NOT NULL			

联合主码:InStockBillID,GoodsID

外码:InStockBillID reference Table_InStockBill. InStockBillID,

GoodsID reference Table_Goods. ID,

ProviderID reference Table_Provider. ID

附录3 系统提供的常用函数

SQL Server 2008 提供了许多内置函数，使用这些函数可以方便快捷地执行某些操作。这些函数通常用在查询语句中，用来计算查询结果或修改数据格式和查询条件。一般来说，允许使用变量、字段或表达式的地方都可以使用这些内置函数。在本书第 6 章介绍了一些实现统计功能的基本函数，本附录再介绍一些日期和时间函数、字符串函数以及类型转换函数。

一、日期和时间函数

日期和时间函数对日期和时间型的值执行操作，并返回一个字符串、数字值或日期和时间值。

1. GETDATE( )

作用：按 datetime 值的 SQL Server 标准内部格式返回当前的系统日期和时间。

返回类型：datetime。

[例 1] 用 GETDATE( )函数返回系统当前的日期和时间。

```
SELECT GETDATE( )
```

[例 2] 在 CREATE TABLE 语句中使用 GETDATE( )函数作为列的默认值。此示例创建 employees 表并用 GETDATE 作为员工被雇佣列的默认值。

```
CREATE TABLE employees(
emp_id char(11) NOT NULL,
emp_lname varchar(40) NOT NULL,
emp_fname varchar(20) NOT NULL,
emp_hire_date datetime DEFAULT GETDATE( ))
```

2. DATEADD( )

作用：对给定的日期加上一段时间，返回新的 datetime 值。

语法：DATEADD（日期部分，常数，日期）

其中：

- 日期部分：指定向日期的哪一部分计算新值。表 1 列出了 SQL Server 识别的日期部分和缩写形式。

表1　SQL Server 识别的日期部分和缩写形式

日期部分	缩写	含义
Year	yy, yyyy	年
quarter	qq, q	季度
Month	mm, m	月份
Dayofyear	dy, y	一年中的第几天
Day	dd, d	日
Week	wk, ww	一年中的第几周
Hour	Hh	点(时)
Minute	mi, n	分
Second	ss, s	秒
Millisecond	ms	毫秒

• 常数:是用来增加日期部分的值。如果指定一个不是整数的值,则将忽略此值的小数部分。例如,如果日期部分指定的是 day,常数部分指定的值是 1.75,则日期将增加 1。

• 日期:是返回 datetime 或 smalldatetime 值或日期格式字符串的表达式。返回类型:返回 datetime,但如果 date 参数是 smalldatetime,则返回 smalldatetime。

为更好地说明一些系统函数的使用方法,假设有图书表 titles,其结构如下:

```
CREATE TABLE titles(
    title_id    char(6)        PRIMARY KEY,    -- 书号
    title       varchar(80)    NOT NULL,       -- 书名
    type        char(12)       NOT NULL,       -- 类型
    price       numeric(6,2)   NULL,           -- 价格
    pubdate     datetime       NOT NULL )      -- 出版日期
```

设该表包含有如图1所示的数据:

	title_id	title	type	price	pubdate
1	BU1032	The Busy Executive's Database Guide	business	19.99	1991-06-12 00:00:00.000
2	BU1111	Cooking with Computers: Surreptitious Balance Sheets	business	11.95	1991-06-09 00:00:00.000
3	BU2075	You Can Combat Computer Stress!	business	2.99	1991-06-30 00:00:00.000
4	BU7832	Straight Talk About Computers	business	19.99	1991-06-22 00:00:00.000
5	MC2222	Silicon Valley Gastronomic Treats	mod_cook	19.99	1991-06-09 00:00:00.000
6	MC3021	The Gourmet Microwave	mod_cook	2.99	1991-06-18 00:00:00.000
7	PC1035	But Is It User Friendly?	popular_comp	22.95	1991-06-30 00:00:00.000
8	PC8888	Secrets of Silicon Valley	popular_comp	20.00	1994-06-12 00:00:00.000
9	PC9999	Net Etiquette	popular_comp	NULL	2009-10-05 11:05:42.077
10	PS1372	Computer Phobic AND Non-Phobic Individuals: Behavior Variations	psychology	21.59	1991-10-21 00:00:00.000
11	PS2091	Is Anger the Enemy?	psychology	10.95	1991-06-15 00:00:00.000
12	PS2106	Life Without Fear	psychology	7.00	1991-10-05 00:00:00.000
13	PS3333	Prolonged Data Deprivation: Four Case Studies	psychology	19.99	1991-06-12 00:00:00.000
14	PS7777	Emotional Security: A New Algorithm	psychology	7.99	1991-06-12 00:00:00.000

图1　titles 表中的数据

［例 3］ 查询 titles 表中每本书的出版日期(pubdate)加上 21 天后的日期。

```
SELECT DATEADD(day,21,pubdate) AS 新日期,pubdate AS 出版日期
    FROM titles
```

执行结果如图 2 所示。

［例 4］ 计算当前日期加上 100 天后的日期。

```
SELECT DATEADD(DAY,100,GETDATE())
```

3. DATEDIFF()

作用:返回两个指定日期之间所差的日期。

语法:DATEDIFF(日期部分 , 开始日期, 结束日期)

日期部分的取值如表 1 所示。

返回类型:int

注释:返回结果是用结束日期减去开始日期。如果开始日期比结束日期晚,则返回负值。

［例 5］ 计算 2011 年 10 月 1 日到 2012 年 1 月 1 日之间有多少天。

```
SELECT DATEDIFF( DAY,'2011/10/1', '2012/1/1')
```

［例 6］ 查询 titles 表中每本书的出版日期到当前日期之间的年数。

```
SELECT DATEDIFF(year,pubdate,getdate()) AS 出版年数,Pubdate AS 出版日期
    FROM titles
```

结果如图 3 所示。

	新日期	出版日期
1	1991-07-03 00:00:00.000	1991-06-12 00:00:00.000
2	1991-06-30 00:00:00.000	1991-06-09 00:00:00.000
3	1991-07-21 00:00:00.000	1991-06-30 00:00:00.000
4	1991-07-13 00:00:00.000	1991-06-22 00:00:00.000
5	1991-06-30 00:00:00.000	1991-06-09 00:00:00.000
6	1991-07-09 00:00:00.000	1991-06-18 00:00:00.000
7	1991-07-21 00:00:00.000	1991-06-30 00:00:00.000
8	1994-07-03 00:00:00.000	1994-06-12 00:00:00.000
9	2009-10-26 11:05:42.077	2009-10-05 11:05:42.077
10	1991-11-11 00:00:00.000	1991-10-21 00:00:00.000
11	1991-07-06 00:00:00.000	1991-06-15 00:00:00.000
12	1991-10-26 00:00:00.000	1991-10-05 00:00:00.000
13	1991-07-03 00:00:00.000	1991-06-12 00:00:00.000
14	1991-07-03 00:00:00.000	1991-06-12 00:00:00.000

图 2 例 3 的执行结果

	出版年数	出版日期
1	18	1991-06-12 00:00:00.000
2	18	1991-06-09 00:00:00.000
3	18	1991-06-30 00:00:00.000
4	18	1991-06-22 00:00:00.000
5	18	1991-06-09 00:00:00.000
6	18	1991-06-18 00:00:00.000
7	18	1991-06-30 00:00:00.000
8	15	1994-06-12 00:00:00.000
9	0	2009-10-05 11:05:42.077
10	18	1991-10-21 00:00:00.000
11	18	1991-06-15 00:00:00.000
12	18	1991-10-05 00:00:00.000
13	18	1991-06-12 00:00:00.000
14	18	1991-06-12 00:00:00.000

图 3 例 6 的执行结果

4. DATENAME()

作用:返回代表指定日期的指定日期部分的字符串描述。

语法:DATENAME (日期部分 , date)

日期部分的取值如表 1 所示。

返回类型:nvarchar

注释:SQL Server 自动在字符和 datetime 值间按需要进行转换。

[例 7]　从 GETDATE 返回的日期中提取月份名。

```
SELECT DATENAME(month, getdate()) AS 'Month Name'
```

5. DATEPART()

作用:返回代表给定日期的指定日期部分的整数。

语法:DATEPART (日期部分 , date)

日期部分的取值如表 1 所示。

返回类型:int

[例 8]　得到当前日期的年份。

```
SELECT DATEPART(year, GETDATE()) AS 'Current year'
```

[例 9]　用 DATEPART()函数返回的结果作为分组依据条件。对 titles 表,统计每年出版的图书数量。

```
SELECT DATEPART(year, Pubdate) AS 年, COUNT(*) AS 图书数量
    FROM titles
    GROUP BY DATEPART(year, Pubdate)
```

执行结果如图 4 所示。

	年	图书数量
1	1991	15
2	1994	1
3	2009	2

图 4　例 9 的执行结果

6. DAY()

作用:返回指定日期的日部分的整数。

语法:DAY (date)

返回类型:int

[例 10]　返回当前日期的日部分。

```
SELECT DAY(getdate()) AS 'Day Number'
```

7. MONTH()

作用:返回指定日期的月份的整数。

语法:MONTH (date)

返回类型:int

[例 11]　返回日期 09/12/2009 的月份。

```
SELECT MONTH('09/12/2009')
```

执行结果为:9

8. YEAR()

作用:返回指定日期中的年份的整数。

语法:YEAR (date)

返回类型:int

[例 12]　返回日期 09/12/2009 中的年份数。

```
SELECT 'Year Number' = YEAR('09/12/2011')
```

执行结果为:2011

二、字符串函数

字符串函数用于对字符串进行操作,返回字符串或数字值。

1. LEFT( )

作用:返回从字符串左边开始指定个数的字符串。

语法:LEFT(字符串 ,整数值)

其中:

- 字符串:可以是常量、变量或列名。
- 整数值:正整数值,若此值为负数,则返回一个错误。

返回类型:varchar

[例13] 返回字符串“abcdefg”最左边的2个字符。

```
SELECT LEFT('abcdefg', 2)
```

执行结果为:ab

[例14] 返回titles表中存放的每个书名最左边的5个字符。

```
SELECT title 书名, LEFT(title, 5) 书名前5个字符
FROM titles ORDER BY title_id
```

执行结果如图5所示。

	书名	书名前5个字符
1	The Busy Executive's Database Guide	The B
2	Cooking with Computers: Surreptitious Balance Sheets	Cooki
3	You Can Combat Computer Stress!	You C
4	Straight Talk About Computers	Strai
5	Silicon Valley Gastronomic Treats	Silic
6	The Gourmet Microwave	The G
7	But Is It User Friendly?	But I
8	Secrets of Silicon Valley	Secre
9	Net Etiquette	Net E
10	Computer Phobic AND Non-Phobic Individuals: Behavior Variations	Compu
11	Is Anger the Enemy?	Is An
12	Life Without Fear	Life
13	Prolonged Data Deprivation: Four Case Studies	Prolo
14	Emotional Security: A New Algorithm	Emoti

图5 例14的执行结果

2. RIGHT( )

作用:返回字符串中从右边开始指定个数的字符串。

语法:RIGHT(字符串 ,整数)

其中:

字符串:可以是常量、变量或列名。

整数值:正整数值,若此值为负数,则返回一个错误。

返回类型:varchar

[例15] 返回字符串“abcdefg”最右边的2个字符。

```
SELECT RIGHT ('abcdefg', 2)
```

执行结果为:fg

[例 16]　返回 titles 表中每本书名中最右边的 5 个字符。

```
SELECT title AS 书名,RIGHT(title, 5) AS 书名最后 5 个字符
    FROM titles ORDER BY titles
```

执行结果如图 6 所示。

	书名	书名最后5个字符
1	But Is It User Friendly?	ndly?
2	Computer Phobic AND Non-Phobic Individuals: Behavior Variations	tions
3	Cooking with Computers: Surreptitious Balance Sheets	heets
4	Emotional Security: A New Algorithm	rithm
5	Is Anger the Enemy?	nemy?
6	Life Without Fear	Fear
7	Net Etiquette	uette
8	Prolonged Data Deprivation: Four Case Studies	udies
9	Secrets of Silicon Valley	alley
10	Silicon Valley Gastronomic Treats	reats
11	Straight Talk About Computers	uters
12	The Busy Executive's Database Guide	Guide
13	The Gourmet Microwave	owave
14	You Can Combat Computer Stress!	ress!

图 6　例 16 的执行结果

3. LEN( )

作用:返回给定字符串中字符(而不是字节)的个数,其中不包含尾随空格。

语法:LEN(字符串)

返回类型:int

[例 17]　返回字符串"数据库系统基础"的字符个数。

```
SELECT LEN('数据库系统基础')
```

执行结果为:7

[例 18]　对 titles 表,查询 Business 类图书中每本书到书名及书名的字符个数。

```
SELECT title AS 书名,LEN(title) AS 字符数
    FROM Titles WHERE Type = 'Business'
```

执行结果如图 7 所示。

	书名	字符数
1	The Busy Executive's Database Guide	35
2	Cooking with Computers: Surreptitious Balance Sheets	52
3	You Can Combat Computer Stress!	31
4	Straight Talk About Computers	29

图 7　例 18 的执行结果

4. SUBSTRING( )

作用:返回字符串中的指定部分。

语法:SUBSTRING(字符串 ,起始位置 ,长度)

其中:

- 字符串:可以是字符串常量,也可以是列名。
- 起始位置:整数,指定子串的开始位置。
- 长度:整数,指定要返回的字符串子串的长度(字符数)。

返回类型:字符数据

[**例 19**] 返回某字符串常量从第 3 个字符开始长度为 5 的字符子串。

```
SELECT SUBSTRING('ABCDEFGHIGH', 3, 5 )
```

执行结果为:CDEFG

5. LTRIM( )

作用:删除字符串左边的起始空格。

语法:LTRIM(字符串)

返回类型:varchar

[**例 20**] 使用 LTRIM 函数删除字符串中的起始空格。

```
SELECT 'XY' + LTRIM(' ABC')
```

执行结果为:XYABC

6. RTRIM( )

作用:截断字符串右边的所有尾随空格。

语法:RTRIM(字符串)

返回类型:varchar

[**例 21**] 使用 RTRIM 删除字符串中的尾随空格。

```
SELECT RTRIM('ABC ') + 'XY'
```

执行结果为:ABCXY

三、类型转换函数

类型转换函数是将某种数据类型的表达式显式转换为另一种数据类型。SQL Server 提供了两个类型转换函数:CAST( )和 CONVERT( ),这两个函数提供了相同的功能。

语法:CAST:CAST (表达式 AS 数据类型)

CONVERT:CONVERT (数据类型[(长度)], 表达式)

[**例 22**] 统计每类图书的平均价格,将平均价格保留到小数点后 2 位。

```
SELECT type AS 类型, CAST(AVG(price) AS numeric(5,2)) AS 平均价格
    FROM titles GROUP BY type
```

附录4 SQL Server 2008的安装与配置

本附录介绍 SQL Server 2008 包含的组件以及安装与配置方法。

1. SQL Server 2008 的版本和组件

为了满足不同用户在性能、功能、价格等因素上的不同要求，SQL Server 2008 提供了不同的版本系列和不同的组件。

1.1 SQL Server 2008 的版本

SQL Server 2008 分为服务器版和专业版两大类，专业版是针对特定的用户群体而设计的。表1列出了服务器版包含的版本和定义，表2列出了专业版包含的版本和定义。

表1 服务器版包含的版本和定义

版本	定义
Enterprise(x86、x64 和 IA64)(企业版)	是一种综合的数据平台，可以为运行安全的业务关键应用程序提供企业级可扩展性、性能、高可用性和高级商业智能功能
Standard(x86 和 x64)(标准版)	是一个提供易用性和可管理性的完整数据平台。它的内置业务智能功能可用于运行部门应用程序

表2 专业版包含的版本和定义

版本	定义
SQL Server 2008 Developer(x86、x64 和 IA64)(开发版)	支持开发人员构建基于 SQL Server 的任一种类型的应用程序。该版本包括 SQL Server 2008 Enterprise 的所有功能，但有许可限制，只能用作开发和测试系统，而不能用作生产服务器。SQL Server 2008 Developer 是构建和测试应用程序的人员的理想之选
SQL Server Workgroup(x86 和 x64)(工作组版)	是运行分支位置数据库的理想选择，该版本提供一个可靠的数据管理和报告平台，其中包括安全的远程同步和管理功能
Web(x86、x64)(网络版)	对于为从小规模至大规模 Web 资产提供可扩展性和可管理性功能的 Web 宿主和网站来说，SQL Server 2008 Web 是一项总拥有成本较低的选择
SQL Server Express(x86 和 x64)(免费版) SQL Server Express with Advanced Services(x86 和 x64)	SQL Server Express 数据库平台基于 SQL Server 2008。它也可用于替换 Microsoft Desktop Engine（MSDE）。SQL Server Express 与 Visual Studio 集成，从而使开发人员可以轻松开发功能丰富、存储安全且部署快速的数据驱动应用程序 SQL Server Express 免费提供，且可以由 ISV 再次分发（视协议而定）。SQL Server Express 是学习和构建桌面及小型服务器应用程序的理想选择，也是独立软件供应商、非专业开发人员和热衷于构建客户端应用程序的人员的最佳选择

续表

版本	定义
Compact 3.5 SP1 (x86)(移动版) Compact 3.1 (x86)	SQL Server Compact 免费提供,是生成用于基于各种 Windows 平台的移动设备、桌面和 Web 客户端的独立和偶尔连接的应用程序的嵌入式数据库理想选择

1.2 SQL Server 2008 的组件

表3列出了 SQL Server 2008 提供的服务器组件,也就是 SQL Server 2008 提供的服务。表4列出了 SQL Server 2008 提供的管理工具。

表3 服务器组件

服务器组件	说明
SQL Server 数据库引擎	SQL Server 数据库引擎包括:数据库引擎(用于存储、处理和保护数据的核心服务)、复制、全文搜索以及用于管理关系数据和 XML 数据的工具
Analysis Services	该组件包括用于创建和管理联机分析处理(OLAP)以及数据挖掘应用程序的工具
Reporting Services	该组件包括用于创建、管理和部署表格报表、矩阵报表、图形报表以及自由格式报表的服务器和客户端组件。Reporting Services 还是一个可用于开发报表应用程序的可扩展平台
Integration Services	该组件是一组图形工具和可编程对象,用于移动、复制和转换数据

表4 管理工具

管理工具	说明
SQL Server Management Studio	该工具是一个集成环境,用于访问、配置、管理和开发 SQL Server 的组件。Management Studio 使各种技术水平的开发人员和管理员都能使用 SQL Server。Management Studio 的安装需要 Internet Explorer 6 SP1 或更高版本
SQL Server 配置管理器	该工具为 SQL Server 服务、服务器协议、客户端协议和客户端别名提供基本配置管理
SQL Server Profiler	该工具提供了一个图形用户界面,用于监视数据库引擎实例或 Analysis Services 实例
数据库引擎优化顾问	数据库引擎优化顾问可以协助创建索引、索引视图和分区的最佳组合
Business Intelligence Development Studio	该工具是 Analysis Services、Reporting Services 和 Integration Services 解决方案的 IDE。该工具的安装需要 Internet Explorer 6 SP1 或更高版本
连接组件	安装用于客户端和服务器之间通信的组件,以及用于 DB-Library、ODBC 和 OLE DB 的网络库

1.3 SQL Server 2008 各版本支持的功能

在可扩展性方面,只有 SQL Server 2008 企业版才支持分区、数据压缩等功能。表5列出了 SQL Server 2008 各版本在一些高可用性上的功能差别,表6列出了各版本提供的管理工具。

表 5　高可用性

功能名称	Enterprise	Standard	Workgroup	Web	Express	Express Advanced
多实例支持	50	16	16	16	16	16
联机系统更改	是	是	是	是	是	是
备份日志传送	是	是	是	是		
数据库镜像	是(完全)	是(仅完全安全)	仅见证服务器	仅见证服务器	仅见证服务器	仅见证服务器
故障转移群集	操作系统最大值	2 个节点				
数据库快照	是					
快速恢复	是					
数据压缩	是					

表 6　管理工具

功能名称	Enterprise	Standard	Workgroup	Web	Express	Express Advanced
SQL 管理对象（SMO）	是	是	是	是	是	是
SQL 配置管理器	是	是	是	是	是	是
SQL CMD(命令提示工具)	是	是	是	是	是	是
SQL Server Management Studio	是	是	是	是		是
SQL 事件探查器	是	是	是	是		
SQL Server 代理	是	是	是	是		
数据库优化顾问	是	是	是	是		

2　安装 SQL Server 2008 需要的软硬件环境

2.1　系统要求

安装 SQL Server 2008 需要.NET Framework 3.5、Windows Installer 4.5 或更高版本以及 Microsoft 数据访问组件（MDAC）2.8 SP1 或更高版本。

表 7 列出了能够安装 SQL Server 2008 各版本(32 位)的主要系统要求。

表7 对系统的要求

组件	要求
处理器	处理器类型:Pentium Ⅲ 兼容处理器或速度更快的处理器 处理器速度:最低:1.0 GHz,建议:2.0 GHz 或速度更快的处理器
操作系统	Windows XP Professional SP2 Windows Server 2003 SP2 Windows Vista Windows Server 2008
内存	最小:512 MB;建议:2.048 GB 或更大的内存;最大:操作系统最大内存

2.2 磁盘空间要求

在安装 SQL Server 2008 的过程中,Windows Installer 会在系统驱动器中创建临时文件。在运行安装程序以安装或升级 SQL Server 之前,应检查系统驱动器中是否有至少 2 GB 的可用磁盘空间用来存储这些文件。

实际硬盘空间需求取决于系统配置和用户决定安装的功能。表 8 列出了 SQL Server 2008 各组件对磁盘空间的要求。

表8 对磁盘空间的要求

功能	磁盘空间要求
数据库引擎和数据文件、复制以及全文搜索	280 MB
Analysis Services 和数据文件	90 MB
Reporting Services 和报表管理器	120 MB
Integration Services	120 MB
客户端组件	850 MB
SQL Server 联机丛书和 SQL Server Compact 联机丛书	240 MB

3. 安装 SQL Server 2008

同其他 Microsoft 公司产品一样,Microsoft 公司也为 SQL Server 2008 的安装过程提供了一个很友好的安装向导,利用该向导可以很方便地完成安装。

以在 Windows XP + SP2 的操作系统上安装 SQL Server 2008 企业试用版为例,说明 SQL Server 2008 的安装过程及安装过程中的选项。在其他 Windows 操作系统平台上的安装过程与此类似。

(1) 将包含 SQL Server 2008 软件的光盘插入光驱后,系统将自动启动 SQL Server 2008 的安装程序,也可以在资源管理器中通过运行 SQL Server 2008 光盘中的 Setup. exe 程序来启动安装程序。启动安装程序后,第一个界面如图 1 所示。在这个界面中,在左边选中“安装”,然后再在右边的列表中单击“全新 SQL Server 独立按照计划或向现有安装添加功能”,进入“安装程序支持规则”窗口。

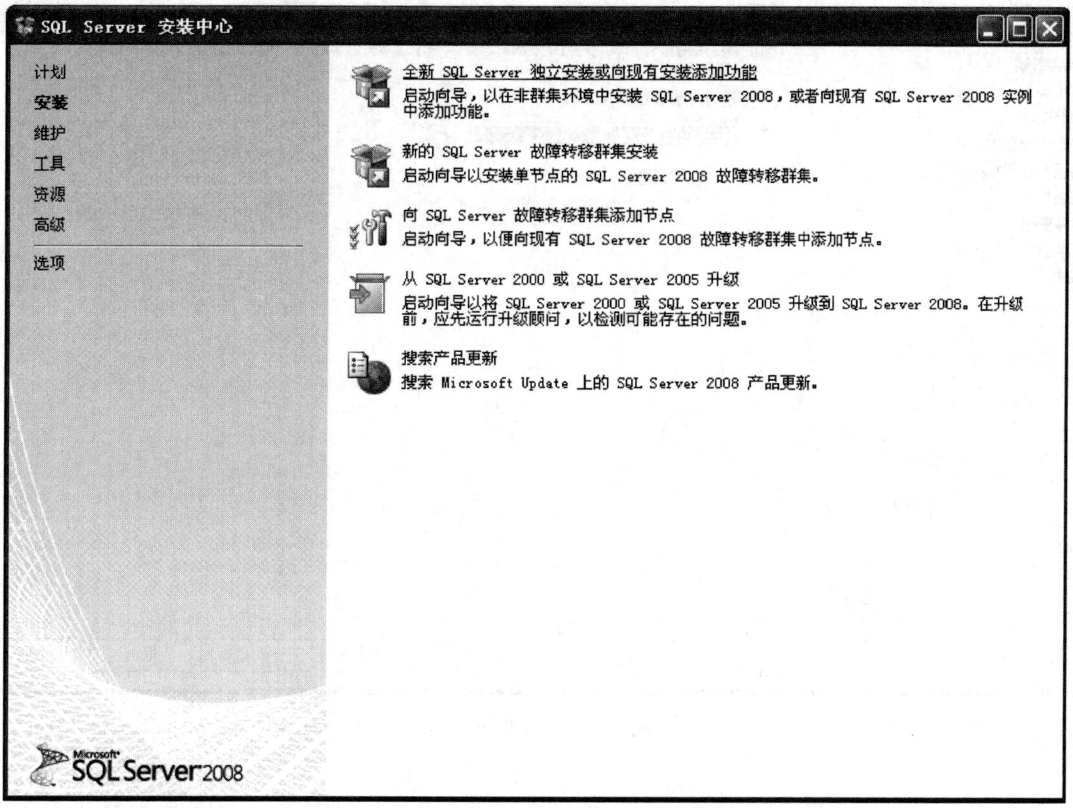

图 1　SQL Server 2008 安装的第一个界面

(2) 单击“安装程序支持规则”窗口中的“确定”按钮,进入“安装程序支持文件”窗口,在此窗口中单击“安装”按钮,系统经过短时间的安装后进入“安装程序支持规则”窗口。此窗口列出了安装 SQL Server 2008 需要的一些规则,如果状态中有错误则必须先更正错误然后再安装。若没有错误则可单击“下一步”按钮,进入图 2 所示的指定要安装的 SQL Server 版本的窗口。

(3) 在图 2 所示窗口中,在“指定可用版本”下拉列表框中,指定一个要安装的版本,并在下面的“输入产品密钥”框中输入产品的 25 位密钥。单击“下一步”按钮,进入“许可协议”窗口,在此窗口中选中下边的“我接受许可条款”复选框,然后单击“下一步”按钮,进入图 3 所示的“功能选择”窗口,在此窗口可以选择要安装的功能。单击“下一步”按钮,进入图 4 所示的“实例配置”窗口。

(4) 如果是第一次安装 SQL Server,则可以指定当前的安装是默认实例还是命名示例。一个实例是一个独立的 SQL Server 数据库管理系统。这里选择“默认实例”。单击“下一步”按钮,进入“磁盘空间要求”窗口,在此窗口单击“下一步”按钮,进入图 5 所示的“服务器配置”窗口。

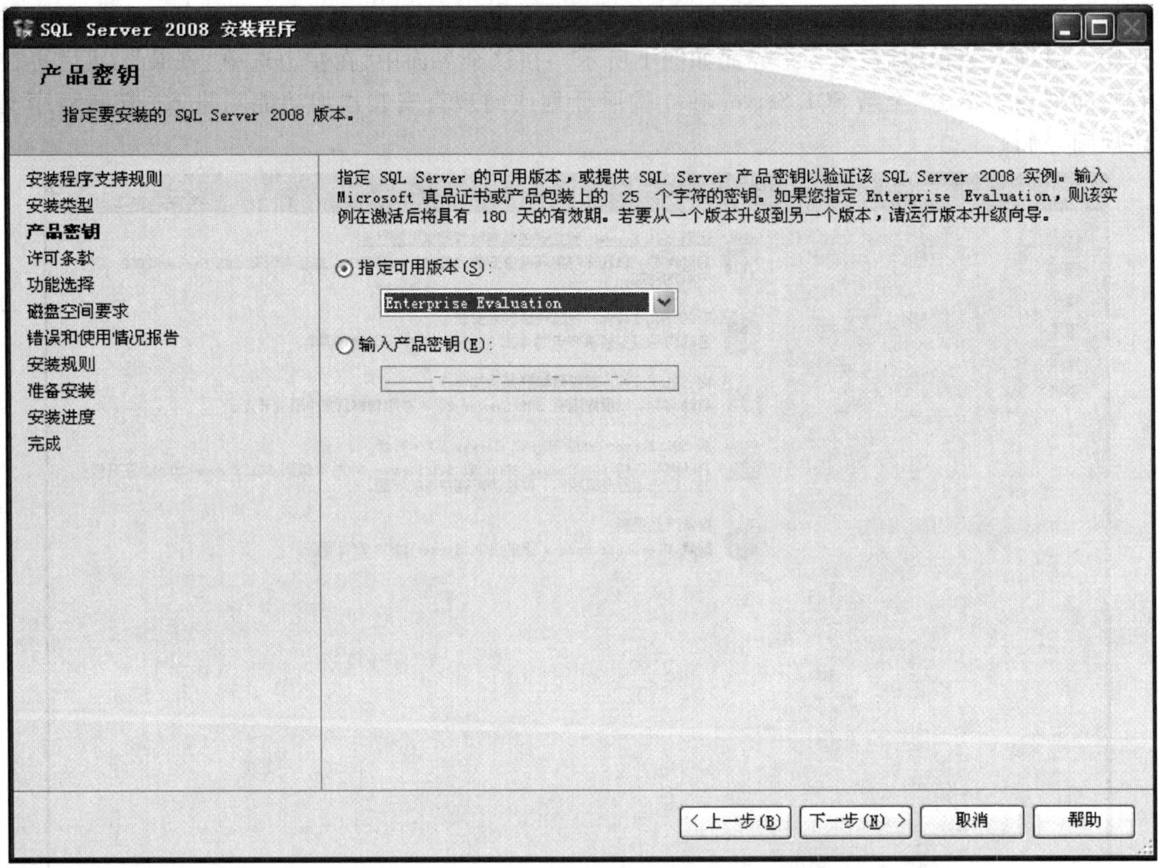

图 2 “产品密钥”窗口

(5) 在图 5 窗口中,在“服务账户”选项卡中为每个 SQL Server 服务单独配置用户名和密码及启动类型。“账户名”可以在下拉框中进行选择。我们在“SQL Server 代理”和“SQL Server Database Engine”对应的账户名下拉列表框中均选择“NT AUTHORITY\SYSTEM”。单击“下一步”按钮,进入图 6 所示的“数据库引擎配置”窗口。

(6) 在“数据库引擎配置”窗口中,在“账户设置”选项卡中可以选择身份验证模式。这里选择“混合模式(SQL Server 身份验证和 Windows 身份验证)”选项,并在“输入密码”和“确认密码”文本框中输入 sa 的密码(sa 是 SQL Server 的默认系统管理员)。

(7) 单击“下一步”按钮进入“安装规则”窗口,该窗口中将显示安装规则的通过情况。如果全部通过,则可以单击“下一步”按钮,进入“准备安装”窗口,该窗口显示了所有要安装的组件,在此窗口中单击“安装”按钮出现“安装进度”窗口,该窗口显示的安装的进行过程。

(8) 安装成功完成后,单击“下一步”,进入“完成”窗口,在此窗口中单击“关闭”,完成 SQL Server 2008 的安装。

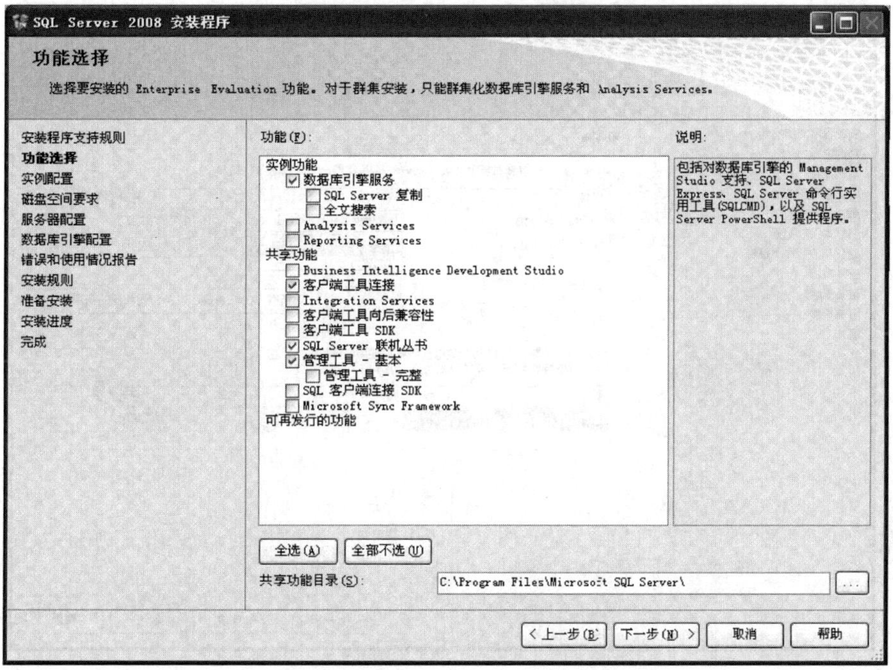

图 3　“功能选择”窗口

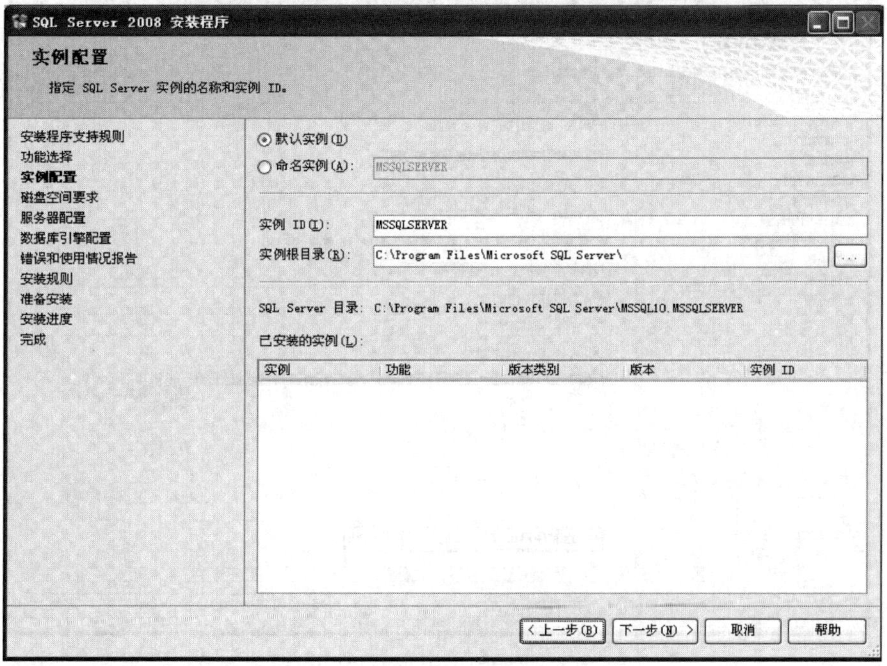

图 4　“实例配置”窗口

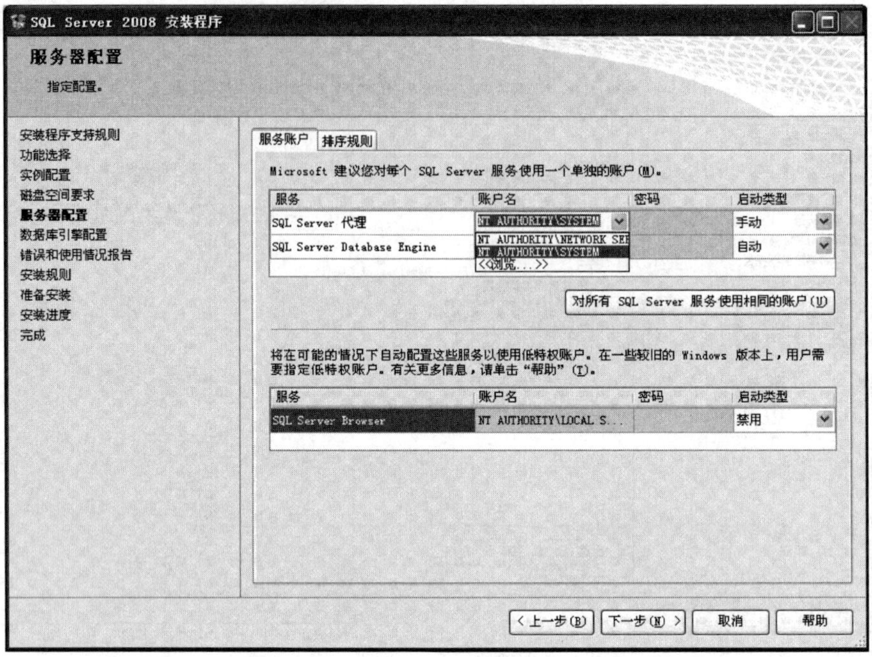

图5 "服务器配置"窗口

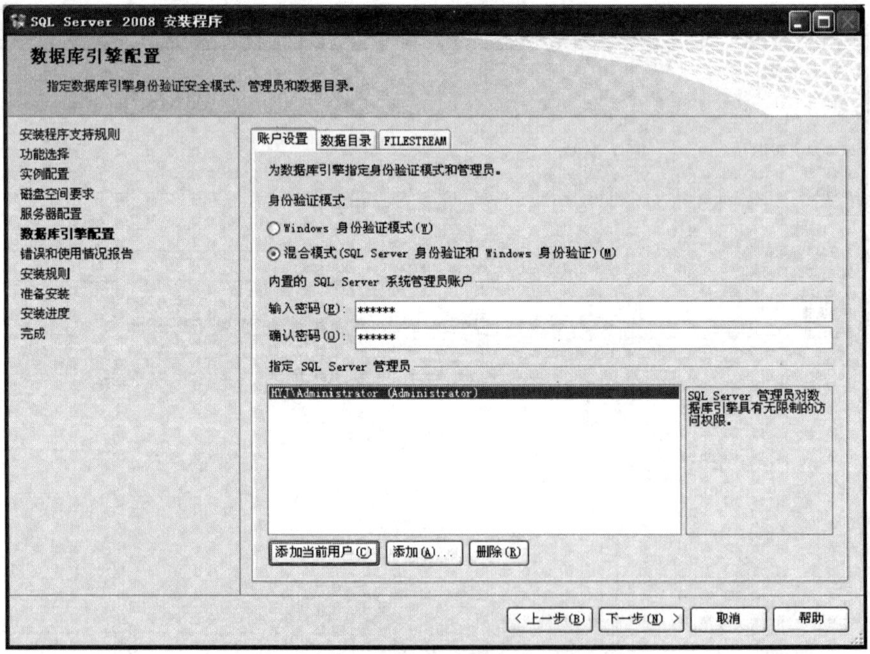

图6 "数据库引擎配置"窗口

4. 配置 SQL Server 2008

成功安装好 SQL Server 2008 之后,需要对 SQL Server 2008 的服务器端和客户端进行适当的配置,才能正常地使用 SQL Server 2008。本节介绍使用配置管理器工具配置 SQL Server 2008 的方法。

SQL Server 配置管理器综合了服务管理器、服务器网络实用工具和客户端网络实用工具的功能。

单击“开始”→“Microsoft SQL Server 2008”→“配置工具”→“SQL Server 配置管理器”,可打开 SQL Server 配置管理器工具,如图 7 所示。此工具可以对 SQL Server 服务、网络、协议等进行配置,配置好后客户端才能顺利地连接和使用 SQL Server。

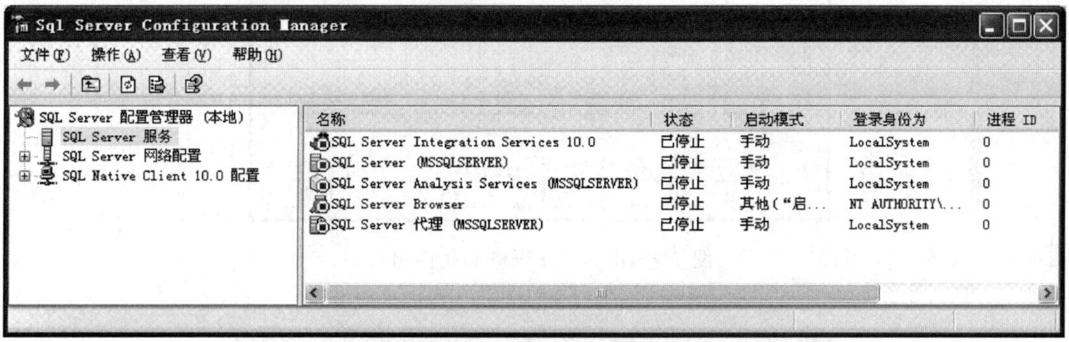

图 7　SQL Server 配置管理器窗口

4.1　配置 SQL Server 2008 服务

单击图 7 所示窗口左边的“SQL Server 服务”节点,在窗口的右边将列出已安装的 SQL Server 服务,其中“SQL Server”是 SQL Server 2008 的核心服务。只有启动了 SQL Server 服务,SQL Server 数据库管理系统才能发挥其作用,用户也才能建立与 SQL Server 数据库服务器的连接。

可以通过这个配置管理器来启动、停止所安装的服务。具体操作方法为:在要启动或停止的服务上右击鼠标,在弹出的快捷菜单中选择“启动”“停止”等命令即可。

双击某个服务,比如“SQL Server(MSSQLSERVER)”服务,或者是在该服务上右击鼠标,然后在弹出的快捷菜单中选择“属性”命令,均弹出图 8 所示的“属性”窗口。在此窗口的“登录”选项卡中可以设置启动服务的账户,在“服务”选项卡中可以设置服务的启动方式(如图 9 所示)。

4.2　配置 SQL Server 2008 网络配置

在图 7 所示窗口,展开“SQL Server 网络配置”节点左边的加号,然后单击其下面的“MSSQLSERVER 协议”,将在窗口右边显示 SQL Server 2008 提供的网络协议,如图 10 所示。在某个协议上右击鼠标,然后在弹出的快捷菜单中,通过选择“启用”“禁用”命令可以启用或禁用某个协议。

4.3　配置 SQL Server 2008 Native Client 配置

此功能用于配置 SQL Server 2008 的客户端能够使用哪种网络协议来连接到 SQL Server 2008 服务器。

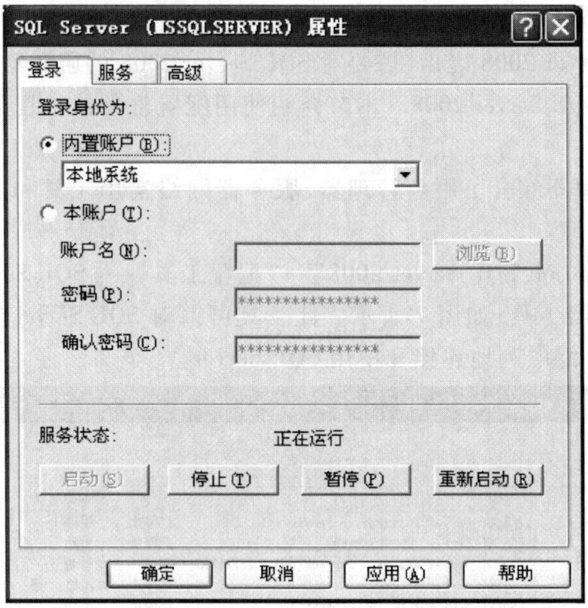

图8 SQL Server 服务的属性窗口

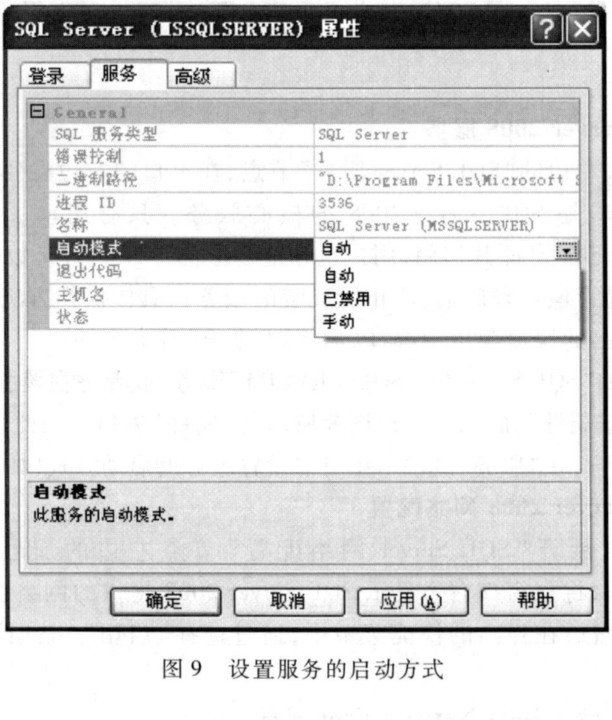

图9 设置服务的启动方式

在图7所示窗口，展开“SQL Native Client 10.0 配置”左边的加号，然后单击其中的“客户端协议”节点，出现如图11所示的窗口。该窗口显示当前客户端已启用了 Shared Memory、TCP/IP 和 Name Pipes 三种协议，也就是说，如果服务器端的网络配置中，启用了上述三种协议中的任何

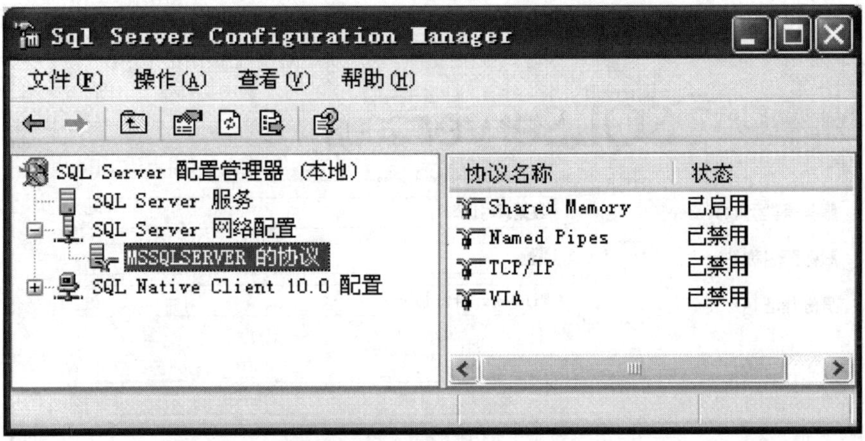

图 10　配置 SQL Server 2008 的网络

一种,那么客户端就可以连接到服务器上。

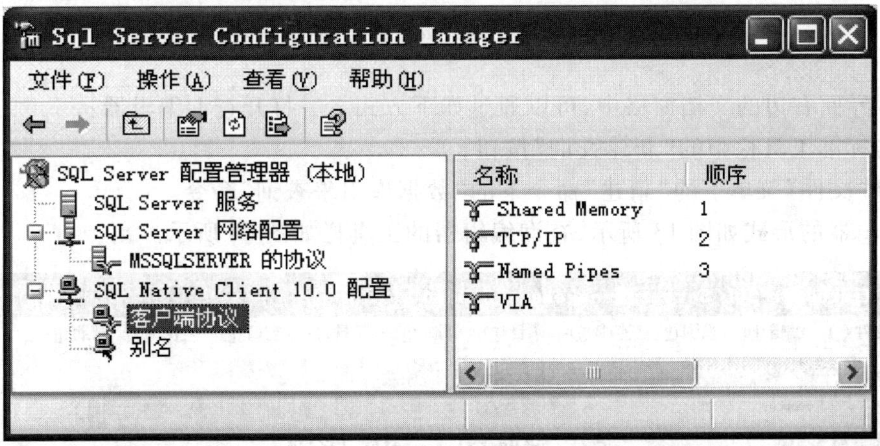

图 11　配置客户端协议

5. SQL Server Management Studio 工具

SQL Server Management Studio(简称 SSMS)是 SQL Server 2008 中最重要的管理工具,它为管理人员提供了一个简单的实用工具,使用这个工具既可以用图形化的方法,也可以通过编写 SQL 语句来实现数据库的操作。

5.1　连接到数据库服务器

单击“开始”→“程序”→“Microsoft SQL Server 2008”→“SQL Server Management Studio”命令,打开 SSMS 工具,首先弹出的是“连接到服务器”窗口,如图 12 所示。

这里选择“Windows 身份验证”,单击“连接”按钮,用当前登录到 Windows 的用户连接到数据库服务器。若连接成功,将进入 SSMS 操作界面,如图 13 所示。

5.2　查询编辑器

SSMS 工具提供了图形化界面来创建和维护对象,同时也提供了用户编写 T-SQL 语句,并通过执行 SQL 语句创建和管理对象的工具,这就是查询编辑器。查询编辑器以选项卡窗口的形式

图 12　“连接到服务器”的窗口

存在于 SSM 界面右边的文档窗格中,可以通过如下方式之一打开查询编辑器:

- 单击标准工具栏中的“新建查询”按钮;
- 选择“文件”菜单下的“新建”命令下的“数据库引擎查询”命令。

查询编辑器的形式如图 13 所示,查询编辑器的工具栏如图 14 所示。

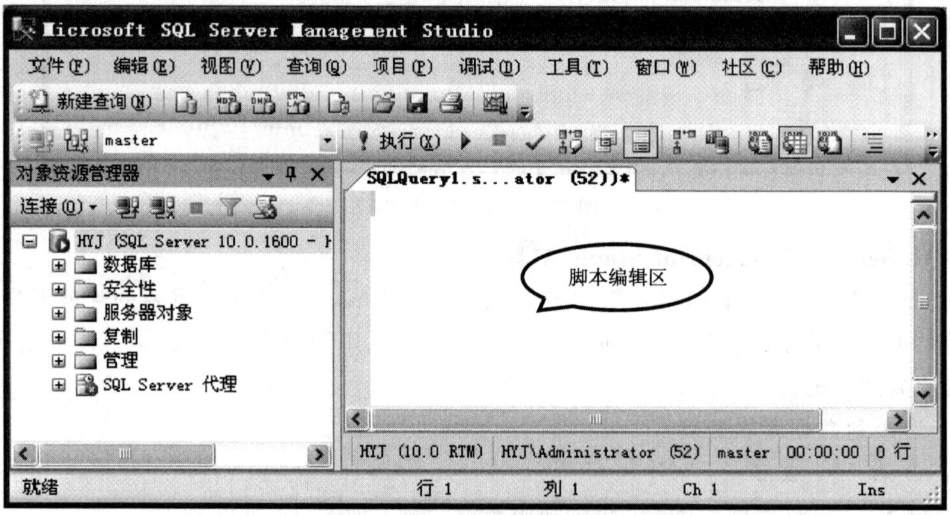

图 13　SSMS 操作界面

图 14　“查询编辑器”工具栏

附录 5 习题参考答案

第 1 章

一、选择题

1. D　2. C　3. A　4. B

二、填空题

1. 经济可行性　技术可行性　操作可行性　开发方案选择
2. 数据处理需求分析业务规则需求分析
3. 数据库概念模型设计和系统总体设计
4. 数据库逻辑结构设计和应用程序概要设计
5. 数据库物理结构设计和数据库事务详细设计

第 2 章

一、选择题

1. D　2. A　3. C

二、填空题

1. 面谈　实地观察　问卷调查　查阅资料
2. IDEF0　DFD　UML
3. 数据流
4. 矩形框　箭头　矩形框
5. 1

第 3 章

一、选择题

1. D　2. C　3. B　4. B　5. C

二、填空题

1. 明确建模目标　定义实体集　定义联系　建立信息模型　确定实体集属性　对信息模型进行集成与优化
2. 主键
3. 有序索引　散列索引
4. 物理地址
5. 部分　传递

第4章

一、选择题

1. C　2. C　3. D　4. D

二、填空题

1. 体系结构设计　软件总体设计　软硬件选型与配置设计　业务规则初步设计
2. 表示层　业务逻辑层　数据访问层　数据持久层
3. 软件总体结构　软件功能模块
4. 人机界面
5. 功能　性能

第5章

一、选择题

1. D　2. D　3. B　4. B　5. B　6. C　7. A　8. C　9. B

二、填空题

1. 元元模型　元模型　模型　用户模型
2. 私有　保护　公有　实现
3. 组织　依赖　物理数据库　逻辑设计　实现文件
4. 活动　活动之间的转换　执行下一个活动的条件

第6章

一、选择题

1. C　2. D　3. C　4. B　5. C

二、填空题

1. 外层表的行数
2. 内　外
3. 外　内
4. TOP 3 学号,课程号,成绩　　ORDER BY 成绩 DESC
5. ALL
6. WHERE

第7章

一、选择题

1. D　2. B　3. B　4. C　5. A

二、填空题

1. 数据页
2. 8
3. .mdf　.ldf
4. 0 到多
5. 160
6. model

第8章

一、选择题

1. A　　2. A　　3. D　　4. C　　5. D　　6. D　　7. C　　8. D

二、填空题

1. 提高
2. output
3. 前　后
4. 1
5. INSERTED
6. ROLLBACK
7. OPEN
8. @@fetch_status
9. 标量函数　内联表值函数　　多语句表值函数
10. DROP FUNCTION

第9章

一、选择题

1. A　　2. B　　3. D　　4. C　　5. A

二、填空题

1. 系统管理员　数据库对象拥有者　普通用户
2. Sysadmin
3. 仅 Windows　混合模式
4. Windows　非 Windows
5. Dbcreator
6. 对象权限　语句权限　隐含权限
7. 固定角色(或系统提供角色)　用户定义角色

第10章

一、选择题

1. A　　2. D　　3. C　　4. B　　5. D

二、填空题

1. 数据库性能
2. 由管理员手动实施的监控
3. SQL Server Profiler　数据库引擎优化顾问

第11章

一、选择题

1. C　　2. D　　3. D　　4. C

二、填空题

1. 事务内部的故障　系统故障　介质故障　计算机病毒故障
2. 冗余数据

3. 静态转储 动态转储
4. 每个事务的开始标记 每个事务的结束标记
5. 先写日志文件,后写数据库
6. 双机互备援模式 双机热备份模式
7. 校验冗余

第12章

一、选择题

1. C 2. A 3. B 4. D 5. B

二、填空题

1. 简单恢复模式 完整恢复模式 大容量日志恢复模式
2. 完整备份 差异备份
3. 完整
4. 日志
5. 允许

第13章

一、选择题

1. B 2. C 3. A 4. C 5. A 6. A

二、填空题

1. 全局数据库管理系统 GDBMS 全局数据字典 GDD 局部数据库管理系统 LDBMS 通信管理 CM
2. 全局外模式 全局概念模式 分片模式 分配模式 局部概念模式 局部内模式 全局外模式
3. Amazon 的 AWS Google 的 GAE Hadoop
4. GFS MapReduce Chubby BigTable
5. 共享内存结构 共享磁盘结构 无共享结构 层次结构
6. 轮转法 散列划分 范围划分 轮转法 范围划分 散列划分

第14章

一、选择题

1. C 2. D 3. B

二、填空题

1. 面向主题 集成 不可更新 时间特性
2. 数据量 系统能回答的查询的类型 小 大
3. 实时维护 延时维护 快照维护
4. 基于多维数据库的 OLAP 基于关系数据库的 OLAP
5. 数据准备 数据挖掘 结果的解释评估
6. 抽取 转换 清理 装载
7. 即时(up-to-second)联机分析应用 全局型 OLTP 应用